머리말

1995년에 대폭 개정된 국제해사기구(IMO)의 STCW 협약은 선원의 교육과 훈련목적 및 성취해야 할 자질의 향상, 해기사 시험 평가기준 설정 및 해기사 교육기관에 대한 내부 및 외부 감사제도 설정의 국내법 입법화 등이 추가되었으며, 특히 당직 해기사로서의 임무를 수행할 수 있는 능력의 평가를 강조하여 해기면허를 발급하는 주무관청이 승인한 훈련기록부에 실습생의 승선실습 내용을 기록하도록 하였다.

이에 따라 우리나라에서도 STCW 협약의 제 Ⅱ/1조 및 STCW 코드의 제 A-Ⅱ/1의 기준에 따라 훈련기록부가 만들어져 현재 실습생들은 교육받은 내용 및 훈련내용을 개개인의 훈련기록부에 기록하고 있다.

이 교재는 2006학번부터 졸업 이수 학점 상향에 따른 교과목의 변동으로 기존 실습 교육교재의 개정 필요성에 따라 3학년 교과목의 내용을 중심으로 편찬되었다.

이 교재의 주요 구성은 다음과 같다.

항해실습(Ⅰ) : 당직근무, 지문항해, 천문항해, 비상대응

항해실습(Ⅱ) : 전파항해 및 항해기기, 해사통신영어(SMCP)

항해실습(Ⅲ) : 선박조종 및 기상도, 선박 적화, 컨테이너선, 탱커선, 벌크선, LNG Carrier

항해실습(Ⅳ) : PSC, ISPS, ISM Code, 선체구조 및 유지, 항해기기의 유지

이 교재는 항해계열 학생이 정박과 항해중에 필요한 내용과 실습에 대해서 정리를 하여 실습생이나 수업에 임하는 교수 모두 편리한 교재가 될 것으로 예상한다. 또한 각 과목의 중간이나 마지막에 과목의 이해를 정리할 수 있는 문제를 추가하여 실습생들의 이해를 증진하도록 구성하였다.

부족한 교재이지만 아무쪼록 이 교재가 항해계열 실습생의 교육 및 훈련에 도움이 되길 바라며, 앞으로도 지속적인 개정 및 보완을 할 것임을 다짐하는 바이다.

끝으로 이 교재의 편집과 출판에 도움을 주신 도서출판 상학당 관계자분들에게도 감사의 말씀을 전하는 바이다.

편저자 일동

차 례

제1장 선박조종 및 기상도

제2장 선박 적화

항해실습(Ⅲ)

이윤석 편저
이형기
김종성
박영수
윤귀호
배병덕
정창현
김원욱

도서출판 상 학 당

제3장 컨테이너선

제1장

선박조종 및 기상도

1.1 선박조종

1.1.1 선박조종의 정의

선박조종(ship maneuvering)이라 함은 선박에 주어진 조종수단을 이용하여 당해 선박을 조종자가 원하는 속력과 방향으로 유지하거나 변화시키는 행위를 말하고, 선박조종성(ship maneuverability)이란 어떤 선박의 선박조종 수행의 능력지수라 할 수 있다.

선박에 주어진 조종수단의 종류를 열거하면 우선 선박내부에 가지고 있는 요소로써 러더(rudder, 舵), 앵커(anchor, 錨), 메인 엔진(main engine, 主機關) 및 쓰러스터(bow & stern thruster)가 있고, 외부의 요소로 바람(wind, 風), 조류(current, 潮), 천수(shallow water, 淺水), 제한수로(안벽, 측벽 및 해저경사) 및 선박 상호간의 흡입 반발에 의한 영향 등이 있다.

보통 선박조종성능(ship maneuverability)을 평가하는 요소로써 침로안정성(Course keeping Quality), 침로변경능력(Turning Ability), 변침성(Yaw Check Ability), 긴급정지성능(Crash Astern Ability, Stopping Ability) 등을 들 수가 있는데 여기에서 변속성은 선교와 기관실(engine control room) 사이의 단순 전달관계로 선교의 텔레그래프(telegraph)에 의한 Engine order를 기관실에서 얼마나 신속하게 받느냐의 정도로 선박조종성능에 영향을 미치지 않아 여기에서는 다루지 않도록 한다.

1. 침로안전성(course keeping qualities, 保針性)

선박이 갖추어야 할 기본적인 조종성능 중 대표적인 것이 바로 침로안정성(보침성)이다. 선박의 타를 중립위치에 놓고 있으면 선박이 직진하지 않는다. 그 이유는 1축선의 경우 프로펠러가 한 방향으로 회전하므로 그 반력으로 선박은 약간 비스듬히 항진하게 된다. 따라서 선박을 직진시키려면 처음부터 타를 일정한 각도(δ)만큼 틀어놓아야 하는데 이 타각을 당타(Off-set Rudder Angle)이라 한다. 이런 상태에서 일시적으로 외부의 충격(External Interference)이 작용할 경우 선박은 원래 침로를 유지할 수 있어야 한다. [그림 1-1]과 같이 외부의 충격 후에 ① 혹은 ②와 같이 움직이면 침로안정성(Course Stable)이 있다하고 ③과 같이 발산하면 침로가 불안정(Course Unstable)이라 한다.

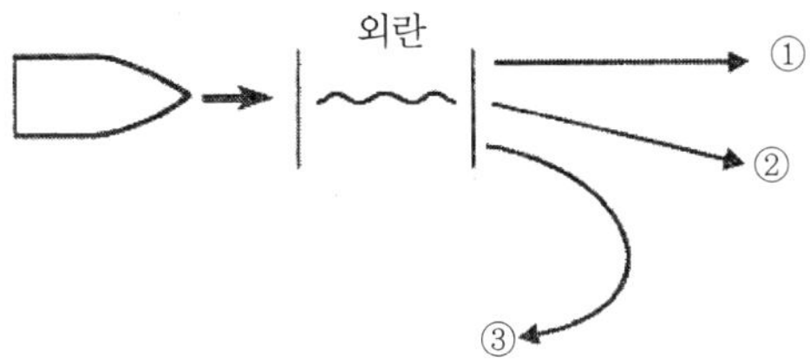

[그림 1-1] 외란과 침로안정성

선박의 침로안정성을 실험적으로 조사하는 방법으로는 Spiral Test가 있다. 이는 신박을 최대타각(예를 들어 우현 35°)으로 우선회시키고 선회가 정상으로 이루어질 때 각속도(r)을 계측하고, 다시 타각을 5° 줄여(우현 30°) 선회각속도를 계측한다. 이렇게 타각을 5°씩 줄이고 각속도(r)을 계측하기를 반복하면 결국 타각 좌현 35°될 때까지 선박은 [그림 1-2](a)와 같이 나선궤적(Spiral trajection)을 그리게 된다.

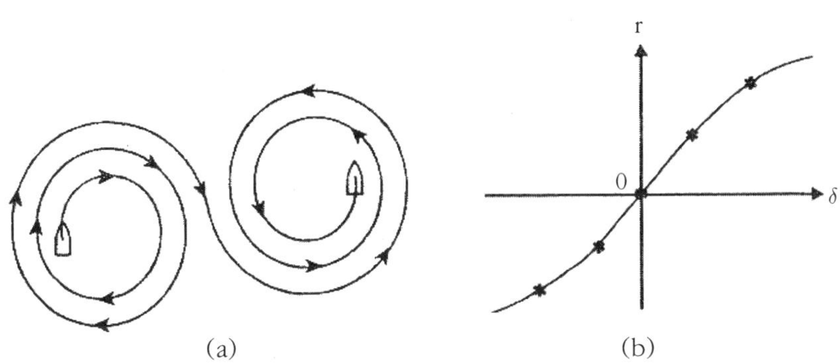

[그림 1-2] Spiral Test

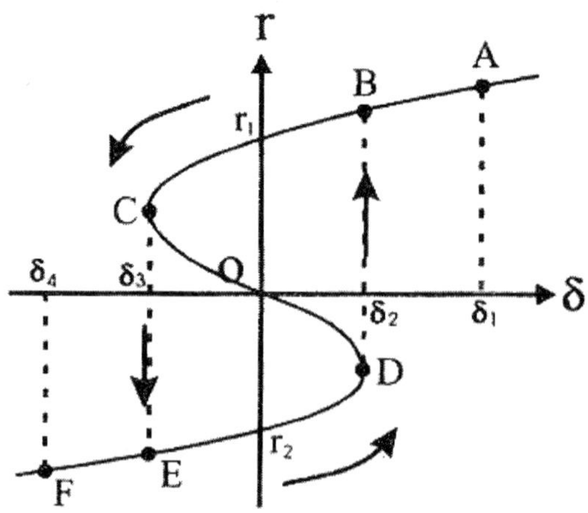

[그림 1-3] 역 Spiral Test

이때 타각(δ)－선회각속도(r) 사이의 그림은 [그림 1-2](b)와 같이 되고 타각(δ) = 0° 부근에서 곡선의 기울기가 바로 K이다. 이 K값이 ＋값일 때 선박은 침로안정성을 갖고 있다고 한다.

한편 침로불안정인 선박의 타각(δ)－선회각속도(r) 곡선은 [그림 1-3]과 같이 되고 K〈0이다. 이때 δ_1에서 시험을 수행하면 타각(δ) = 0°일 때 선회각속도(r) = 0이 아니고 아직 r_1이란 각속도가 존재하므로 선박은 선회를 계속한다. 그러다가 타각이 δ_3 이 되면 각속도가 E점으로 바뀌어 역방향 선회가 시작된다. 이는 타각 δ_4 에서 시험을 시작하는 경우도 마찬가지로 δ_2 를 경계로 하여 갑자기 각속도 값(r)이 D에서 B로 뛰게 된다. 이때 타각 $\delta_2 \sim \delta_3$ 사이에 조타를 할 경우 선박이 어떤 각속도를 가질지 예측할 수 없다. 따라서 이 영역을 Hysterisis Loop폭이라 하고, $r_1 \sim r_2$ 사이 거리를 Loop의 폭이라 한다. 이 Hysterisis Loop의 폭과 높이가 선박의 침로불안정도를 판정하는 기준이 된다.

[그림 1-3]의 C-D 사이의 Spiral 시험은 통상적 방법으로 수행할 수 없고, 특별한 방법(역 Spiral 시험)을 쓰게 된다. 즉, Spiral 시험은 명령타각에 대하여 각속도(r)를 계측하는 시험이나, 역 Spiral 시험은 거꾸로 어떤 일정각속도(C-D 사이의 값)를 선택해 선박이 이 각속도를 갖도록 타각을 조절하여 선회를 시키는 방법이다. 따라서

외력(파, 바람)이 조금이라도 있는 해상상태에서는 일정각속도를 유지하기가 곤란하므로 실제 이 시험을 수행하기는 지극히 힘든 상황이다. 따라서 IMO의 조종성 규정에서는 Spiral 시험은 하지 않고, Zig-Zag Test를 통해 보침성능을 판별하도록 하고 있다

2. 선회성(Turning Ability)

선박이 갖추어야 할 기본적 조종성능 중 선회성능이란 가능한 작은 선회반경으로 배가 선회할 수 있는 능력이다.

이는 원래 전함의 해전에 관계된 전술 개념에서 시작되었다. 즉, 18세기 이전의 해전은 주로 적함을 발견하면 급히 선회하여, 적함의 옆구리를 들이 받는 것이 주된 전술이었고, 따라서 최소한의 선회반경으로 180° 선회할 수 있는 능력이 요구되었다. 따라서 직진하는 선박에 최대 타각을 발령하여 방위각이 180° 변할 때까지 횡으로 움직인 경우를 전술직경(Tactical Diameter)이라 하고 있다. [그림 1-4]와 같이 타각 발령 후 90°앞으로 나간 거리를 Advance, 횡방향으로 이동한 거리를 Transfer라고 한다.

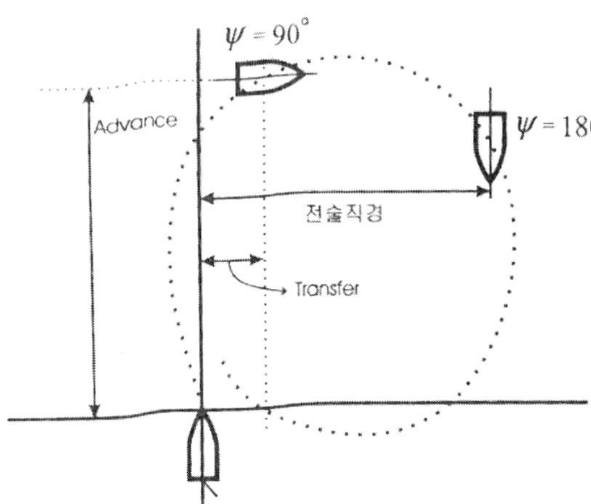

[그림 1-4] 선회권

3. 변침성(Yaw Checking Ability)

조종성능 중 변침성이란 타를 움직였을 때 얼마나 신속하게 새로운 항로로 방향을 바꾸는가 하는 능력으로, 보통 Zig-Zag 시험을 행하여 첫 번째 Overshoot 각과 두 번째 Overshoot 각의 크기로서 판단한다.

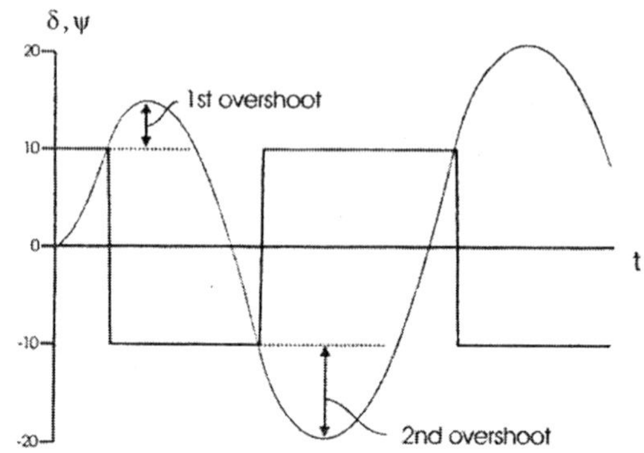

[그림 1-5] Zig-Zag Test

[그림 1-5]는 10°-10° Zig-Zag Test를 보여주고 있다. 즉, 직진중인 선박에 우현 10°의 타각을 주어 원침로상에서 방위각이 +10° 변할 때까지 기다린 후 이번에는 좌현 10°도로 타각을 준 후 원 침로상에서 방위각이 −10°가 될 때까지 기다린다. 그 후 다시 우현 10°로 타를 쓰면 선박은 마치 Zig-Zag로 움직이는 듯한 궤적을 그리고 선수 방위(δ) 변화를 표시한다. 이때 1st Overshoot와 2nd Overshoot를 계측하는데 이들 값이 작을수록 선박의 변침성능이 좋다는 뜻이 된다.

침로가 불안정한 선박(방형비척계수(C_b)가 큰 경우)에 있어서는 이러한 시험에서 Overshoot 각이 발산하는 경우가 많으므로 10°−5° Z Test나 10°−1° Z Test와 같은 변형 Z시험을 행하게 된다.

4. 긴급정지성능(Crash Astern Ability, Stopping Ability)

선박은 운항중 긴급 상황이 발생하면 정지해야 할 경우가 있다. 보통 선박은 자동차와 같은 강력한 제동장치를 갖지 않으므로, 정지 시에는 엔진회전수(RPM)를 0으로 만든 후 프로펠러를 반대방향으로 회전시켜 진행방향의 반대쪽으로 추력을 발생시킴으로써 이 힘으로 선박을 멈추도록 한다. 이때 프로펠러 배출류가 선미부에 부딪히므로 선박이 멈출 때까지 상당거리(Track Reach)를 제멋대로 움직이게 된다. 이 정지성능은 엔진특성 및 정지명령 방법과 관계되어 있으므로 정확한 정지성능을 알기 위해서는 이들을 적절하게 수학 Model화 하여야 한다. [그림 1-6]은 선박의 정지성능을 계산으로 보여주고 있다. 프로펠러 회전수의 컨트롤 방법에 따라 정지성능이 달라짐을 알 수 있다.

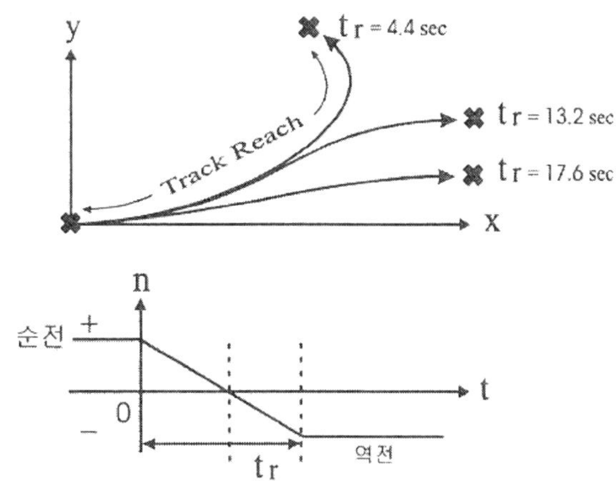

[그림 1-6] 긴급정지성능

5. 추종성지수(T), 선회성 지수(K)

1) 추종성지수(T)

전진 항주중 타각을 주고 그로부터 일정한 선회각속도(정상선회 각속도의 약 65%)에 달할 때까지의 시간적 지연을 추종성지수(T)라 한다. 선회권에서의 심거

(Reach)란 이러한 시간적 선회지연(Turning Lag)에 의해서 조타 후 정상선회를 시작할 때까지 언침로 상의 거리가 되는 것이다. 추종성지수(T)가 적을수록 타각에 대응하는 선회각속도가 커져서 타효가 좋아진다. 일반적인 T의 수치는 대형 화물선인 경우 공선 시에 10초, 만선 시에 30초이며 VLCC의 경우는 만선 시 약 70초이다.

추종성지수(T)는

① 선체의 관성능률에 비례

② 침하면적에 비례

③ 배수량, 흘수에 비례

④ 방형비척계수(C_b)와 역재(Skeg) 부착에 반비례

보침성에 영향을 주는 요소는 다음과 같다.

2) 선회성지수(K)

타각에 대한 각속도의 늦고 빠름을 나타내는 선회성지수(K)는 선박 자체의 선회력을 나타내는 지수로서 K가 클수록 선회각속도는 크고 선회성은 좋아진다. 일반적으로 K의 수치는 대형선에서 공선 시 0.05, 만선 시 0.09정도이다. 매초 당 선회각의 비율을 rad/sec로 나타내는 K는 선박의 선회력을 나타내는 계수로서 동일 타각일지라도

① 타면적이 커지면 커지고

② 선미를 Cut up(역재를 제거)하면 커지고

③ 선장에 비해 선폭이 커지면 커지고

④ Trim by the stern이면 작아진다.

3) T와 K의 관계

① T와 K는 서로 상반되는 성질이므로 어느 쪽을 향상시키면 다른 쪽은 반드시 나빠진다. 그러므로 선박의 수행임무에 따라 설계당시 적절히 배합되도록 선형을 결정해야 한다.

② 일반적으로 T값의 대소를 좌우하는 것은 선체의 관성능률의 크기와 배수량(흘

수)이다. 따라서 T는 흘수에 대략 비례해서 변화한다. 그러나 K는 선체의 형상에 따라서도 변하지만 그보다도 타면적에 따라 크게 변화한다. 그러므로 흘수의 변화에 따른 K의 변화는 T처럼 크지 않다. 이와 같이 흘수의 대소에 의하여 K는 크게 변하지 않고 T가 변하는 점에 유의하여야 한다. 예를 들어 흘수가 커지면 타각을 주었을 때 선수가 회두를 잘 시작하지 않으나 선회경은 크게 달라지지 아니한다.

③ T는 작을수록 K는 클수록 좋다. 거대선은 일반적으로 T, K가 모두 커서 침로 안정성은 나쁘고 선회성은 좋다. K는 Trim 변화에 따라서 달라진다.

④ [그림 1-7]은 T와 K에 따른 횡거 및 종거를 나타내고 있다.

㉠ T소, K대(추종성 · 선회성 모두 양호)

㉡ T소, K소(추종성 양호, 선회성 불량)

㉢ T대, K대(추종성 불량, 선회성 양호 : 거대선)

㉣ T대, K소(추종성 · 선회성 모두 불량)

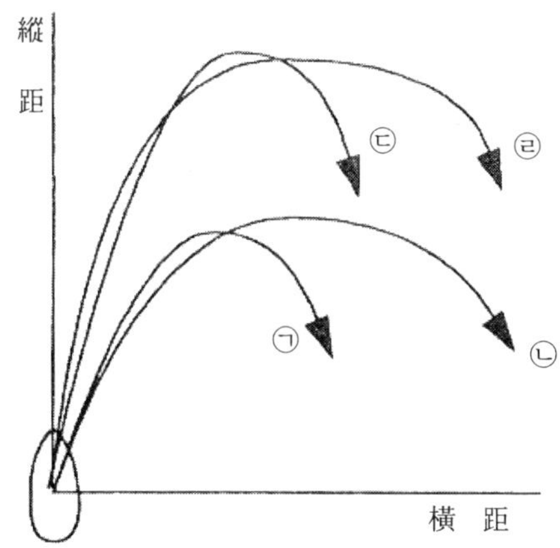

[그림 1-7] 조종성 지수에 따른 조종성능

1.1.2 타와 선회운동

1. 타

타는 Propeller의 후부에 장비 되어 있으며 Propeller의 후류를 받아 생기는 압력에 의하여 항주 중인 선박을 일정한 방향으로 계속 전진하게 하는 기능(course keeping qualities, 保針能力)과 원하는 방향으로 선박을 선회할 수 있는 능력(turning circles, 旋回性)을 가지고 있다. 자동차로 비유하면 핸들과 같은 기능을 하는 장치이다.

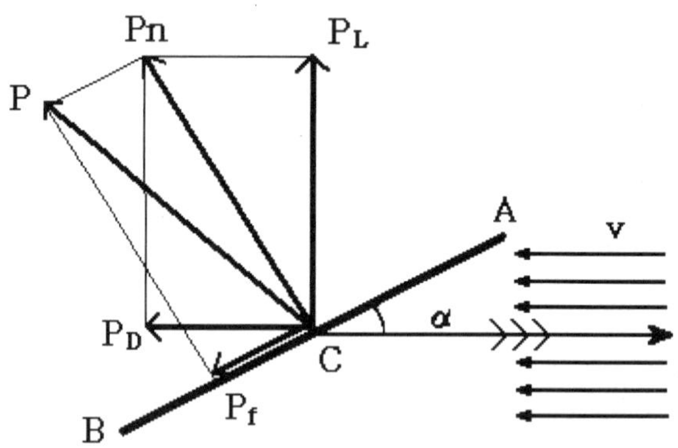

[그림 1-8] 타에 작용하는 압력

[그림 1-8]과 같이 평판 AB가 정지하여 있는 수중을 경사각 α를 가지고 속도 v로 전진할 때에는 물이 부딪히는 면은 정수압보다 높은 압력이 작용하고 그 배면에는 정수압보다 낮은 압력이 작용한다. 이들 압력의 합을 타압(P)이라 하며, 이 타압은 그림과 같이 타판에 직각인 직압력(Normal Pressure : Pn)과 마찰력(Frictional Pressure : Pf)의 분력으로 나눌 수 있고, 또 직압력(Pn)은 수류에 직각인 양력(P_L)과 항력(P_D)의 성분으로 나눌 수 있다. 그리고 타압의 작용중심 C가 압력중심점이며, 타면 AB가 그 진행방향과 이루는 각 α를 입사각(Attack Angle)이라 한다.

1) 직압력(Pn : Normal Pressure)

타판에 작용하는 여러 힘의 기본력이 되며 통상 마찰력은 생략되므로 일반적으로 타압(P)은 직압력(Pn)을 말한다. 직압력에 관하여는 오랜 시일동안 이론적으로 또는 실험에 의하여 연구되어 온 결과 타를 평판으로 하였을 경우에 다음 식으로 표시할 수 있다.

$$Pn = 58.8 \cdot A \cdot v^2 \sin\alpha \quad \text{(kg, m, sec단위)}$$

$$Pn = 1/64 \cdot A \cdot v^2 \sin\alpha \quad \text{(ton, knot, sec단위)}$$

단, A : 타면적, v : 유속, α : 타각

2) 마찰력(P_f : Frictional Pressure) : $P_f = P_D\cos\alpha - P_L\sin\alpha$

물의 점성에 의하여 타판의 표면에 작용하는 힘이나 다른 힘에 비하여 적으므로 일반적으로 생략한다.

3) 항력(P_D : Drag) : $P_D = Pn\sin\alpha$

타의 저항력으로 타각이 커지면 증가하고 조타 중 선체저항 증가의 원인이 된다. 따라서 이 힘이 될 수 있는 한 적어지도록 타판의 외형 및 두께를 정하고 단면을 유선형으로 만든다.

4) 양력(P_L : Lift) : $P_L = Pn\cos\alpha$

선체에 작용하는 횡추력으로서 선체를 회두시키는 우력의 성분이 된다. 따라서 될 수 있는 한 적은 조타각에 대하여 큰 양력이 얻어질 수 있는 타판형상이 요구된다.

이상형의 타로서는 P_D가 없고 P_L만 있는 것이라 할 것이나 실제로 유체 중에서는 반드시 P_D가 발생한다.

2. 타의 형상 및 타면적

1) 타의 형상

타 주위의 유선이 타 후면에서 와류를 만들지 않도록 일반적인 단면형상은 유선형

상을 하고 있다. 타의 최대두께(t)/타폭(b)에 대한 실험 결과(0.06−0.25), 항력은 두께가 가늘어질수록 크고, 양력은 최대두께(t)/타폭(b)비가 0.12~0.18일 때 최대인 것으로 조사되었다. 따라서 적합한 최대두께(t)/타폭(b)비는 0.18 정도이다.

2) 타면적

타 면적이 크면 타효가 클 것이지만 저항 등의 이유로 일정한 면적을 유지하는 것이 유리하다.

일반적인 선박의 타면적 비율은 대략 다음과 같다.

대형여객선 : 1/50−1/60, 일반상선 1/60−1/70, 군함 1/30−1/50

$$\text{타 면적 비율} = \frac{A}{L \cdot d}$$

A : 타면적, L : 수선간장(L, B, P), d : 만재 시의 평균흘수(m)

3. 타압에 의한 선체운동

1) 선회운동

① 타압에 의한 선회 모멘트

타압에 의한 선회우력항주중인 선박에 타각을 주면 선체는 선회운동을 시작하는데, 이 선회운동은 타압에 의한 회전우력에서 발생한다.

타각 θ를 주었을 때 타에 생기는 직압력을 Pn라고 하면

$$Pn = C \cdot A \cdot v^2 \sin\theta$$

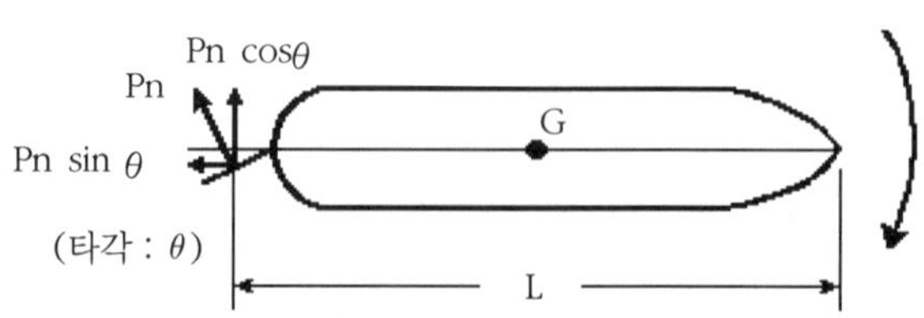

[그림 1-9] 타압과 선회운동

(C : 계수, A : 타면적, v : 유속, θ : 타각)
타압에 의한 선회 모멘트를 M이라고 하면,

$$M = P_n \cos\theta \cdot \frac{1}{2} L = C1 \cdot A \cdot v2\sin\theta \cdot \cos\theta \cdot \frac{1}{2} L$$

$$= C1 \cdot A \cdot v2 \frac{1}{2} \sin2\theta \cdot \frac{1}{2} L = \frac{1}{4} C1 \cdot A \cdot L \cdot v2\sin2\theta$$

$$= C2 \cdot A \cdot L \cdot v2\sin2\theta$$

단, L : 선체길이, 선체무게중심은 $\frac{1}{2}$L에 있다고 가정함.

위 식에서 최대 모멘트는 θ가 45°, 135°일 때이나 Critical Angle의 영향, 선미선체부의 강도와 형태, 조타기의 마력 등을 고려하여 일반 상선에서는 실제 최대유효타각이 35°정도가 되도록 Rudder Post를 설치한다.

② 타압에 의한 선회 모멘트에 따른 선체운동

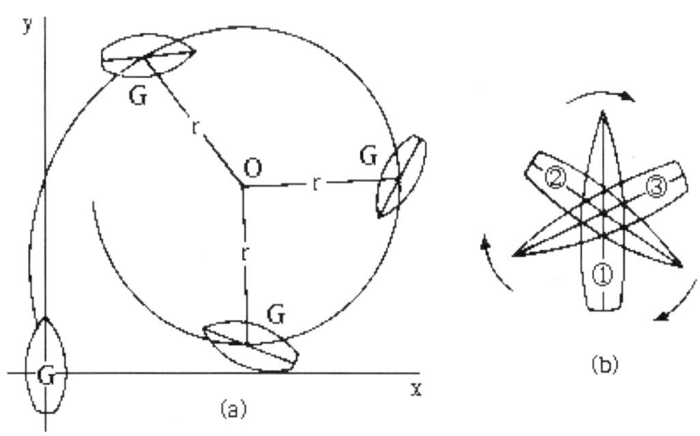

[그림 1-10] 타압에 의한 선체운동

[그림 1-10]에서 볼 수 있는 바와 같이 타압에 의한 선회 모멘트에 따른 선체운동은 선체의 G점을 통하는 축에 대한 회전운동과 선회권중심 O를 중심으로 하는 원주사의 궤도운동의 두 가지로 이루어진다.

㉮ 자축에 대한 회전운동

이 운동은 타압의 압력 Pncosθ가 일으키는 것이고 이 힘은 회전 모멘트 t, (C · A · L · v^2sin2θ)를 형성한다.

㉯ O점을 중심으로 하는 원주상의 궤도운동

이 운동은 간접적으로 타압이 기초가 되어 이루어지는 운동이지만 직접적으로는 선체에 생기는 직압력의 분력인 선체양력이 일으키는 것이다. 타압에 의한 Torque는 선체 자체를 G점을 통하는 수직축에 대하여 회전시킬 뿐, O점에 대한 원주상의 운동은 직접 만들지 못한다. O점에 대한 원주상의 운동을 형성하는데는 속도 v가 있고 거기에 구심가속도 a가 필요한데, 이 구심가속도 a는 선체의 원주운동에서 만들어지는 선체양력에서 형성된다. 즉, 항주중 타각을 주면 타압에 의하여 선회 모멘트가 형성되고, 그 모멘트는 순간적으로 선수미선을 선체 진행방향에 대하여 α각만큼 비틀어 놓는다.

이 때문에 선체는 v라는 유속을 가진 흐름 속에 α입사각으로 놓여 있는 익판과 같고 선체에는 직압력 Pn가 생기고 이것은 양력 P_L과 항력 P_D로 분해될 수 있으며, 양력은 원운동에 필요한 구심가속도 a를 만들고 항력은 선속을 떨어뜨리는 것이다.

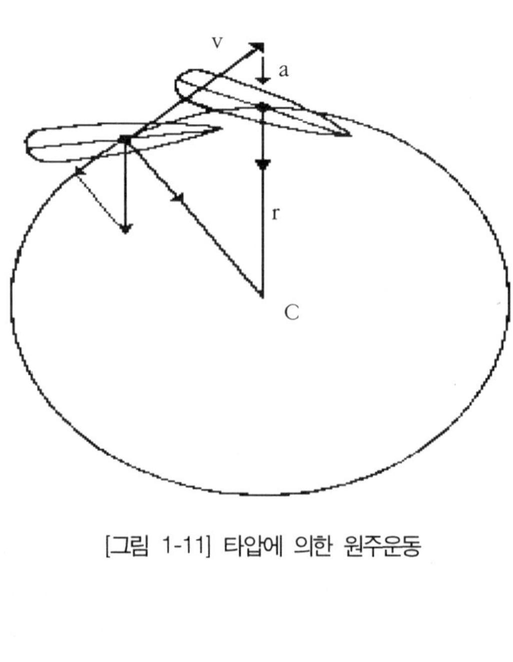

[그림 1-11] 타압에 의한 원주운동

2) 감속현상

선박이 선회하기 시작하면 타의 직압력, 선회원심력, 선체 저항 등의 선수미선상의 분력은 다같이 직진저항으로 작용하므로, 추력이 일정할 경우 속력은 감소되고 정상선회가 되면 일정하게 된다.

① 타의 직압력에 의한 직진저항

타압의 선수미 방향분력, 즉 항력에 의한 것으로서 그 수식은, 직압력의 선수미분력 $= P_n\sin\theta = C \cdot A \cdot v^2\sin\theta \cdot \sin\theta = C \cdot A \cdot v^2\sin^2\theta$로 표시할 수 있으므로 속력, 타각, 타면적에 비례함을 알 수 있다.

② 선회원심력에 의한 직진저항

선회원심력의 선수미방향분력에 의한 것으로 원심력 $C.F = m \cdot a$ 이고, $a = v \cdot \omega = v \cdot v/r = v^2/r$ 이므로, 원심력 $C.F = m \cdot v^2/r$ 로 표시되며, 그의 선수미분력 $= (m \cdot v^2/r)\sin\alpha$ 이므로 속력의 2승과 편각의 sin값에 비례하며, 선회반경 r에 반비례하여 증가한다.

③ 선체저항으로 인한 직진저항

선체에 대한 수저항 $R = fsv^2$(f : 마찰계수, s : 침수면적, v : 선속, 2 : 1.825)은 선체중심전방의 한 지점(B)에 β의 각도로 작용하며, 이 수저항 R'의 선수미 방향분력은 $R'\cos\beta$이므로 선체저항으로 인한 직진저항은 침수면적과 선속의 2승에 비례한다.

일반상선의 최대타각에서의 속력감소는 30～40%, VLCC의 경우에는 70～80%에 이른다. 천수구역에서 선회반경은 커지고 감속률은 적어진다. 무한수심에서 타각 35°시 속력감소 50%인 선박이 H/D=1.3에서 20%감소, H/D=2.0에서 30% 감소한다.

속력감소의 과정은 소위 나선운동 과정 중에 극심하며 각변위량 30°에서 120°시 감속량은 최대가 되며 180° 선회 후 정상 선회운동 시는 속력은 일정하여진다.

3) 횡이동

① 직진 중 전타하면 타압의 횡방향분력 Pncosθ는 선체의 중심 G점에 작용하여 우력을 형성함과 동시에 횡방향으로 a'=Pncosθ/m (m : 부가질량을 포함한 선체질량) 만큼의 선체 가속도를 일으킨다. 이 횡이동에 대하여 물의 저항도 커지고 이것이 Pncosθ와 같아지면 가속도는 영이 되고 측방향 이동은 최대가 되어 일정하여진다. 이 때문에 항주 중 선박이 전타하면 그 무게중심이 원침로로부터 회두 방향과 반대방향으로 일단 이탈하는데 이 현상을 Kick라 한다.

② Kick은 양력 Pncosθ에 의한 것으로 Pn=1/64 · A · v2sinα이므로 그 크기는 선속의 2승, 타면적, 타각에 비례하며 배수량, 화물분포, 선형 등에 따라 달라진다. Kick의 최대량은 Hard-over시 회두가 약 10~15°에 달했을 때이며 선체 중심의 이탈거리는 선체 길이의 약 1/100에 불과하지만 선미는 최대 1/3~1/4까지된다.

③ 조선상 Kick의 이용

㉮ 항해중 현외로 사람이 빠졌을 시 프로펠러에 빨려 들어가는 것을 방지하기 위하여 물에 빠진 현측으로 전타하여 선미를 Kick-out시킨다.

㉯ 항해중 돌연 선수전방 가까운 거리에 장애물을 발견하여 이를 급히 피하여야 할 경우 우선 어느 한쪽으로 급전타시켜 선수를 비켜나가게 하고 장애물이 선수를 통과할 즈음 다시 반대현으로 전타하여 선미를 Kick-out시켜 선미접촉을 피하도록 한다.

4) 횡경사

전타선회하면서 항주하는 선체가 그 전타선회로 인하여 일으키는 횡경사는 서로 반대방향으로 일어나는 초기 횡경사와 말기 횡경사로 구분된다. 이러한 초기 및 말기 횡경사는 대형선에 있어서는 GM값이 클 때에는 주의하지 아니하면 똑똑히 볼 수 없다. GM값이 적은 대형선이 선회운동을 할 때에는 횡경사는 명백하고 크게 나타나는데, 특히 원목수송선 등에서는 이 현상 때문에 위험을 느끼게 된다.

① 초기 횡경사

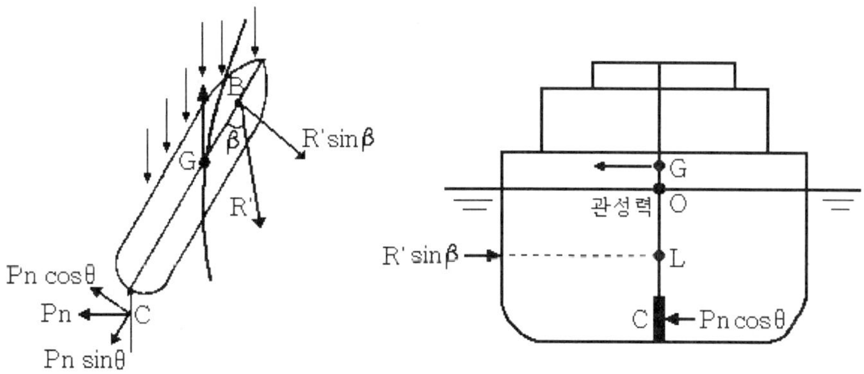

[그림 1-12] 초기 횡경사

직진항주중 전타직후에는 아직 원심력이 작용하지 않는 단계로서 타에 의한 직압력 Pn의 횡방향분력인 Pncosθ가 횡이동을 일으키면서 동시에 부면심(O)을 중심으로 작용하여 선체하부를 전타 반대현으로 밀어내고 선체를 내방경사시키는 우력, Pncosθ · OC를 만들게 된다.

이와 같이 Pncosθ로 인해 선체가 내방경사를 하면서 횡이동을 하게 되면, 이와 대등한 측압이 대략 부심(B)에 작용하게 되어 외방경사우력 R'sinβ · OL이 형성된다. 따라서, 이 두 힘의 작용점간의 거리 LC를 Arm으로 하여 내방경사우력 Pncosθ · LC에 의하여 초기경사가 만들어질 것이다. 이 초기경사(내방)는 경사로 인한 복원력의 작용(외방)으로 균형이 이루어질 것이다.

② 말기 횡경사

선박이 정상선회운동에 들어가면 원심력이 선체중심(G)에 작용하기 시작하고, 이 원심력은 직압력에 비하여 대단히 크므로 직압력에 의한 내방경사와는 반대방향인 외방경사를 일으키게 한다. 이와 같이 원심력이 중심(G)에 작용하면, 이와 크기가 같고 방향이 반대인 물로부터의 저항인 측압을 받게 되어 경사우력을 형성한다. 이 말기 경사우력이 생기면 선체는 외방경사가 되지만 무한히 경사가 되는 것은 아니고 경사각 φ에 의하여 반대방향으로 복원 모멘트가 형성되기 때문에 일정한 각도에서 멈추게 된다.

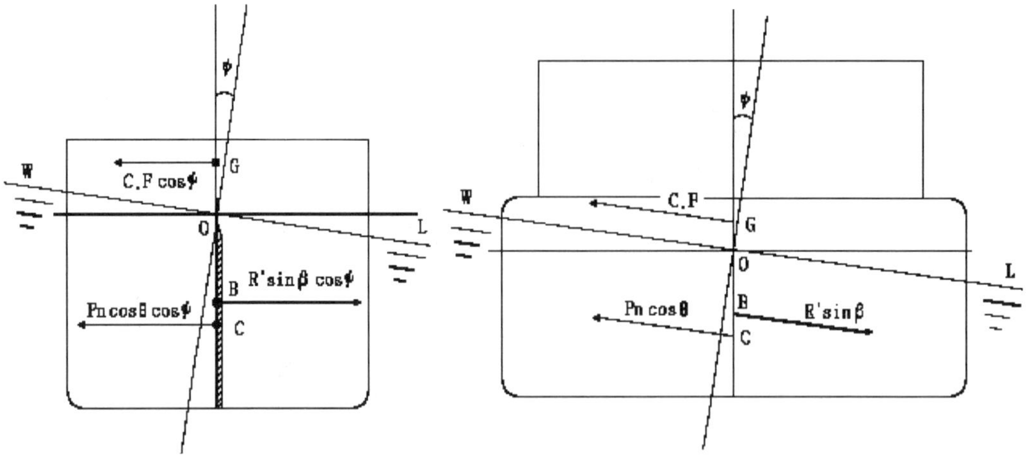

[그림 1-13] 말기 횡경사

5) 추진기의 회전수 감소

속력이 감소되면 프로펠러의 Slip은 증가하고 또 타가 프로펠러의 바로 뒤에 있을 경우 전타에 의해 프로펠러의 후류가 교란되는 등의 원인으로 프로펠러 자체의 추력이 일정한 경우 와류의 부하를 받아 회전수가 감소된다.

4. 선회권(Turning Circle)

1) 선회운동

직진상태에서 타각을 주면 선박은 선회하면서 [그림 1-14]에 그려진 것과 같은 원운동을 한다. 이렇게 360° 회전하면서 선박의 무게중심이 그리는 궤적을 Turning Circle이라 한다. 조타에 의하여 생기는 타압은 선박에 연직축 주위의 회두 모멘트를 줄 뿐만 아니라 횡이동을 주는 힘 및 전진운동에 대항하는 항력을 주게 된다. 그리하여 조타 개시직후에는 회두가 일어나기 전에 조타 방향과 반대방향으로 빗나가는 것처럼 보이면서 직진한다. 그러나 이런 시간은 극히 짧은 순간이고 곧 선회운동이 일어나는 것이다. 이리하여 회두가 증가함에 따라 자세각(또는 편각)도 증가하고 선속은 떨어지며 타각에 대응한 정상의 회두각속도, 편각 및 선속에 달하고 일정의 중심점을 선회하는 원의 궤적을 그리게 된다.

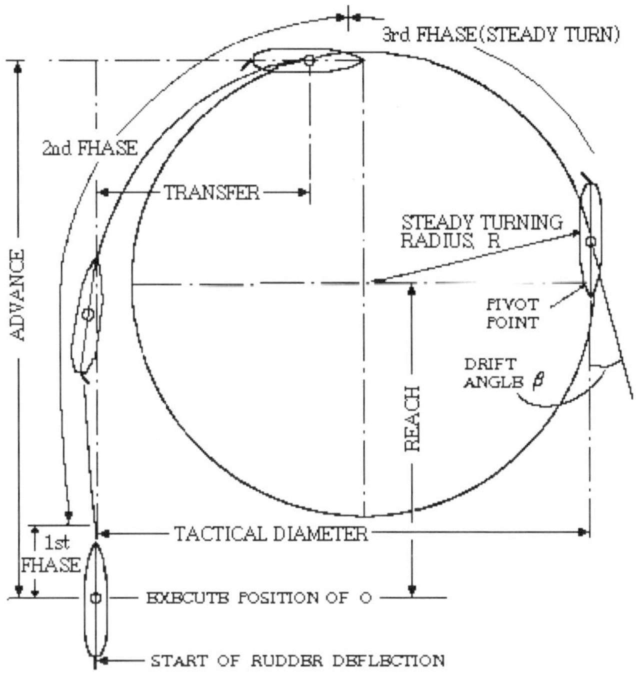

[그림 1-14] Turning Circle

이처럼 선회가 정상의 상태에서 도달한 후의 운동을 정상선회운동(Steady Turning Motion)이라고 한다. 그것은 보통 원침로에서 90° 정도 선회하였을 때에 이루어진다. 선회권은 같은 타각이라 할지라도 일반적으로 좌선회와 우선회에 있어서 그 크기가 다르다.

2) 선회권에 관한 용어

① 전심(Pivoting Point)

실제로 역학적인 회전중심은 G점에 있으면서 외관상의 회전중심은 G점 이외의 어느 한 곳에 있는 것처럼 보이는 점을 전심(Pivoting Point)이라 한다.

바꾸어 말하면, 전심이란 선회중 선회권의 중심으로부터 선수미선에 내린 수선의 교점을 말하며 실제 역학적 회전중심은 중심에 있으면서도 외견상 회전중심은 전심에 있는 것처럼 보인다. 이 점에서 선수를 보면 선회권의 내측으로 들어가고 선미는 선회반대측으로 밀려 나가는 것같이 보인다. 전심을 구하는 식은

$$\text{전심} = \frac{\text{무게중심 G점을 지나는 연직축 주위의 회전반경 K)}^2}{\text{무게중심에서 타압점까지의 거리 GC}}$$

로 나타낸다.

㉮ 전심(Pivoting Point)/선체중심/선회편각(α) 사이의 관계는 거리 PG＝선회권반경 r×sinα(편각)로 나타낸다. 따라서 편각이 큰 선박은 전심이 선수 가까이 위치한다.

㉯ 전심의 위치

㉠ 선체가 정지중인 경우 선수미에서 2척의 Tugboat로 선회시킬 때는 전심은 중심에 위치한다. 그러나 전진중 선수미에서 2척의 Tug로 회전시킬 때는 선수로부터 선박 길이의 1/8L～1/3L 위치에 있게 된다.

㉡ 선체가 정지중 선수(혹은 선미)에 1척의 Tug로 정횡방향으로 선회시킬 때는 전심은 선수(혹은 선미)로부터 2/3L되는 지점에 있다.

㉢ 선체가 자력으로 전진속력을 가지고 선회하는 경우 타압으로 인한 비회두측 압류와 원심력의 작용 때문에 전심의 위치는 선수로부터 1/3L～1/4L(1/6L : 윤점동 교수)점에 있게 된다.

㉣ 옆바람을 세게 받을 때 선속이 약하거나 후진 시는 전심의 위치는 선미에 위치하여 선미가 풍상측으로 돌아간다.

㉤ 동일선이라도 재화상태에 따라 전심의 위치는 이동한다.

② 편각(Drift Angle)

편각이란 선회중 선박의 중심이 만드는 궤적과 선수미선이 이루는 각도, 혹은 선체에 부딪혀 오는 물의 흐름과 선수미선이 이루는 각도를 말한다.

일반적으로 편각은 5～20° 정도이며, 편각의 대소는 선회 모멘트와 저항 모멘트의 차이, 배수량, 선회반경 등에 따라 다르다.

㉮ 선회 모멘트가 클 경우 편각은 크게 된다.

㉯ 배수량이 크면 수저항이 커서 편각은 작다.

㉰ 선회반경에 반비례한다. 따라서 연직축의 관성능률이 크면 편각은 적다.

㉱ 선박길이가 크면 저항능률이 커서 편각은 적다.

㉲ 편각이 크다는 것은 선회권이 작다는 것이며 중심과 전심의 거리가 크다는

것이다.

㉥ 편각은 추진기의 날개에 유입하는 흐름의 각이므로 일축선에 있어서 우선회하면 선회반대측의 날개에 추력이 더 실리게 된다.

㉦ 타의 직압력은 편각에 의하여 감소한다.

③ 종거(Advance)

전타점으로부터 각변위량이 90°되는 지점까지 원침로 상에서 중심이 이동한 거리를 말한다. 종거의 크기는 추종성이 양호한 선박이 작다.

㉮ 배수량(흘수)이 크면 종거는 커진다.

㉯ 선회반경이 크거나, 연직축의 관성능률이 큰 선박, 길이가 긴 선박 등은 종거가 크다.

㉰ 선속이 클수록 커진다.

㉱ 종거는 일반적으로 선박길이의 3.5~4배이며 항내에서 선회하는 경우 여유수역 판단 시 큰 역할을 한다.

④ 횡거(Transfer)

전타 선회중 각변위량이 90°되는 지점으로부터 원침로상에 내린 수선의 길이를 말한다. 각변위량이 180°되는 지점으로부터 원침로상에 내린 수선의 길이를 전술선회경 혹은 최대횡거라 한다.

㉮ 저항 모멘트가 큰 선박은 횡거가 크다.

㉯ 선박길이가 길고, 흘수가 크면 횡거가 크다.

㉰ 타면적이 큰 선박은 횡거가 작다. 최대횡거는 선박 길이의 약 4배, 횡거는 선박 길이의 2~2.5배이다. 정상선회경은 최대횡거의 약 80~85%이다.

⑤ 심거(Reach)

심거란 전타시점의 선체중심위치로부터 선회권 중심까지 원침로 상의 거리이며 선박의 추종성을 판단하는 주요한 지표이다.

⑥ Kick

직진중 타를 한쪽으로 전타하면 선미가 현저히 전타 반대 현으로 이탈하는 현상을 말한다. Kick의 크기의 대소는 배수량, 선내화물의 선수미 방향의 적부상태, 타의 성능 등에 따라 틀린다.

㉮ 배수량이 크면 Kick현상이 늦으며 크다.

㉯ 연직축의 관성능률이 적을 때는 Kick현상이 조기에 나타나며 그 양은 적다.

㉰ 타효가 좋으면 조기에 나타나며 그 양도 크다. 전타시 중심 궤적의 원침로에서의 이탈은 선박 길이의 1/100 정도에 지나지 않으나 선미의 이탈은 매우 커서 선박 길이의 1/4 정도까지도 된다. 약 20° 회두시 Kick의 양이 제일 크다.

3) 선회권의 크기

선회권의 크기에 관한 식 중 Attwood의 약산식으로, $d = L^2 \times D / 10s$에서 보통상선의 최대흘수에서의 타면적비 $1/65 = s / (L \times D)$이므로 $L \times D = 65s$이고, 이것을 상기 약산식에 대입하면 $D = 6.5L$이 됨을 알 수 있다.

4) Turning Circle의 크기에 영향을 주는 제요소

① 조선상의 요소

㉮ 전타시간

보통 Hard Over 시까지는 7~15초 걸린다. 시간이 많이 걸릴수록 Advance가 커진다. Final Diameter는 변하지 않는다.

㉯ 타의 제요소

Turning Circle의 크기를 결정하는 요소는 선체의 크기, 침하부 형상, 타 및 선속 등이지만 제요소를 일정하게 두고 타만을 생각하면 이것이 선회권에 미치는 영향은 다음과 같다.

㉠ 타 각

선회를 일으키는 것은 타압에 의한 선회우력은 $Pn\cos \cdot \theta(1/2)L$ 이고 이것은 $C \cdot A \cdot v2 \cdot \sin 2\theta$로 표시된다. A 및 v를 일정한 값으로 가정하면, 선회 모멘트$= C1 \cdot \sin 2\theta$로 요약할 수 있다. 따라서 이론상 최대유효타각은 45°이지만 일반상선에서는 최대타각 35°정도의 범위로 제한하고 있다. 그러나 선미에서 수류를 받는 실제 타판의 입사각은 $\theta - \alpha$, 즉 (실제타각－편각)이 되므로 타효가 나는 것으로 보면 35°가 훨씬 넘는 타각에서도 선회권은 적어진다고 할 수 있을 것이다.

선회권의 크기는 타각에 반비례하며, Hard-over의 절반타각에서는 Hard-over시의 1.5배, Hard-over의 1/4의 타각에서는 약 2.5배가 된다고 한다.

㉡ 타면적

타압은 타면적에 비례하므로 타면적을 크게 하면 선회권은 작아져야 한다. 그러나 타면적비가 선체의 크기, 종류에 따라서 일정 이상이 되면 조타기의 마력, 선체강도 등의 견지에서 불리하게 될 뿐만 아니라 타 자체의 회전운동에 대한 저항이 커져서 선회권이 오히려 커지는 경향이 있다.

㉢ 속 력

$$r = m \cdot v^2 \cdot \cos\alpha /\ Pn\cos\theta(GC/GB - 1)$$

$$r = m \cdot v^2 \cdot \cos\alpha /\ C1 \cdot A \cdot v^2 \sin\theta' \cdot \cos\theta(GC/GB - 1)$$

$$r = C2 \cdot m \cdot \cos\alpha /\ \sin\theta' \cdot \cos\theta(GC/GB) - 1)$$

위의 식과 같이 선회권 반경 r은 속도 v를 포함하지 아니하므로 선속에 관계없이 일정히게 됨을 알 수 있다. 그러나 속력이 선회권에 관계치 아니하게 되는 것은 Froude수가 0.3 이하인 경우라고 한다(윤점동 교수).

예를 들어 길이 200m의 선박이면, Froude수는 $0.3 = \dfrac{v}{\sqrt{9.8 \times 200}}$, $v = 0.3\sqrt{1960} = 13.3m/sec=$26knot이고, 보통 상선은 대개 Froude수 0.3 이하의 Full Speed를 갖고 있기 때문에 선속은 선회권과 무관하다고 볼 수 있을 것이다.

그러나 선속이 이보다 커지면 선회권은 크게 되는데, 그 이유는 속력이 커지면 타 배면에 형성되는 수류 관계로 양력이 감소하고 또 선체 주위의 파형 및 수류가 변하여 수저항 R'의 작용점 B가 선미쪽으로 더욱 이동하기 때문이다. 반대로 선속이 매우 적거나 타력 전진의 경우에는 Screw Current가 없어지므로 타압은 매우 감소하고 선회권은 커진다. 또한, 미속 전진의 경우에는 바람, 풍랑, 조류 등 외력의 영향을 받기 쉽고, 또한 대응타의 타효도 나쁘므로 속력이 클 때에 비하여 선박의 조종은 힘들게 된다. 추진기를 정지하고 타력으로 전진하고 있을 때에는 타판에 유입하는 물의 속도가 매우 적으므로 타효는 극히 저하되고 타면적이 마치 줄어든 것과 같은 영향을 미친다. 그래서 선회성뿐만 아니라 침로안정성, 추종성이 대단히 나빠지므로 항내에서 타력 진행시 대형선의 경우에는 그렇지 않아도 좋지 않은 침로안정성, 추종성능이 더욱 저하되어 있는 것에 유의할 필요가 있다.

② 선적상의 요소

㉮ 흘 수

만재상태에서는 타 면적비가 감소하게 되고 선회저항이 증가하기 때문에 흘수에 비례하여 선회권이 커지게 된다고 보나, 실험에 의하면 그 증가하는 크기는 미미하다. 그 이유는 측압면적의 증가로 선체양력이 상대적으로 커지게 되고 이로 인해 선회권이 작아지도록 영향을 받기 때문일 것이다. 오히려 경하상태에서는 만재상태에 비해 풍압을 받는 면적이 크고 더욱 선체의 질량이 줄어져 있으므로 침로에서 이탈하기 쉽고 특히 항내에서와 같이 저속에서는 조종이 힘들게 된다.

㉯ 트림(Trim)

배수량을 일정하게 두고 선미 트림으로 하면 타면적이 그대로 있으나 선회저항의 작용점이 후방으로 이동하고 저항 모멘트가 커지기 때문에 선회경은 크게 된다. 같은 이유로 선수 트림은 선회경을 작게 만든다.

㉰ 선체의 중량분포

배수량 및 Trim을 일정하게 두고 선체중량이 전후부에 널리 분포한 경우(Hogging 상태)와 선체중앙부에 모인 경우(Sagging 상태)를 비교하면, 전자의 경우는 연직축에 대한 관성 능률이 크기 때문에 회전각가속도가 적고 따라서 선회성이 나쁘게 된다. 후자의 경우는 반대의 이유로 선회성이 좋아진다.

㉱ Heeling

Heeling된 쪽의 선회권이 더 크다.

③ 선체 구조상의 요소

㉮ 방형비척계수(Cb)

선폭에 비하여 그 길이가 짧고 뚱뚱한 선형, 즉 방형비척계수(Cb)가 큰 선박일수록 선회경이 적다. 길이가 긴 선체는 연직축 주위의 관성능률이 크고 또 회두에 대한 물의 저항 모멘트가 크기 때문에 선회성이 나쁘고 선회경이 커진다.

㉯ 선체침하부에 Cut-Up을 실시하는 것은 선체 측면적을 줄여 주는 것으로 선수 Trim과 같이 선회성을 돕게 되므로 군함, 포경선 등은 이러한 형태를 채용한다. 그러나 이러한 선형은 침로안정성이 좋지 아니하다. 그러므로 선회성보다 침로안정성이 중요한 화물선 등에서는 선미에 Skeg 등을 붙여서 후부측 면적을 증가시키는 방법을 취하고 있다.

㉰ Flat Plate Keel선은 Bar Keel선에 비해 저항능률이 적어서 선회권도 작게 된다.

㉱ 타면적에 선회권은 반비례한다.

㉲ 기관실이 중앙에 있는 것이 선미에 있는 것보다 선회권이 작다.(연직축 관성능률)

㉳ Voith-Schneider 선과 같은 경우 선회권이 대단히 작다.

1.1.3 선체저항

선체가 가지는 저항에는 마찰저항, 조파저항, 와저항, 공기저항 등이 있으며, 이것들 총합계를 전저항(Total Resistance)이라 한다. 이들 각 저항의 분포는 선체형상, 크기 및 속력에 의하여 달라지나 전저항에 대한 구성비율은 다음과 같다.

- 마찰저항 : 1) 저속화물선 ………………………… 80%
  2) 고속화물선 …………………… 40～50%
- 조파저항 : 1) 저속화물선 …………………… 10～15%
  2) 고속화물선 …………………… 40～50%
- 와저항 : ………………………………………… 2～10%
- 공기저항 : ……………………………………………… 1%

1. 마찰저항

선체의 침수면에 닿는 물의 부착력이 선체의 진행을 방해하여 나타나는 물의 점성 때문에 생기는 저항으로 침수면의 매끄러움에 반비례해서 증가한다. 저속일 때에는 전저항의 대부분이 이 마찰저항으로 이루어지나 고속이 되면 조파저항이 커지기 때문에 전저항에 대한 비율은 감소한다.

마찰저항에 영향을 미치는 요소는 다음과 같다.

1) 수면하 선체 표면적

마찰저항 값은 여러 가지의 실험식으로 구해지는데 주로,

$$R = fsv2 \qquad (f : 마찰계수,\ s : 침수면적,\ v : 선속,\ 2 : 1.825)$$

로 표시되며, 여기서 s를 만재배수량 W와 선박길이 L로 표시하면

$$S = \tau = \sqrt{WL} \qquad (\tau : 계수로서\ 약\ 2.65)$$

로 표시될 수 있으므로 배수량이 일정할 경우 선박이 길면 마찰저항도 커짐을 알 수 있다.

2) 선저 및 침수면의 상태

침수면의 거칠음이나 매끄러움에 따라 저항의 차이가 심하며 근래 도료의 개량에 따라 해조류 등에 의한 선저오손은 현저히 감소되었다.

3) 수 심

수심이 충분하지 못하면 마찰저항은 커진다. 그 이유는 다음과 같다.

① 수분자가 타원운동을 하게 되어 파장이 커지고, 파속은 작아지며 트림이 변화하여 마찰저항이 커진다.

② 선저유속이 빨라지므로 마찰저항이 커진다.

③ 역시 선저유속이 빨라지면 압력이 감소, 선체가 침하되어 침수 표면적이 증가하여 마찰저항이 커진다.

4) 선 속

"1)"항에 언급된 대로 마찰저항은 선속의 약 2승에 비례하여 커진다.

5) 수로폭

폭이 협소하면 마찰저항이 커진다. 실험에 따르면 수로폭/선폭 값이 5일 때 속력저하는 약 41%, 8일 때 약 15%라고 한다.

6) 파고가 높으면 수분자의 회전각속도가 커져서 마찰저항이 증가한다. 기타 선박의 보침성의 여부 및 선체부가물의 영향도 마찰저항에 영향을 미친다.

2. 조파저항

선박이 수면을 항주할 때에는 수면부근의 수분자는 착란되고 정지상태의 물분자와의 사이에 압력의 불균형이 생겨 수분자는 운동상태가 되어 파를 생기게 한다. 선박의 선수와 선미부에서는 이로 인하여 八字형으로 퍼져나가는 발산파를 만든다. 또한 이와 별개로 선측의 유선운동에 의하여 생기는 압력변화로 인해 수표면에 승강이 일어나서 수립자의 관성과 중력의 작용으로 부수적인 파가 생기는데 선수미방향에 직각방향으로 전파하며 이를 횡파라 하며, 진행속도는 선속과 같아서 선체에 대한 상대위치가 일정하므로 정지파라고도 한다. 선박의 선수와 선미는 각각 진행 시 현저한 발산파와 횡파를 만들므로 각각 선수파계와 선미파계의 파를 만든다. 이러한 파는 선체의 진행운동의 에너지를 상당부분 빼앗게 되고, 이 저항을 조파저항이라 하며 저속화물선은 전저항의 10~15%, 고속선은 전저항의 40~50% 정도이다.

1) 조파와 저항간의 관계

저속의 경우에 생기는 파는 주로 선수미의 발산파이고, 이 때의 조파저항은 다른 저항에 비해 적다. 점점 고속이 되면 선수미에 생기는 횡파가 커지며, 이 파는 서로 간섭하며 선체의 길이가 선수미횡파의 파장 λ의 정수배이면 저항이 증가하고 $\lambda/2$의 기수배이면 저항이 감소하는데 이를 Hump and Hollow라고 한다. 따라서 저항이 감소하는 Hollow 상태를 유지하기 위해 선박의 소요 항해속력에 대하여 적당한 길이를 선정하여야 한다.

2) Awash 현상과 Seesawing

선박이 진행 시 선수미에서 생기는 발산파의 영향으로 항내나 협수로에서 Awash 현상을 일으켜 소형선, 주정 등에 손상을 일으키고, 후속선에는 Seesawing 현상을 일으킨다.

3) 조파저항에 영향을 주는 요인들

① 선속 : 조파저항은 대략 저속에서는 선속의 2승에, 고속에서는 대략 선속의 5승에 비례한다.
② 배수량(흘수) : 배수량의 약 2/3승에 비례하여 증가한다.
③ 선체길이 : 배수량이 일정하면 길이가 길수록 조파저항은 감소한다.
④ 선체에 강제횡요를 일으키는 파랑이 있으면 저항이 증가한다.
⑤ 선형의 양호/불량
⑥ Bulbous Bow는 저속선에서는 마찰저항을 증대시키나 고속선에서는 약 25%의 조파저항, 조와저항을 감소시킨다.

3. 와저항

유속이 어느 정도 이상이 되면 유선은 선체에 의하며 흐트러진다. 즉, 선체가 수류중을 이동하면, 물분자와 선체의 부착력에 의해 선체에 접근하여 있는 물분자와 떨어져 있는 물분자와의 사이에는 속도차이가 생기고 선미에 이르게 되면 멀리 떨어져 있는 물분자는 와동을 하게 되는데, 이에 따라 선체후부에 매우 요란한 와류가 생겨서 선체는 전방으로부터 후방으로 힘을 받게 되는데 이를 와저항이라고 한다. 이는 마찰저항의 일종이며, 전저항에서 차지하는 비율은 2~10% 정도이다. 와저항은 속력의 영향을 받는 것은 물론이고(속력의 2승에 비례) 선체형상, 물의 흐름에 대한 선체의 자세에 관계되므로 형상저항, 또는 관성저항이라고도 한다. 이 저항은 선미골재, 타, Bilge Keel 등의 취부위치, 선체중앙 평행부와 선미접속부의 곡률의 대소 및 선체의 중앙 횡단면적과 선체후부의 길이와의 비율의 불균형 시 크게 된다.

4. 공기저항

수면 상에 노출된 선체의 부위, 즉 Superstructure, Freeboard, 기타 갑판상 여러 구조물은 선박이 진행하면서 공기저항을 받는데, 바람이 없을 때는 전저항에 대한 비율이 약 1% 정도이나 바람이 강할 때에는 전저항 중 상당한 비율을 차지한다. 특히 공선상태에서는 영향이 커져서 공선 시 풍력 3~4에서 받는 저항은 반재 시의 풍력 5~6, 만재 시 풍력 7~8의 저항과 같다고 한다. 풍압저항을 산출하는 공식은 다음과 같다.

$$Ra = 1/2\ \rho a Ca Va^2 (A\cos^2\theta + B\sin^2\theta)$$

단, Ra : 공기저항(kg), ρa : 공기밀도($0.125kg \cdot sec^2/m^4$),
Ca : 저항계수(θ에 따라 변함), Va : 상대풍속(m/sec),
A : 선체정면풍압면적(m^2), B : 선체측면풍압면적(m^2),
θ : 선수미선에 대한 상대풍향

1.1.4 묘박조선

1. 묘의 구조

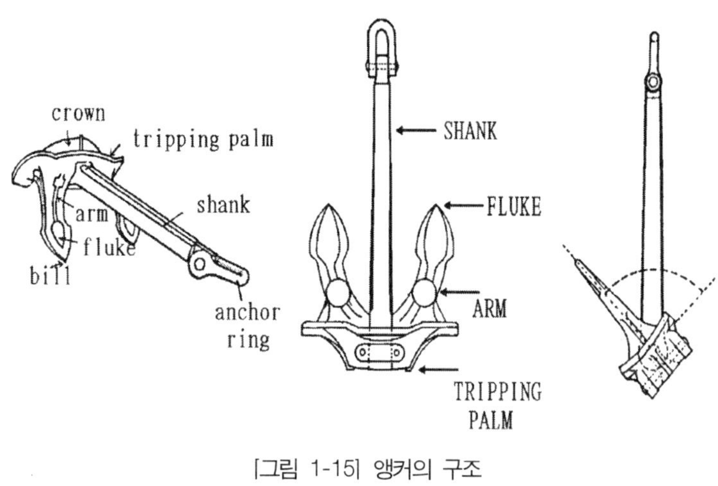

[그림 1-15] 앵커의 구조

1) Stock : 앵커샤클과 shank의 상단부에 부착된 구조물로 재래 앵커(ASS Type Anchor)에서 앵커가 돌지 않고 fluke가 제대로 해저에 박히도록 함.
2) Shank : Crown과 Arm을 포함한 앵커의 무게중심부와 앵커샤클을 연결시키는 기둥
3) Palm : 앵커의 손바닥 역할 부위로서 Arm 끝부분 중 갑자기 펑퍼짐하게 넓어지는 부위
4) Arm : 해저면에 묻히면서 파주력을 발생하게 하는 부분으로 앵커의 양끝 날개를 말함.
5) Fluke : 해저면을 깊숙히 파고 들어가는 부분으로 파주력 형성의 주 부위로서 Arm의 상부 끝부분을 말함.
6) Bill : Fluke의 최상단 꼭지점을 말함.
7) Crown : 닻이 해저에 투하되었을 때 최초로 닿은 부분으로 앵커를 세워 놓았을 때 최하단부를 말함.
8) Tripping Palm : Arm 하부와 Crown이 접하는 경계부위 중 하부

2. Windlass의 구조

1) Windlass Motor : 주 구동력으로 전기 또는 유압식이 있다.
2) Driving Gear : 모터에 연결되어 돌아가는 치차
3) Windlass Shaft : Driving Gear에 의해서 회전되는 축
4) Warping(Gypsy) Head : Windlass의 바깥끝단에 부착되어 있는 드럼(Drum)
5) Wildcat Locking Handle : Wildcat을 Engage/Dis-engage시키는 레버
6) Friction Brake Band : Brake lining의 마찰력을 이용하여 제지력을 얻는 곳으로서 Steel Brake Band 내부에 Lining이 끼워져 있으며, 이는 잦은 사용으로 마모되므로 규정 마모 limit까지 되면 즉시 교체하여 제 역할을 할 수 있도록 해야 한다.
7) Hand Brake : Brake Band가 조여지도록 몸체에 연결된 원형의 손잡이 부분으로서 시계방향으로 돌리면 조여지고 반시계방향으로 돌리면 풀려진다.
8) Wildcat : 체인이 Chain Locker로부터 올라와서 hawse pipe를 거쳐서 해저로

이탈되지 않고 움직이도록 하는 홈이 파인 구조.

9) Wildcat Drum : Wildcat를 돌아가게 하는 드럼.

10) Riding Chock : Compressor Bar라고도 하고 chock를 내려서 체인을 눌러서 핀을 끼우면 고박된다.

11) Chain Stopper : 앵커를 양묘 후 격납시 통상은 라싱용 와이어를 걸어서 chain의 고박을 더욱 견고히 하는 방법.

12) Sen-house Slip : 앵커체인의 끝단을 Chain Locker내 벽면에 고정시키는 구조물.

3. 묘박작업의 관련 용어

1) Cock-Bill 투묘준비 : Stand-by Anchor로서 수심이 약 30미터 이하의 경우 Anchor를 Hawse pipe에서 수면(Water Line) 근처까지 끌어내어 투묘준비하는 것

2) Walk-Back (Walk-out / Back out) 투묘준비 : 보통 수심이 15Fathom(27.5M) 이상인 경우 투묘할 때 앵커를 해저 근처까지 끌어내어 투묘준비하는 것인데 이때 선속은 앵커에 영향을 주지 않는 최저속이어야 한다.

※ Walk back 2 shackles in water

해저구조물이 있는 경우를 제외하고 심해투묘를 포함하여 거의 모든 경우에 clutch gear를 engage하여 수면상까지 1 Shackle을 하강하고 보고 후 Gear를 Disengage하여 투묘준비를 한다.

3) Bring-UP/Brought-Up : Let Go Anchor 후 Anchor Fluke가 해저에 파고들어 안정된 파주력을 얻게 된 상태를 말한다.

4) Short Stay, On the Bottom : 인묘 조선시 체인의 길이가 수심의 약 2배, 즉 파주각(Anchor Fluke(Bill)이 해저면과 이루는 각도 : Holding Angle) 약 5~15°

5) Up and Down Cable/Anchor : Anchor가 해저에서 일어나려고 하면서 체인이 Hawse-Pipe 직하의 수직이 된 상태를 말하며, 보통 Short Stay 이후 곧 일어남

6) Anchor Aweigh : Anchor가 해저를 떠나는 상태

7) Foul Anchor : 앵커와 체인이 꼬여 서로 엉킨 상태

8) Foul Hawse : 쌍묘박 상태에서 선체가 풍조압력에 의하여 선회를 하여 수면상의 양현 체인이 꼬인 것을 말한다.

체인의 꼬임상태를 선체가 원위치 Open Hawse에서 선수가 반대방향으로 반바퀴 180°돌아(Half Turn) 체인이 꼬인 것을 Cross, 360° 한 바퀴 돌아(One Turn) 꼬인 것을 Elbow, 한 바퀴 반 꼬인 것을 Round turn, 두 바퀴 꼬인 것을 Round turn and Elbow(Two Turn)와 같은 명칭을 사용한다.

그리고 Clear Hawse 방법에 있어서 대형선은 대부분 Tugboat를 사용하여 선미를 꼬임의 반대방향으로 선회시켜 체인의 꼬임을 푸는데 선수에서 보아 앵커체인의 첫 번째 교차된 상부측 체인쪽(Upper Chain)으로 선회시키면 되는 것이다.

4. 묘박작업의 절차

1) 투묘절차

① Wildcat를 Engage시키고 Windlass를 돌려서 Chain Cable을 조금 감아 들인다.

② Deck Stopper를 풀고, Riding Chock를 개방한 뒤 Walk back(묘쇄를 풀어주는 방향으로 운전하는 것)하여 Anchor Crown이 수면에 접하도록 한다.

③ Friction Brake Band를 잠그고 Wildcat를 Windlass의 Main Shaft에서 분리시킨다. 이렇게 하여 필요할 때 Friction Brake Band만 풀면 언제라도 투묘될 준비가 되었으면 Anchor 투하 시 사람이나 물건이 Chain Cable에 걸리지 않도록 사전에 주의를 하여야 한다.

④ 투묘시의 구령 및 응답

〈표 1-1〉

ORDER	ANSWER BACK
Stand by starboard(or port) Anchor	Stand by starboard(or port) Anchor 하고 준비가 끝나면, Stand by starboard Anchor, Sir(Compressor Bar를 들어 올려놓고 clutch gear은 빼놓은 상태에서 Brake band로만 잡아놓은 상태로 언제든지 brake band만 풀면 let go가 될 수 있는 상태를 발함)
Let go the anchor	Let go, Sir하고 곧 투묘한다. (Brake Band를 풀어서 Anchor가 해저로 떨어지도록 하는 작업을 말하며, 언제라도 brake band로 chain의 장력을 조절할 수 있도록 Brake Band부근에서 S/B하고 있어야 하며, 하단의 방법대로 투묘 후에는 주기적으로 또는 선교의 요구에 따라서 보고하여 선교에서 필요한 조치를 취할 수 있도록 해야 함)
Pay out 또는 Slack away chain	이런 때는 Bridge에서 보고 곧 알 수 있으므로 명령대로 이행만 하면 된다. (일정 shackle에서 일단 brake band를 잠그고 앵커가 해저에 박히도록 하다가 과도한 장력이 생기게 되면 추가로 chain을 내어주는 작업을 말함)
Hold on chain (at Two shackles)	Hold on chain.(at two shackle) Hold on되면 Hold on,(at two shackle) Sir (선교의 지시에 따라서 2샤클이 윈드라스에 걸쳐진 상태로 brake band를 잠그고 대기하는 상태임)
5 Shackles in water (or on Deck)	5 Shackles in water(or on Deck) 5 Shackles in water(or on Deck), Sir
Make fast chain	Make fast chain하고 난 후 Make fast chain, Sir
Clear forecastle	Clear forecastle 복창하고 해산한다.
Hold on at one shackle and drag the anchor	Hold on at one shackle and drag the anchor 복창하고, 그대로 수행한다.

⑤ 투묘 중 shackle마다 보고내용 및 기준

㉮ Anchor가 신출되는 순간부터 체인 신출량, 체인방향(몇 시), 장력 상태를 보고한다.

㉯ 샤클 보고의 기준

㉠ in water : Kenter Shackle이 수면에 닿았을 때

ⓛ on hawse pipe : Kenter Shackle이 sideshell과 Hawse Pipe와의 연접 부위에 닿았을 때

ⓒ on deck : Kenter Shackle이 Hawse pipe의 deck와 연접부에 닿을 때

ⓡ on windlass : windlass에 Kenter Shackle이 닿을 때

ⓜ chain 방향의 기준 : 선수 방향을 12시로 하고 우현 beam이 3시, 선미부는 6시, 좌현 beam이 9시로 하고 그 사이 사이는 매시각 모양으로 유추하여 보고하여 선교에서 타 및 engine의 사용기준으로 활용하게 된다.

ⓑ 장력(tention) 보고의 기준

slack(weak), moderate, strong, very strong으로 Slack은 Anchor chain이 수직 또는 그 부근에 위치할 때 moderate는 chain이 약간은 뻗쳐 있지만 장력은 심하지 않고 수면 상에 나온 상태에서 쳐진 상태, strong은 chain이 쳐지지 않고 일직선으로 뻗쳐 있는 상태이나 chain control이 되는 상태, very strong은 chain과 갑판과 접촉하는 면이 탱탱하고 소리가 나는 등 engine 사용 등으로 장력을 줄여야 하는 상태이다.

⑥ F'cle clear 구령이 떨어지면 chain의 장력상태 재확인하여 장력이 없음을 확인한 후 Clutch Gear를 넣는다.

⑦ Compressor Bar를 내려서 pin이 제대로 삽입되는지 확인하고 필요시 레버를 하강 또는 올려서 핀이 제대로 끼워질 때까지 움직여서 조정후 핀이 제대로 lock되면 Brake band를 Full tight하고 나서 Clutch Gear를 빼낸다. 그 이유는 외력 영향으로 Chain이 slack되더라도 wildcat만 돌아가고 windlass가 손상되지 않도록 하기 위함이다.

2) 양묘절차

① Windlass의 운전상태를 점검하고 기관실에 연락하여 Wash deck pump를 돌리게 하여(통상 Sanitary 혹은 위생수) Chain cable에 묻어 올라오는 뻘을 씻을 준비를 한다.

② Wildcat를 Engage시키고 Friction Brake Band를 푼다.

Chain cable을 조금 감아 올리고, Deck stopper를 풀고 Riding chock를 개방

한다. 일항사는 양묘작업을 총 감독하면서 선교와 연락하여 명령을 하달하고, 갑판장은 작업을 직접 지휘하며 Deck Hands는 Windlass을 조작하는 것이 통상적이다.

③ Windlass가 Cable을 감아 올리는 속도는 1분에 9M, 즉 1 shackle 올리는데 약 3분이 걸리도록 설계되는 것이 보통이다.

④ 양묘시의 구령 및 응답

〈표 1-2〉

ORDER	ANSWER BACK
Stand by heave in starboard(or port) Anchor	Stand by heave in starboard(or port) anchor. 준비 완료 후 Stand by, Sir
Heave in	Heave in, Sir
Hold on	Hold on 복창하고 Hold on 한 뒤 Hold on, Sir
Brought up anchor	Anchor Crown이 해저에서 떨어진 상태로 Chain이 수직으로 놓여진 상태
Stow the anchor	Stow the anchor 복창하고, 이행 후 Stowed, Sir
Clear forecastle	Clear forecastle 복창하고 해산한다.

5. 파주력과 묘쇄의 신출량

1) 파주부와 파주력

닻을 해중에 떨어뜨리면 Crown이 최초에 해저에 닿고 Shank가 눕는다. 현재 대부분의 선박에서 사용하는 Stockless anchor에서는 Shank와 동시에 양 Fluke도 눕게 되고 또 해저를 파고들어가게 된다. 이때 닻에 연결된 묘쇄로부터 힘이 해저에 평행하게 작용하고 완전하게 해저에 박히게 된다.

이렇게 해저에 파고들어가 떨어지지 않으려는 힘을 파주력(Holding power)이라 한다. 또한 묘와 해저에 가로누운 묘쇄의 수평부분을 파주부(Holding part)라 한다.

선박이 묘박할 때의 파주력은 다음 식으로 나타낼 수 있다.

$$P = Pa + Pc = \lambda aWa + \lambda cWc\,l$$

여기서 P : 전파주력(ton)

Pa : 묘(Anchor)에 의한 파주력(ton)

Pc : 묘쇄(Chain)에 의한 파주력(ton)

λa : 묘의 파주계수

λc : 묘쇄의 파주계수

Wa : 묘의 수중에서의 무게(ton)

Wc : 묘쇄의 1m 당 수중에서의 무게(kg · m)

l : 파주부의 묘쇄길이(m)

선박에서 사용하는 닻은 두 종류로 대별할 수 있는데 재래형 닻(Admiralty Standard Stockless Anchor)과 고파주력 닻(Admiralty Cast Type No.14)이 있다.

고파주력 닻인 AC14형 닻은 닻의 Bill이 Shank에 비하여 상대적으로 길고 끝이 예리하며 또한 넓이가 넓다. 그리고 닻의 Crown에 붙어 있는 Palm이 크고 또한 Crown의 양끝이 길게 뻗어 나가서 이것이 닻의 회전운동을 막아주는 Stabilizer의 역할을 하게 되므로 무게에 비하여 큰 파주력을 발생하게 되고 보통 ASS Anchor의 파주력을 발생한다. 이러한 것들을 고려한 Anchor의 실제 파주계수는 해저의 저질에 따라 다르나 대략 다음과 같다.

〈표 1-3〉 AC14 닻의 파주계수

저질 / 계수	soft mud	hard mud	sandy mud	sand	shell & sand	gravel	flat rock
λa	10	8	8	7	7	6	2.5
λc	1	1	1	0.8	0.8	0.8	0.8

2) 현수부(Catenary part)

선박이 외력을 받고 묘박하여 있을 때 묘쇄의 현수부분, 즉 Hawse pipe에서 해저에 닿는 부분을 현수부라 하며 이 부분은 파주력을 형성하지는 않는다. 현수부의 길이는 다음과 같은 식으로 나타낸다.

$$s = \sqrt{h \times (h + \frac{2R}{wc})} \ \ \text{(m)}$$

h는 해저에서 Hawse Pipe까지의 높이이며 wc는 단위묘쇄의 수중 무게(kg/m)이고 선체가 받는 저항의 수평분력은 R이다.

따라서 수심이 깊고 외력이 크면 현수부 길이는 길어지고 그만큼 파주부를 형성하는 묘쇄의 길이가 짧아지므로 파주력은 감소하게 된다.

3) 현수부에 의한 Shank의 앙각 형성과 파주력의 감소

묘쇄의 현수부가 늘어나서 Anchor의 Shank를 들어 올리거나 좌우로 흔들면 파주력은 현저히 감소한다. Anchor Shank가 해저면에서 들리는 각도가 5°이면 파주력은 4분의 1정도 감소하고 15°이면 파주력은 거의 반 정도로 감소한다.

Anchor를 이용한 조선에서 묘쇄를 수심의 1.5배 내지 2배 정도로 내고 주묘저항을 이용하여 전진제동을 걸거나 용묘회두(Dredging Round)를 하는 것은 Anchor의 Shank를 들리게 함으로써 Anchor의 피주력을 직게 하여 이것을 이용한 것이다.

4) 묘쇄의 신출량

묘박하는데 필요한 묘쇄의 전 신출량은 외력에 대응한 현수부 길이와 파주부 길이의 합이므로 위 두 식에서 다음과 같이 구할 수 있다.

$$S = s + \frac{P - \lambda a \cdot Wa}{\lambda c \cdot Wc} \ \ (P = \lambda a Wa + \lambda c Wc\, l \text{ 이며 } s \text{ 는 현수부의 길이})$$

따라서 $S = \sqrt{h(h + \frac{2R}{wc})} + \frac{P - \lambda a \cdot Wa}{\lambda c \cdot Wc}$

그러나 현수부는 직접 파주력을 형성하지 않으므로 파주부가 형성하는 파주력 P가 전달되는 외력보다 커야만 안전한 묘박을 할 수 있게 된다. 즉 안전한 묘박이 되기 위해서는 $P > R$(외력)이 되어야 한다.

따라서 위 식에서 필요한 묘쇄의 전 신출량은

$$S \rangle \sqrt{h(h+\frac{2R}{wc})}+\frac{R-\lambda a \cdot Wa}{\lambda c \cdot Wc}$$

이 된다. 또한 돌풍과 같이 변동하는 외력에 대해서는 이 값에 약 1.5배 정도의 안전값을 곱하여 묘쇄를 충분히 신출해야 한다.

5) 통상적인 묘쇄의 신출량

그러나 통상적인 묘박에서는 다음과 같은 식을 이용하여 간단히 계산한다.

통상의 묘박 S = 3D + 90(m)
황천시의 묘박 S = 4D + 145(m)

단, S는 신출 묘쇄의 길이(m)이며 D는 수심을 말한다. 또는 $Nd=1.5\sqrt{d}$
(Nd는 신출해야 할 Shackle의 수이며 d는 수심(Meter)임)

상기 식은 신출해야 할 Shackle 수를 바로 알 수 있으므로 실제적으로 많이 쓰이는 방법이나 바람이 세고 파도가 높을 경우는 이와 관계없이 충분한 양의 Chain을 내어 주도록 한다.

6) 파주력 계산과 응용

2700Teu Container선의 전 신출 묘쇄량에 대한 파주력 계산

- 수심이 20m, 흘수 10m, 선저에서 묘쇄공까지 높이가 20m이고
- 35kts(17.5m/sec)의 바람이 선체에 미치는 수평장력은 R=80ton
- 단위 묘쇄장의 수중중량 Wc=0.1158ton
- 전 신출 묘쇄는 12 Shackles=27.5m × 12 s's = 330m

① Catenary 길이

$$s=\sqrt{h\times(h+\frac{2R}{wc})}$$

$$s=\sqrt{30\times(30+\frac{2\times 80}{0.1158})}=206 \text{ m}$$

전 신출 묘쇄량 $A = l + s$, $l = 330m - 206m = 124m(4.5s's)$

해저에서 묘쇄공까지 높이는 h = 20m−10m + 20m=30m.

1kts = 0.5148m/sec, 1 m/sec = 1.9424kt

② 묘쇄의 파주력(Holding Power)

$P = Pa + Pc = \lambda a\ Wa + \lambda c\ Wc$

$P = (6.449 \times 8) + 0.1158 \times 2 \times l = 51.6 + 25.6 =$ 약 80 ton

단, 저질은 sandmud로 하여 $\lambda a = 8$, $\lambda c = 2$

따라서 P ≤ R이 되어 4단 적재시 풍속 35kts 이상되면 이론상 Dragging Anchor가 시작된다고 보지만 본 계산에서는 전풍압 R을 최대값으로 하였으며 또한 수풍각에 따라 달라질 수 있다.

③ Anchor의 수중 중량

Anchor의 수중 중량 $Wa = Wax - (Wax/\rho s \times \rho w)$

$Wa = 7.425 - (7.425 / 7.8 \times 1.025) = 6.449$ton

($Wax = 7.425$ton Anchor의 공기 중 중량)

④ 단위 Cable의 수중 중량

$Wc = (Wcx - (Wcx/\rho s \times \rho w)) / 27.5$

$Wc = (3.666 - (3.666 / 7.8 \times 1.025)) / 27.5 = 0.1158$

Chain 1 s's의 수중무게=0.1158 × 27.5=3.185

2700 Teu CNTR선 Anchor Chain 12 s's = φ 78mm × 330m = 44ton

$Wcx = 44/12 = 3.666$ton(Chain 1 s's의 공기 중 무게)

ρs = Anchor/Chain의 비중=7.8

해수비중 $\rho w = 1.025 \rho a = 0.123 kg \cdot m^3\ sec^2$(상온공기 비중)

⑤ 풍력이 선체에 미치는 수평장력(ton)

$$R = Ca(1/2)\rho a v^2 (A\cos^2\theta + B\sin^2\theta)(kg)$$

$R = 1.5 \times 1/2 \times 0.123 \times 17.52(947 \times 1/2 + 4680 \times 1/2)$

$= 79.485kg = 80ton$

최대풍압계수 Ca = 1.5

공기밀도 ρa = 0.123

풍속 v = 17.5m/sec

수풍각 θ = 45 deg

정면투영면적 A = 947m^2 측면정횡투영면적 B = 4680m^2

⑥ Shank각 (θ)와 파주부 길이

θ = 45, θ = 00 C= v2h Fluke가 해저에 접촉

θ = 30, θ = 15 C= 2h C= 6h 파주시작

θ = 10, θ = 35 Brought up상태

파주각(θ) , 파주부 길이 : (C) , 묘쇄공 높이 : (h) .

⑦ 풍압과 파주력의 관계

〈표 1-4〉

Wind(Kts)	전풍압(R)Ton	현수부(S)M	파주부(L)	파주력(P) Ton
60 kt5s	233	358	−28	51.6
50	162	303	27	51.6
40	104	248	82	64.3
35	80	220	110	77
30	58	195	15	83

2700Teu CNTR 선박이 loaded 4 tier on deck 상태에서 수심 20m, 저질은 sandmud, single Anchor 투묘시 Chain을 전량(12 s's = 330m) 신출시 풍압과 파주력의 관계는 위 표와 같다.

⑧ Riding at two anchor(2묘박) 황천시 50~60° 각

〈표 1-5〉

Wind(Kt)	전풍압(H)Ton	단묘쇄풍압(Hs0	현수부(S)m	파주부(L)	파주력(P)ton
60 Kt	233	135	282	48	63
50	162	93	221	109	77
40	104	60	178	152	87
35	80	46	157	173	92
30	58	35	138	192	96

Total holding power : Pt = Ps cosθs + Pp cosθp

Pt = 2Pcosθ, P : Single Anchor시 파주력

풍속 60kt, θ=30°, 전풍압 : R=233일 때 양현묘, 묘쇄의 파주력 계산

Single anchor의 풍압 Rs=233/0.866/2=135

현수부 S=v30×(30+2×135/0.1158)=282m

파주부길이 l=330−282=48m

P=6.449×8+0.1158×2×48=62.7ton

6. 묘박시 유의 사항

1) 자선의 조종성능 파악

본선의 조종성능을 채 파악하지도 않고 묘박지에 접근한다는 것은 굉장히 위험한 일이다. 배의 선회시험은 선박이 타와 기관의 사용에 따라 어떻게 대응하는가 하는 것에 대한 지식과 감을 조선자에게 주며 이것은 묘박지와 같은 제한된 수역에서 선박을 조선하는데 아주 중요한 것이다. 또한 이러한 조종성능은 선박의 상태와 기상에 따라 변화한다는 것을 염두에 두어야 하며 가능한 한 기상 상태를 이용하는 방향으로 선박을 조선해 나가면 무리가 없을 것이다. 즉 조류는 타선이나 위험물쪽으로 본선을 압류해 나갈 수도 있으나 반대로 멀어지게 할 수도 있다는 것을 의미하는 것이다.

2) 풍조의 영향

풍조는 묘박지에 접근하는 방향과 묘박 후의 Final heading, 묘박지에서의 본선 조종성능에 영향을 미치는 중요한 요소이다. 풍조는 본선의 Speed가 떨어짐에 따라 본선에 커다란 영향을 미치게 되며 컨테이너선이나 PCC선, 여객선, Gas Carrier 등과 같이 풍압 면적이 큰 선박에서는 그 영향이 특히 강하므로 주의를 요한다. 일반적으로 본선의 조선자는 원양을 항해하면서 full speed에 익숙해져 있으므로 풍조가 본선에 미치는 영향을 과소 평가하기 쉽다. 그러므로 묘박지나 Pilot station에 접근시는 특별히 Leeway에 주의하여야 하고 충분한 안전수역을 확보하여야 한다. 조류가 흘러가는 방향에 다른 묘박선이나 위험물을 두고 항행하는 것은 가능한 한 피하

여야 하며 부득이 그렇게 해야만 하는 경우에는 충분한 여유수역을 두고 통항하여야 한다. 묘박지에 접근해서 2 knots로 감속한 선박이 2knot의 조류가 흐르는 수역을 통과한다면 어떤 한 point를 통과하는데 본선이 밀리는 거리는 본선의 길이만큼이 될 것이다. 따라서 조류가 흘러가고 있는 방향에 있는 타 묘박선을 안전하게 통과하기 위해서는 본선의 길이보다 훨씬 많은 여유수역을 두고 통과해야 한다는 것을 알 수 있으며 얼마만한 거리가 안전할 것인가는 본선의 속력, 조류와 바람의 세기 등에 좌우된다.

3) 수심의 영향

Shallow Water Effect는 본선의 조종성능에 큰 영향을 준다. 수심이 감소함에 따라 본선의 Tactical Diameter는 증가하며 본선의 보침성은 좋아져 변침을 하기 위해서는 보다 많은 타각을 요구한다. 따라서 Slow Speed로 묘박지의 얕은 수심으로 진입하려는 선박은 수심이 본선 흘수의 1.2배 정도가 되면 Tactical Diameter가 정상적인 상태에서 보다 2배 이상 증가한다는 사실에 유의해서 묘박지에서 보다 넓은 여유수역을 확보하여야 한다.

그러나 대부분의 경우는 선교에 게시되어 있는 Tactical Diameter를 천수에서도 그대로 사용하고 있는 것을 볼 수 있는 데 이 값은 수심이 본선 흘수의 2배 이상 되는 곳에서 행한 시험에 의하여 얻어진 값이므로 천수 구역에서는 큰 차이가 있다는 것을 유의하여야 한다. 또한 수심이 깊은 곳에서의 묘박은 다음과 같은 주의를 요한다.

① 수심이 30미터 이상되는 곳에서는 Brake가 Chain을 잡을 수 없으므로 Walk Back시켜 해저에서 7~8미터 정도 떨어진 상태에서 Stand-By시켜 투묘하여야 한다. 심해 투묘 시 본선의 Speed는 0.5knot 이상이 되면 Chain에 과도한 장력이 걸리게 되므로 선속을 이 이하로 낮추어야 한다. 또한 Walk Back된 상태에서 길게 늘어진 Chain을 달고 Speed를 올려서는 안 된다.

② 투묘의 최대수심은 선박의 Windlass 용량(Capacity Load : W)에 의해 결정되나 실제는 기기의 노후 등으로 이것보다는 줄어들 것이다.

W＝(2 Anchor Weight ＋ 길이 80m의 Chain Cable Weight) × 1.35

1분에 9m 이상의 체인을 감아 들여야 한다. (1 Shackle에 약 3분) 단, 1.35는 Chain과 Hawse Pipe의 Bell Mouth(Bolster) 및 Deck Flange와의 마찰계수이며, 보통 1 Anchor의 무게는 Chain 2 Shackle의 무게와 비슷하다.

③ 충분한 파주력을 위해서는 신출 Chain은 수심의 3배 정도가 필요하므로 수심이 너무 깊으면 해저의 파주부 체인이 너무 적어 Holding Power가 부족하다. 일반 화물선의 경우 선수 Anchor Chain은 10 Shackle 정도이므로 최대 안전 수심은 90~100미터 정도가 된다.

4) Maneuvering Room

묘박지에 묘박하고 있는 선박들과 근처의 항행장애물 등은 묘박지에 출입하는 선박들의 행동반경을 제약하는 요소가 된다. 묘박지로 진입시 본선의 행동 가능 여유 수역이 충분한지를 사전에 파악하여야 하며, 만약 묘박지가 비좁아 본선의 조종이 제약을 받는다면 묘박지에서 떨어진 곳이라도 안전한 수역에서 묘박하여야 한다. 일단 좁은 묘박지에 들어가면 다시 빠져나오기가 생각보다 어려운 경우가 많으므로 들어서기 전에 이를 사전에 결정하고 근처의 Fair way라든가 투묘 금지구역은 피하여 투묘하도록 한다. 물론 입항 전에 항구의 항만사정 등을 사전에 조사하여 묘박지가 비좁을 경우는 어떻게 할 것인가에 대해 미리 연구해 두는 것이 좋다.

① 투묘후 타선과의 거리

투묘후 타선과의 거리는 통상 본선의 길이와 신출한 chain량에 2를 곱한 값을 사용한다. 즉 4000teu의 컨테이너 선박이 수심 20미터 되는 곳에 투묘하였다면 $Nd = 1.5\sqrt{d}$ 에 의해 신출한 chain량은 7 shackle이므로 본선 길이와 chain 신출량을 합하면 480미터 정도가 되어 근처의 다른 묘박선과는 5cable, 고정된 항행 장애물과는 3cable 정도 떨어지면 안전한 거리가 될 것이나, 당시의 기상이나 풍조의 방향 등을 잘 고려해서 결정하여야 한다.

② 수역이 넓은 곳에서의 투묘

또한 묘박지 내에서 수역이 넓다고 아무 곳에나 묘박할 것이 아니라 다음 묘박하는 선박을 고려하여 가능한 한 다른 묘박선과 적당한 거리를 두고 묘박하도록 하여야 한다. 이렇게 해야 다음 묘박선이 본선에 적당한 거리를 두고 묘박할 수 있을 것이며 이러한 것이 바로 Good seamanship인 것이다.

5) 선수 및 선교 당직 항해사 통보 사항

① 양현묘 중 어느 쪽을 사용할 것인가

② 투묘 직전 대각도 선회 여부

③ 신출할 Chain량(초기 신출량 및 최종 신출량)

④ 투묘시 기관의 사용

⑤ 묘를 Short stay로 사용할 경우

6) 중요한 항로 표지의 식별

입항전 Charts, Publications 등을 자세히 연구하여 현저한 물표나 묘박지에서의 거리 등은 기억해 두는 것이 좋다. 또한 묘박지 근처를 항행할 경우 본선의 위치는 이러한 물표를 이용하여 머리 속에 그려 나가야 하며 항해사들이 해도에 기입해 놓는 위치는 보다 정확한 위치를 참조해야 할 때 사용한다.

7. 묘박시 검토사항

1) Final Heading

Final Heading의 의미는 투묘후 모든 외력에 반응해서 최종적으로 본선이 갖게 되는 Heading을 말하며, 이것은 묘박지에 접근시 이미 묘박하고 있는 선박이 취하고 있는 Heading을 보면 쉽게 알 수 있다. 선박이 Final Heading을 가지고 투묘하는 것이 왜 바람직한 것인가는

① 투묘 후 Chain을 내어 줄 때 본선과 Chain이 서로 Clear되며

② Chain과 선수재, Windlass 등의 손상이 적으며

③ Chain이 해저에 똑바로 깔리며

④ 묘박중인 타선과 본선의 위치 관계를 바로 알 수 있기 때문이다.

그러나 Final Heading을 갖는 것이 아무리 좋다고 하더라도 만약 선박의 행동반

경 여유수역이 좁아 Final Heading을 갖기 위해 선회하는 것이 위험하다고 느끼면 일단 투묘한 후에 Final Heading을 확인하여도 상관이 없다. 다만 묘박지에 진입전 미리 묘박하고 있는 선박의 Final Heading을 확인하고 멀리서부터 Final Heading을 취하고 들어오는 것이 좁은 수역에서 선회하는 것보다는 안전할 것이다.

2) 선수부의 손상

큰 Bulbous Bow는 Chain에 의해 많이 손상되며 이를 방지하기 위해서는 투묘시의 Final Heading은 물론 투묘시나 양묘시 선수의 항해사들이 Chain 방향을 선교에 보고하는 것을 게을리해서는 안된다. 또한 본선의 Bow Thruster를 이용하여 Chain이 Clear되도록 선수를 적절히 조절하여야 할 것이다.

3) 정박지의 검토

일반적으로 묘박지의 요건이라면 항만의 이상적인 설계를 비롯하여 항로표지, 입출항 원조시설, 계류설비 및 육상창고 등을 갖추어 출입항 선박의 안전을 도모하고 항으로서의 기능을 능률적으로 발휘하도록 하는 것이나 항해사의 관점에서 본 박지의 요건은 다음과 같은 것들을 들 수 있다.

① 수 심

수심은 충분히 여유가 있는 것이 바람직하며 자력조선을 해야 하는 항로 등에서는 최소한 입출항 최대선 흘수의 1.4~1.5배 정도의 수심이 바람직하다.

또, 박지에서는 예인선을 이용한다고 하더라도 일반적으로 흘수의 10% 정도 이상의 여유수심이 필요하다.

② 항내 수역

항내 수역은 정박수역, 출입항로 및 선회장(Turning Basin) 등으로 구성된다.

㉮ 정박수역(Berth, 묘박지)

㉠ 묘박수역 = 최소한 선체장 + 3 shackle을 반경으로 하는 원의 면적

㉡ 단묘박 계류 = 선체장 + 1 shackle을 반경으로 하는 원의 면적

㉢ 전후 부표 계류 = 양부표간의 거리

㉯ 출입항로(Fairway)란 대형선이 묘박지를 출입하는 통로를 말하며 그 폭은 출입하는 최대선박의 길이 이상이 되어야 하고 항로를 준설해서 만들 때에는 출입하는 최대선 길이의 2배 이상이어야 하며 항로상 만곡부의 곡률반경은 출입하는 최대선 길이의 4배 이상이 바람직하다.

㉠ 유체역학적 요소를 고려한 항로의 폭(L = 출입 최대선박의 길이)

㉡ 보통 항로 ≥ L

㉢ 준설 항로 ≥ 2L

㉣ 곡률 반경 ≥ 4L

㉰ 선회장(Turning Basin)

선박의 박지 출입시에는 자연히 회두가 필요하게 되고 그러기 때문에 회두에 필요한 최소한의 수면을 생각하여야 한다.

평온한 기상조건하에서 180°를 회두하는데 필요한 최소한의 수역은

㉠ 자력 조선시 = 선체장의 2~3배

㉡ Tug 이용시 = 선체장의 1.5배 정도가 필요하다.

㉱ 항입구

가능하면 외해(外海)로부터 잘 보이는 곳이 좋고 출입항 조선에 지장이 없는 한 외해로부터 풍파가 들어오지 않는 방향과 조석류나 주 풍조에 평행인 방향이 좋다.

입구의 폭은 출입하는 최대선 길이의 1.2~1.5배 정도가 많다.

8. 묘박의 기본적인 단계

기본적인 묘박은 대개 다음과 같이 이루어진다. 즉 묘박지에 접근하여 Final Heading으로 선회하는 과정 물론 사정이 허락한다면 미리 Final Heading을 취하여 묘박장소로 접근하는 경우도 있을 것이다. 그 후 묘박장소에 도착해서 기관을 후진시킨 후 투묘하는 과정과 이후 Chain이 Brought Up하는 과정을 거쳐 묘박이 완료되게 될 것이다. 어떠한 경우에도 이 단계는 크게 변하지 않으므로 이 4가지 단계를 하나하나 살펴보도록 한다.

1) 묘박지로의 접근

① 감속 운전

묘박지에 접근하면서는 선속을 감속시켜야 한다. 선속의 감속은 묘박 계획을 수립하는데 필요한 시간을 제공하고, 어떠한 사태에 대비할 시간적인 여유를 주며 특히 긴급사태가 일어났을 경우 선박을 정지하고 기다릴 수 있는 시간적 여유를 주기 때문이다. 어느 정도 감속시켜야 하는가는 묘박지의 여유수역, 주변의 교통밀도, 항로상태, 기상상태, 본선 제동거리 등에 따라 다르므로 일률적으로 이야기할 수는 없으나 6마일을 남겨 두고는 Harbor Speed로 항행하여야 하며 4, 3, 2마일에서 각각 Half, Slow, Dead Slow로 진행하면 무리가 없을 것이다.

② 본선 움직임의 동향 파악

본선의 움직임을 대수속력으로 파악하지 말고 근처 묘박하고 있는 선박이나 육상물표 등과의 상대적인 움직임으로 파악하려고 노력하여야 한다. 즉 본선이 풍조에 의해서 밀리는 정도를 감으로 느껴야 하며 본선의 정횡부근에 있는 물표로는 본선의 전진/후진의 정도를 파악하고 좌우 방향으로의 편위는 선수미 부근에 있는 물표로 확인할 수 있다. 이는 짧은 시간으로 이루어지는 것은 아니므로 평소에 본선에 설치되어 있는 Doppler Log 등과 비교해 가며 관찰력을 쌓아야 할 것이다.

③ 본선 선회권의 확인

본선의 선회권은 정상 수심과 평온한 기상에서 통상적으로 자선 길이의 3배나 3.5배 정도에서 이루어지며 만약 선회 중에 RPM을 증가시키면 이 선회권은 감소하게 된다.

④ 본선의 제동거리

묘박지에서 자신이 원하는 위치에 본선을 정선시켜 투묘할 수 있다면 묘박 계획을 여유있고 체계적으로 세울 수 있을 것이다. 물론 선박의 제동거리는 선박의 흘수(Displacement), 기상, 기관의 사용 정도 등에 따라 다르겠지만 여기서는 일반적으로 알려져 있는 수식을 소개하므로 추후 자신의 선박에 대해 이를 적용해 흘수 및 기관의 마력에 따른 제동거리를 따로 구해보면 될 것이다.

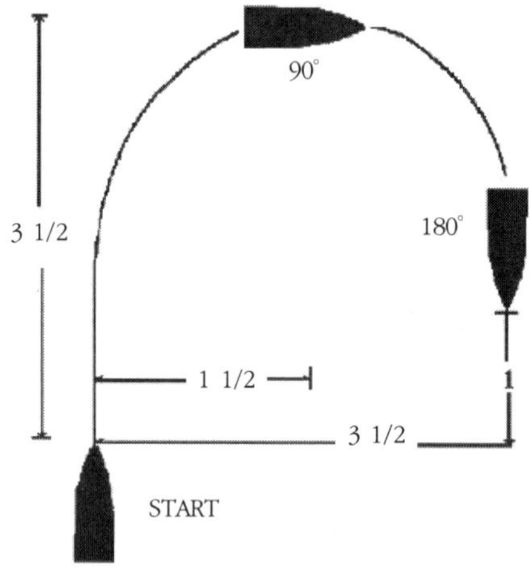

[그림 1-16] 정상수심에서의 선회권

㉮ 제동거리 D는

$$D = 0.0135 \frac{W \times V^2}{Ta} \text{ (in meter)}$$

여기서 W : displacement + virtual mass of 0~15% displacement in ton

V : initial speed in knot = 0.514V in mtr/sec

Ta : astern thrust of screw propeller in ton. force

㉯ 추진기의 전진력과 후진력 계산식

㉠ 상용항해속력 V knot의 매초 속력은

$V \times 1852\text{m}/60 \times 60\text{sec} = 0.514\text{V}$

유효엔진마력은 기관마력의 65% 정도이며 1HP=75kg m/sec이므로 추진력 T는

$$T = \frac{BHP \times 75}{0.514V} \times 0.65 \times \frac{1}{1000} = \frac{BHP}{V} \times 0.0948 \text{ (in ton. force)}$$

㉡ 기관 사용중의 전진 RPM에 대한 전진 추진력 계산식 T'

$T' = T \times$ (현재속력의 rpm)^2/(상용속력의 rpm)^2(in ton. force)

㉢ 기관 사용중의 동일한 후진 기관발령에 의한 후진 추진력(Ta)

$Ta = T' \times 0.75$(in ton. force)

실제로 본 식을 각 선박의 흘수에 따른 배수량과 마력 및 전진, 후진 RPM으

로 계산해 보면 2700 TEU 컨테이너 선박의 경우는 외력의 영향 및 천수의 영향을 고려하지 않는다면 항내에서 5knot 이하의 속력으로 항해할 때 원하는 묘박지점의 6 Cable 전방에서 Half Astern을 사용하면 원하는 장소에 정선할 수 있다.

2) 투묘위치의 선정

① 투묘지점

Anchor를 투하하는 곳은 선교가 아니라 선수이다. 그러나 명백한 이 사실을 많은 조선자들이 망각하는 수가 많다. 작은 배의 경우는 별로 큰 문제가 되지 않으나, 길이가 2 Cable에 달하는 대형선의 경우는 문제가 될 수 있으므로 항행 위험물이나 묘박하고 있는 타선과의 거리가 나중에 선박이 선회를 하면 크게 달라지기 때문이다.

② 두 선박 사이에 투묘할 경우

일렬로 나란히 투묘하고 있는 선박의 중간에 투묘할 경우는 기계적으로 그 중간에 투묘하지 말고 나중에 180도로 선회할 경우를 생각하여 앞 선박에 조금 더 가깝게 투묘하는 것이 좋다.

③ 투묘시의 후진타력

일반적으로 선박에서는 너무 일찍 기관후진을 중지하는 일이 많다. 선박이 약간의 후진타력이 있어야 Chain이 해저에 Pile Up되는 것을 막을 수 있으며 해저에 똑바로 깔리게 할 수 있으므로 선박이 완전히 정선해 있는 상태에서 투묘하는 것 보다 어느 정도의 후진타력을 갖게 해야 한다. 이 경우 본선이 얼마만큼의 Speed를 가지고 있느냐 하는 것은 Doppler Log를 사용할 수도 있으나 전통적으로 Quick Water를 이용한 선속측정법을 자주 사용한다.

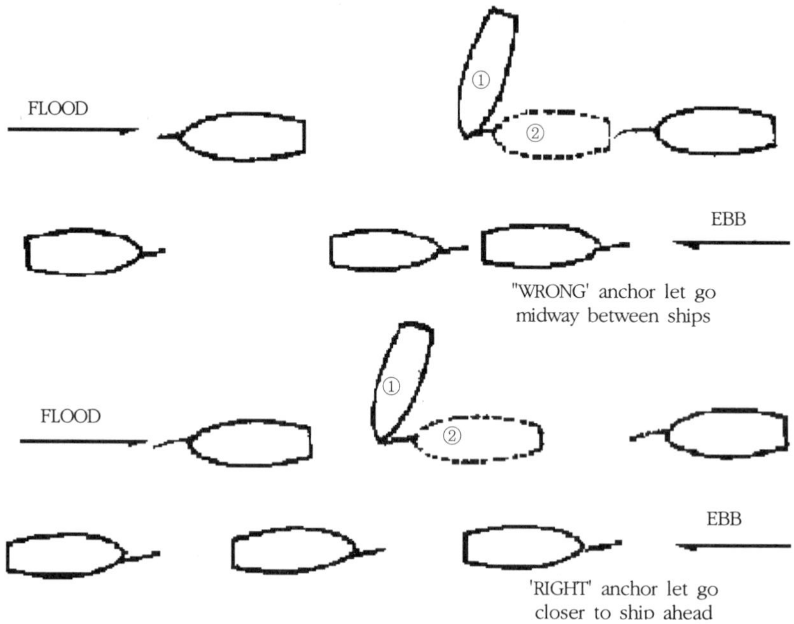

[그림 1-17] 투묘위치의 선정

④ Quick Water 의 이용

Quick Water는 기관 후진시 선미에 일어나는 와류를 말한다. 통상 묘박지에 접근하여 후진기관을 사용하면 Quick Water가 선미에서 일어나고 그것을 선미에 달면서 선박이 전진하면 약 3knot의 선속을 가졌다고 추정한다. 만약 Quick Water가 선미부근에서 선수쪽으로 앞서기 시작하면 약 2 knot의 선속이며 선수쪽으로 앞서 나가는 Quick Water가 선체의 중간 부근까지 오면 선박은 거의 정선해 있는 상태이다. 이 Quick Water는 좌현보다 우현이 관측하기가 쉬우며 거의 모든 경우에 적용할 수 있으나, 여기서 추정하는 선박의 Speed는 대지속력이 아니라 대수속력이라는 점을 유의하여야 한다. 즉 Current가 약 1knot 있는 수역에서는 비록 Quick Water가 선체 중앙에 와서 투묘를 했다 하더라도 실제로 선박은 1knot의 속력으로 움직이고 있다는 사실을 명심하여야 한다.

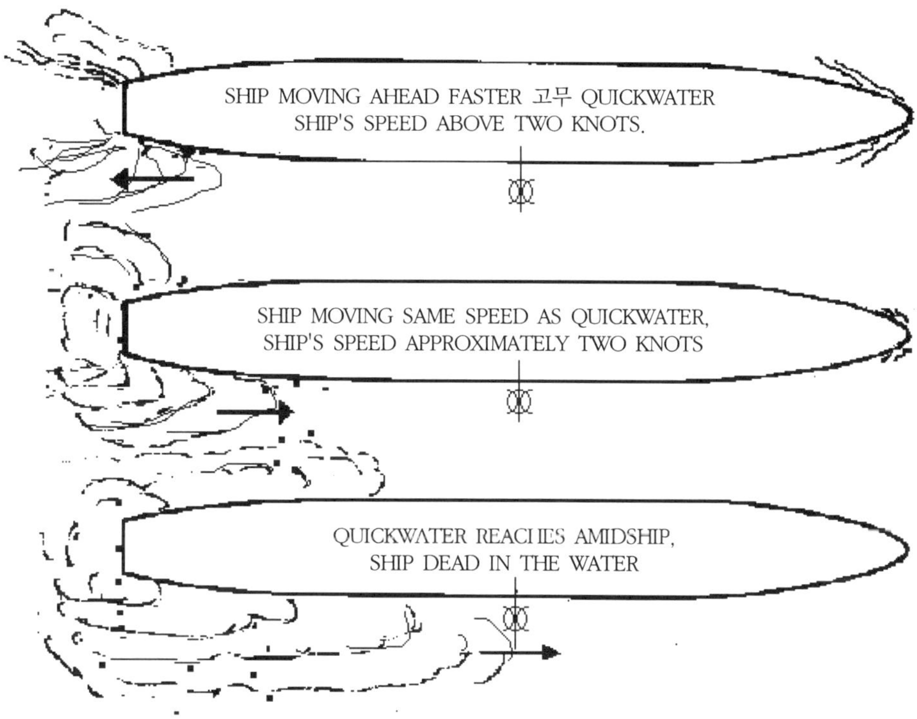

[그림 1-18] Quick Water의 이용

3) Chain의 신출

수심에 따른 Chain의 신출량은 앞에서 살펴본 바와 같으나, 통상적으로 Anchor의 Shank가 해저에 평행하게 누워 Fluke가 완전하게 해저를 파고 들어가면 Anchor에 의한 파주력은 대개 Anchor무게의 4배 정도이다. 그러나 Shank가 해저에서 들려 약 5도의 간격이 생기면 파주력은 25%를 잃게 되며 만약 15도가 들리면 50%를 잃게 된다. 따라서 Chain을 신출할 때 너무 일찍 Chain을 Tight시키면 Shaft가 해저에 평행하게 눕지 못해 주묘의 원인이 될 수도 있다는 사실을 염두에 두어야 한다. 통상 수심의 2배 정도는 Chain을 일시에 내어 주며 그 후 Chain방향이 선수로 뻗어나가기 시작하면 1 Shackle씩 천천히 신출하도록 한다.

9. 묘박준비사항 및 유의사항

1) 묘박을 위한 준비사항

① Large scale chart 사용

묘박지에 접근 중 2장의 Chart를 연속하여 사용하는 경우에는 그것으로 인하여 위험하게 만들지 않아야 한다.

② 묘박지의 접근 그리고 묘박지에 관련한 Sailing direction을 숙지한다. 진입하는 동안 예상되는 바람을 Check하고 묘박지가 본선의 Size에 적합한지 여부를 확인한다.

③ Chart를 면밀히 검토하고 특히 수심 그리고 육안방위를 위한 현저한 육지표지와 Parallel indexing에 효과적인 육지표지, 저질의 파주력 특성을 기입한다.

④ 묘박지에 접근하는 동안 본선에 영향을 줄 수 있는 Tide와 Current를 계산한다.

⑤ Chart 상에 묘박지까지 Track을 표시하고 투묘지점까지 5 Cable부터 4 Cable, 3 Cable 그리고 매 0.5 Cable마다 Distance circle 혹은 Arc를 Track 상에 표기한다. 이때에는 선교에서 선수까지 거리를 고려하여야 한다.

⑥ Chart 상에 다음 사항을 기입한다.

㉮ Margins of safety, Parallel index information, areas of danger.

㉯ 전타각도에서 Advance와 Transfer

㉰ 투묘시 Drop bearing 혹은 Range

⑦ 위의 정보들을 메모하거나 선교 Notebook에 기록한다.

⑧ C/O와 C/E에게 maneuvering과 Anchoring에 예상되는 시간을 통보한다.

⑨ 측심의를 Chart상의 수심에 적절하게 맞추어 Test하고 Depth curve를 결정하여 묘박지 접근시 효과적으로 이용하며 Passage Plan을 확인한다.

⑩ 몇 Shackles을 사용할 것인지를 결정한다.

2) 묘박지의 접근(Approach)시 유의사항

① 각 부서의 인원이 배치되고 준비되었는지 확인하고 능력있는 조타수와 기관사관이 임하고 있는지 여부를 확인한다.

② 일항사 혹은 지정된 사관이 선수에 배치되었는지를 확인하고 Anchor가 사용되는 상태로 준비되었는지 여부를 확인한다.

③ 매 3~5분마다 위치를 구하고 Leeway로 인한 조정의 필요에 의해 침로를 변경하거나 침로를 유지한다. 위치는 반드시 Visual bearing과 RADAR range로 구하여야 한다.

④ 선수에는 지정된 사관을 배치하고 기관실에는 Distances to go 통보가 유지되어야 한다.

⑤ 묘박지 접근시 Doppler와 Rate of turn indicator와 같은 모든 장비를 Monitor하여야 한다.

⑥ Drop bearing에 근접하였을 때 접근에 관한 Monitor 그리고 Parallel index lines이 Track을 유지하고 있는지의 Monitor가 유지되어야 한다.

⑦ Plan에 따라 진행하고 있는지를 확인하기 위하여 메모와 선교 Note book을 확인한다.

⑧ Anchor가 수면상에 내려져 있고, Brake는 채워져 있는지 확인.

⑨ 조타가 가능하지 않을 경우에는 Bow thruster를 사용하여 ship's heading을 유지한다.

⑩ Drop bearing 위치에 이르는지 지속적으로 Monitoring하고 전진력을 확인하기 위해 후진추진(Backing down)을 시작한다.

3) 묘박지(At Anchorage)에서의 유의사항

① 선박이 Drop bearing에 위치하는지 확인한다.

② 배수류와 선측으로의 배척류, Bridge wing에서 나무판을 던져 선박이 정지하였는지 확인하고 Doppler관측에 의해 미속 후진타력을 가지고 있는지 확인한다.

③ 수심의 4배에서 7배까지 신출하고 Anchor의 긴장도(장력)와 방향의 이동을 관찰한다. 긴장도(장력)를 보고할 때에는 다음과 같은 요령으로 보고한다. NONE(없음), SLIGHT(약간), MODERATE(보통), HEAVY(강함) 그리고 방향은 12 O'clock 방법에 의한 O'clock으로 보고한다.

④ Bearing을 측정하고 선박이 묘박위치에 놓여 있는지 확인한 다음 Chart 상에

선회반경을 표시한다.

10. 묘박 방법

1) 단묘박(Lying at single anchor)

한 쪽의 주묘(Bower anchor)만을 사용하여 묘박하는 방법으로서 묘박장소에 충분한 여유수역이 있고 조류의 변화가 비교적 작은 수역에서 가장 일반적으로 행하여지는 방법이다.

① 단묘박 중에 선박은 풍조의 영향에 따라서 항상 풍조에 추종하는 자세를 취하므로 묘박 위치(Anchor position)를 중심으로 하여 신출한 묘쇄장에 대응하는 원궤적 내에서 움직인다. 이 때문에 단묘박은

- 넓은 선회면적을 차지한다.
- Foul anchor가 되기 쉽다.

즉, 풍조의 방향 변화 등의 원인으로 묘쇄가 묘의 Fluke 등에 걸려서 파주력이 상실되는 수가 있다. 반면에 단묘박은

- 투묘, 발묘가 간단하고 작업시간이 짧다.
- 황천 등 응급보안 묘박 자세로의 대책이 용이하다.

② 단묘박의 투묘법으로는

- 전진투묘법
- 후진투묘법
- 심해투묘법(정지투묘법)

이 있으나 보통의 수심에서는 일반적으로 후진투묘법에 의한 단묘박이 많다.

2) 쌍묘박(Mooring)

선박이 양현묘를 상당한 거리 간격으로 투묘하여 선수가 거의 양현묘의 중간에 위치하게 함으로써, 풍조의 방향에 따라 자세가 변하며 주로 한쪽 현의 묘에 의하여 묘박하는 방법을 쌍묘박(Mooring)이라 한다.

일반적으로 쌍묘박 시에는 양현묘의 묘쇄는 같은 길이가 되도록 신출해 주며, 풍조에 의하여 장력이 생긴 묘 또는 묘쇄를 Riding Cable이라 하며 장력이 생기지 않는 묘를 Non-Riding Cable이라 한다.

쌍묘박법은 협소한 박지에서 선체의 swing을 방지할 목적으로 묘지의 주 풍조와 와 묘의 연결선이 일치하도록 투묘하여 Riding Anchor에 계류하는 방법으로서 양묘쇄를 같은 길이로 충분히 tight시켜주어야 한다.(tight시키지 않으면 양묘쇄가 꼬일 우려가 많다)

또한, 쌍묘박은 개항질서법, 항칙법, 기타 법령으로 정해지기도 한다.(개항질서법상 부산과 묵호는 쌍묘박을 해야 한다. 부산은 선회경을 좁은 수역에 제한하기 위함이고 묵호는 묘가 바위에 걸려 묘쇄가 절단되는 일이 많기 때문에 안전대책의 하나로써 쌍묘박을 규정하고 있다.)

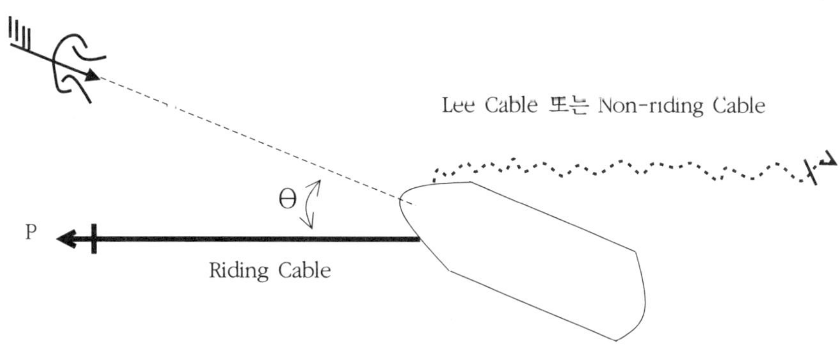

[그림 1-19] 쌍묘박

① 쌍묘박은 단묘박에 비해 다음과 같은 장단점이 있다.

〈표 1-6〉

장 점	단 점
• 선체의 swing 범위가 작으며 선체의 동요와 전후진 운동이 완화된다. • 풍력이 강해지면 양현 묘쇄를 신출하여 2묘박으로 강대한 파주력을 얻을 수 있다(풍향이 묘위선에 직각일 때). 풍향의 변화에 대해서는 양현 묘쇄를 적당히 신축 조정하여 대처할 수 있다.	• 단묘박에서는 Foul Anchor가 되기 쉽지만 쌍묘박에서는 Foul Hawse(=Foul Cable)가 될 우려가 있다. • 쌍묘박에서는 양묘 모두 주묘가 될 때에는 Anchor를 걷어서 다시 투묘하는 것 이외에 대책이 없다. • 투묘, 발묘 등의 묘작업에 많은 시간을 요한다.

② 쌍묘박의 투묘법에도

㉮ 전진투묘법(Running Moor or Flying Moor)

㉯ 후진투묘법(Ordinary Moor)

의 두 가지 방법이 있으며 일반적으로 전진투묘법을 많이 쓴다.

3) 이묘박(Riding at tow anchors)

강풍과 이에 따른 파랑이 있는 수역, 또는 조류가 강한 수로에서 묘박할 경우에는 선체에 작용하는 외력이 크고, 또한 외력이 변동함으로 인하여 선체의 동요가 일어나므로 묘쇄에 큰 힘이 작용한다. 따라서 이러한 조건하에서 묘박할 때는 미리 파주력을 증대시키고 선체 동요를 완화시킬 수 있는 방법을 강구해야 한다. 이러한 대책으로서 양현묘를 사용하여 묘박하는 것을 이묘박이라 한다.

① [그림 1-20]에서 ㉮의 방법은 묘쇄를 비교적 접근시켜서 투묘하는 방법으로 묘쇄장은 양현이 동일하다. 풍조가 일정하여 swing이 없을 때는 파주력이 최대이나 풍조가 변할 때는 swing이 크며 장력이 많이 걸린다.

이 묘박법은 양묘의 협각이 작을수록 파주력이 크고 그 협각이 0(zero)일 때는 파주력이 단묘박의 2배가 된다. 그러나 swing의 방지라는 측면에서 볼 때 양묘의 협각(θ)이 50°~60°일 때가 가장 양호한 묘박자세를 이룬다.

이 묘박법은 풍향의 변화에 대응하기에 부적합하다. 교각이 60°일 때는 단묘박의 1.73배 정도의 파주력이다.

$$2T\cos\frac{\theta}{2} = 2T\cos 30 = \sqrt{3}\,T = 1.73T$$

② ㉯의 방법은 선체의 swing이 가장 심하며, 이로 인하여 각 anchor에 교차로 급장이 작용하여 주묘와 묘쇄의 절단 위험이 많다.

③ ㉰의 방법은 강풍의 경우에 ㉮의 경우보다 파주력이 약하지만 선체의 swing이 없어서 급장이 작용하지 않고 풍위의 변화에 순응하기가 쉽다. 또한 풍위의 변화에 따라서 선수가 회두하게 놔두고 최대강풍의 시기에 제진묘를 신출하여 교각을 50°~60° 정도로 하는 2묘박으로의 이행이 가능한 방법으로써 2묘박 방법 중 가장 이상적인 방법으로 알려져 있다. 투 · 양묘 또한 간단하다.

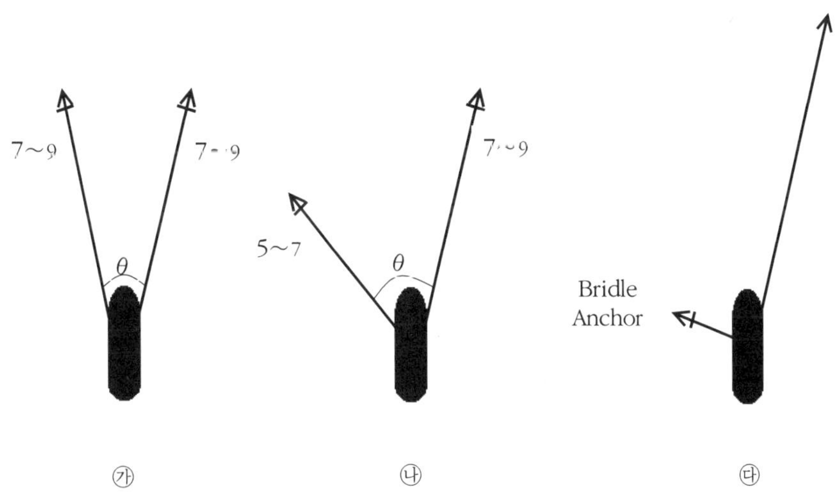

[그림 1-20] 이묘박

4) 선수미 묘박

선수에서 1개 또는 2개의 묘를 투하하고 또한 선미에서 1개의 묘를 투하하여 일정 방향에 선수미를 유지하는 방법으로 특수한 경우에 사용한다.

특히, 선수에 2개의 묘를 투하하고 후진하여 선미로부터 부표나 육안에 계류색을 잡는 방법으로 계류하는 것을 지중해식 계류(Mediterranean Moor)라고 하며 지중해 연안에서 많이 쓰인다.

5) 선미 묘박

협소한 항이나 선박이 폭주하는 묘박지 또는 가항수로의 폭이 제한된 강 등에서 선미로부터 풍조를 받으며 입항 또는 항해 중에 중묘(Kedge Anchor or Stern Anchor)를 써서 선미 투묘에 의해 기간 동안 가박하는 방법이다.

11. 투묘법

투묘법에는 전진투묘법, 후진투묘법, 심해투묘법(정지투묘법) 등이 있다.

1) 전진투묘법

① 단묘박시 전진투묘법

예정 Berth에 진입하여 상당한 잔여 타력으로 진행하면서 투묘하고 묘쇄를 신출하면서 묘박 태세를 취하는 방법이다. 투묘시 후진기관을 사용하여 타력을 감쇄해야 한다.

㉮ 장점

㉠ 전진에 의한 보침 및 조선이 용이하므로 예정 위치에 정확하게 투묘할 수 있다.

㉡ 필요하면 묘쇄를 희망하는 방향으로 똑바로 끌고 갈 수 있다.

㉢ 단시간에 묘작업을 끝낼 수 있다.

㉯ 단점

묘쇄 및 선체에 충격이 심하여 전진타력이 과대하면 묘쇄가 Windlass에서 튀거나 무리한 힘이 가해져서 묘쇄가 절단될 우려가 있다. 전묘쇄를 신출하여 타력을 억제하여 정선할 수 있는 선속의 한계는 2.5 knots임(기관과 묘쇄를 같이 사용하면 4 knots까지 가능)을 명심하여야 한다. 특히 만재 상태에서는 전진투묘라 하더라도 타력을 안전한 범위까지 감쇄한 후에 투묘하여야 한다. 각 국의 도선사들이 대형선에서 전진투묘만 했다하면 거의 예외 없이 Windlass의 brake band lining을 단번에 손상시켜 놓는 것은 속도의 안전한계를 무시하기 때문이다.

통상의 투묘는 타력이 0.5 knot 이내가 안전하다.

② 쌍묘박의 전진투묘법(전진 쌍묘박, Running Moor or Flying Moor)

전진타력에 의하여 제 1묘를 투하하고 선체가 정지될 때에 제 2묘를 투하하는 방법이다.

즉, 선체가 머물고자 하는 예정 berth로부터 신출 예정인 한쪽 현 묘쇄의 길이 정도의 전방에서 제 1묘를 투하하고 계속해서 묘쇄를 신출하여 전진하여 (이때 필요하면 극미속의 기관과 타를 사용해서 똑바로 나간 후에) 제 1묘의 묘쇄가 예정 신출량의 2배 정도 나가면 남은 타력이 모두 없어지도록 묘쇄를 Holding하여 해저에 일직선으로 깔리도록 한 후에 제 2묘를 투하한다. 그 후에 먼저 투하했던 제1묘를 감으면서 제2묘를 신출하여 양묘쇄가 같은 길이가 되도록 tight시켜주는 묘박법이다.

이 방법은 후진투묘법에 비하여 볼 때 보침이 용이하므로 풍조가 있더라도 조선이 쉽고 예정 위치에 비교적 정확하게 투묘할 수 있다. 일반 상선에서 쌍묘박시에 흔히 사용하는 방법이다.

2) 후진투묘법

① 단묘박시의 후진투묘법

예정 berth의 조금 전에 후진기관을 걸고서 투묘예정 위치에서 타력이 없도록 한 후에 투묘하는 방법이다.

실행상 반전기관에 의한 배수류가 소형선의 경우 선수에 채 미치지 못하였을 즈음과 대형선의 경우 선체 중앙부에 채 미치지 못하였을 즈음에 투묘하고 기관을 정지하면 4~5 shackle 정도의 묘쇄가 신출될 때에 선체가 멈추고 서게 된다.

일반 상선에서 단묘박시에 흔히 행하는 방법이며 잔여타력에서 후진기관(보통은 반속후진을 사용하며 전속후진은 비상 대책으로서 예비로 남겨둔다)을 걸면 얼마나 더 전진하다 정지하는가를 사전에 짐작하여야 한다.

보통은 예정점까지 선체의 길이(L) 정도가 남았을 때 반속후진하여 정지하면 투묘하고 후진타력이 생기면 기관을 정지한다.

㉮ 장 점

㉠ 투묘 직후 곧 묘가 해저에 잘 박힐 수 있다.

㉡ 전진 기관에 의해 후진타력의 억제가 용이하기 때문에 선체와 묘쇄에 무리한 힘이 가해지지 않는 이점이 있다.

㉯ 단점

강한 풍조를 옆에서 받게 되면 예정 위치에 정확한 투묘가 안 되는 점이 있다.

② 쌍묘박시의 후진투묘법(후진쌍묘박법, Ordinary Moor, Standing Moor)

예정 berth를 제 1묘의 예정 신출 길이만큼 지났을 때 선체의 행각이 정지하고 후진타력을 갖기 시작하도록 조선하여 제 1묘를 투하하고 이를 신출하면서 기관 및 타를 적절히 이용, 가능하면 직후진하도록 하여 처음 투묘한 묘쇄가 예정 길이의 약 2배가 되면 제 2묘를 투하한다.

이후에 제 1묘를 감으면서 제 2묘를 신출하여 양현 묘쇄를 거의 같은 길이로 tight시키는 방법이다.

장점은 과대한 응력이나 손상을 방지하는데 효과적이라는 것이다.

단점은 자세유지와 보침조선이 불량하여 외력이 있는 좁은 박지에서는 곤란하고 작업시간이 많이 걸리는 것이다.

쌍묘박 투묘시의 주의사항은 다음과 같다.

㉮ 묘위선이 그 박지의 주풍조와 일치하도록 해야 한다.

㉯ Foul hawse를 방지하기 위하여 묘쇄를 완전히 tight시켜 두어야 하며 Foul hawse시 묘쇄의 절단에 대비하여 joining shackle을 deck상이나 Windlass 상에 오도록 함이 좋다.

㉰ 제 2묘쇄를 투하할 때까지 본선의 타력(행각)이 과대하면 그 억제가 곤란할 뿐만 아니라 때로는 묘쇄 절단의 위험이 있다.

㉱ 쌍묘박시에 풍조를 선수에 받도록 투묘하여야 하며 전진투묘시에는 풍하측 묘를 후진투묘시에는 풍상측 묘를 제1묘로 한다.

3) 심해 투묘법(정지투묘법)

① 심해라고 함은 소형선에서는 1 Shackle(27m) 이상, 대형선에서는 40m 이상의 수심을 말한다. 수심이 깊은 곳에서 통상의 투묘법과 같이 Cock bill 상태에서 투묘하면 묘와 묘쇄는 대단한 힘으로 낙하가 되며 다음과 같은 결과를 초래한다.

㉮ 묘와 해저와의 접촉시의 충격으로 묘의 변형이나 손상을 받기 쉽다. 특히, 해저의 저질이 단단하면 더욱 위험하다.

㉯ 묘쇄는 신출이 될수록 가속이 되어 신출의 억제가 곤란해진다. 그로 인하여 windlass brake의 고장 또는 묘쇄의 절단이 일어날 수 있다.

㉰ 신출된 묘쇄가 묘의 위에 중첩되어서 좋은 파주력을 얻기 힘들다.

따라서 다음과 같은 요령으로 투묘해야 한다.

㉠ 수심이 30m를 넘을 때 : 약 1 shackle(27m) 정도를 walk-back하여 극히 약한 타력으로 brake에 의한 투묘를 한다.

㉡ 수심이 50m를 넘을 때 : 묘가 해저에 닿을 때까지 walk-back하여 극히 약한 타력으로 brake에 의한 투묘를 한다.

㉢ 수심이 80m를 넘을 때 : 묘쇄의 전신출량을 walk-back으로 한다.

㉣ 해저가 급경사된 곳 : 육지에 가깝게 해저가 급경사되어 있을 때에는 처음부터 예정 수심 정도의 묘쇄를 walk-back하여 미속으로 육안을 향하여 접근하다가 해저에 접하면 예정 산출량을 walk-back하여 묘박한다.

② 심해 투묘시의 주의점

㉮ 측심의(Fathometer, Echo Sounder) 또는 Hand lead로 수심을 확인한다.

㉯ 투묘시 타력은 투하한 묘를 해저에 Dig-in시키기 위해서는 적당한 타력이 필요하지만 행각(타력)이 과대하면 묘쇄의 신출 속도가 너무 커져서 windlass brake의 손상 우려가 있다. 일반적으로 심해 투묘시 타력은 0.5 kt 정도 이내가 적당하다.

㉰ 묘박 가능한 수심의 한계는 windlass의 정격 양묘능력이 묘를 감아올릴 수 있는 범위의 수심이다.

4) 하천투묘법

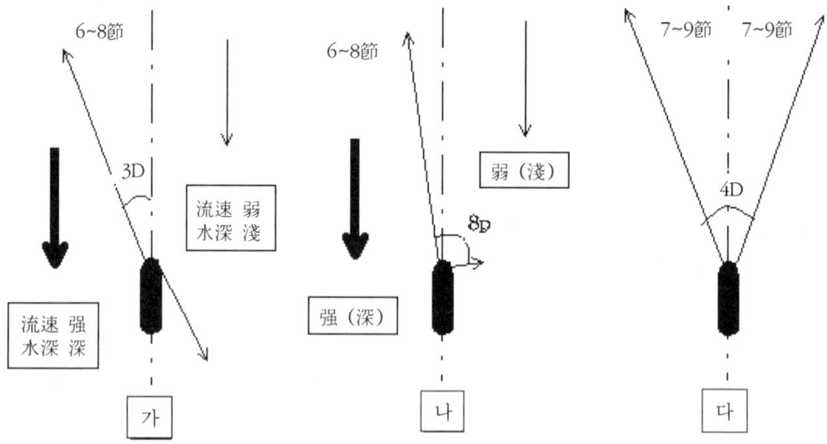

[그림 1-21] 하천투묘법

유속이 있는 비교적 협소한 하천에서 묘박할 때에는 다음의 사항이 요구된다.

- 타선의 통항을 방해하지 않을 것
- 묘박지의 흐름은 난류가 아니고 단순히 약하게 직진하는 흐름일 것
- 묘박지는 수로의 curve에서 적어도 3L 이상 떨어질 것 (L＝선체 길이)

① 풍향이 일정한 경우의 묘박법

㉮ : 예정 anchorage에 진입한 후에 유속이 큰 쪽의 묘를 먼저 투하하고 선수를 흐름에 맞서면서 압류시켜서(이 경우 미속전진 기관을 유지하면서) 약 10절을 신출해준 후에 유속이 작은 현측의 묘를 투하하고 먼저 투하한 묘쇄를 감으면서 그림의 ㉮와 같은 자세로 묘박하는 방법이다. 이 방법은 선체의 swing이 가장 적으며 또한 상류로부터의 표류물을 떠내려 보내는데 유리하므로 최선의 방법이라고 간주된다.

㉯ : ㉮와 거의 같은 방법으로 조선하여 제 1묘 및 제 2묘를 투하하는 것이나 제2묘의 위치가 정횡에 오도록 하는 것이다. 제 1묘가 Riding cable이므로 제2묘는 위치만 정해줄 정도의 길이만 신출하면 된다. 선체의 swing은 다소 큰 편이나 상류로부터의 표류물을 내려 보내기 쉬운 점과 ㉮에 비하여

Riding anchor가 주묘될 경우에 응급조치를 취하기 좋은 점이 유리하다.

㉰ : 흐름의 세기가 균일한 장소에서 행하여지는 방법으로 한쪽 현의 묘를 투하한 후에 기관과 조타에 의해서 반대 현측으로 진출하여 제2묘를 투하하고 그림과 같이 양현 묘쇄를 같은 길이로, 그 협각은 약 4 point로 묘박하는 방법이다. 유향이 일정하더라도 유속의 변화, 풍향 · 풍속의 변화 등으로 swing이 상당히 크며 주묘시에 대책이 없을 뿐만 아니라 상류로부터이 표류물이 걸리기 쉬워서 하천 묘박으로서는 별로 좋지 않다.

② 조위에 따라 유향이 반전하는 경우의 묘박법

조위에 따라 유향이 반전하는 곳에서는 이묘박의 경우에 묘쇄가 꼬이기 쉽고, 단묘박은 전향시에 이상적으로 변향시키기가 어렵다.

따라서 [그림 1-22]와 같은 투묘가 바람직하다.

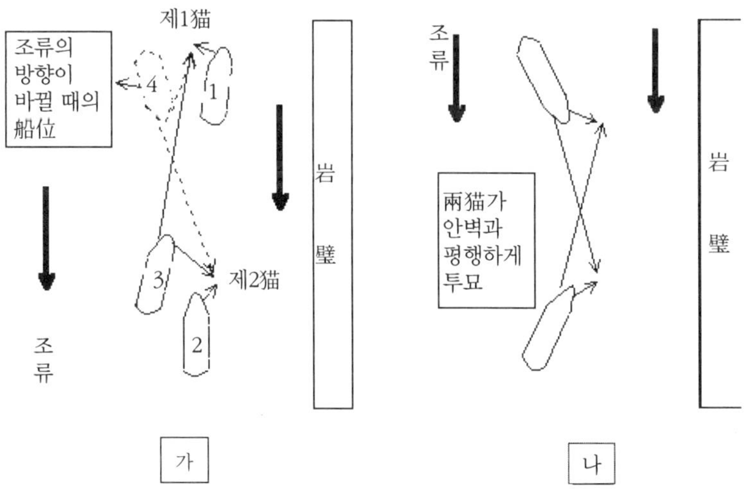

[그림 1-22] 조류가 있는 장소에서의 투묘법

㉮ : Off-shore anchor가 될 제 1묘를 투하하여 이를 주묘로 하고 풍조를 선수에서 받으며 후진하여 제 2묘인 In-shore anchor를 후방에 투묘하여 진회를 억제토록 한다. 전류와 동시에 In-shore anchor를 spring으로 하여 주묘를 감아 tight시켜서 선미를 안벽으로부터 떨어지도록 swing시키면서 주묘와 진회방지용 묘의 역할을 서로 바꾸도록 묘쇄를 조정한다.

㉯ : 묘쇄의 신출량이 짧은 경우에 두 앵커를 같은 방향으로 투하시키는 방법이다. 이 경우에 Off-shore cable은 In-shore cable의 2배 이상으로 신출하여 양묘가 안벽에 평행하게 투묘하고 전류시는 양묘쇄의 역할이 서로 바뀌도록 조정한다. 이 경우도 전류와 동시에 Off-shore anchor를 tight시켜서 선미를 안벽으로부터 멀어지게 swing하도록 하여야 한다.

12. 황천묘박

1) 선체의 swing

선체는 대부분 swing이 일어나며 이것으로 인해 묘쇄에 급장이 생기며 주묘할 위험이 크다. 급장은 [그림 1-23]과 같이 묘쇄선과 선수미선이 일치하고 난 직후에 선수가 풍향과 약 30° 각을 이루게 될 때이다.

진회를 억제하여 급장을 줄이는데 효과적인 방법으로써 다음과 같은 것들이 있으나 현실적으로 단묘박이나 부표계류 중 어느 때나 이용할 수 있고 실시가 용이하여 현실적인 방법은 한쪽 묘쇄를 7~9 shackles 이상 최대한 길게 신출하고 다른 anchor로써 굴레를 씌우는 방법이다.

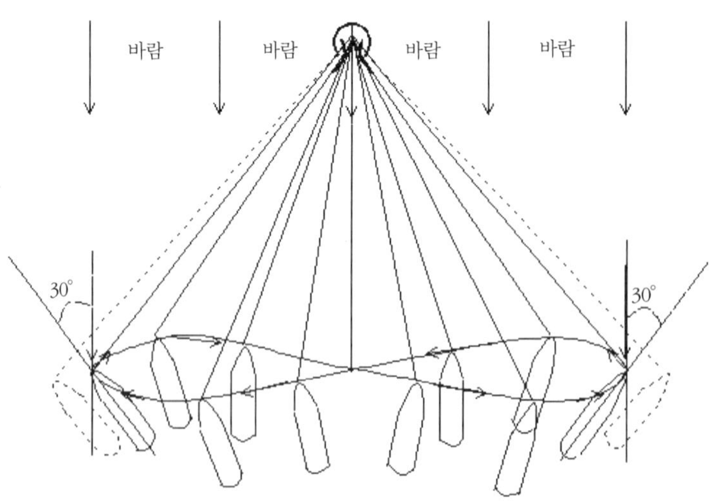

[그림 1-23] 선체의 swing

① 쌍묘박(Mooring)으로 한다.

② 이묘박시에는 가능한 양묘의 협각을 60°정도로 유지하여 (V60, ×60) 최대 풍속에 대비한다.

③ 굴레(Bridle)를 씌우는 방법(제진묘 투하) 황천이 예상될 때는 제진묘(진회 억제묘)를 Open hawse 또는 Cross hawse (hammer lock) 방식으로 bridle시킨다.

④ 묘쇄를 최대로 신출하여 파주력을 증대하고 급장을 완화하며 묘쇄의 현수부에 Spare chain, Sinker 등을 달아서 묘쇄에 걸리는 급장을 완화시킨다.

⑤ 부표계류중 황천시에는 묘쇄를 길게 신출하고 난 후에 제진묘를 수심의 1.5~2배 정도로 투하한다.

⑥ 흘수를 늘린다. 빈 탱크에 full ballasting하여 수풍면적을 감소시키고 수면하의 수저항을 증가시킨다.

⑦ Trim by the head로 하여 선수 수면하 수저항을 증대시키고 바람의 작용 중심을 선미쪽으로 이동시켜서 swing을 억제한다. 선체의 swing은 선수가 ∞字로 움직이면서 일어난다.

회두저항능률이 선미부분이 가장 클 뿐 아니라 (L4에 비례) 선미에는 타, propeller 등 저항물이 많기 때문이다.

이 때문에 선미 trim으로 하면 선수의 수풍면적이 커지며 따라서 선수의 수저항이 적어지고 swing이 크게 되어 급장이 크게 된다. 선수 trim으로 하면 수저항 작용 중심은 전방으로 이동해 가고 바람의 작용 중심을 선미쪽으로 편위시켜서 swing을 억제할 수 있다.

⑧ 설치되어 있으면 Bow thruster를 사용하여 Yawing moment를 조정한다.

⑨ 외력에 대항하기 위한 주기(Engine)의 병용

황천의 내습이 예상되면 선장은 즉시 기관을 준비하고 선박의 안전상 필요하면 빨리 사용할 수 있도록 해야 한다.

선체에 상당한 풍압력이 작용하여 주묘 또는 묘쇄의 손상을 줄 위험이 있을 경우에는 황천준비를 하고서 기관에 의한 전진타력을 이용하여 외력에 대항한다. 즉 기관을 병행하여 묘쇄의 긴장을 완화시키고 급격한 충격하중이 가해지지 않도록 하고 항상 선체를 풍향에 대해 대응 자세를 유지할 수 있는 상당한 추력을 주어야 한다.

그러나 기관을 과도하게 사용하여 Over run이 된다든가, 풍향에 대한 자세가 크게 벌어진 채 기관을 사용하여 추력을 생기게 하면 묘는 끌리게 되고 선체는 주묘 이동하게 된다.

따라서 기관의 사용은 묘쇄의 파주력을 보조하는 것으로 생각하여 다음과 같이 조작해야 한다.

㉮ 선체의 요잉운동을 방지하기 위해 앞에서 기술한 바와 같은 조치를 취하고서,

㉯ 특히 선수에서 묘쇄의 방향 및 장력을 관찰해야 하며

㉰ 기관의 전진, 정지를 짧은 시간으로 나누어 반복하여 묘쇄의 장력과 추력 및 외력이 평형상태가 되도록 하고, 변동을 주지 않아야 한다.

㉱ 그러나 대형선에서 기관을 짧은 시간동안 수회 반복하여 계속 사용한다는 것은 불가능하다고 할 수 있으므로 상황에 따라 적절히 사용해야 한다.

㉲ 기관을 병용함에 주의할 점은 기관을 과도하게 사용하면 더욱 파주상태 및 자세를 나쁘게 하는 결과를 초래할 수 있으나, 황천 시에 주묘를 방지하는데 유효한 방법이라 할 수 있다.

2) 제진묘의 사용

제진묘라 함은 단묘박중 풍향·풍속의 변화, 유향·유속의 변화 또는 풍랑의 변화 등 외력의 변화로 인한 선체의 전·후진운동, 좌우 진회운동 및 그러한 운동타력을 억제하여 묘쇄의 절단과 주묘 등을 방지하기 위하여 투묘하는 묘를 말한다.

① 제진묘의 결정

어느 현의 묘를 제진묘로 사용할 것인가 하는 것은 다음의 사항을 고려하여 결정한다.

㉮ 제진태세로부터 2묘박으로 이행할 경우에 V60으로 할 것인가 또는 ×60으로 할 것인가?

㉯ 풍향의 변화 상황, 즉 풍향이 우로 변하는가 혹은 좌로 변하는가?

등에 따라 달라지므로 일률적으로 정할 수는 없다.

㉰ 황천이 계절풍이 아닌 태풍이라면 본선의 위치는 북반구인가, 남반구인가?

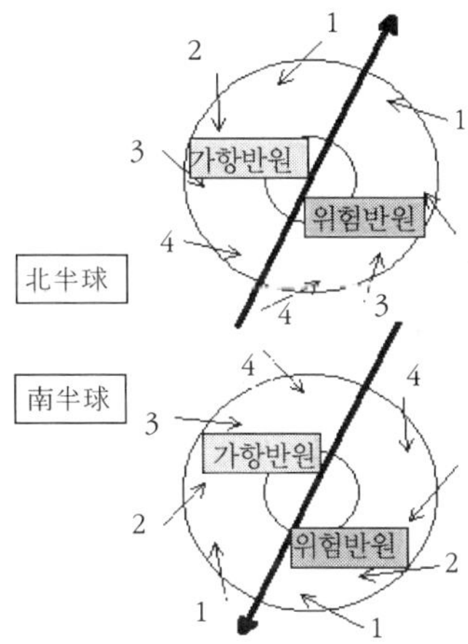

[그림 1-24] 풍향 변화

② 풍향변화의 예측 방법

㉮ 북반구

㉠ 좌반원 : 가항반원 = 풍향 반시계방향으로 변화

㉡ 우반원 : 위험반원 = 풍향 시계방향으로 변화

㉯ 남반구(진행방향으로 볼 때)

㉠ 좌반원 : 위험반원 = 풍향 반시계방향으로 변화

㉡ 우반원 : 가항반원 = 풍향 시계방향

③ 황천시의 이묘박법(V60 및 ×60)

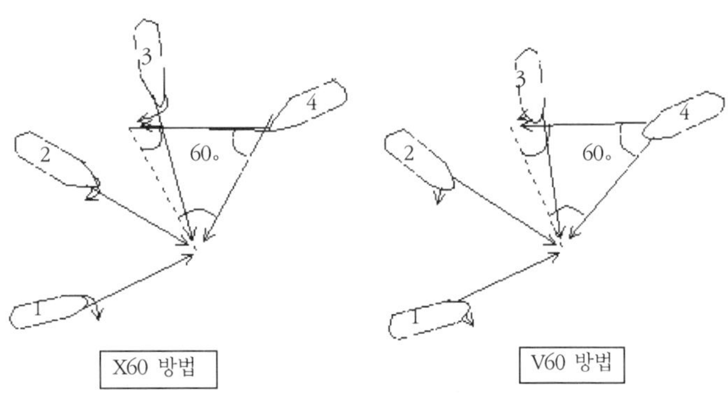

[그림 1-25] 황천시의 이묘박법

북반구에서 태풍의 우반원(위험반원)이 예상되는 경우에 ×60°방식으로 이행할 경우에는 그림에서 보는 바와 같이 좌현묘를 제진묘로 사용해야 한다. ①의 자세에서 제진묘를 투하하여 풍향이 변함에 따라 제진묘를 끌면서 선체를 회두시키다가 드디어 최대풍속이 가까워 오면 제진묘쇄를 신출하여 좌우등량으로 하는데 그 협각은 60°가 되도록 한다. 그러면 묘쇄가 선수 전방에서 교차되어 ×60형이 된다.

V60 및 ×60의 장단점은 아래와 같다.

㉮ ×60 방법은 선체의 swing은 전혀 보이지 않지만 그 대신 flare가 적은 선박에서는 stem이나 묘쇄에 부당한 응력을 주는 결점이 있다.

㉯ V60 방법은 역으로 상기와 같은 결점은 없는 대신 선체의 swing이 얼마간 생긴다.

3) Foul Hawse의 방지 및 Clear Hawse 방법

① Foul Hawse의 방지

선체가 정박중 항상 Open Hawse로 유지하기 위해서는 Anchor 투하시에 풍조의 방향과 Anchor Line의 방향이 일치하게 하여 Chain의 장력과 Rudder를 이용하면 된다. 우현 Anchor가 Riding Chain인 경우 풍조가 반대 방향으로 180° 변하기 직전에 Rudder를 Hard Port하여 선미를 우현으로 Swing시키고 선체가 회두한 후에 Rudder를 다시 Hard Stbd하면 Open Hawse가 된다.

② Clear Hawse 방법

Foul Hawse 상태가 Cross Hawse 일 경우에는 Cross된 부분의 아래쪽 체인을 먼저 감아 들이면 쉽게 Clear Hawse가 된다. 그러나 Elbow Hawse 이상인 경우 대형 선박은 반드시 Tug Boat를 사용하여 Clear시켜야 한다.

이때 선수의 항해사는 꼬인 방향을 알기 위하여 선수로부터 첫 번째 꼬인 부분의 Anchor Chain에서 어느 것이 아래쪽 Chain인지를 확인한다. 아래쪽 Chain 현측으로 선미를 밀거나 당기면 Clear Hawse가 된다.

1.1.5 항내조선과 외력의 영향

대양에서 Sea Speed로 항주하는 경우는 외력의 영향이 있다 하더라도 선박의 안전조종에 크게 영향을 주지 않는다. 그러나 항내와 같은 곳에서 저속으로 항주할 때는 선박의 속력의 크기, 흘수와 수심의 비, 바람과 조류, 수로의 폭, 접근 항행선박 등이 선박의 안전조종에 큰 영향을 미치게 된다.

1. 바람의 영향

정선수에서 바람을 받으면 풍압 때문에 선속이 떨어지고 정선미에서 바람을 받으면 속력이 증가한다. 사방향에서 바람을 받으면 선체는 풍하측으로 밀리면서 풍하측으로 회두하든가(저속 전진의 경우 혹은 후진의 경우) 풍상측으로 (고속 전진의 경우) 회두하게 된다. 이것은 고속 전진의 경우에는 전심이 선수쪽(1/13~1/16)에 위치하며, 저속 전진 혹은 후진의 경우에는 전심이 선미쪽으로 이동하기 때문이다.

여유수역이 부족하고 극히 낮은 속력의 타력을 사용하여야 하는 항내조선 시에 있어서는 약간의 바람만 받아도 풍하측으로의 밀림을 방지시키거나 회두를 억제시키기에 어려움을 겪게 된다. 또한 풍압면적이 많아지게 되는 공선시에는 만재시보다 바람의 영향을 많이 받게 되며 개략적으로 공선시에 받는 풍력 3~4의 영향은 반재시에 받는 5~6의 풍력영향과 같고, 만재시의 풍력 7~8의 영향과 같다.

1) 선체에 작용하는 풍압력

① 풍압력의 크기

선체에 작용하는 풍압력은 선체의 정면투영면적 에 작용하는 힘과 측면투영면적에 작용하는 힘의 합성력으로서 그 계산식은,

$$R=\frac{1}{2}\cdot\rho\cdot Ca\cdot V^2(A\cos^2\theta+B\sin^2\theta)$$

단, ρ : 공기밀도(0.125kg · sec^2/m^4),

Ca : 풍압합력계수, V : 풍속(m/sec), θ : 수풍각

A : 수면상에 노출된 선체의 정면투영면적

B : 수면상에 노출된 선체의 측면투영면적 .

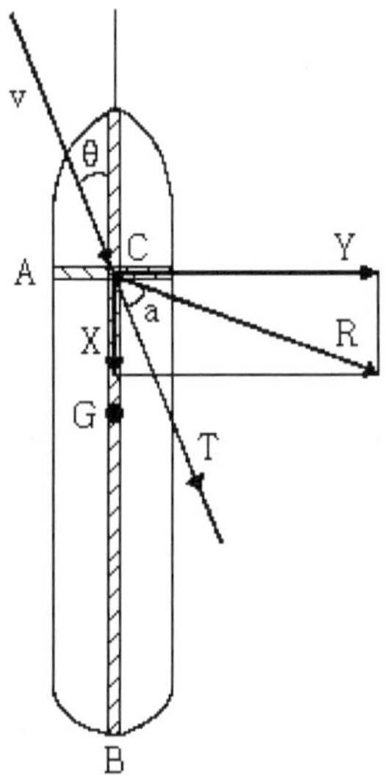

[그림 1-26] 풍압력

풍압합력계수 Ca는 수풍각(*θ*) 및 수면상에 노출된 선체의 형상에 따라 변화하고, 대략적으로 30°와 150°부근에서 최대가 되고 90°부근에서는 작아지게 된다.

풍압력이 최대로 되는 것은 정횡풍의 경우이고, 정면투영면적에 작용하는 힘은 0이 되므로 다음 식으로 약산될 수 있다.

Y＝0.08BV2

단, Y : 측면투영면적 B에 작용하는 힘

② 풍압중심

수풍각(*θ*)이 적으면 풍압중심은 선수에 가깝고 수풍각이 크게 되면 점점 후방으로 이동하여 수풍각(*θ*)이 90°에 가까워지면 선미쪽으로 이동된다.

선수로부터 풍압중심까지의 거리는 화물선, 유조선, 여객선 등과 같이 상부구조물의 형태가 상이하더라도 선형에 따라 큰 차이가 생기지 아니한다. 수풍각 *θ*에 따른 풍압중심 위치는 대략 다음의 실험식으로 표시된다.

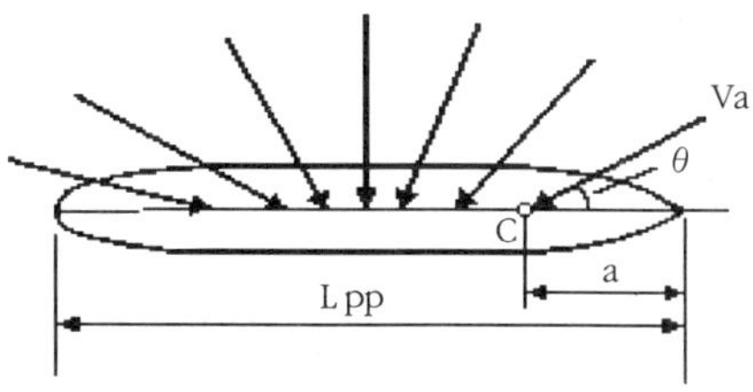

[그림 1-27] 풍압중심

a/Lpp = 0.291 + 0.0023θ (단, θ : 수풍각(°))

③ 풍압에 의한 회두 모멘트

풍압 모멘트를 일으키는 힘의 성분은 정횡방향의 힘 Y이고 [그림 1-27]에서 보면 다음과 같다.

풍압 모멘트=Y × GC(중심에서 전심까지의 거리)

이 모멘트의 정성적 경향을 따져보면 선수, 선미, 정횡으로부터 오는 바람은 모멘트를 유발하지 않으므로 선수나 선미 사방향에서 오는 바람이 최대의 모멘트를 일으킨다.

2) 바람에 의한 횡방향 압류

바람에 의한 횡압류속도는 선체가 정지중일 때 가장 크고 선속이 증가함에 따라 감소한다.

① 정선중의 횡압류

옆바람을 받는 상태에서 표류할 때는 풍속(Va)에 의한 풍압횡력(Ya)과 횡방향 선속 때문에 생기는 수압횡력(Yw)과는 Balance를 취할 것이므로 횡압류속도 Vw는 다음과 같이 계산될 수 있다.

$$Vw = 0.038\sqrt{Ba/Bw}\cdot Va$$

단, Ba : 정횡수풍투영면적

Bw : 정횡수압투영면적,

Va : 정횡방향의 풍속

Vw : 정횡방향의 압류속도

대형선에 대한 Ba/Bw값은 대략 공선시 1.8, 만선시 0.8 정도이므로 대형선에서의 Vw값은 다음과 같다.

공선시 : Vw = (1/20)Va, 만선시 : Vw = (1/30)Va

② 항주중의 풍압에 의한 Lee Way

선박은 항주중 풍압에 의하여 압류되면서 항주하므로 선수방위와 항적은 일치하지 아니한다. 이러한 선수방위와 항적과의 사이각을 Lee Way라고 한다. 통상 Lee Way 10° 이상이 되면 보침이 불가능하며 항해가 곤란한 상태로 되고 풍속이 크고 선속이 떨어질수록 풍압차는 커진다. 대형상선에 있어서 선속 u(m/sec)와 압류속도 v와의 관계에 대하여는 다음 식으로 계산하면 경험치와 대략 일치한다고 한다.

$v/v0$ = exp(−0.72u)

(단, v : 압류속도, $v0$: 선속이 없을 때의 압류속도)

예를 들면, 정선시 바람에 의한 압류속도를 2kt(1m/sec)라고 하면 선속에 따른 압류상태는 아래표와 같다. 강한 바람을 받으면서 대형선이 항해를 할 때 대양에서는 별 문제가 없지만 항내에서는 선박의 조종이 전혀 될 수 없음을 알 수 있으므로 Tugboat의 보조가 필요한 것이다.

〈표 1-7〉

u(m/sec)	0	1	2	3	4	5	6	7	8
v(m/sec)	1	0.49	0.24	0.12	0.06	0.03	0.01	0.01	0.00
풍압차(도)	2kt 압류	26.1	6.8	2.3	0.7	0.3	0.1	0.1	0.0

3) 바람에 의한 회두작용

① 향풍성과 이풍성이 생기는 원인

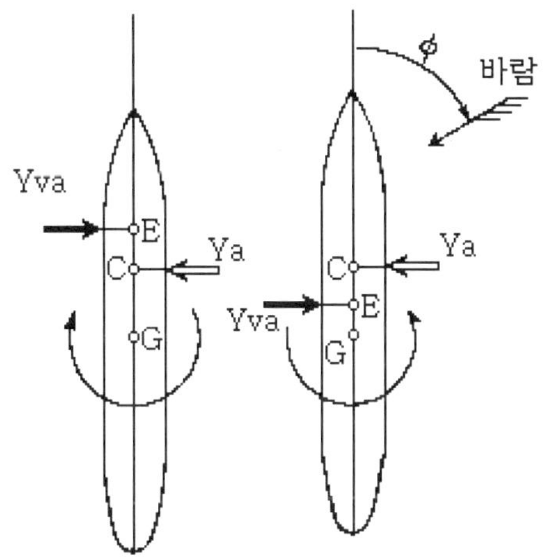

[그림 1-28] 향풍성과 이풍성

[그림 1-28]에서 보는 바와 같이 선체가 일정한 속도를 가질 때에는 유압의 착력점 E가 선수방향으로 치우쳐 있게 되고 선속이 아주 낮거나 없을 때는 선체의 중심부근 또는 중심후방으로 치우쳐 있게 된다. 선체가 정지중일 때는 Rudder와 Screw Blade 또는 선미트림 등으로 유압의 착력점 E는 선체의 중심후방으로 오게 된다. 그러나 선속이 클 때 선박이 정횡전방에서 바람을 받을 경우는 수류의 입사각이 적으므로 수저항의 착력점 E는 풍압중심 C보다도 선수에 가까이 있게 되고, 선체의 무게중심 G 주위의 모멘트는 선수를 풍상측으로 향하게 하는 것이다. 풍향이 선수 사방향으로부터 정횡에 가까워질수록 풍압착력점 C는 선체의 무게중심 G에 가까워지므로 점점 향풍성이 커지게 된다. 만약 대응타각으로 이것을 억제하지 못하면 선박은 조종불능으로 된다.

선속이 풍속에 비하여 상대적으로 낮게 떨어지면 사행시의 수류 입사각이 커지므로 수저항의 작용점 C가 G점에 가까워지므로 선수가 풍하로 떨어지고 이풍성을 갖게 된다. 저속일 때는 대응타를 잡더라도 타효가 없으므로 이풍성을 억제할 수 없고 조종불능으로 된다.

② 조선시 고려하여야 할 바람에 의한 회두작용

㉮ 선속이 상당히 있을 때는 선수가 풍상으로 가는 경향이 생긴다.

㉯ 저속이 되어 타력으로 진행하면 타효가 없어지고 선수가 풍하로 떨어진다.

㉰ 정지 중은 정횡 후방 10°~20° 방향에서 바람을 받으면서 표류한다. 그 이유는 선박이 횡방향으로 표류시 수압중심은 G점 약간 후방에 있게 되므로 풍압중심이 이 곳으로 이동할 때까지 선수가 풍하로 떨어지고 이 점에서 풍압과 유압이 같아지며 모멘트가 상쇄되기 때문이다.

㉱ 후진 중은 선미가 풍상측으로 향한다.

㉲ 앞바람을 받을 때는 뒷바람을 받을 때보다 타효가 좋다. 전진 중 앞바람을 받을 때는 [그림 1-29]와 같은 상태로 되고 풍압중심(C)와 유압중심(E)의 거리가 짧기 때문에 EC가 짧고 따라서 회두 모멘트가 적다. 그러나 뒷바람을 받을 때는 유압중심 E는 G점의 전방에 있고 풍압중심 C는 G점 후방에 있게 되어 큰 회두 모멘트가 생기고 따라서 큰 대응타각을 잡아야 한다. 이러한 현상은 대양항해 시에 조타현상과 선체운동을 관찰하면서 직감할 수 있는 내용이다.

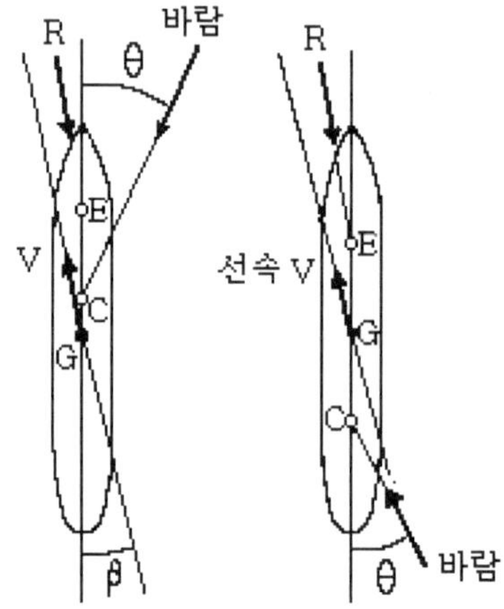

[그림 1-29] 바람에 의한 회두작용

③ 바람이 선체에 작용하여 조선에 미치는 영향을 분석하면 다음과 같다.

㉮ 합풍압의 선수미방향 분력은 전진저항에 영향을 미쳐 속력의 증감원인이 된다.

㉯ 합풍압의 정횡분력은 횡표류의 원인이 된다.

㉰ 합풍압의 작용점의 전후위치에 따라 선체를 풍상 또는 풍하측으로 회두시키는 원인이 된다.

㉱ 합풍압의 작용점의 상하위치에 따라 선체횡경사의 원인이 된다.

2. 조류의 영향

항내조선에서 조류의 영향은 대단히 크다. 왜냐하면 선속이 거의 없으니까 조류의 영향이 상대적으로 커지기 때문이다. 조류에 대하여는 다음 사항을 고려해야 한다.

1) 항내 및 그 주위의 수류는 대부분 조석류이나 풍향 기타 기상조건에 따라 변할 수 있다. 이는 해안선의 수위, 정박선의 선수방향, 부표의 경사 등을 보고 알 수 있다.

2) 조류는 선체의 회두보다 이동을 야기한다. 그러나 급한 조류 중에서 후진할 시는 선미가 조류상방으로 향하는 경향이 있다.

3) 선수방향에서 조류를 받을 때에는 Advance가 짧아지게 되고 이에 따라 단위거리당 발생하는 타효가 크게 향상되나, 순조항행시에는 역으로 단위거리 당 발생하는 타효가 저하되어 상대적으로 큰 대응타각을 주어야 한다. 바꾸어 말하자면 선수방향에서 오는 조류는 선속을 떨어뜨려 대응타를 잡는데 걸리는 시간 및 거리를 연장시켜주는 효과를 내며, 선미방향에서 오는 조류는 역으로 선속을 향상시켜 대응타를 잡는데 걸리는 시간 및 거리를 줄이는 효과를 내는 것이다.

선체가 조류의 영향을 정횡에서 받다가 선체일부만 받게 되면 회두우력으로 작용한다(정횡방향의 구조물 때문에 선체의 일부분만 횡조류의 영향을 받게 되는 경우로서, 횡조류가 있는 방파제 항과시나 안벽이 끝나는 곳에서 횡조류가 있고 이러한 곳을 항과할 경우에는 이러한 영향을 받게 된다).

3. 풍조의 동시영향

선체가 풍조를 동시에 받을 때는 풍조의 각각의 크기 및 그 방향에 따라 그 영향이 달라지겠지만 압류에 대한 고려는 조류에 두고, 조선의 자유를 잃는데 대한 고려는 바람에 두어야 한다. 예를 들면 조류가 강한 곳에서 Slack Water 시 만재선은 조류의 영향, 그리고 공선은 바람의 영향을 받아 그 선수방향이 서로 다른 것을 알 수 있다. 그 이유는 공선은 풍압면적이 크고 만선은 수면하 선체면적이 크기 때문이다. 이와 같이 풍조의 영향은 선박의 만재상태에 따라서도 그 영향이 달라진다. 풍조의 영향이 동시에 작용하는 곳에서는 압류는 조류, 조선의 자유상실에는 바람의 영향을 고려하여 조선에 임해야 한다.

4. 파랑의 영향

파랑이 작을 때는 파랑이 불규칙하므로 조선상에 미치는 영향이 거의 없다고 할 수 있다. 그러나 파가 커져 파정(Crest)과 파저(Trough)의 모양이 확실해지면 선박이 전진 중 파를 한쪽 현으로 받을 경우 파압의 차에 의하여 선체는 파하로 압류되고, 후진 중에는 Propeller의 배수류 및 타의 저항으로 인하여 선미가 파상으로 향하고 선수는 파하로 압류된다. 또 정선 중에는 선수가 약간 파하로 향할 때까지 선회하여 파곡에 평행하게 된 상태로서 표류되며 파를 옆으로 받으므로 선체의 동요가 심해진다.

파장이 선체길이, 또는 그 이상으로 커지면 선체는 종요(Pitching)와 횡요(Rolling)를 하게 되며, 또한 선수, 선미충격(Panting) 혹은 Sagging/Hogging으로 인하여 선체중앙부에는 큰 응력이 생긴다.

또한, 선박이 진행중 파랑을 비스듬히 받으면 선체길이방향의 부력의 불균형과 횡요로 인한 선체 각부의 질량에 작용하는 관성력이 달라지게 되어 선체에는 비틀림 모멘트가 발생하고 선미 흘수가 작을 때는 종요에 의하여 선미가 부상하여 Propeller의 공전(Racing)이 생긴다.

또한 전진속력이 적을 때나 정지 중에는 선수요(Yawing)로 인하여 침로가 불안정하게 되고 좌우 선수의 모멘트의 차에 의하여 선체는 파곡(Trough)에 가로눕게 되는데 이를 Broaching-to라 한다.

5. 천수의 영향

흘수에 비교하여 수심이 얕거나 선폭에 비하여 폭이 좁은 수로를 제한수로라 한다. 따라서 한 수로가 제한수로인가의 여부는 선박의 크기에 따라 결정된다. 깊고 넓은 수역에서는 조종성능이 좋은 선박이 제한수로를 항행할 때에는 조신이 곤란하게 된다. 이러한 조종성능의 저하는 제한수로에서 오는 유체역학적인 원인 때문이다. 이러한 현상을 제한수로의 영향이라고 한다. 제한수로에서는 선박이 진행시 선체 주위의 수중압력분포가 현저하게 변화하는데 이를 선체에 대한 수직방향의 영향인 천수영향과 수평방향의 영향인 수로폭 및 측벽영향, 그리고 기타 해저경사의 영향으로 크게 구분할 수 있다.

1) 천수의 영향(Shallow Effect)

선박의 흘수에 비하여 수심이 얕게 되면 선수미에 생성하는 조파이 성질이 심해파로부터 천수파로 변한다. 또 수류도 선측, 선저로 입체적으로 자유롭게 흐르던 것이 해저의 제한 때문에 제한된 평면적인 흐름이 되어 선체 주위의 수위와 압력분포가 변한다. 이로 인하여 다음과 같은 현상이 일어난다.

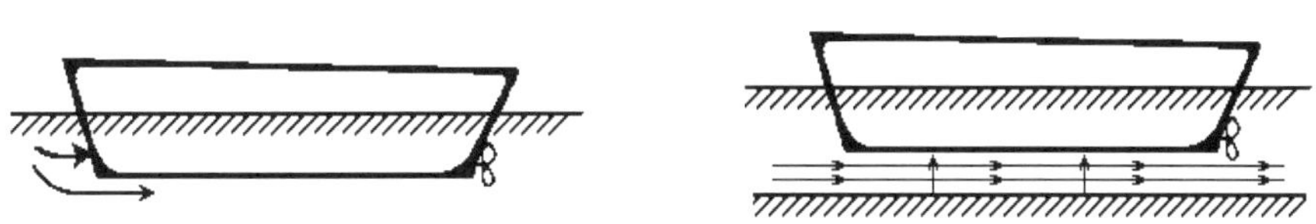

[그림 1-30] 천수영향

① 속력이 감소한다.

선수미로부터 생성되는 조파의 상호간섭이 커져서 조파저항이 증대되며 또한 가속된 선적류 때문에 마찰저항이 커져서 속력이 감소한다.

② 선체가 침하하여 흘수가 커진다.

수심이 불충분할 때는 선저와 해저간을 유통하는 수류의 단면적이 적기 때문에 베르누이 법칙에 의해 유속이 커지며, 이에 따라 압력이 감소하여 선체가 침하, 흘수가 증대한다.

③ 트림이 변한다.

보통 상선의 속력범위 하에서는 선수트림이 된다. 단, F/N이 0.25가 넘게 되면 선미트림이 생긴다. 이것은 다음과 같은 이유 때문이다.

㉮ 심해를 항주할 때에는 파의 수립자는 완전히 원운동을 하게 되지만 수심이 충분치 못하면 파의 수립자는 타원운동을 하게 되며, 이에 따라 선속이 장파의 파속에 가까워지면서 선수는 앞쪽의 장파에 타오르고 선미는 뒤쪽 파가 후방으로 밀려난 상태가 되어 현저히 Trim By The Stern이 된다.

㉯ 선저류는 그의 통로를 제한받기 때문에 선수 선저부의 수압은 증대되지만 선미 선저부의 수압은 추진기의 흡인작용에 의하여 감소되어 선미 흘수는 더욱 깊게 주저앉아 선미트림이 증가한다.

④ 타효가 둔해진다. 천수의 영향으로 타주위에 와류가 증가하며 이 때문에 타효가 저하된다.

⑤ 천수영향으로 주위의 물의 자유로운 통항이 방해되어 접안시 횡압력이 증가한다.

⑥ 선체가 진동한다. 물은 점성유체이므로 흐름이 다르고 압력분포가 달라지면 와가 형성된다. 그러므로 선체하부 흐름의 가속에 따른 비정상적인 와류가 생기며 이로 인해 유선이 교란되고 진동이 발생한다.

2) 천수영향이 나타나는 수심

① 일반적으로는 흘수의 약 10배 미만의 수심에 나타난다.

② Taylor의 실험식에 의하면, 천수영향이 나타나는 수심 h는

$$h = 10d \times \frac{v}{\sqrt{l}}$$

(d : 흘수, v : 선속(Kts), l : 선박길이)

로 표시로 표시된다. 즉, 천수영향은 선속과 선박길이의 비가 약 10배에 흘수를 곱한 수 이하에서 나타난다고 할 수 있다.

③ J.P.Hooft는 실험에 의해 다음과 같이 말하고 있다.

㉮ 선체 전진 저항의 증가 : 저속선에서는 4d, 고속선에서는 10d 이하일 때

㉯ 전진 및 정횡방향의 조종성에 대한 영향 : 2.5d 이하

㉰ 조종성에 대한 영향을 육감으로 느낄 수 있는 때 : 2.5d 이하

3) 천수영향에 대한 대책

① 저속항행을 한다.

② 수심이 불확실하면 고조시에 항행한다.

③ 배수량 3만톤 이상이 여유수심이 1.5m 이하면 충분한 Tugboat를 준비한다.

④ Swell, Heeling 및 선체동요로 인한 흘수증가를 고려한다.

4) 여유수심의 결정시 고려할 사항

조선에 필요한 선저하의 여유수심은 "해도수심 + 조석차－정지시 선박흘수"로 정의할 수 있으며, 해도수심오차, 항주시 선체침하량, 조석오차, 해상/기상상태 등을 고려하여 조선에 안전한 여유수심을 정하여야 한다.

① 해도수심의 정밀도

해도수심에 대한 국제기준에 의한 허용측정상 오차는 수심 20m 미만에서 0.3m, 20m～100m에서 1.0m, 100m 이상에서는 10% 이하이다.

② 해상/기상상태

㉮ 기압변화 : 기압 1mb 증가시 수위는 1cm 낮아진다.

㉯ 해수 비중에 따른 흘수변화

㉰ 조위의 변화에 유의한다.

㉱ 풍향, 풍속에 따른 수위변화

㉲ 항내에서 항외로 장기간 강풍이 불었을 때는 수위가 하강할 수 있다.

㉳ 선체동요에 기인한 선체 침하량

Rolling시 : $1/2\ B \cdot \sin\theta$, Pitching시 : $1/2\ L \cdot \sin\delta$

단, B : 선폭, θ, δ : 경사각

③ 기타

㉮ 저질이 암반인 경우는 평탄하지 않고 돌출해 있을 가능성이 있으니 Mud인 경우보다 더 많은 여유수심이 필요하다.(Mud : 30cm, Rock : 60cm 이상)

㉯ 하천이 흘러드는 항내 등은 퇴적에 의해 해도수심보다 얕은 곳이 있다.

㉰ 침선 등이 있을 수 있고, 신축항에는 여러 건축자재가 해저에 있을 수 있다.

㉱ 주기 냉각수 흡입구에 대한 여유량이 필요하다. (흡입구 직경의 1.5내지 2배의 여유수심이 필요함)

㉲ 투묘에 대한 여유 : 자선묘의 Tripping Palm의 크기 이상의 여유수심이 필요

㉳ 수로의 광협 및 형상과 선박 교통량

㉴ Tugboat 지원의 유무

5) 선저하의 여유수심에 대한 구체적 실례

① 일본 해난방지협회의 무라카미씨는 흘수에 따른 최소한의 여유 수심에 대해 다음의 조건에서 적용한다.

〈표 1-8〉

흘수	5m까지	7m까지	9m까지	12m까지	12m 이상
여유수심	0.5m 이상	1.0m 이상	1.5m 이상	2.0m 이상	2.5m 이상

㉮ 풍력이 7m/s 이하

㉯ 횡조류가 없을 때

㉰ 수로상황, 광협을 고려

㉱ Swell이 있을 경우는 Swell의 높이 2/3을 가산한다.

② 유럽도선사 협회의 발표에 의하면

㉮ 외해수로에서는 흘수의 약 20%

㉯ 항외수로에서는 흘수의 약 15%

㉰ 항내에서는 흘수의 약 10%라고 하고 있다.

③ Taylor의 모형선 실험결과에 의하면 선속의 증가에 따라 필요 여유수심은 커지며 이에 따라

㉮ Froude Number가 0.5이면 1.3d(흘수)

㉯ Froude Number가 0.4이면 1.2d

㉰ Froude Number가 0.3이면 1.1d라고 되어 있다.

6. 수로폭의 영향

1) 선박이 운하 또는 협수로에서 수로의 중앙을 따라 항주할 때는 양측으로부터 대칭적인 유체력이 작용하지만 한쪽 벽에 접근하여 통항시에는 비대칭적인 유체력의 작용을 받아 회두운동을 일으키게 된다. 또한 선박이 수로폭이 좁은 협수로의 중앙을 고속으로 항주하게 되면 다음과 같은 이유로 저항이 증대되어 선속이 감소된다.

① 수로가 좁으면 수류의 단면적이 적어지므로 베르누이의 법칙에 따라 유속이 커진다. 이로 인하여 마찰저항이 증대된다.

② 유속이 커지면 해저 및 양안과 선체 간에 흡인력이 작용하여 선박속력을 제한하도록 작용한다.

③ 선박이 항주함으로 인하여 생기는 파가 양안에 부딪혀 되돌아오는 파와 상호작용을 일으켜 큰 파로 되어 조파저항이 커진다.

④ 선측과 선저를 흐르는 수류는 유속이 커져서 선미부에 큰 와류를 형성, 조와저항을 증가시킨다.

⑤ 타에 부딪히는 와류로 인해 타압이 저하되어 타효가 나빠진다.

⑥ 횡저항 모멘트가 커진다.

일반적으로, 수로폭의 제한 등 제한수로에 따른 선체침하의 양은 선속, 방형비척계수(Cb) 및 Block Factor와 관계가 있으며 다음과 같은 식으로 나타낸다.

심수 구역에서의 선체침하량 S(m) = Cb × (V2/100)

천수 구역에서의 선체침하량 S(m) = 2Cb × (V2/100)

Block Factor(B.F.) = (선폭 × 흘수) / (수심 × 수로폭)

단, V : 선속(knots)

일반적으로 B.F.가 60% 정도가 되면 2~3 knots로 항행하여야 한다.

2) 선체가 협수로의 한쪽 측벽에 가깝게 하여 항주하는 때에는 선수는 가까운 육안으로부터 반발하고 선미가 안벽으로 흡인된다. 이와 같은 현상을 통칭하여 측벽영향(Bank Or Wall Effect)이라 하며, 세분하여 설명하자면 다음과 같다.

① Bank Suction

선미를 안벽에 빨아들이는 현상이며 선박이 추진기로 항진중 Suction Current의 영향으로 선미부 수압은 감소되어 선체가 Bank에 연하여 접근하면 이에 빨려들어 붙은 현상을 말한다. 선체가 Bank에 접근하면 할수록, 속력이 크면 클수록, 그 영향이 커진다. 선체가 전진항주중일 때는 전심은 선수에 가까이 위치하기 때문에 Bank Suction의 Lever가 커서 이 영향이 더 크다.

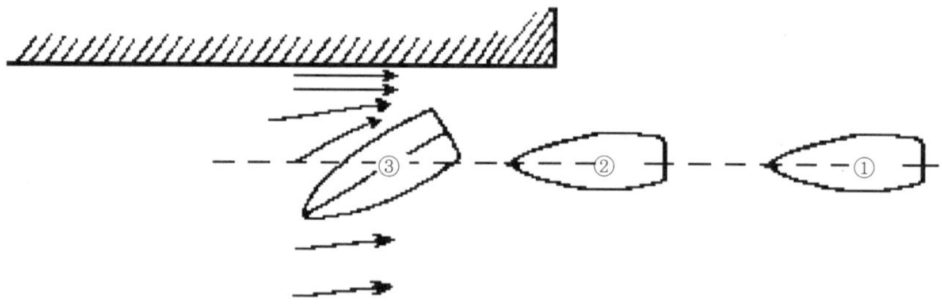

[그림 1-31] Bank Suction

② Bank Cushion

선수부를 안벽으로부터 급격히 밀어대는 현상이다. 선박이 협수로의 어느 한쪽 측벽에 접근하여 항주하게 되면 선수부에는 양현수압차, 조파의 상호간섭 등으로 안벽으로부터 선수를 바깥쪽으로 밀어 크게 회두시키는 현상이 일어난다.

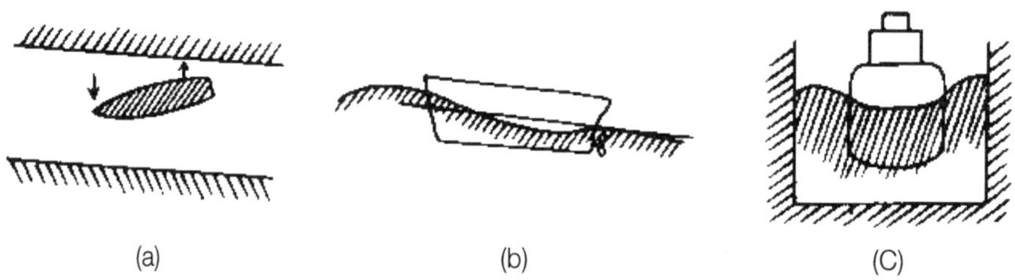

[그림 1-32] Bank Cushion

③ 측벽영향이 나타나는 수로의 폭 및 그 영향력

측벽영향과 천수영향은 선체에 대하여 수평과 수직의 영향인 것으로 "수로폭/선폭"(수로의 횡단면적/선박의 횡단면적)의 값이 "수심/흘수"의 값과 같으면 그 영향도 같다고 생각하면 된다. 따라서 "수심/흘수" = 10일 때 천수영향이 나타난다고 하므로 수로폭에 있어서도 "수로폭/선폭" = 10일 때 측벽영향을 받는다고 보면 된다. 즉, 수로폭이 선폭의 약 10배 미만이면 측벽영향이 나타난다. Suez 운하에서의 실험에 따르면 속력의 저하율은 "수로폭/선폭" = 5일 때 전속의 41%, 10일 때 전속의 7%라고 발표하고 있다. 측벽영향이 있을 시, 줄 수 있는 타압 모멘트보다 회두 모멘트가 크면 조종이 불가능해진다. 따라서 계속적인 조타로 각변위량이 1°를 넘지 않도록 하고 선속을 최대한 줄여야 한다. 다음과 같은 경우 그 영향력이 증가한다.

㉮ 측벽에 접근할수록 커진다. 안벽까지의 거리가 선폭의 1.5배 이하에서는 보침에 필요한 타각이 15°를 넘어 보침이 어려워진다.

㉯ 수로폭이 좁고 수심이 얕을수록 커진다.

㉰ 선속이 클수록 영향이 크다.

㉱ 선형이 비대할수록 영향이 크다.

7. 해저경사의 영향

경사되어 있는 해저면을 따라 선체가 진행할 때에는 그 경사로 인하여 선체는 비대칭적인 유체력을 받아 회두운동을 유발하게 된다. 이때 선체는 전체적으로 낮은

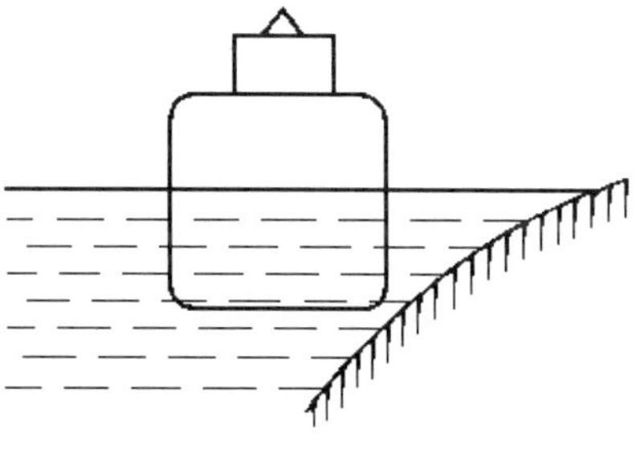

[그림 1-33] 해저경사의 영향

쪽으로 끌리면서 선수부는 깊은 쪽으로 선미부는 얕은 쪽으로 편향한다. 이 영향 역시 선속, 배수량, 흘수, 수심 등에 의하여 결정되지만 선체의 진행에 수반되는 물의 이동이 미치는 곳에 안벽, 타선, 해저가 있는 경우 발생한다.

8. 근접 항행하는 두 선박간의 상호작용

선박이 항주시에는 그 주위의 수압분포는 베르누이의 정리에 의하여 [그림 1-34]와 같이 선수부근은 높고 선체의 중간부는 낮으며 선미부는 높다. 즉 선수부에서는 물을 배제하여 밀어나가므로 융기하고 이것은 현측으로 돌아 흐르며 여기서는 수압이 낮아지기 때문에 수면은 침강하고 평균수면보다 낮아진다.

선미부에서는 다시 융기하나 선수보다는 낮은 것이 보통이다. 이 융기가 생기는 원인은 선수에서 배제되어 현측으로 흐르는 수류가 선미부근에서 선체가 지나간 뒤의 공적을 메우려고 달려드는 추적류에 의하여 차단되기 때문에 유속이 떨어지고 따라서 수압이 높아지기 때문이다. 그러나 고려할 점은 수면 하에서는 기관 전진중이면 추진기의 앞 및 옆에서 흡입류가 흐르고 있음을 알아야 한다.

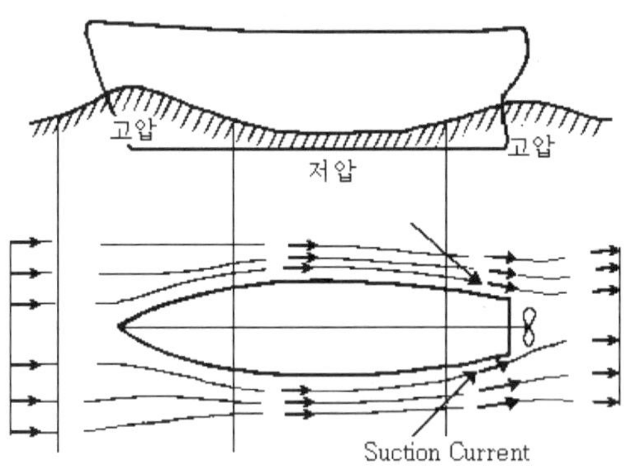

[그림 1-34] 선체주위의 수압

1) 2선이 서로 반대방향으로 항과할 때

2선이 접근하여 평행항로상을 반대방향으로 항과할 때 2선 간에는 강한 흡입력(또는 반발력) 및 회두 모멘트가 작용하고, 그 때문에 충돌 또는 접촉사고를 일으키는 경우가 있다. 이러한 작용력의 주된 원인은 양 선체의 주위에 생기는 수압의 고저부의 상호간섭, 양선이 일으키는 파 및 Screw의 Current 등의 영향이다.

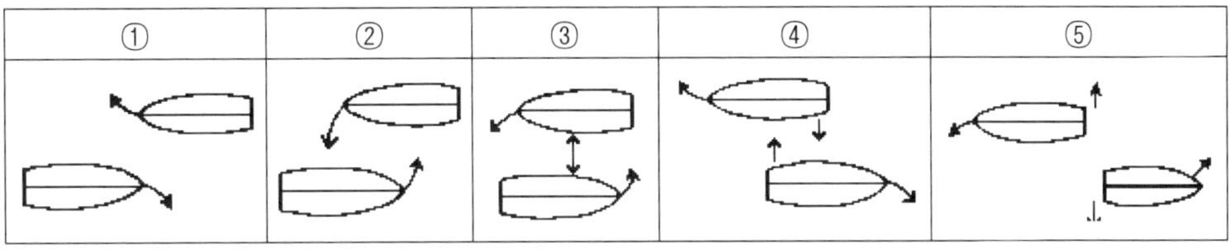

[그림 1-35] 반대방향으로의 통과

동형의 같은 크기를 가진 2선이 서로 마주보며 항과할 경우 서로의 작용 및 운동의 경향을 [그림 1-35]와 같이 5단계로 나누어서 생각한다.

① 양선이 평행하게 통과하면서 선수가 접근할 때에는 선수의 고압부는 상호 간섭하여 선수내측은 외측보다 고압으로 되고, 그 때문에 양선수는 반발하여 진로로부터 바깥쪽으로 벗어나려고 한다.

② 더욱 진행하여 선수가 타선의 길이의 중앙부까지 왔을 때는 선수고압부가 타선의 중앙의 저압부와 간섭하여 선수부의 고압이 타선 중앙부의 저압부에 흡수되어 타선 중앙부쪽으로 회두하려고 한다.

③ 양선이 나란히 되었을 때에는 선체 중앙부의 저압부가 중첩되어 더욱 저압으로 되고 흡인력이 크게 작용하나, 횡이동의 저항이 크기 때문에 갑자기 접근되지는 않는다. 선미부는 선수부보다 저압이므로 선수가 타선의 선미쪽으로 끌린다.

④ 양선이 더욱 진행하여 선미가 타선의 중앙에 왔을 때에는 선미가 타선의 중앙 저압부와 간섭하여 흡인되므로 양선은 진로의 외측으로 벗어나려고 한다. 이때 Screw의 흡입류 등의 영향으로 흡인력은 2)항의 경우 보다 강하다.

⑤ 양선미가 서로 항과할 때에는 선미고압부가 간섭하여 반발력이 생기고 선수는 진로의 내측으로 벗어나려고 하나 이 반발력은 1)항의 경우보다 약하다. 2선의 크기가 다를 때에는 적은 선박이 받는 영향은 훨씬 크고 종종 소형선박이 대형선박에 밀착되는 사고가 일어난다.

2) 한 선박이 타선을 추월할 때

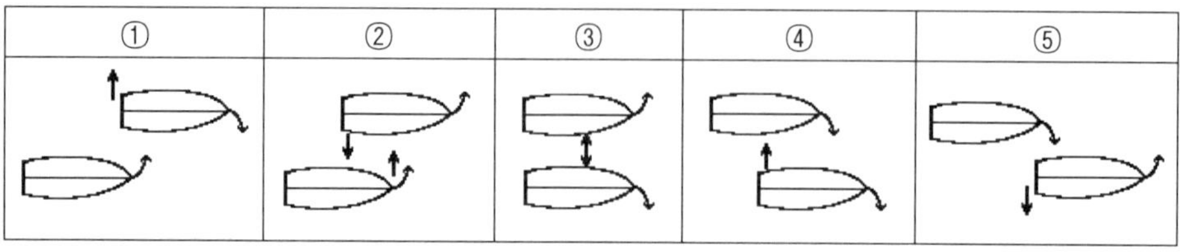

[그림 1-36] 타선 추월

① 추월시 두 선박간의 상호작용

추월의 경우 두 선박간의 항과시 생기는 상호작용은 [그림 1-36]과 같다.

② 두 선박이 평행 접근하여 항주할 때 일어나는 현상

㉮ Seesawing

두 선박이 평행접근 추월관계에 있을 때 추월선은 피추월선의 발산파의 영향을 받는다. 추월선이 발산파의 파정에 있게 되면 증속되고, 파곡에 있게 되면 감속되어 잠시 동안 피추월선의 발산 파곡에 빠져 끌려가는 것 같은 현상을 Seesawing이라 한다. 그 원인으로는 파의 수립자가 파정에서는 파의 진행방향, 파곡에서는 파의 반대방향을 향하는 원운동을 하기 때문이며, 피추월선의 조파가 클수록 추월선이 경흘수의 소형선일수록 영향이 크다.

㉯ 조파에 의한 회두작용

발산파가 추월선의 선체에 사방향으로 부딪히고 파의 파정과 파곡의 수립자 운동방향이 반대인 것이 그 원인으로 회두 모멘트를 일으킨다. 영향은 Seesawing의 경우와 같을수록 커진다.

㉰ 선박상호간의 흡인 반발작용

두 척의 선박이 평행으로 접근 항주할 경우 선체 주위의 수압 고저부의 상호간섭과 Screw Current 등의 영향을 받는다. 즉 선수미 고압부는 그 영역내에 들어온 타 선박을 반발하고 선체 중앙부의 저압부는 타선을 흡입하는 작용을 하여 양선이 가깝게 항과하거나 추월시 양선간에 흡인, 반발, 회두의 현상을 일으킨다.

③ 흡인 반발작용의 크기를 결정하는 요인

㉮ 양선박의 접근거리가 가까울수록 흡인력은 크다. Taylor의 실험에 따르면 양선박의 간격이 선박길이의 20%시 흡인력은 전 저항의 75%, 길이의 30%시는 흡인력은 전 저항의 35%정도이다.

㉯ 양선이 서로 반대방향으로 항과시보다 병행할 때가 영향을 받는 시간이 길어 흡인력이 커진다.

㉰ 고속항주시 선체주위의 저고압부가 발달하여 영향이 크다.

㉱ 양선박의 배수량이 크고 그 차이가 적을수록 작용력이 크게 나타난다.

㉲ 대소 양선박간에는 소형선이 받는 영향이 더 크고, 소형선이 경흘수일수록 더 크다. 상대선이 대형선일수록 더욱 커진다.

㉳ 흡인작용이 생기지 않는 양선간의 최소간격은 Araki선장에 의하면

$D = 0.35(2l + L)$

단, D : 양선간격, l : 피추월선(타선)길이, L : 추월선(자선)길이

따라서 l = L이라고 하면 최소간격 = 3L × 0.35 = 1.05L이므로 대략 자선길이라고 할 수 있다.

㉴ 윤점동교수 저서에 의하면 최소간격은 2(B1+B2)로 나타난다.

(B : 양선박의 폭)

④ 부두정박하고 있는 선박의 지근거리를 항과할 경우 미치는 영향은 항과선에 대한 작용은 적고 정박선에 큰 영향을 미친다. 상호작용외에 발산파가 안벽에 반사하여 선체에 작용하므로 선수의 Yawing, Pitching, Rolling, 상하동을 미친다. 이로 인하여 접안현측 외판에 손상을 주거나 계류색의 절단, 펜더손상 등을 일으킨다. 따라서 항과선은 가능한 한 멀리 항과하고, 감속항행하며, 정박선은 계류색의 Tight, 증색 및 펜더보강을 하여야 한다. 묘를 선측에 투하하고 있다면 완전히 묘쇄를 신출하여 선박의 운동을 완화시켜야 한다.

1.1.6 접이안 조선

1. 접안조선 계획 시 고려할 사항

1) 항 및 계류장소의 제 사정을 파악한 후에 예정 Berth에 접근하는 침로를 선정한다.
   ① 항내에 권고항로가 설정되어 있는 경우에는 이를 따라야 한다.
   ② 암초 등 위험물부근을 항행 시는 피험선을 분명히 정한다.
   ③ 조타목표를 설정하고 가능한 한 중시목표를 설정한다. Leading Line이 설정되어 있으면 이에 따른다.
   ④ 풍조가 있을 경우에는 가능하면 풍조를 선수에서 받을 수 있는 침로를 선정한다.
2) 속력감소에 대한 계획을 세우고 항상 속력을 파악할 수 있도록 한다.
   ① 외해에서 항계로 진입 시는 미리 감속시켜야 할 지점을 설정하여 가능 하면 일찍부터 감속하여 항계 진입 시는 5~7knots 정도가 되도록 한다.
   ② 항계를 통과하면 기관정지 후 타력으로 진행하도록 하고 방파제 등을 통과 시는 전진기관을 사용하여 통과한다.
   ③ 예정 Berth로부터 2마일 떨어진 곳에서는 4 kts, 1마일은 1 kts 정도의 속력을 유지한다.
   ④ 속력은 Doppler Sonar, 정횡 방향의 물표, 감각 등을 이용하여 항상 파악하고 있어야 한다.
3) 풍조의 유무 및 그 이용, 특히 예정 Berth 부근의 조류를 파악한다.
4) 긴급 시에 대한 비상조치도 미리 강구하고 대비하여 둔다.
5) 풍조를 감안한 충분한 예선을 수배하고 예선을 잡는 방법에 대하여 도선사와 협의한다.

2. 접안조선 시 고려할 사항

1) 안벽에의 접근

안벽에의 접근각도는 다음과 같은 요소에 의해 달라진다.

① 상대풍향과 풍압의 작용
② 조류의 유향과 조류의 작용력
③ 선체의 흘수, 기관 및 선체의 조종특성
④ 부두형상, 구조, 강도를 포함한 물리적 특성
⑤ 예선지원여부
⑥ 접안하여 있는 타선과의 관계

2) 외력의 영향을 무시할 수 있을 때의 기본적인 접근법은 다음과 같다.

① 안벽에 대략 자선길이 정도 접근 시 속력은 1 kts 이하가 되도록 한다.
② 우현접안 시는 안벽과 거의 평행하게 접근해서 후진기관 사용으로 인한 선미이탈로 곤란을 당하지 않도록 한다.
③ 좌현접안 시는 안벽과 약 15° 정도를 유지하여 후진기관 사용 후 선체가 안벽에 평행이 되도록 한다.

3) 풍조의 조선상 이용

외력의 영향을 어떻게 조선에 이용할 수 있는가를 생각하여야 하며 다음과 같은 점을 고려한다.

① 안벽쪽으로부터 불어오는 바람(Offshore Wind)은 부두를 향한 선체의 횡방향 이동을 억제시킨다. 따라서 무풍 시보다 안벽에의 접근각도를 크게 해서 반대측 묘를 투묘하여 Dragging하면서 타를 Hard over, 기관을 Kick Ahead시켜 전진운동을 억제시키면서 선미의 횡방향 운동을 증대시켜 이를 바람이 상쇄시키도록 한다.
② 안벽을 향하여 부는 바람은 선체를 안벽과 약간의 거리를 두고 정지시킨다면

자연히 선체를 안벽쪽으로 이동시킨다. 횡방향 운동이 과도할 시는 역시 묘를 써서 억제한다.

4) 횡방향 운동의 파악

횡방향 운동은 주로 전진타력을 가진 선체의 회두에 의한 것과 예선 및 투묘에 의하여 생기며 선수미 방향에 있는 육상물표와 Heading을 비교, 또는 선수미와 안벽의 거리 등을 주의있게 관찰하여 운동상태를 파악할 수 있다.

5) 후진기관의 사용

후진기관의 사용에 따른 선미의 좌편향 현상을 이용하여 선체가 안벽에 평행하게 유지되도록 한다.

6) 접이안 조선 시 계류색의 이용

계류색으로 선체의 선수미 방향 및 횡방향 운동 억제 및 회두 작용에 이용한다.

3. 안벽접안법

1) 자력 접안법

① 좌현접안

㉮ 풍조가 없을 시 기본자세

㉠ 안벽을 향하여 약 15° 정도의 각도를 이루고 진입한다. 조타목표물은 선교위치표시기로부터 선박길이 정도 전방지점으로 한다.

㉡ 선체정지 시 선체의 중앙 현측과 안벽과의 거리는 약 1.5-2B 정도가 되는 것이 좋으며, 이때 부두와 선수미선이 이루는 각도가 약 15° 정도가 되도록 조선한다.

㉢ 접근 시 타력이 예상외로 강할 시는 비접안현 묘를 투하하여 Dragging 한다. (묘 투하지점은 접안 시 예정 선미위치에서 중앙위치 사이)

㉣ 최후로 후진기관을 써서 선체를 정지시키면 선체가 안벽에 평행하게 붙는다.

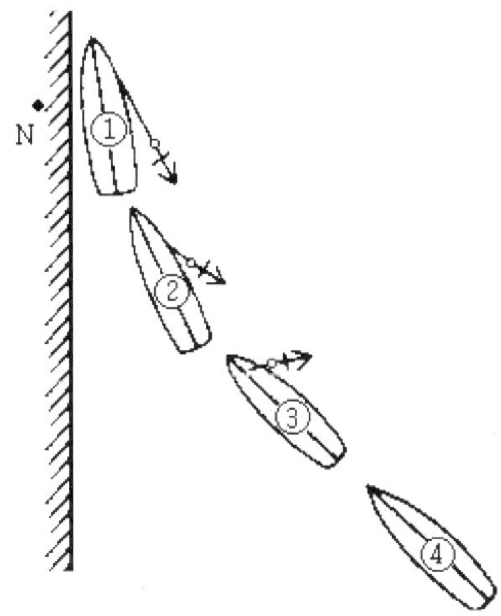

[그림 1-37] 좌현접안

㉯ 풍조를 선수에서 받을 때

㉠ 풍조가 없을 경우 보다 안벽에 대해서 약간 더 큰 자세로 진입한다.(20 ~25°)

㉡ 후진기관을 쓸 때 풍조를 좌현선수에서 받게 되어 선수가 안벽으로부터 Swing-Off되지 않도록 유의해야 한다.(전진타력이 크지 않으면 긴 시간의 후진기관을 쓸 필요가 없으므로 접근 속도가 크지 않도록 유의한다.)

㉰ 풍조를 선미에서 받는 경우

㉠ 풍조를 선미에서 받고 접안하는 경우는 상당한 조선상의 기술을 필요로 한다. 예정 Berth 전방에 여유수역이 충분한 경우를 제외하고는 가능하면 피하는 것이 좋으며, 부득이한 경우에는 예선의 도움을 받아야 한다.

㉡ 풍조를 선미에서 받고서 예정 Berth에 접근할 경우 풍조에 의해 선미가 안벽으로부터 멀어져서 접근각도가 커지므로 접근자세가 흐트러질 가능성이 많다.

㉢ 접안 반대현 묘를 투하하여 선체의 선수쪽으로의 압류를 피한다.

㉣ 후진기관을 사용하여 선미를 안벽쪽으로 붙이고 가능한 한 빨리 Stern Line을 잡는 Stern First Docking 자세로 접안한다.

㉱ 바람이 안벽쪽에서 불어 올 때(Offshore Wind)

㉠ 안벽 접근 각도를 무풍 시에 비해 상당히 크게 한다(약 45도 정도). 조타

목표는 접안예정선미 정도로 한다.

㉡ 접근속도를 너무 줄이면 선수가 풍하쪽으로 회두할 염려가 있으니 묘를 투하하여 Dragging 하면서 타효 유지 속력으로 접근하여 Berth전방에서 기관과 타를 이용 대각도 회두를 행한다.

㉢ 풍조가 강할 때는 치밀하고 대담하게 조선하며 계류색을 빨리 잡아야 한다.

㉮ 바람이 안벽쪽으로 불 때(Onshore Wind)

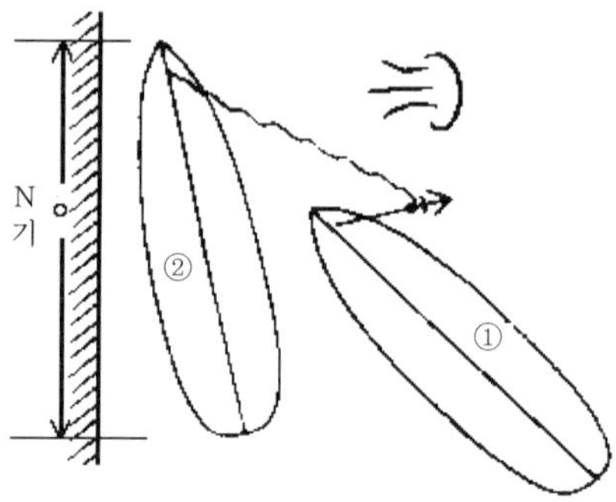

[그림 1-38] 바람이 있는 경우의 좌현접안

㉠ Onshore Wind 하에서는 풍압에 의해 선체가 너무 빠르게 안벽을 향하지 않도록 하는 것이 요체이다.

㉡ 따라서 풍조의 영향이 없는 기본적 자세로 접근하나(안벽과 약 15°), 그 때보다는 좀더 거리를 주어(약 2b정도) 비접안현 묘를 투하하여 선수의 풍하측으로의 빠른 압류를 억제한다.

㉢ 선미가 안벽에 빠르게 접근하는 것을 피하기 위해 선수 Back Spring을 빨리 잡고 기관과 타를 사용하여 적절히 제어한다.

㉣ Off Shore Wind이든, On Shore Wind이든 풍조가 강하게 되면 닻을 끌면서 접근하는 방법 외는 타효를 유지하며 조선하는 방법이 없으며, 저질이 확실치 않는 곳이나 부표, 해저 Cable 등 장애물에 걸릴 염려가 있는 곳에서는 그렇게도 할 수가 없고 또 묘쇄를 너무 많이 신출하면 Dragging Anchor가 불가능하므로 이런 경우에는 충분한 예선을 사용하여야 한다.

② 우현접안

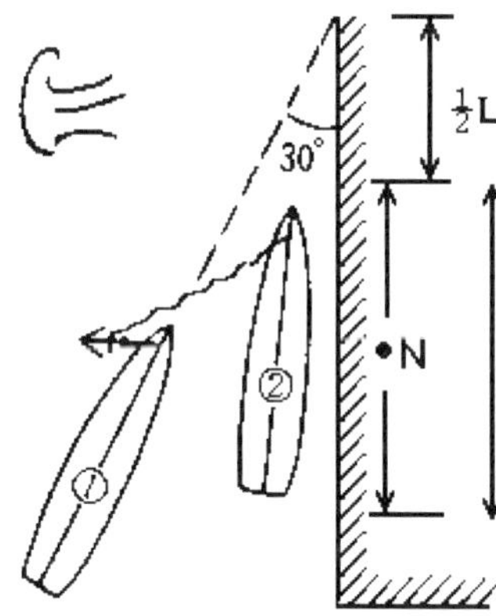

[그림 1-39] 우현접안

㉮ 풍조가 없을 때나 선수에서 받을 때

㉠ 가능하면 안벽에 가깝게 접근시키고 안벽과 평행하게 자세를 취한다.

㉡ 선수가 선미계류예정지점을 통과하면 타와 기관을 사용 선수를 소금 좌편향시킨다.

㉢ 후진기관을 걸면 선체는 안벽에 평행한 자세로 접근한다.

㉯ 안벽으로 향하는 풍조를 받을 때

안벽의 선수예정계류지점의 전방 0.5L 점을 선수가 약 30°의 각도를 이루고 진입토록 하고, 선수가 선교예정지점과 나란히 되고 안벽과의 거리가 약 50~70m 정도되면 좌현묘를 투하하고 타력을 억제하면서 들어가면 선체는 안벽에 평행하게 된다.

㉰ 안벽으로부터 풍조를 받을 때

바싹 안벽에 가깝게 조선하되 필요하면 닻을 끌면서 진입한다. 이때는 Bowline과 Stern Line을 신속하게 잡아야 하고 타력은 닻을 이용하여 억제한다.

③ 두 선박사이에 접안할 경우

㉮ 전방계류선박을 추돌할 우려 때문에 후방선 통과 후 접근각도를 적게 하여 전방선박의 선미외측을 목표로 한다.

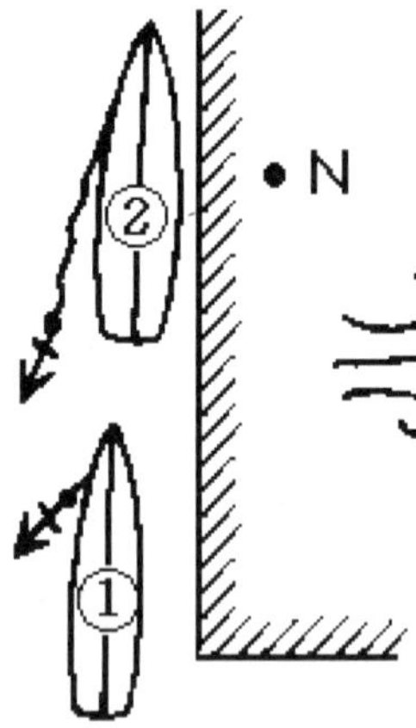

[그림 1-40] 우현접안

㉯ 전방에 있는 선박과 충분한 거리를 두고서 투묘, Dragging하여 Headway를 억제하며 선수가 전방선박 선미외측을 향한 상태에서 정선 후 계류색을 내어준다.

㉰ 조류를 앞쪽에서 받는 경우에는 자선 선폭의 1.5~2배를 유지하면서 예정 위치보다 전방선박쪽으로 자선 길이의 1/2정도 나아간 후 투묘한 후 묘쇄를 신출하여 조류에 의해 후진하면서 접안한다.

2) 자력 안벽 이안법

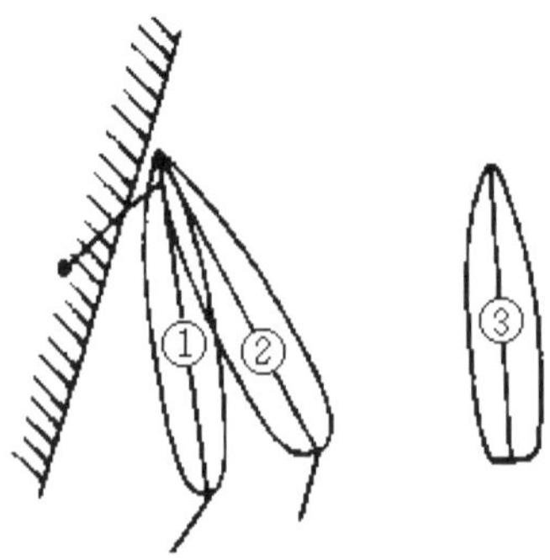

[그림 1-41] 자력이안 1

자력 이안 조선 시는 Quick Water(기관후진 시 선미에서 일어나는 와류)를 이용하는데 선체가 Quick Water를 거슬러 후진하므로 선체가 후진하여 안벽에서 떨어질 때 매우 효과적이다. Quick Water는 후진 시 우현측에 강하고 좌현측은 영향이 약하며 일단 선미를 안벽으로부터 멀어지게 한 후 현측을 따라 이동하면서 선체의 횡이동을 유발한다. 또 Quick Water는 전심전방을 때리므로 선수가 후진 시 안벽측으로 회두하는 것을 막아준다. 안벽이 Solid Face로 되어 있거나 선서하에 전소가 존재 시는 Quick Water의 영향이 강하다.

① 풍조영향이 없을 경우(좌현 접안 상태를 예로 들어)
  ㉮ Back Spring으로 Single-up한 후 타는 Hard port하고 기관은 Dead-slow Ahead한다.
  ㉯ 선미가 안벽으로부터 충분히 멀어지면 Half Astern, 타는 Midship 한 후 Let go Spring한다.
  ㉰ 선수가 Clear되면 기관정지하고 타를 우현으로 하여 전진기관을 사용한다.

② 풍조를 선수에서 받을 때
  ㉮ 선수 Back Spring만으로 Single Up한다.
  ㉯ 풍조가 접안 현측에 작용하도록 타는 비접안 현측으로 Hard over하고 미속 전진기관을 쓴다.
  ㉰ 선수가 벌어지기 시작하면 Back spring을 Let go한 후 타를 Midship으로 하여 전진기관으로 출항한다.

③ 풍조를 선미에서 받는 경우
  ㉮ 선수 Back Spring과 선미 Breast로 Single Up한다.
  ㉯ Breast Line을 서서히 Slack시켜 조류에 의하여 선미가 안벽으로부터 떨어지게 하고 필요 시 타를 사용한다.
  ㉰ 선미가 충분히 Clear되면 Breast Line을 Let go하고 기관후진하며 선수가 충분히 Clear되면 선수 Back Spring을 Let go한다. 선체가 안벽으로부터 충분히 멀어지면 전진기관을 사용하고 타를 적절히 사용한다.

④ 바람이 안벽을 향하여 불 경우

㉮ 강력한 Back Spring으로 선수를 빙 둘러서 잡고 타를 Hard over하고 전진 기관 사용하여 선미를 안벽에서 떨어지게 한다.

㉯ 선미가 안벽으로부터 떨어지면 기관을 역전시키고 타는 Midship으로 하여 후진하여 선수를 안벽에서 떨어지게 한다.

㉰ 선수가 안벽에서 충분히 떨어지면 Spring Let go하고 전진기관을 사용한다.

⑤ 바람이 안벽으로부터 불 경우

㉮ 선수미 Breast Line만으로 Single Up 한 후 풍압에 의하여 선체가 안벽과 평행한 상태에서 안벽으로부터 떨어지도록 Breast를 적절히 조정하여 Slack 시킨다.

㉯ 선체가 안벽으로부터 충분히 Clear되면 Line Let go 한 후 전진기관을 사용하며 타를 병용한다.

4. 계선설비 및 계류색

1) 계선설비 용어

① HAWSER-ROPE : 선박의 계선시 사용하는 ROPE로써 통상 Φ 40mm 이상의 것을 말하며 합성섬유와 WIRE ROPE가 있다. (2700 TEU CNTR의 ROPE : 60mm, BREAKING/68.67 ton)

② BOLLARD : MOORING ROPE, HAWSER 등을 매기 위한 기둥으로써 2개로 되어 있다.

③ BITT : MOORING ROPE, HAWSER 등을 매기 위한 기둥으로써 1개로 되어 있다.

④ CLEAT : 갑판상 또는 BULWARK 등에 설치된 것으로써 GUY-ROPE나 TUG-LINE 등의 고박에 사용한다.

⑤ RECESS-BITT : 선체 외판 주위의 여러 개소에 오목한 자리를 만들어 설치한 TUG-BOAT용 BITT이다.

⑥ FAIR LEADER : HAWSER-ROPE 등을 감을 때 접촉부위를 회전시킴으로써 마

모를 방지하고 ROPE의 방향을 바꿀 때 또는 격납을 용이하도록 한다.

⑦ PANAMA CHOCK : 계류색을 선내로 끌어올리거나 내리도록 BULWARK에 (MOORING HOLE, PIPE) 설치된 원형 또는 타원형의 구멍으로써 마모를 방지하기 위해 ROUND로 되어 있다.

⑧ UNIVERSAL CHOCK : 계류색이 통과하는 곳에 수직 또는 수평으로 ROLLER가 설치되어 ROPE의 마모를 방지하는 것으로 주로 WIRE ROPE를 사용하는 대형선에 설치되어 있다.

⑨ EYE PLATE (PAD EYE) : 소형의 ROPE를 고박하는 장치로서 눈모양으로 된 것이다.

⑩ RING PLATE : 소형의 ROPE를 고박하는 장치로서 고리모양으로 된 것이다.

⑪ HAWSER PIPE : ANCHOR CANBLE이 올라오는 큰 통로로서 ANCHOR-CHAIN 세척용 해수 PIPE가 설치된다.

⑫ CAPSTAN : MOORING ROPE 등을 감아올리는 데 사용하는 수직 BARREL

⑬ HAWSER-STOPPER : 계류색으로 잡은 줄을 BOLLARD에 고박시키기 위해서 1차적으로 줄의 장력을 유지시킬 때 사용하는 줄로서 HAWSER(FIBRE) ROPE에는 ROPE STOPPER(Φ 16~18mm), WIRE HAWSER ROPE에는 CHAIN STOPPER(Φ 8~10mm)가 사용된다.

⑭ SEIZING-ROPE : BOLLARD에 8자형으로 감겨둔 줄이 장력이 걸리더라도 풀려지지 않도록 하는데 사용하는 줄로서 8자의 가운데를 묶으며 통상 15~20mm의 P.P ROPE 등이 사용된다.

⑮ FENDER : 선박과 부두 혹은 선박 사이의 접촉 손상을 방지하기 위한 막이로서 CORK-FENDER FENDER, WOODEN-FENDER, TIRE-FENDER, AIR-FENDER (YOKOHAMA-FENDER),RUBBER-FENDER, ROPE-FENDER 등이 있다.

⑯ HEAVING-LINE(ROPE) : 계류색을 보내거나 본선에 올릴 때 사용되는 줄로서 Φ 6~8mm, 길이 100M 이내 가는 줄

⑰ RAT GUARD : 쥐마개

⑱ GANGWAY NET (SAFETY NETS)

⑲ MESSENGER-ROPE : 육안이나 BUOY에 ROPE(WIRE, FIBRE)를 건네줄 때

HEAVING LINE의 강도로서는 약하여 계류색의 무게를 감당할 수 없을 때 HEAVING-LINE과 계류색 사이에 연결되는 ROPE로서 Φ 14~20mm 정도의 NYLON ROPE 등이 사용된다.

2) 계류색 명칭 및 용도

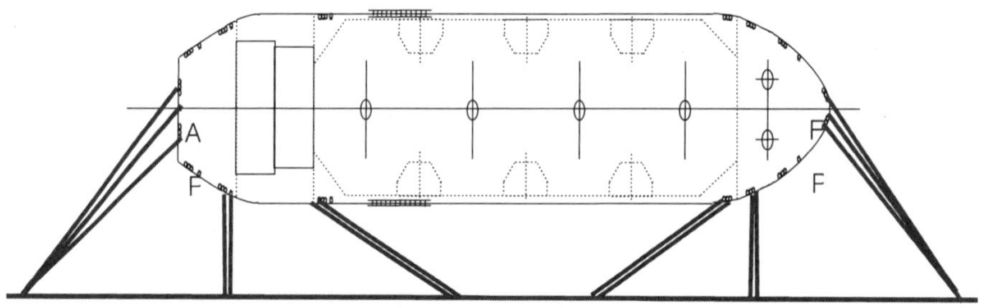

[그림 1-42] 계류색 명칭

① HEAD-LINE : 선체의 후방운동을 억제하거나 선체를 전진시에 사용하며 본선의 중심선과 줄이 이루는(BOW-LINE) 각도는 45°가 적절하다.

② FORE-BREAST : 선체와 안벽 혹은 부두와의 접안상태 유지 및 선체의 외방운동을 억제하며 본선과 부두와의 연결각도가 직각이 될수록 좋다.

③ FORE-SPRING : 선체의 전방운동 억제와 선체의 접안상태에서 후진시 사용하는 것 외에 안벽계류 중에 전진타력을 잡으며 선체를 정위치에 고정시키고, 배를 이안시에는 선미를 접안상태에서 떨어지게 하는 계류줄로 쓸 수 있다. 줄과 선수미선의 각도가 적을수록 좋다.

④ AFTER-SPRING : 선체의 후방운동 억제와 접안상태에서 전진시에 사용

⑤ AFTER-BREAST : 선체의 접안상태 유지와 외방운동을 억제한다.

⑥ STERN-LINE : 선체의 전방운동 억제와 접안상태에서 후진시에 사용하며 줄과 선수미선과의 각도가 작을수록 좋다.

※ 접안작업 중의 유의사항

선박이 부두에 접안 시작중에도 선박은 속력을 1~2 kts 정도 가지고 있으므로 기관사용으로 전진력을 줄일 수 있으나 기관사용이 안 될 경우라도 전진력은 억제되어야 하므로 선수부의 SPRING-LINE은 전진력을 억제할 수 있는 새 줄을 잡되 가능한 한 길게(선수미선과 부두선과는 소각도가 됨) 잡는다.

※ 계류색 작업시 유의사항

계류색 작업시 MAKE-FAST 때에는 섬유색 (FIBRE-ROPE)은 BOLLARD, BITT, CLEAT 등에 4회 이상 감아야 안전하며 WIRE-ROPE는 BOLLARD나 CLEAT에 4~5회 8자로 감고 세 가지 색으로 가운데를 SEIZING해야만 풀려지지 않는다.

3) MOORING 작업상의 용어

① SEND-OUT (HEAD LINE) : 줄(HEAD LINE)을 내보내라

② SLACK-AWAY : 줄이 늘어지도록 내주어라

③ HEAVE-IN (SPRING) : 줄(SPRING)을 감아라

④ EASY (AWAY) : 긴장이 없어질 때까지 늦추어라

⑤ Pick it up the slack : 줄의 처진 부분만 감아라

⑤ MAKE-FAST : 줄을 당겨서 고박하라

⑥ SINGLE-UP : 선체를 잠시 매어둘 최소한의 MOORING LINE만 남겨두고 그 밖의 줄을 거둬라.

(보통 1-HEAD LINE, 1-SPRING, 1-BREAST를 남긴 상태를 말함)

⑦ LET-GO (CAST-OFF) : 줄을 풀어 거둬라

4) 계류색을 잡는 법과 푸는 법

① 예상되는 BERTH에 선수가 진입하게 되면 선수에서는 HEAD-LINE과 SPRING을 먼저 내어주되 전진타력이 있는 경우에는 SPRING-LINE을 먼저 잡는다. 이때 둘다 DRUM에 감긴 줄을 사용토록 하여 HEAVE-IN 및 SLACK-AWAY를 자유로이 할 수 있도록 한다.

② 전진타력이 없거나 있더라도 본선이 앞으로 나가야 할 때 혹은 후진타력이 있을 때에는 선수에서는 HEAD-LINE을 먼저 잡는다.

③ 선미에서는 후진타력이 있을 때 혹은 후방에 장애물이 있을 때 혹은 강가에 위치하는 부두와 같이 선미쪽으로 강한 조류가 있을 경우에는 SPRING을 먼저 잡는 것이 좋다.

④ 선미에서는 계류상태를 수시로 보고하여 ENGINE 사용에 지장이 없도록 하며 ENGINE 사용시에는 계류색이 SCREW에 감겨들지 않도록 주의한다.

⑤ 간만의 차이가 심한 부두에서는 가능한 한 계류색을 멀리 잡아 STANDING-PART의 길이가 길게 한다.

⑥ 선수미에서는 먼저 HEAD-LINE-2, SPRING-2를 각각 MADE-FAST 후에 TUG-LINE을 LET-GO하고 나머지 LINE을 이후에 잡는다.

⑦ 출항시 LINE을 거두어들일 때에는 SINGLE-UP시에 본선에서 멀거나 작업이 곤란한 LINE을 먼저 감아들이고 ALL-LINE LET-GO시에는 LINE-LET-GO부터 먼저 한 후에 줄을 감아들이도록 하며, 만일의 사태를 대비하여 선수 및 선미에서는 SAILER'S KNIFE를 꼭 가까이에 두어 이안시 해색이 안 되는 줄을 잘라 버릴 수 있도록 해야 한다.(바람이 옆에서 강하게 불 때 유의)

⑧ 접안시에는 항상 충분한 LINE을 준비해 두어야 하며 줄이 모자라 1개의 줄로서 SPRING이나 BREAST를 2중으로 잡는 경우가 없도록 하여야 한다.

5) ROPE의 종류 및 강도

① 합성 섬유색

㉮ NYLON ROPE : 합성 섬유 중에서 제일 강하다. 유연하고 마찰, 충격에 강하다. 복원성이 크며 피로현상이 적다. 늘어나기 쉽고 미끄럽다.

㉯ VINYLON ROPE : 내후성이 우수하다. 함수시에는 강도가 떨어진다. 유연하다. (KURALON, CREMONA, VINYLON) 통상적인 16~26mmΦ 정도의 ROPE가 사용된다.

㉰ POLY-ETHYLENE ROPE : 물에 뜬다. 수중에서 마찰에 강하다. 내약품성이 강하다. 열에 약하다. 통상적인 HAWSER ROPE(POLYETHYLENE

COURLENE)로 이용된다.

㉣ POLYESTER ROPE : 나일론 다음으로 강하다. 내후성이 우수하다.

㉤ POLY-PROPYLENE ROPE : 매우 가볍다. 수중에서 마찰에 강하다. 내약품성에 강하다. 잘 미끄러지지 않는다. 부드럽고 잘 늘어난다.

② 식물 섬유색

㉮ MANILA-ROPE : 내구, 내습성, 항장력에 강하다. PILOT LADDER용 및 기타 구명설비용 LADDER에 사용한다. 물에 오래 젖어 있으면 썩으며, 또한 오래 건조상태에 있으면 풍화될 수 있다.

㉯ SISAL-ROPE(사이잘삼) : 담황색으로서 마닐라삼 보다 못하다.

㉰ FLAX-ROPE (아마색) : 내구, 내습성이 우수하다. 유연성이 적고 탄력이 모자란다. 강도는 제일 크다.

㉱ COTTON-ROPE(면색)

㉲ PALM-ROPE (종려색) : 내수성이 우수함. 적갈색

③ 강색

STEEL에 아연 또는 알루미늄 도금을 한 소선(가는 줄)을 수본 내지 수십본을 합하여 S자형으로 꼬임한 STRAND이다.

제 1호–6 × 7 (6 STRAND, 7 YARN)

제 2호–6 × 12 (6 STRAND, 12 YARN)

제 3호–6 × 19 (6 STRAND, 19 YARN)

제 4호–6 × 24 (6 STRAND, 24 YARN) : 보통 CARGO-WIRE 등에 사용

제 5호–6 × 30 (6 STRAND, 30 YARN)

제 6호–6 × 37 (6 STRAND, 37 YARN) : 보통 30mmϕ 정도의 TOPPING-WIRE 등에 사용.

※ 주의 : 인명 관련 및 하역 관련 줄에는 반드시 CERTIFICATE를 발급받아 본선에 보관해야 된다.

④ ROPE의 규격, 치수 및 강도

㉮ 면 ROPE(150M)를 제외한 각종 ROPE의 1 COIL의 길이는 200M이다.

㉯ ROPE의 길이를 용도에 맞게 청구시에는 항상 그 길이를 별도로 명시하면 ROPE의 낭비없이 사용가능함.)

㉰ ROPE의 치수는 직경을 mm로, 원주를 inch로 표시한다(CALIPERS로서 돌려서 재며 새 줄은 1~2mm 정도 크다)

㉱ STEEL WIRE ROPE

－FLEXIBLE : B = C2 × 2.5(ton) = (D/8)2 × 2.5(ton)

－INFLEXIBLE : B = C2 × 3.0(ton) = (D/8)2 × 3.0(ton)

B : 파단력

C : 원주 INCH

D : 직경 mm

6) Mooring Rope의 취급 요령

① ROPE 취급 요령

㉮ 선박 입출항시 충분한 인원을 선미, 선수에 배치시킨다.

㉯ 지휘자의 지휘에 따라 일사분란하게 움직인다.

㉰ 입항전 모든 MOORING ROPE는 S/B 상태로 준비하여 빠른 시간내에 본선 ROPE가 부두의 비트에 걸리도록 한다.

㉱ SPRING MOORING ROPE에는 트랜시버를 휴대한 숙달된 전문 인원을 배치시킨다.

㉲ 출입항전 WINDLASS, WINCH 등의 작동 상태를 사전 점검하고 정상 여부를 확인한다.

㉳ WINCH 맨과 지휘자의 신호는 확실하게 정하여 사전에 전원 습득할 수 있도록 교육한다.

② ROPE 취급시 주의 사항

㉮ ROPE가 TIGHT 될 때 WINCH 맨을 제외하고는 모두 멀리 떨어져 있어야 한다.

㉯ WINCH 맨은 지휘자의 지휘를 잘 살펴보며 주의해서 ROPE를 다룬다.

㉰ 항구의 제반 여건 등을 고려하여 ROPE의 나가는 순서 등을 미리 파악하고

해당 선원들에게 교육 및 주지시킨다.

㉣ TIDE 및 화물 적양하로 인한 선박의 부양 상태 등을 고려하여 충분히 여유가 있게 잡는다.

㉤ ROPE의 마모 정도를 수시로 체크하고 절단될 우려성이 있는 ROPE는 빠른 시일내로 교환한다.

③ 본선 MOORING ROPE로 TUG LINE 사용시 주의 사항

㉮ 사용 중인 ROPE 중에서 제일 튼튼하고 양호한 것으로 내준다.

㉯ 일단 TUG LINE를 잡은 후에는 그 근처에 절대로 가지 않는다. 만약 기타의 작업으로 어쩔 수 없이 가야 할 경우에는 TUG BOAT가 밀 때를 이용해 신속히 작업을 마치고 벗어난다.

㉰ TUG LINE을 잡을 위치와 비트, FAIR LEADER 등을 TUG BOAT와 교신하여 사전에 파악하여 두고 적절한 강도를 가진 히빙 라인을 준비하는 한편, 인력으로 예인선을 끌어 올릴 때는 합당한 인원을 미리 배치시킨다.

㉱ 예인선을 벗겨 낼 때는 홋줄 끝단의 후려침을 방지하기 위한 적절한 조치를 취하고 작업원 이외는 멀리 떨어져 있는다.

㉲ 예인선을 너무 빨리 LET GO시켜 홋줄이 프로펠러에 걸리지 않도록 하고 본선에서 내준 예인선을 끌어 올릴 때도 프로펠러에 걸리지 않도록 신속하게 끌어 올린다.

㉳ 가능한 한 예인선이 본선 비트로부터 일직선이 되도록 잡아 홋줄의 마모를 줄임은 물론 절단시 반대편으로 홋줄이 튕겨나가는 것도 방지할 수 있다.

④ 본선 조치 사항 및 건의 사항

㉮ 선박의 모든 작업에 있어 항상 주인 의식을 가지고 모든 업무를 임하도록 한다.

㉯ 안전사고에 대비한 모든 장구, 즉 헬멧, 안전화, 장갑 등을 반드시 착용한다. 아무리 날씨가 더워도 헬멧 등을 벗는 일이 없도록 한다.

㉰ 현재의 MOORING ROPE를 예인선으로 사용 시 그 강도가 미약하여 절단될 우려성이 농후한 바 차후 강도가 높은 전용 예인선을 청구하여 사용한다.

1.1.7 특수상황조선

1. 선체의 동요운동과 황천

1) 파도의 크기

보통 대양파는 파장이 200m 이상일 때는 파의 속력이 30kts 이상이고, 100m 이하이면 15kts 이하다. 실험식으로는 다음과 같다.

Speed(kts) = 3.1 × (T)

Length(meters) = 1.56 × T2

Height(meters) = $1.1\sqrt{\lambda}$ (T : 주기, λ : 파장)

그러나 파고는 파에 흡수된 에너지량에 관계되므로 파장고 비율이 1/13을 초과하면 Crest부분이 붕괴된다.

그리고 위의 수식은 수심이 파장의 1/2 이상의 경우에 적용된다. 파도 및 너울의 관측방향은 밀려오는 방향(On comming direction)으로 한다.

2) 선체운동의 명칭

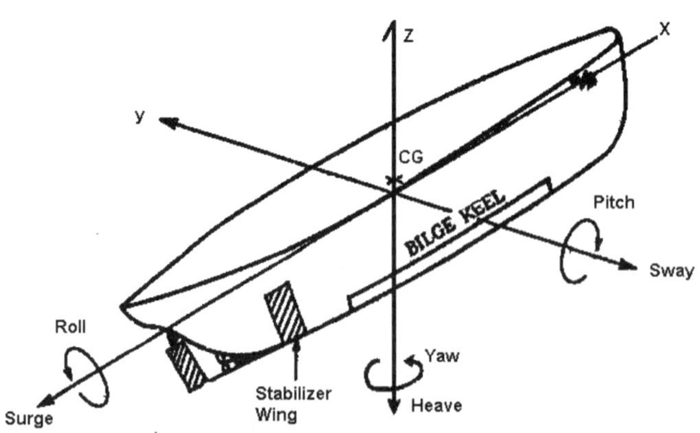

The six motions of a boat: three roatory(roll,pitch,, and yaw) and three linear (surge, heave, and sway).

[그림 1-43] 선체운동

3) 황천이란 일반적으로 아래와 같은 상태일 때를 말한다.

① Slamming현상이 1회/10분 즉, 6회/시간 이상

② Rolling이 좌우현 22.5° 이상

③ Pitching이 선수선미 7.5° 이상

④ Engine Slip이 25% 초과할 때이다.

4) 선수미에서 본 풍파의 명칭

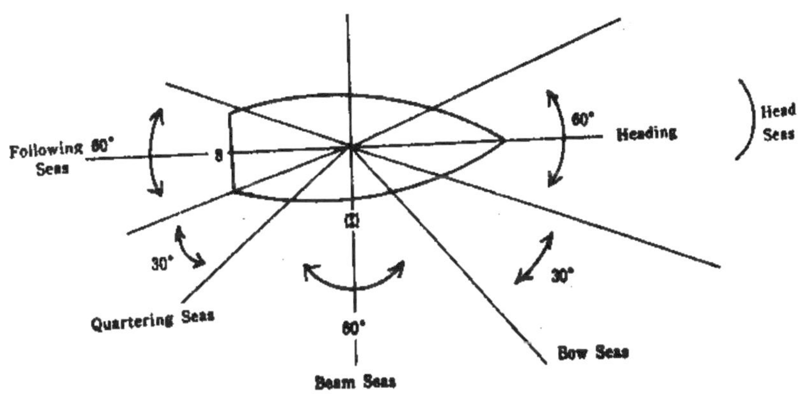

[그림 1-44] 선수미 풍파의 명칭

2. 황천시의 피항조선

1) 항해중 황천이 예상될 때 선장의 판단

① 저기압 또는 황천의 종류와 정도

② 예보 및 계절을 참작한 예상진로

③ 자선의 감항선 정도

④ 부근의 지리적 조건 및 피난지 유무

2) 황천 항해중 파랑 속에서의 조선법

① 선수에서 받을 때

Longitudinal Strength가 가장 큰 문제가 되고, 선수부에 작용하는 파괴적인 충격과 Screw Propeller의 Racing이 문제가 된다.

㉮ 풍랑을 정선수로부터 2~3점 방향에서 받도록 한다.

㉯ 속력을 떨어뜨린다.

㉰ 타는 서서히 사용하고 급격한 대각도 타 사용은 피한다.

㉱ 충격작용이 심하면 침로를 바꾸어 추종파를 받도록 조선한다.

② 선미쪽에서 받을 때

Longitudinal Strength 역시 문제가 되고 Racing이 훨씬 심하여지며 타를 손상시킬 염려가 있다. Pooping down(파가 선미부를 덮어씌우는 현상)도 Slamming에 못지 않게 위험을 줄 수 있다.

㉮ Racing을 줄이기 위해 풍랑을 Quarter에서 받도록 한다.

㉯ Racing이 심하지 않으면 Speed를 최대로 유지한다.

3) 황천시 회두조선(Turning in heavy seas)

폭풍권내에서 파의 운동은 예측하지 못하고 방향도 상이하다. 또한 파장속력 및 파고도 전부 상이하다. 만약 이런 부분파들이 방향만 일치하면 큰 파를 형성하는데 어떤 부분은 일치하여 대형파를 형성하고 어떤 부분은 파정(Crest)과 파곡(Trough)이 일치하여 상쇄 감소하는 결합효과를 나타내는데 이런 현상을 파의 Grouping이라 한다.

실무 조선에서는 파도의 Grouping 현상을 파악하고 회두조선을 하면 용이하다. 폭풍권내에서 본선을 회두할 때 선회권을 감소, 신속한 선회를 위해서는 "Full rudder 및 Burst or Kicks of propeller"로 행한다. 그러나 무엇보다 중요한 것은 선회시기의 판단이다(The time of the turn).

특히 Grain carrier는 Grain의 Heeling moment로 인하여 대각도 횡경사 우려가 더 크므로 선회 조선시 한층 더 주의를 하여야 한다.

3. 적재화물의 종류에 따른 적절한 조선법

1) 광석 적재선

광석적재선은 선수로부터의 파에 의한 상승충격작용이 대단히 좋지 않다. 만약

Angle of repose(휴지각)이 충분하면 횡파를 받아도 복원력은 충분하니 정선수에서 풍파를 받는 것을 피하고 선수로부터 3~4 point에서 풍랑을 받도록 하고 속력을 줄인다.

2) 원목선

원목적재선은 Longitudinal Strength는 매우 좋고 GM은 대단히 적다. 이러한 선박은 종파는 얼마든지 받을 수 있으나 횡파는 대단히 위험하다.

3) 곡물류 만재선

곡물류를 만재한 선박은 종강력은 강하고 GM도 적당하므로 Pitching이나 Rolling의 염려는 없고 선수파의 충격만 피하여 준다. 따라서 선수 30~40도 방향에서 받도록 침로를 취하고, 그리하여도 Painting motion이 심할 때에는 선속을 떨어뜨린다.

4) 공선항해

항해중 황천에 조우했을 경우 흘수가 작은 공선상태에 있으면 극심한 풍랑 하에서 조정성능이 저하되므로 선박의 안전성은 매우 위험하게 되는 일이 많다.

① 선체에 작용하는 풍압력에 의한 경사 Moment가 증가되어 복원력의 손실을 초래한다.

② 풍압에 의한 회두 Moment가 증가하여 보침이 어려워진다.

③ 풍파의 작용으로 선속의 저하 및 이에 따라 조정성이 저하된다.

④ 풍파에 의한 선체 압류량(Drifting)의 증대한다.

⑤ Ballast의 이동 및 불규칙한 파나 돌풍에 따라 등시성을 상실하여 Lurching현상(정상적인 횡요중에 갑자기 다른 경사 모멘트가 중복되어 등시성을 잃고 크게 경사하는 현상)이 유발되기 쉽다. 대형선은 공선상태에서 주기가 8~10초 전후의 파와 동조되기 쉽다.

⑥ 흘수가 작으면 그만큼 Slamming이 일어나기 쉬우며. 공선상태는 Trim by the stern이 크므로 내습파에 의한 Slamming이 증대된다.

⑦ Ballasting의 조치

㉮ Propeller의 효율이 감소되는 것을 방지할 수 있는 양이어야 한다. Propeller의 효율은 단추진기선에서 심도는 I/D = 1.0이상을 기준으로 하여 설계되어 있으므로 이 값이 최소한 0.4~0.5 정도가 되도록 해야 한다. 심도가 0.5일 경우에는 Propeller 날개의 상단이 수면에 접하는 상태가 된다. 이 값이 작아지면 공기가 흡입되어 공동현상(Cavitation)이 생겨 급격히 효율이 저하된다.

㉯ 적절한 Trim 유지

일반적으로 Trim은 선체길이의 2~3 % 또는 1.5~2.0m Trim by the stern이 되게 한다.

㉰ 종래의 경험을 고려

종래의 항해기록과 경험에 의해서 유지해야 할 최소한도의 배수량을 추정한 바에 의하면

여름철 : 하기만재 배수량의 50 %

겨울철 : 하기만재 배수량의 53 %

5) 황천돌파시의 조선법

거센 풍랑에 대하여 충분한 복원력을 확보하고서 파를 선수로 받으면, 파의 충격으로 선체나 타, 추진기 등에 손상을 초래한다. 또한 속력을 떨어뜨려 파의 작용을 완화시키면 보침성이 저하되어 파곡에 가로눕는 Broaching 현상을 초래하기 쉬워 위험하게 된다.

따라서 충분한 복원력을 확보하는 동시에 파에 의한 충격을 완화시킬 수 있는 조치를 취하여 해면이 조용해질 때를 기다리거나 또는 적극적으로 황천을 조금이라도 빨리 탈출할 수 있는 수단을 강구하여야 한다.

이와 같은 조치로서 종래부터 사용되어 온 기본적인 방식으로 Heave-to, Scudding(順走) 및 Lie-to가 있다.

① Heave-to

선수를 풍랑에 향하게 하여 타효를 가질 수 있는 최소의 속력을 가지고 전진

하는 방법이다. 풍랑을 정선수로부터 2~3점 정도의 사방향으로 받는 자세가 좋다. 황천 조치로서 Heave-to의 방식은

㉮ 파랑에 대한 자세를 취하기 쉬운 것.

㉯ 풍하측으로 표류가 적고, 풍하측에 충분한 수역이 없을 때에 편리하다.

㉰ 파를 향하여 항주하므로 선수의 파에 의한 충격작용을 완전히 피할 수 없고 해수의 갑판상 침입을 막을 수 없다. Heave-to는 선체의 길이가 길고 선수류가 높은 선박에서 유리한 방식이다.

㉱ 너무 감속하면 보침이 곤란하고 Beam sea(선체가 대각도 횡경사하여 Beam이 거의 수직으로 되는 상태를 말하고 이러한 상태는 전복되기 쉬운 상태다)가 될 위험이 있다.

② Scudding

Scudding이라 함은 풍랑을 Quarter에서 받으며 파에 쫓기는 자세로 항주하는 항법이다.

㉮ 선체가 받는 파의 충격작용이 현저히 줄어든다. 따라서 충격작용 때문에 Heave-to가 곤란하면 이 방법을 취한다.

㉯ 상당한 속력을 유지하여도 좋으므로 태풍권 탈출에 유리하다.

㉰ 반면 Pooping down에 의한 위험을 초래할 수 있다.

㉱ 보침성의 저하와 Broaching to가 유발될 수 있다. 추종파를 받을 때는 보침성이 저하되고 Yawing이 심하여져서 broaching to로 되어 Beam sea가 되기 쉬우므로 조심하여야 한다.

③ Lie-to

Lie-to라 함은 황천 속에서 기관을 정지하고, 선체를 풍랑하로 그대로 표류시키며 풍랑에 거슬르지 않는 방법이다. 그러나 이러한 방법을 채용하는 선박은 거의 없다.

④ R.R.R. 법칙

북반구에서 풍향이 우전(R, 순전)하면 본선은 우반원(R, 위험 반원)에 위치해 있다. 이 때는 바람을 우현 선수(R)로 받으면서 조선하여 태풍 중심에서 멀어지도록 하는 태풍 피항법이다.

⑤ L.L.S. 법칙 풍향이 좌전(반전) (Left)하면 본선은 좌측 반원(Left)에 위치, 풍랑을 우현 선미(Stem)에 받고 피항한다. LLRs 법칙(Lift, Left, Right stem)으로도 표시한다.

⑥ Dove의 법칙

북반구에서 태풍 진로의 우측에서는 풍향이 시계방향으로 돌고 좌측에서는 반시계방향에서 분다.

⑦ Buys-Ballot 법칙

태풍의 중심 방향을 알 수 있는 방법으로 북반구에서 바람을 등지고 양팔을 벌리고 서면 왼팔의 전방 20~30° 전방에 태풍(저기압)의 중심이 있다.

6) 황천시 일어날 수 있는 위험한 현상

① Rolling시

선체가 파의 작용을 받아서 횡요를 할 때에 직립상태를 중심으로 하여 좌우 대칭으로 흔들리는 중에 돌연 별개의 경사 모멘트가 겹치면 갑자기 불연속의 횡요를 당하게 되고 크게 경사를 일으키게 된다. 이러한 현상을 Lurching이라 한다.

- 갑작스런 대각도 경사를 일으킨다.
- 다량의 해수가 충격을 일으키고 갑판상을 덮어 올라온다.
- 적하이동을 유발하고 선체의 손상을 유발한다.

이러한 Lurching 현상은 선체의 안전상 매우 좋지 않으며 특히 다음과 같은 경우에 일어나기 쉽다.

- GM이 적을 때
- 적하 또는 자유수의 이동이 있을 때
- 돌풍을 받을 때
- 파랑 중에 대각도 타를 갑자기 쓸 때 등이다.

한 가지 유의할 점은 대형선의 횡요주기는 10초 이상이고 파의 주기는 이보다 적은 것이 보통이다.(주기가 10초 내지 12초를 초과하는 파도는 드물다) 따라서 황천에서 선체를 돌릴 때에 파랑을 선수쪽에서 받는 것보다 거의 선회가 완료하여 파랑을 Quarter에서 받기 시작할 때에 동조현상이 일어날 수 있다는 점이다.

② Pitching시

㉮ Slamming

선체가 파를 선수에서 받으면서 항주할 때에 주로 선수 전부선저에 강한 파의 충격을 받고 선체는 매우 짧은 주기(1초 정도 이하)의 급격한 진동을 하게 된다. 그 때문에 선체는 과도한 응력을 받아서 때에 따라서는 선수부 선저에 손상을 받는 수가 있다. 이러한 현상을 Slamming이라 하고 파를 앞에서 받고 항주할 때에는 정도의 차이는 있을지라도 언제나 일어나는 현상이다.

Slamming은 종요 및 상하동이 격심하여져서 선수가 내습파의 전경사면을 향하여 돌진할 때에 일어난다. 즉 선수가 수면에서 떨이져 올라갔나가 하방으로 떨어질 때에 파의 상향운동에 부딪혀 일어나는 것으로 Keel line이 수면에 달할 때에 최대 가속도가 일어나므로 제일 격심한 Slamming이 이때에 일어난다.

㉯ Slamming을 일으키기 쉬운 조건

㉠ 선체길이의 범위 : 선체 길이가 80~140m의 범위의 선박에 집중된다. 이것은 Slamming이 선체 길이 정도의 파를 받을 때에 극심하게 일어남을 말하고, 해상에서 탁월하는 파의 실상이 이 길이의 범위에 있기 때문이다.

㉡ 선체의 상태 : 경하상태에서는 극심하고 적하를 하고 흘수가 깊이 들어갈수록 일어나지 않는다. 만재상태에서는 거의 일어나지 않는다.

㉢ 선수의 선형 : 선수가 Fine(척형)한 것 보다 Flat한 선체일수록 Slamming을 일으키기 쉽다. 이것은 파에 의한 선수선저의 압력변화가 격심하여지기 때문이다. Bulbous bow는 Slamming에 대하여 효과가 있다.

㉣ 파의 상대주기 및 선속 : 격심한 Slamming은 보통 종요 및 상하동의 고

유주기에 파의 상대주기가 동조하는 부근(또는 그것보다 다소 선속이 큰 곳)에서 일어난다. 그리고 일반적으로 선속과 선체길이의 비($V/\sqrt{L}$ (V : knot, L : feet)) 1.0부근에 집중한다. 이것은 이 부근에 있어서 선수 선저하의 압력변화가 제일 극심하게 되는데 원인이 있다. 따라서 감속에 의하여 Pitching 및 Heaving을 경감하고, 압력변화의 감소를 꾀하는 것은 Slamming의 경감에 매우 효과적이다.

ⓜ 천후 및 해면의 상태

Slamming의 사례를 보면 B.F scale 5 이상의 전후에서 그 발생을 볼 수 있다. 그리고 상대파장이 선체길이와 같아질 때 Slamming은 격심하다. 또 파고가 높을수록 파의 에너지는 크고, Slamming이 격심하게 되는 것은 당연하다.

ⓑ 종요에 따라서 일어나는 횡적 불안정

선체가 경사를 할 때에는 선체의 종경사에 따라서 부심이 종 Metacenter를 중심으로 하여 이동하고 그 높이는 주기적으로 상승 · 하강한다. 한편 Pitching과 파의 통과로 인하여 수선면의 형태가 변화하고 수선면의 관성 Moment가 주기적으로 변화한다. 파랑 중에서 종요를 할 때는 GM의 변동이 상당히 큰 것으로, 그 변화량은 원래 GM의 50%에 달할 때가 있다.

ⓢ 추종파에 의한 Pooping down

추종파를 받을 때는 선수파를 받을 때보다는 충격은 적다. 그러나 선체와 파의 상대속도가 적으므로 파가 선체를 통과하는데 요하는 시간이 길어지므로 선미에서 해수가 덮치는 양이 많아진다. 추종파의 경우는 선체자체의 선미구조 때문에 내파성이 나쁘고 보침도 불안정하게 되기 쉬우므로 위험을 초래하는 수가 있다. 이러한 선미추종파가 선미를 크게 덮치는 현상을 Pooping down이라 하고, 선속보다 빠른 추종파의 골에 선미가 떨어졌을 때에 대파가 선미갑판을 덮치는 위험이 일어난다. 또는 추종파는 그 상대속도가 적으므로, 선미가 파곡 또는 파전면에 걸렸을 때에는 급격한 Yawing을 하여 선체가 파에 평행하게 되는 수가 있다. 이것을 Broaching이라고 하는데, 이런 때에 내습파가 급격히 갑판상을 덮치고 과대한 전복 Moment를 만들면 위험을 초래할 수 있다. 이러한 현상들은 상대적으로 파장이 거의 선체의 길이에 가깝게 될 때에 매우 극심하여진다.

⑥ Screw propeller의 공전(racing)

종요 및 상하동을 격심하게 하여 선미부가 공기 중에 노출되어 Screw propeller에 Load가 급감하여 Propeller는 진동을 일으키면서 급회전을 일으킨다. 이러한 현상은 Propeller blade의 손상 Propeller shaft 및 Engine에 좋지 않는 영향을 주게 된다. 이러한 현상은 공선의 경우가 특히 심한데 최선의 예방책은 Draft를 증가시키고, Pitching을 덜게 하는 침로를 잡고 회전수를 충분히 떨어뜨리는 것이다.

4. 갑판상의 결빙현상시의 조선법(Ice Accumulation)

대기온도가 −2℃ 이하(해수빙점온도)인 상태에서 눈보라가 치고 갑반 위에 해수(Spray)가 올라오면 Deck와 각 구조물 그리고 고박장치 등에 결빙이 일어난다. 이것은 Deck상 무게를 증가시켜 결국에는 선박의 복원성에 심각한 위험을 줄 수 있다.

결빙현상은 아래 3가지 경우에 발생된다.

- Freezing fog
- Freezing rain and drizzle, Wet snow
- Sea spray

선박이 파도에 조우하여 다량의 해수가 갑판상에 올라오면 결빙을 줄이기 위해 선회하는 경우가 있는데 이러한 조종은 선박의 복원성을 반듯이 확인하고 시행하여야 한다. 황천시에 선회는 치명적인 위험을 초래한다.

북미재 원목을 갑판적하고 겨울철 북태평양을 항해할 경우 North Attu Island를 지나 북해도까지 항해중 STBD현측과 1번과 2번 햇치 On deck에는 얼음으로 완전히 덮혀진다. STBD List가 2~3°가 되면 GM이 허락하는 범위내에서 Portside Top

Tank에 주수하여 Upright시킨다. 동적 복원력을 고려하여 Beam sea가 되지 않도록 주의깊은 조선이 요망된다.

5. 인명의 구출과 조선

1) 낙자구조와 조선

① 긴급조치

㉮ 구명환 및 구명염의 즉시 투하

㉯ 기관의 긴급정지 및 낙자쪽으로의 전타

㉰ 선내경보, 인명구조부서의 소집 및 구명정의 준비

㉱ 낙자방위 및 거리를 알 수 있도록 엄중한 Look out의 배치

낙자가 항진하는 선미의 Screw에 말려들어 가지 않도록 즉시 반사적으로 기관을 정지하고 동시에 낙자측으로 전타함으로써, Kick out을 이용하여 낙자로부터 선미를 이탈시켜야 할 것이다. 이러한 동작을 거의 동시에 행하고 선박의 왕래가 심한 곳에서는 "O"기를 올린다.

② Williamson's Turn

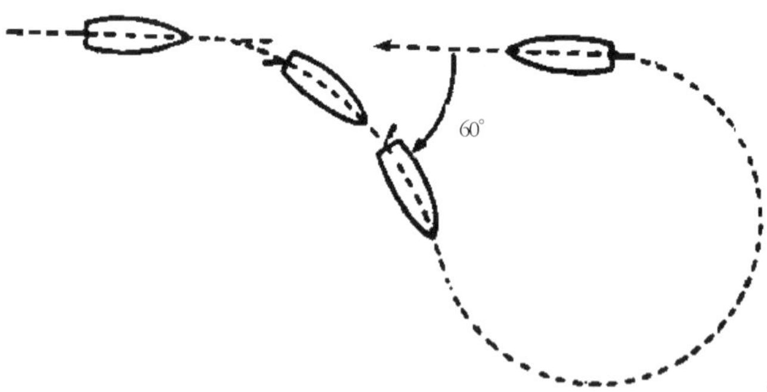

[그림 1-45] Williamson's Turn

이 방법은 1942년 미해군예비역 중령 Williamson이 고안하여 실시한 방법이다. 수중에 낙하한 자는 익사, Propeller 흡입 혹은 위치를 알 수 없어서 구조작업을 단념하는 것이다.

이 방법은 암야, 협시계, 또는 황천 및 낙하시간이 불명할 때에 지나왔던 항적에 제일 가깝게 선박을 돌릴 수 있으며 구체적인 방법은 다음과 같다.

㉮ 처음 낙자측으로 전타 Hard over하여 전속 항진 ㉯ 선회가 60°(VLCC 경우 35°) 정도되었을 때 타 반전 Hard over ㉰ 총 90° 가량 선회하였을 때 반전하기 시작 ㉱ 원 침로에서 160° 회두하였을 때 Midship하면 180° 회두하여 원래의 항적으로 들어가게 된다.

이 방법은 좀 더디고 시정이 좋지 않을 때에는 익수자를 육안에서 놓칠 염려가 있으나, 만약에 낙하된 시간을 잘 모를 때에는 가장 좋은 방법이다.

참고로 수온에 따른 생존가능시간(MERSAR manual 상선수색편람)은 다음과 같다.

해수온도 2℃ 이하 : 45분 정도
해수온도 2~4℃ 이하 : 90분 정도
해수온도 4~10℃ 이하 : 3시간 정도
해수온도 10~15℃ 이하 : 6시간 정도
해수온도 15~20℃ 이하 : 12시간 정도
해수온도 20℃ 이상 : 체력에 따른다.

대형선이나 VLCC가 Williamson turn을 완료하여 반대 침로에 왔을 때는 Headway를 거의 잃게 된다. 따라서 정선이나 해상인명을 구조하는데 Astern이 거의 필요 없다.

예를 들면 19kts로 항해하던 VLCC를 전속을 계속 사용한 상태에서 Williamson turn하면 반대침로에 도달한 경우 4kts로 되고 본래의 위치에 도달하는데 약 11분이 걸리게 된다. 그러므로 구명정을 진수시킬 지점에서 쉽게 정선시킬 수 있는 이점이 있다.

③ Two 180° Turn (반원 2회 선회법)

이 2회 선회법은 경험이 있는 조선자에게는 매우 간편한 방법으로 처음

㉮ 처음 Engine Stop하여 전타하고,

㉯ 익수자가 선미와 Clear 즉시 전속을 걸고 Hard over

㉰ 180° 선회후 Steady하여 항주하다가

㉱ 익수자가 정횡후 30° 정도에 보이게 되면 다시 Hard over하여

㉲ 정지하여 Life boat를 하강하든가 기타 방법으로 구조에 임한다.

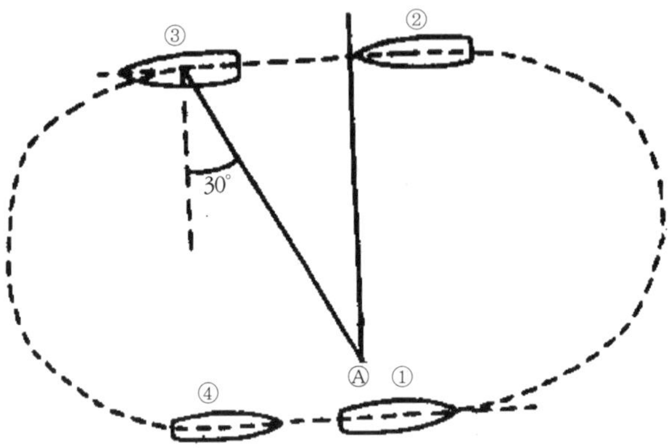

[그림 1-46] Two 180° Turn

④ A Single turn or delayed turn(지연선회법)

이 방법은 날씨가 좋고 익수자를 육안으로 보면서 조선할 때에 매우 신속하고 좋은 방법이다.

㉮ Engine stop하고 낙하현측으로 전타하여 익수자를 선미와 Clear시킨다.

㉯ 전속력으로 약 1분간 원침로로 항주한다.

㉰ 낙하현측으로 전타 Hard over하여 선회한다.

㉱ 약 230° 정도 선회하였을 때에 선수에서 익수자를 볼 수 있다. 이때 Half astern하여 Life boat를 내려 구조한다.

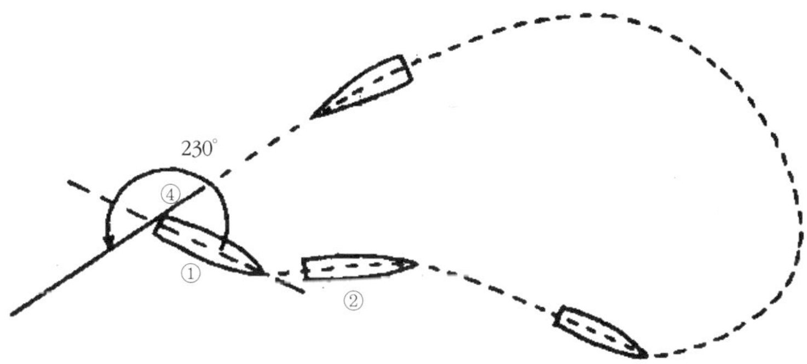

[그림 1-47] Single Delayed Turn

⑤ 기타 방법

㉮ 익수자가 선미와 Clear되자 마자 전속후진을 걸고 선체가 정지되면 Life boat를 하강하여 구조에 임하게 하는 것이다.

선교에서 익수자를 감시하고 있으면서 Life boat는 수기신호등으로 낙하자가 있는 곳으로 유도된다. 혹시 익수자를 놓치더라도 단정이 본선이 오던 항적을 따라가면 크게 잘못 가지는 않을 것이다. 왜냐하면 전속후진을 걸어서 곧 선체가 정지하였기 때문에 낙하된 지점에서 멀리 있지는 않기 때문이다.

㉯ 익수자가 Clear되면 계속 Hard over하여 완전한 Turning circle을 그리며 원래의 낙하된 지점으로 되돌아오는 것이다.

대형선의Turning circle을 관찰하여 보면 Hard over로서 선회하는 선박은 전타를 시작한 장소로부터 멀어도 자선의 길이 정도 이내의 거리를 두고 되돌아오게 됨을 알 수 있다.

⑥ 야간에 좋은 방법

최근 미국에서 야간에 자주 사용하는 방법으로 낙하현측으로 즉시 전타하고 던져진 구명부환에 Search Light를 조준한다. 선회가 완료되고 낙하지점에 오면 Life raft를 던지고 Search Light를 Life raft에 비춘다. 그리고 나서 선박은 이 Life raft를 기준점으로 하여 서서히 원을 그리면서 선수 및 양현측을 탐색한다.

2) 조난선의 승조원 및 여객을 구조하는 법

① 구명정을 내려서 구출하는 법

구조선은 조난선의 주위를 한 바퀴 돌아서 조난선 주위의 사정을 한 번 살피고 조난선의 풍상측에 위치한다. 만약 구조선이 어두울 때에 도착하고 조난선의 침몰이 급하지 않으면 날이 밝을 때까지 기다리는 것이 좋다.

그리하여 정상적인 조건하에서 구조에 임하면 된다. 그러나 날씨가 점점 사나워지고 있으면 그렇게 하여서는 기상이 약화되고 있으면 양선박에서 공히 Storm oil을 뿌리게 하거나 조난선에서 할 수 없으면 구조선이 한 바퀴 돌면서 Storm oil을 뿌려 놓는다. 그리고 풍상측에 위치하여 풍하측 구명정을 하강하여 조난선으로 가게 하고 풍하측에 와서 구명정을 기다린다.

② 구명정을 조난선의 끝단에 연결하는 법

구명정은 조난선의 풍상측으로 접근해서는 안되고, 또 직접 풍하측 한복판으로 가서 조난선의 선체에 바로 붙어서도 아니된다. 왜냐하면 조난선 갑판상으로부터 여러 물건이 낙하할 것이며 경우에 따라서는 수 knot로 밀리고 있는 조난선에서 빨리 떼어낼 수 없고 조난선의 Rolling에 의하여 Boat가 망가져 위험을 초래할 우려가 있기 때문이다.

조난선의 위치에 대하여 구명정은 Lee side의 끝단으로부터 접근하되 조난선에 접착하지 말고 Rope로써 연결한다.

그리고 한 사람은 도끼를 준비하여 두었다가 긴급시에는 한시라도 로프를 절단하고 떠날 수 있어야 한다. 그리고 일단 줄이 연결되면 조난자들은 주저없이 줄을 타고 Boat로 건너야 될 것이고, 이러한 때에 Life ring의 양쪽에 Heave line을 달아서 조난선으로부터 Boat까지 사람을 끌어올리는데 이용하면 좋을 것이다. 이 때 본선은 조난선의 풍상측으로부터 풍하측으로 이동하여 구명정을 대기하여야 한다.

구명정 강하시의 조건은 다음과 같다.

㉮ 기관을 정지하고 전진타력 2kts정도에서 진수한다. 정지나 후진중의 강하는 진수이후 구명정을 선체에서 벗어나게 함이 힘들기 때문이다.

㉯ 선체가 경사하지 않은 상태에서는 풍하현의 구명정을 진수하고 선체를 선회시켜 반대현의 것도 강하한다.

㉰ 선체가 경사한 경우에는 경사현을 풍하현으로 향하게 한 후 강하하고 풍상측의 것은 Lashing을 개방하여 바다에 떨어뜨린다.

㉱ 선체가 급히 침몰하는 경우에는 모든 구명정의 Lashing을 개방, 절단하고 승조원은 직접 수중에 뛰어내려 부유피난을 시도한다.

6. 수색구조조선

1) 수색 Pattern 1 (Expanding square search)

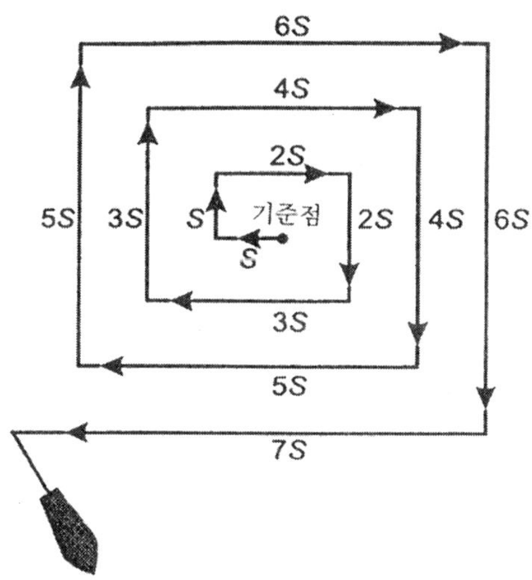

[그림 1-48] 수색 Pattern 1

이것은 확대정방형수색이라 한다. 추정기점 D를 따라 접근하여 D점을 통하고 4 mile 진출한 지점에서 침로를 90° 우전하여 이번에는 8 mile을 진출하고 다시 우전하여 8 mile을 항해한다. 이러한 식으로 정방향을 4 mile씩 확대 수색하는 것이다. 이것은 수색선이 1척일 때의 수색 방법이다.

2) 수색 Pattern 1a (Sector search)

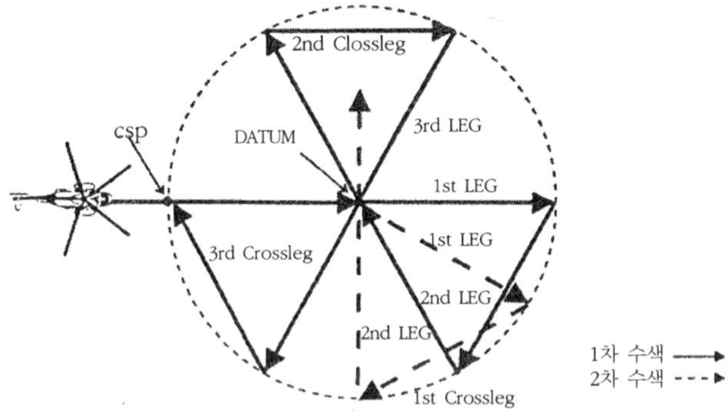

[그림 1-49] 수색 Pattern 1a

부채꼴 수색 또는 선형수색이라 한다. 이 pattern은 조난목표발견의 가능선이 크고 수색선이 1척일 때의 수색방법이다.

3) 수색 Pattern 2

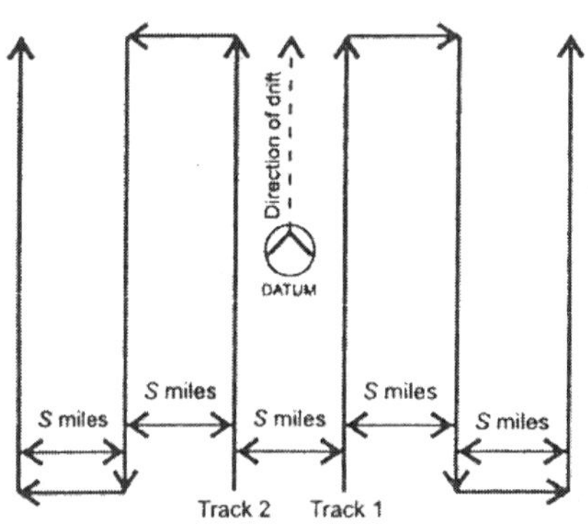

[그림 1-50] 수색 Pattern 2

평행선 수색(Parallel track search)의 한 가지 방법으로 수색선박이 2척일 때 이용하는 것이다. 이것은 기본적으로 'ㄹ'자 수색패턴으로 수색침로번호 1에 CSS 선박이 붙고, 2에 다른 한 척의 선박이 붙어서 'ㄹ'자를 그리면서 그림과 같이 D점을 중심으로 한 반경 10 mile 원의 외접 정사각형의 면적을 수색하는 것이다. 최초 수색시 두 선박간의 간격은 4 mile이다.

4) 수색 Pattern 3

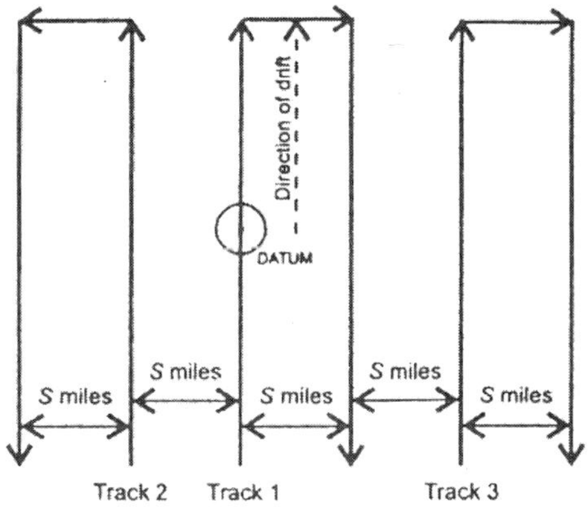

[그림 1-51] 수색 Pattern 3

이것은 Parallel track search의 일종으로 3척의 수색선이 'ㄷ'자 형태의 수색작업을 하는 것이다. 그림에서 1번 선박과 2번 선박의 간격은 4mile이고 1번 및 3번 선박의 간격은 8 mile이다. 3척의 선박이 'ㄷ'자 형태의 수색을 한번 완료하면 넓이로는 24 mile 길이로는 20 mile 해역이 수색된다.

5) 수색 Pattern 4

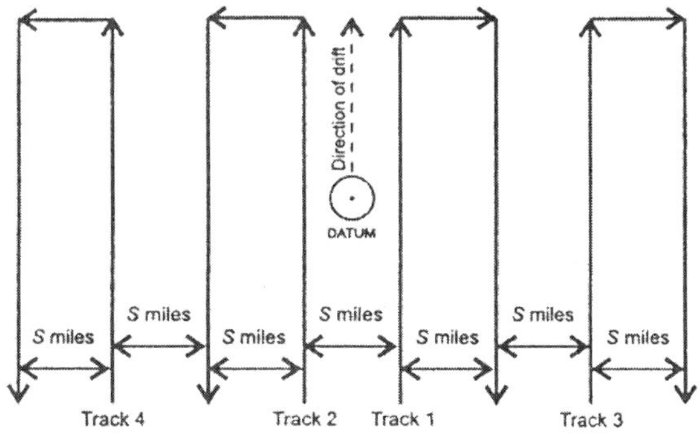

[그림 1-52] 수색 Pattern 4

Parallel search의 일종으로 수색선이 4척일 때 4 mile 간격을 3 mile로 좁혀서 'ㄷ'자 형태의 수색을 하는 방법이다.

그림에서 1번 선박과 2번 선박의 간격은 4 mile, 1번 선박과 3번 선박의 간격은

6 mile, 2번 선박과 4번 선박의 간격은 6 mile로 하여 수색을 시작하고 길이 10 mile을 진출하여 D점 좌방선박은 좌현으로 90° 선회하여 ㄷ자 수색을 종결한다. 이렇게 하면 1번과 2번 수색 line 사이의 수색폭은 각각 2 mile이 되지만 나머지 수색 line 사이의 폭은 3 mile이 되므로 각 line의 담당 수색폭은 1.5 mile이 된다.

그러므로 여기에서 총 수색 면적폭(1.5+3+3+3+4+3+3+3+1.5)은 25 mile이 된다.

6) 수색 Pattern 5

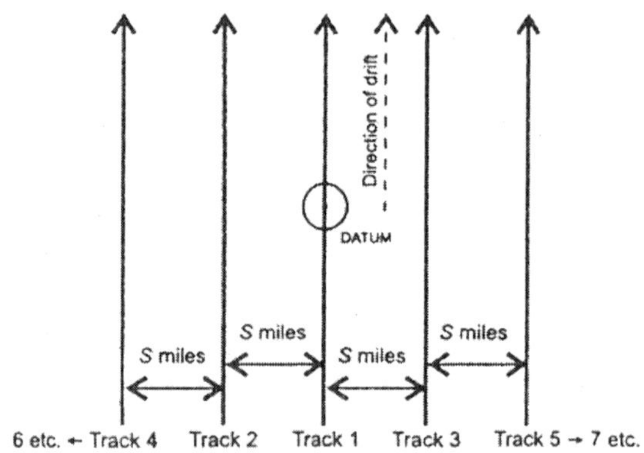

[그림 1-53] 수색 Pattern 5

Parallel track 수색으로서 수색선박 5척일 때 1직선상을 20 mile 1회 항주함으로써 기본 area의 수색이 종료된다. 수색선박간의 간격은 4 mile이다.

7) 수색 Pattern 6(Ship and aircraft co-ordinated search)

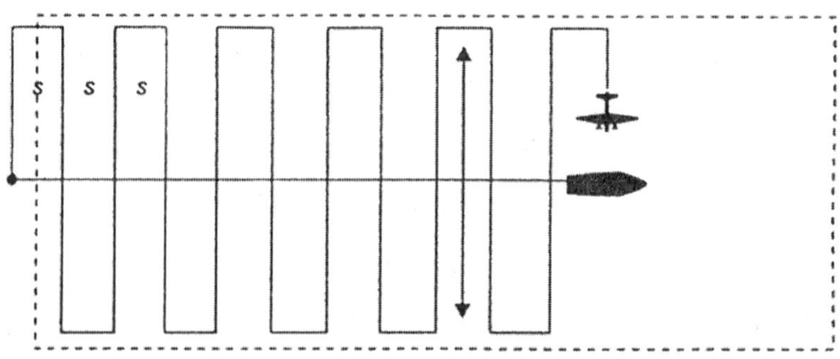

[그림 1-54] 수색 Pattern 6

이 패턴은 선박과 항공기가 합동으로 수색하는 방법이다.

이 Pattern의 실시에는 다음의 몇 가지 점에 주의하여야 한다.

① 맨 처음 도착한 선박은 추정기점으로 직행하여 우선 확대 정방형 수색을 개시한다. 실시중 항공기가 도착하더라도 선박은 현행의 수색을 계속하고 항공기가 단독으로 수색에 들어간다.

② 1차수색이 완료되면 해상수색조종선(co-ordinator surface search : CSS) 또는 현장지휘관(on-scene commander : OSC)은 선박과 항공기를 유효하게 활용하는 제2차의 수색방법을 선박의 척수에 따라 결정한다.

③ CSS의 조선에 관한 지시는 MERSAR Manual의 표준통신문 또는 국제신호서(INTERCO) 또는 표준해사항해용어를 사용한다.

④ 새로운 수면을 향할 때에 90° 이상의 대각도 변침을 할 경우에는 2회로 나누어서 변침하도록 지시한다.

⑤ 수색중일 때에도 국제해상충돌예방규칙이 전면적으로 적용된다.

ANNEX 6

RESOLUTION MSC.137(76)
(adopted on 4 December 2002)

STANDARDS FOR SHIP MANOEUVRABILITY

THE MARITIME SAFETY COMMITTEE,

RECALLING Article 28(b) of the Convention on the International Maritime Organization concerning the functions of the Committee,

RECALLING ALSO that by resolution A.751(18) the Assembly approved Interim Standards for ship manoeuvrability (the Interim standards), whereby Governments were recommended to encourage those responsible for the design, construction, repair and operation of ships to apply the Interim Standards and invited to collect data obtained by the application of the Interim Standards and report them to the Organization,

RECALLING FURTHER that by circular MSC/Circ.1053 the Committee approved Explanatory notes to the Standards for ship manoeuvrability, to provide Administrations with specific guidance so that adequate data may be collected by the Organization on the manoeuvrability of ships,

RECOGNIZING the manoeuvring capability of ships to be an important contribution to the safety of navigation,

BELIEVING that the development and implementation of standards for ship manoeuvrability, particularly for large ships and ships carrying dangerous goods in bulk, will improve maritime safety and enhance marine environmental protection,

HAVING CONSIDERED the recommendation made by the Sub-Committee on Ship Design and Equipment at its forty-fifth session,

1. ADOPTS the Standards for ship manoeuvrability, the text of which is set out in the Annex to the present resolution;

2. INVITES Governments to encourage those responsible for the design, construction, repair and operation of ships to apply the Standards to ships constructed on or after 1 January 2004;

3. RESOLVES that the provisions annexed to the present resolution supersede the provisions annexed to resolution A.751(18).

ANNEX

STANDARDS FOR SHIP MANOEUVRABILITY

1 PRINCIPLES

1.1 The Standards for ship manoeuvrability (the Standards) should be used to evaluate the manoeuvring performance of ships and to assist those responsible for the design, construction, repair and operation of ships.

1.2 It should be noted that the Standards were developed for ships with traditional propulsion and steering systems (e.g. shaft driven ships with conventional rudders). Therefore, the Standards and methods for establishing compliance may be periodically reviewed and updated by the Organization, as appropriate, taking into account new technologies, research and development, and the results of experience with the present Standards.

2 GENERAL

2.1 The Standards contained in this document are based on the understanding that the manoeuvrability of ships can be evaluated from the characteristics of conventional trial manoeuvres. The following two methods can be used to demonstrate compliance with these Standards:

.1 scale model tests and/or computer predictions using mathematical models can be performed to predict compliance at the design stage. In this case full-scale trials should be conducted to validate these results. The ship should then be considered to meet these Standards regardless of full-scale trial results, except where the Administration determines that the prediction efforts were substandard and/or the ship performance is in substantial disagreement with these Standards; and

.2 the compliance with the Standards can be demonstrated based on the results of the full-scale trials conducted in accordance with the Standards. If a ship is found in substantial disagreement with the Standards, then the Administration should take remedial action, as appropriate.

3 APPLICATION

3.1 Notwithstanding the points raised in paragraph 1.2 above, the Standards should be applied to ships of all rudder and propulsion types, of 100 m in length and over, and chemical tankers and gas carriers regardless of the length.

3.2 In the event that the ships referred to in paragraph 3.1 above undergo repairs, alterations or modifications, which, in the opinion of the Administration, may influence their manoeuvrability characteristics, the continued compliance with the Standards should be verified.

3.3 Whenever other ships, originally not subject to the Standards, undergo repairs, alterations or modifications, which, in the opinion of the Administration, are of such an extent that the ship may be considered to be a new ship, then that ship should comply with these Standards. Otherwise, if the repairs, alterations and modifications, in the opinion of the Administration, may influence the manoeuvrability characteristics, it should be demonstrated that these characteristics do not lead to any deterioration of the manoeuvrability of the ship.

3.4 The Standards should not be applied to high-speed craft as defined in the relevant Code.

4 DEFINITIONS

4.1 Geometry of the ship

4.1.1 *Length (L)* is the length measured between the aft and forward perpendiculars.

4.1.2 *Midship point* is the point on the centreline of a ship midway between the aft and forward perpendiculars.

4.1.3 *Draught (T_a)* is the draught at the aft perpendicular.

4.1.4 *Draught (T_f)* is the draught at the forward perpendicular.

4.1.5 *Mean draught* (T_m) is defined as $T_m = (T_a + T_f)/2$.

4.1.6 *Trim* (τ) is defined as $\tau = (T_a - T_f)$.

4.1.7 Δ is the full load displacement of the ship (tonnes).

4.2 Standard manoeuvres and associated terminology

Standard manoeuvres and associated terminology are as defined below:

.1 The test speed (V) used in the Standards is a speed of at least 90% of the ship's speed corresponding to 85% of the maximum engine output.

.2 Turning circle manoeuvre is the manoeuvre to be performed to both starboard and port with 35° rudder angle or the maximum rudder angle permissible at the test speed, following a steady approach with zero yaw rate.

.3 Advance is the distance travelled in the direction of the original course by the midship point of a ship from the position at which the rudder order is given to the position at which the heading has changed 90° from the original course.

.4 Tactical diameter is the distance travelled by the midship point of a ship from the position at which the rudder order is given to the position at which the heading has changed 180° from the original course. It is measured in a direction perpendicular to the original heading of the ship.

.5 Zig-zag test is the manoeuvre where a known amount of helm is applied alternately to either side when a known heading deviation from the original heading is reached.

.6 The 10°/10° zig-zag test is performed by turning the rudder alternately by 10° to either side following a heading deviation of 10° from the original heading in accordance with the following procedure:

.1 after a steady approach with zero yaw rate, the rudder is put over to 10° to starboard or port (first execute);

.2 when the heading has changed to 10° off the original heading, the rudder is reversed to 10° to port or starboard (second execute); and

.3 after the rudder has been turned to port/starboard, the ship will continue turning in the original direction with decreasing turning rate. In response to the rudder, the ship should then turn to port/starboard. When the ship has reached a heading of 10° to port/starboard of the original course the rudder is again reversed to 10° to starboard/port (third execute).

.7 The first overshoot angle is the additional heading deviation experienced in the zig-zag test following the second execute.

.8 The second overshoot angle is the additional heading deviation experienced in the zig-zag test following the third execute.

.9 The 20°/20° zig-zag test is performed using the procedure given in paragraph 4.2.6 above using 20° rudder angles and 20° change of heading, instead of 10° rudder angles and 10° change of heading, respectively.

.10 Full astern stopping test determines the track reach of a ship from the time an order for full astern is given until the ship stops in the water.

.11 Track reach is the distance along the path described by the midship point of a ship measured from the position at which an order for full astern is given to the position at which the ship stops in the water.

5 STANDARDS

5.1 The standard manoeuvres should be performed without the use of any manoeuvring aids which are not continuously and readily available in normal operation.

5.2 Conditions at which the standards apply

In order to evaluate the performance of a ship, manoeuvring trials should be conducted to both port and starboard and at conditions specified below:

.1 deep, unrestricted water;

.2 calm environment;

.3 full load (summer load line draught), even keel condition; and

.4 steady approach at the test speed.

5.3 Criteria*

The manoeuvrability of the ship is considered satisfactory if the following criteria are complied with:

.1 Turning ability

The advance should not exceed 4.5 ship lengths (L) and the tactical diameter should not exceed 5 ship lengths in the turning circle manoeuvre.

.2 Initial turning ability

With the application of 10° rudder angle to port/starboard, the ship should not have travelled more than 2.5 ship lengths by the time the heading has changed by 10° from the original heading.

.3 Yaw-checking and course-keeping abilities

.1 The value of the first overshoot angle in the 10°/10° zig-zag test should not exceed:

.1 10° if L/V is less than 10 s;

.2 20° if L/V is 30 s or more; and

.3 (5 + 1/2(L/V)) degrees if L/V is 10 s or more, but less than 30 s,

where L and V are expressed in m and m/s, respectively.

.2 The value of the second overshoot angle in the 10°/10° zig-zag test should not exceed:

.1 25°, if L/V is less than 10 s;

.2 40°, if L/V is 30 s or more; and

.3 (17.5 + 0.75(L/V))°, if L/V is 10 s or more, but less than 30 s.

.3 The value of the first overshoot angle in the 20°/20° zig-zag test should not exceed 25°.

.4 Stopping ability

The track reach in the full astern stopping test should not exceed 15 ship lengths. However, this value may be modified by the Administration where ships of large displacement make this criterion impracticable, but should in no case exceed 20 ship lengths.

---

* For ships with non-conventional steering and propulsion systems, the Administration may permit the use of comparative steering angles to the rudder angles specified by this Standard.

6 ADDITIONAL CONSIDERATIONS

6.1 In case the standard trials are conducted at a condition different from those specified in paragraph 5.2.3, necessary corrections should be made in accordance with the guidelines contained in the Explanatory notes to the Standards for ship manoeuvrability, developed by the Organization.*

6.2 Where standard manoeuvres indicate dynamic instability, alternative tests may be conducted to define the degree of instability. Guidelines for alternative tests such as a spiral test or pull-out manoeuvre are included in the Explanatory notes to the Standards for ship manoeuvrability, referred to in paragraph 6.1 above.*

***

* Refer to MSC/Circ.1053 on Explanatory notes to the Standards for ship manoeuvrability.

ANNEX

GUIDANCE TO THE MASTER FOR AVOIDING DANGEROUS SITUATIONS IN FOLLOWING AND QUARTERING SEAS

1 GENERAL

1.1 When sailing in severe following or quartering seas, a ship is likely to encounter various kinds of dangerous phenomena, which may lead to capsizing. Although the dynamic behaviour in following and quartering seas is not yet covered in present stability standards, much progress has been made in recent years towards understanding the physics of capsize mechanisms and identifying potentially critical conditions.

1.2 The sensitivity of a ship to dangerous phenomena will depend on the actual stability parameters, hull geometry, ship size and ship speed. This implies that the vulnerability to capsizing and its probability of occurrence in a particular sea state may differ for each ship.

1.3 The guidance aims at giving seafarers caution on dangerous phenomena that they may encounter during navigation in following and quartering seas, and providing the basis for a decision on ship handling in order to avoid such dangerous situations. It provides advice on safe and unsafe combinations of ship speed and course relative to waves, in a simplified form of a polar diagram. The diagram does not take into account the actual stability and the dynamic characteristics of an individual ship, but provides a general unified boundary of safe and unsafe combination of the operational parameters for all types of conventional ships covered by IMO instruments.

1.4 For the ships which are equipped with an on-board computer, the Administrations are encouraged to use a specially developed software which would take into account the main particulars, actual stability and dynamic characteristics of the individual ship in the real voyage conditions. Such software should be approved by the Administration.

2 PRECAUTIONS

It should be noted that the operation guidance is not the criteria to guarantee the safety absolutely. A ship could be unsafe even outside the dangerous zone defined in this guidance if the stability of the ship is insufficient and several dangerous phenomena characteristic for following and quartering seas happen simultaneously. Therefore, the ship master should pay attention that the ship maintains a good state of stability and do not carelessly navigate in severe following and quartering seas.

3 DANGEROUS PHENOMENA FOR SHIPS IN FOLLOWING AND QUARTERING SEAS

3.1 Dangerous ship responses in following and quartering seas

The period with which a ship travelling in following and quartering waves encounters the waves becomes longer than in head or bow waves, and principal dangers caused in such situations are as follows:

.1 Surf-riding and broaching-to

When a ship is situated on a steep forefront of high wave in following and quartering sea condition, the ship can be accelerated to ride on the wave; this is known as surf-riding. When a ship is surf-ridden, the so-called broaching-to phenomenon may occur, which endangers the ship to capsize as the result of sudden change of ship's heading and unexpected large heeling.

.2 Reduction of intact stability caused by riding on the wave crest at midship

When a ship is riding on the wave crest, the intact stability will be decreased substantially according to the ship form. The amount of stability reduction is nearly proportional to the wave height and the ship may lose the stability when the wave length is one to two times of ship length and wave height is large. This situation is especially dangerous in following and quartering seas, because the duration of riding on wave crest, i.e. the time of inferior stability, becomes longer.

.3 Synchronous rolling motion

Large rolling motions may be excited when the natural rolling period of a ship coincides with the encounter wave period. In case of navigation in following and quartering seas this may happen when the transverse stability of the ship is marginal and therefore the natural roll period becomes longer.

.4 Parametric rolling motion

Unstable and large amplitude roll motion will take place if the encounter wave period is approximately equal to half of the natural roll period of the ship. This type of rolling can occur in head and bow seas where the encounter wave period becomes short. In following and quartering seas, this can occur particularly when the initial metacentric height is small and the natural roll period is very long.

.5 Combination of various dangerous phenomena

The dynamic behaviour of a ship in following and quartering seas is very complex. Ship motion is three-dimensional and various detrimental factors or dangerous phenomena such as additional heeling moment due to deck in water, water shipping and trapped on deck or cargo shift due to large roll motions, may occur in combination with the above-mentioned phenomena simultaneously or in a sequence. This could create extremely dangerous combination which may cause ship capsize.

3.2 Dangerous navigation conditions in following and quartering seas

There exist two kinds of critical conditions of encounter waves under which the dangerous phenomena as above-mentioned are excited:

.1 When the ship speed approaches to the phase velocity of wave

When the ship speed is so high that its component in the wave direction approaches to the phase velocity of wave, the ship will be accelerated to reach surf-riding and broaching-to (paragraph 3.1.1). The critical speed for the occurrence of surf-riding is considered to be $1.8\sqrt{L}$ (knots), where L is ship length. It should be noted that there is a marginal zone ($1.4\sqrt{L} \sim 1.8\sqrt{L}$) below the critical speed, where a large surging motion may occur, which is almost equivalent to surf-riding in danger. In these situations, a significant reduction of intact stability (paragraph 3.1.2) may also be induced with longer duration; and

.2 When the ship speed is nearly equal to the group velocity of wave

When the ship speed component in the wave direction is nearly equal to the wave group velocity, that is a half of the phase velocity of the dominant wave components, the ship will be attacked successively by high waves. The expectable maximum wave height of the successive waves can reach almost twice of the observed wave height of the sea state concerned.

In this situation, the reduction of intact stability (paragraph 3.1.2), synchronous rolling motions (paragraph 3.1.3), parametric rolling motions (paragraph 3.1.4) or combination of various dangerous phenomena (paragraph 3.1.5) may occur and create the danger of capsize.

4 OPERATION GUIDANCE

The shipmaster is recommended to take the following procedures of ship handling to avoid the dangerous situations when navigating in severe following and quartering seas.

4.1 Ship condition

This guidance is applicable to all types of conventional ships navigating in rough seas, provided the stability criteria specified in resolutions A.167(ES.IV) and A.562(14) for merchant ships, and resolutions A.168(ES.IV) and A.685(17) for fishing vessels or an equivalent are satisfied.*

4.2 Wave condition

The following and quartering seas mean here that the wave direction relative to the ship course is within 0° to 45° from the ship's stern, as shown in figure 1.

---

* Refer to the Code on Intact Stability for All Types of Ships covered by IMO Instruments, adopted by the Organization by resolution A.749(18).

4.3 How to avoid dangerous conditions

.1 For surf-riding and broaching-to.

The master should reduce ship speed to less than $1.8\sqrt{L}$ (knots) to prevent surf-riding, referring to figure 2.

It should be noted that even in lower ship speed than that specified above the dangerous large surging can occur as shown in figure 2. Since a remarkable surging acceleration with long period is a sign of the dangerous large surge motion, the master should reduce the speed in such case, too.

.2 For successive high wave attack

When the average wave length is larger than 0.8 x ship length and the significant wave height is larger than 0.04 x ship length, and at the same time some indices of dangerous behaviour of the ship can be clearly seen, the master should pay attention not to enter in the dangerous zone as indicated in figure 3. When the ship is situated in this dangerous zone, the ship speed should be reduced to prevent successive attack of high waves.

The course change is also possible in order to escape this zone. However, large course change is undesirable, because it may induce an adverse effect by approaching to the beam sea condition which is also dangerous for stability. The combination of appropriate speed reduction with a slight change of course will be another possible choice of ship handling according to figure 3.

When the encounter wave period is nearly equal to double (i.e. about 1.5-2.8 times) of the observed wave period, the ship is considered to be situated in this dangerous zone. This relation is indicated in figure 3.

.3 For synchronous rolling and parametric rolling motions

The master should prevent a synchronous rolling motion which will occur when the encounter wave period T_E is nearly equal to the natural rolling period of ship T_R. Large rolling motions which occur under the condition of $T_E \approx T_R/2$, that is the parametric rolling should be also prevented. The encounter wave period T_E is a function of V/T as shown in figure 3. By using this relation, the master can know whether his ship will encounter the synchronous and parametric rolling or not.

When reducing speed in order to avoid any of above critical conditions, the master should take into consideration the minimum speed required for maintaining course control in waves and wind. The procedures to execute the operation guidance is represented by the "Operation diagram for the master", which is shown in the appendix.

5 EXPLANATION OF OPERATION GUIDANCE

5.1 Definition of symbols used

L	length between perpendiculars of the ship (metre)
B	breadth of the ship hull (metre)
d	draught of the ship hull (metre)
V	actual ship speed (knot)
T	mean wave period (second)
T_E	encounter wave period (second)
T_R	natural rolling period (second)
GM	metacentric height of ship (metre)
λ	average length of the wave (metre)
χ	encounter angle of the ship to wave (degree), as shown in figure 1
$H_{1/3}$	significant wave height (metre)

5.2 Method of obtaining data necessary to use operation guidance

.1 V: Estimate the actual ship speed in an appropriate way.

.2 χ: Obtain by visual observation. The wind direction can be referred as the same as the wave direction. If the sea condition is not visible, the radar image can show wave crest trains and wave direction.

.3 T: Measure the period of heaving motion of foam on the sea surface generated by breaking wave with the use of a stop watch. The time duration of N cycles is to be measured and divided by N to get the average wave period. When the wave length λ is determined either by visual observation in comparison with the ship length or by reading the mean distance between successive wave crests on the radar image of waves, T can be calculated by the following equation:

$$T = 0.8\sqrt{\lambda}$$

.4 T_E: Measure the period of such a ship motion as pitching by using a stop watch.

.5 T_R: Measure the period of rolling motions preferably when the ship is in calm sea; alternatively, this value is roughly estimated by the following equation:

$$T_R = 2CB/\sqrt{GM}$$

where

$C = 0.373+0.023(B/d)-0.043(L/100)$, or by equivalent determination of coefficient C.

6 NECESSARY TRAINING ITEMS AND CAUTIONS TO EXECUTE THE GUIDANCE

6.1 Understanding of stability of ship

The ship should satisfy the stability standard specified in resolutions A.167(ES.IV) and A.562(14) for merchant ships and resolutions A.168(ES.IV) and A.685(17) for fishing vessels or equivalent.* Therefore, the master should have knowledge on the stability of his ship for every possible loading conditions whether it satisfies the above standards of stability, or equivalent standards.

6.2 Measurement or estimation of natural rolling period

The natural rolling period of a ship depends on the loading condition of the ship. Therefore, it is desirable to measure the natural rolling period in calm sea on every occasion of departure after cargo loading or unloading. A stop watch can be used for the measurement.

6.3 Measurement of wave period and observation of wave direction

The wave period is measured by a stop watch, and the wave direction is estimated by visual observation or by watching radar image. The practice of wave and wind observation is common for the shipmasters of selected ships (World Meteorological Organization (WMO)).

---

* Refer to the Code on Intact Stability for All Types of Ships covered by IMO Instruments, adopted by the Organization by resolution A.749(18).

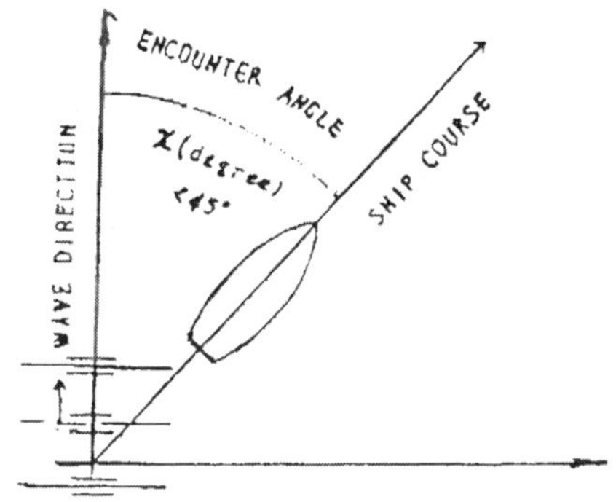

Figure 1-Definition of encounter angle χ

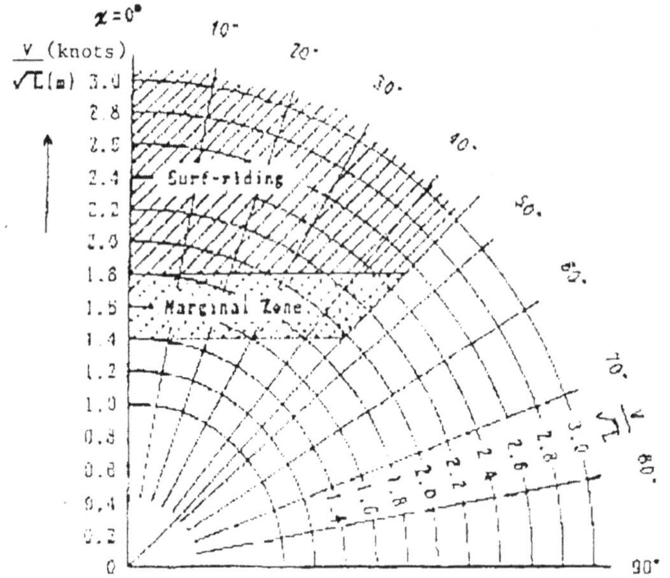

Figure 2-Diagram indicating dangerous zone due to surf-riding

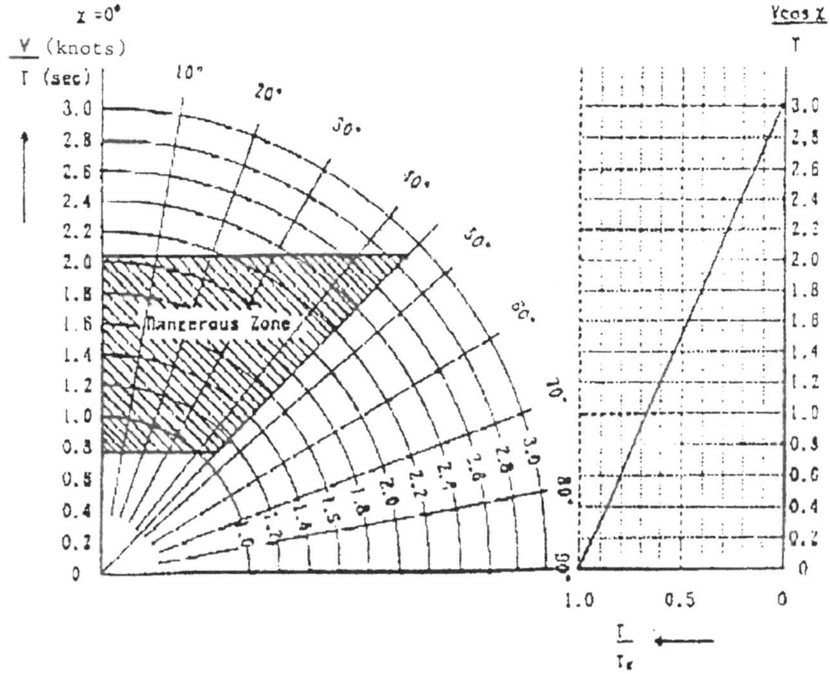

Figure 3 - Diagram indicating dangerous zone of encountering to high wave group and relation between mean wave period and encounter wave period in following and quartering seas

APPENDIX

OPERATION DIAGRAM FOR THE MASTER

Ship: Satisfaction to IMO stability criteria or equivalent

↓

Wave: Wave length > 0.8 × ship length, $H_{1/3}$ >0.04 × ship length
Estimate λ, T, and χ, where T = 0.8√λ.

↓

Ship course: Wave direction is 0° to 45° from the stern.

↓

Encounter wave period, T_E

↓

If ship's speed:

→ (1) in Surf-riding zone
Reduce to speed zone (2).

→ (2) in marginal zone
Reduce to speed zone (3), when felt large surging.

→ (3) beyond the zones

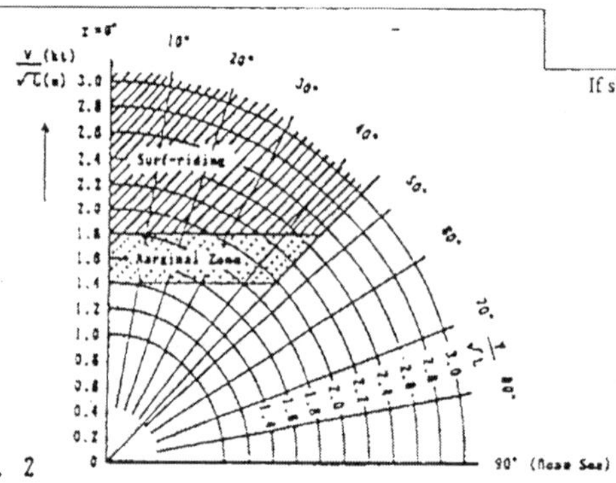

Fig. 2

↓

Next step

↓

Plot V(knot)/T(s) versus χ on Figure 3.

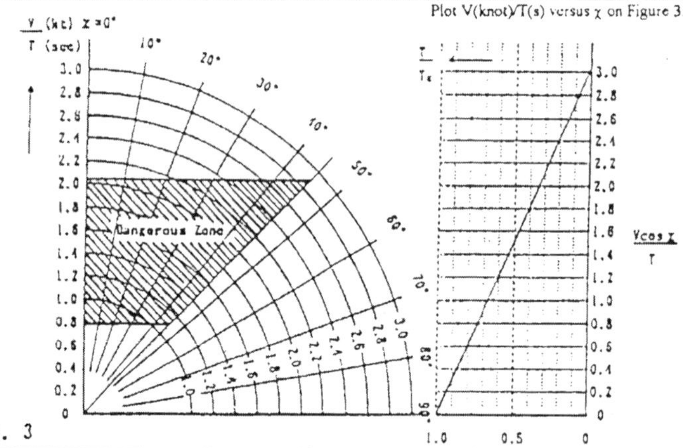

Fig. 3

↓

If V/T (χ) is in the dangerous zone, reduce the speed to come out of the zone.

↓

If V/T (χ) is beyond the dangerous zone, keep speed and course.

Judge T_E

↓

If T_E is nearly equal to T_R or T_R/2, reduce the speed further.*

* Take into consideration the minimum speed for maintaining course control of the ship.

1.2
기상도

1.2.1 기상요소에 대한 기초

1. 기 압

대기의 압력을 기압(atmospheric pressure)이라고 한다. 기압도 무게가 있으므로 압력을 갖고 있으며, 이 압력은 공기가 모든 방향으로 확장하려는 기체 공통의 성질을 갖고 있으므로 수직, 수평의 모든 방향에 동등하게 작용한다. 동일 수평면상의 두 지점에 기압차가 있으면 공기의 운동이 일어나며, 그 결과 여러 가지의 기상현상이 나타난다. 따라서 기압은 $1cm^2$의 면적을 가지는 수직기주의 무게라 할 수 있다.

1) 기압의 단위

기압의 단위는 hPa을 쓴다(1기압＝760mmHg＝1013.25hPa). 기압은 고도가 높아질수록 감소하여 고도 5,500m에서 1/2 기압, 10,000m에서 1/4 기압이 된다.

2) 등압선과 기압경도

① 등압선(Isobar)

각지에서 같은 시각에 관측된 기압치를 천기도상에 기입하여 그 값이 같은 지점을 연결하는 곡선을 등압선이라 한다. 등압선을 그림으로 인하여 지역상의 기압분포의 상태를 알 수 있다.

대기중에는 기압치가 같은 점이 무수히 있으며 이들의 점은 하나의 곡선을 만든다. 이 곡선을 등압면이라 한다. 따라서 등압선이란 등압면과 지표면(평균해면)과의 교선이다.

② 기압경도

기압경도(Pressure gradient)는 등압선의 직각방향의 단위거리에 대한 기압의 변화율을 말한다. 따라서 정해진 두 지점간에 기압경도가 클수록 등압선의 수가 많으므로 그 간격은 좁으며, 기울기가 급할수록 속도가 크다. 공기도 기압의 기울기가 가장 큰 기압경도의 방향으로 기압경도에 비례한 속력으로 분다.

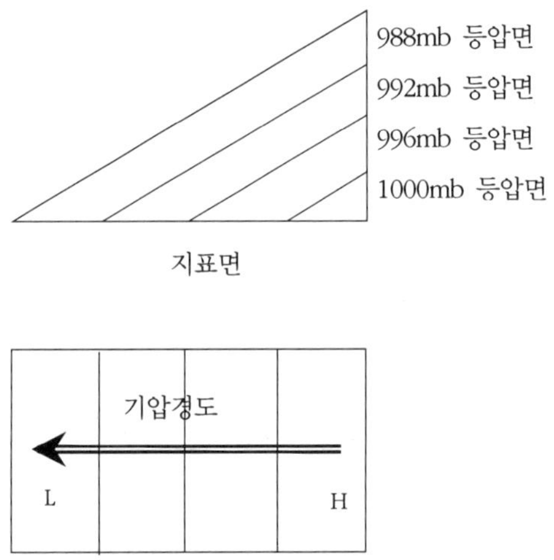

[그림 1-55] 등압면의 수직단면 및 등압선과 기압경도

2. 기온 및 수온

기온이란 공기의 온도를 말한다. 우리가 보통 기온이라고 할 때는 지상기온을 말하며 이는 지상 약 1.5m 높이의 온도로 백엽상의 온도계가 지시하는 값이다. 해상의 기온은 선박의 위에서 측정하므로 보통 해면상 약 10m 높이의 공기의 온도가 된다. 일반적으로 기온은 지상에서 상공으로 올라감에 따라 하강한다. 대류권 내의 어느 부분에 있어서는 상공으로 갈수록 기온이 거의 일정하거나 또는 역으로 상승할 때가 있다. 이와 같은 상태를 기온역전(temperature inversion)이라 하며, 역전이 일어나는 기층을 역전층(inversion layer)이라고 한다.

1) 온도의 눈금

① 섭씨온도계 : 빙점(freezing point)과 비등점(boiling point) 사이를 100등분하여 1°의 눈금으로 하고 0° 이하의 눈금도 같은 눈금으로 만든 온도계

② 화씨온도계 : 빙점(freezing point)과 비등점(boiling point) 사이를 180등분한 것을 1°의 눈금으로 하고 빙점을 32°, 비등점을 212°로 정한 온도계

③ 양온도계의 상호 환산식

$$°C = \frac{5}{9}(°F - 32),\ °F = \frac{9}{5}°C + 32$$

2) 기온측정상의 주의사항

① 온도계가 직사광을 받지 않도록 한다.

② 온도계의 지구 가까이에 손이 닿지 않도록 하며 호흡이나 체온의 영향을 받기 전에 신속하게 측정한다.

③ 야간관측에는 등화를 가까이 하지 않는다.

④ 비나 눈에 의해 온도계가 젖지 않도록 한다.

⑤ 온도계가 다량의 공기를 접촉시키기 위하여 풍상측현의 갑판상의 그늘에서 관측한다.

⑥ 눈과 수은의 끝지점을 연결하는 직선이 온도계와 직각이 되도록 눈의 위치를 택하여 관측상의 오차를 없앤다.

⑦ 온도는 도의 10분위수를 먼저 읽고 도수를 읽는다.

⑧ 온도를 읽을 때는 온도계가 풍상측에 오도록 관측자는 풍하측에 위치한다.

3) 수 온

해수의 온도는 직접 기상현상에 영향을 미칠 뿐만 아니라 선박의 운항에 있어서도 중요하므로 당직교대시의 4시간마다 정확히 측정하여 항해일지에 기록하고, 참고한다.

해수온도는 다음의 관점에서 중요한 의미를 갖는다.

① 해수온도는 기단의 변질, 열과 수증기의 공급, 기단의 안정도 등에 큰 영향을 미친다.

② 열대저기압의 발생, 고저기압 및 전선의 성쇠에 밀접하게 관계된다.

③ 기온과 수온의 차이가 클수록 해수의 증발이 왕성하며, 안개, 구름 등의 발생과 밀접한 관계가 있다.

3. 습 도

습도(humidity)는 공기에 포함된 수증기의 정도, 즉 공기의 건습 정도를 나타내는 것을 말한다. 수증기는 대기의 가장 중요한 성분으로써 다른 대기의 구성성분이 기체 상태로 존재할 동안에도 간혹 물이 되기도 하고 얼음이나 눈이 되기도 한다. 이러한 현상으로 인하여 수증기는 기상학상 중요한 위치를 차지하며, 수증기를 포함한 정도를 나타내는 습도를 파악하여야 하는 것이다.

1) 습도의 표시법

① 상대습도(relative humidity)

대기 중에 포함되어 있는 수증기량과 그때의 온도 하에서 대기가 포함할 수 있는 최대수증기량(포화량)과의 비율을 백분율(%)로 나타낸 것을 말한다. 수증기량은 수증기압에 비례하므로 상대습도 RH는 포화증기압 E에 대한 현재의 수증기압 e의 비율로 나타낼 수 있다.

$$RH = \frac{e}{E} \times 100(\%)$$

보통 습도라고 할 때는 이 상대습도를 지칭할 때가 대부분이다.

② 절대습도(absolute humidity)

단위체적의 공기 중에 포함된 수증기의 질량을 말한다. 보통 $1m^3$의 공기 중에 포함된 수증기의 g 수로 표시한다. 수증기량에는 변화가 없어도 기온이 변하여 공기가 수축 또는 팽창하면 절대습도도 변한다. 절대온도를 T라 하면 절대습도 A와 수증기압 e와의 사이에는 다음 관계가 성립한다.

$$A = \frac{217e}{T}(g/m^3)$$

그 이외에 습도를 표시하는 방법으로는 수증기압(water-vapour pressure), 비습(specific humidity), 혼합비(mixing ratio), 노점온도(dew-point temperature), 기온노점차(dew-point spread) 및 유효습도(effective humidity) 등이 있다.

2) 습도의 관측

① 건습구온도계(wet and dry bulb thermometer)

동형의 수은온도계 두 개 중 한 개는 원형 그대로 노출되어 있고 다른 하나는 구부를 muslin으로 단단히 싸서 여기에 심지를 달아 부착된 용기로부터 물을 빨아올리게 하여 구부가 항상 젖어 있게 한 온도계를 말하며 간단히 건습계라 한다.

건구온도계는 기온(건구온도)을 나타내나 습구온도계는 공기가 포화에 달하지 아니하는 한 습구로부터 물리적으로 증발하므로 건구온도보다 낮은 온도를 나타낸다. 이러한 현상은 평형에 도달할 때까지 계속되며 평형에 달하면 습구의 포화증기압이 공기의 포화증기압과 같으므로 그 이상 증발은 일어나지 않으며, 따라서 온도는 일정하게 유지되는데 이 온도가 습구온도이다.

대기가 처음부터 포화되어 있었다면 증발은 일어나지 않을 것이며 건구온도와 습구온도는 같을 것이다. 이때의 습도는 100%이며 포차(飽差)와 기온노점차는 0이 된다. 건구와 습구의 온도차를 측정하면 상대습도, 노점온도 등을 도표에서 구할 수 있다.

② 노점계(dew-point hygrometer)

통풍온도계에 의한 습도의 측정은 비교적 간단하고 정확하여 실용적인 방법이지만 0℃ 이하에서는 이 방법도 거의 사용 불가능하게 되므로 이때는 노점계 등을 이용한다.

노점계는 표면을 매끄럽게 잘 간 금속판을 수평으로 놓고 밑에서 냉각시키면 금속판에 접한 공기가 포화에 달하였을 때 금속판에 이슬이 맺히므로 이때의 금속판의 온도에서 습도를 구하는 것이다.

3) 습도계 취급 시 주의사항

① 건습계의 습구의 muslin은 항상 청결히 유지하여 기름기나 그을음이 묻지 않도록 하며 물에 적시어 둘 때도 때때로 씻는다.

② 건습계에 충격을 주거나 온도의 급격한 변화를 주면 수은이 절단될 수 있으므로 주의한다.

③ 습구의 muslin은 이중으로 구 부위를 완전히 싸서 그 양단을 면사로 꼭 묶고 그 끝은 짧게 가위로 끊는다.

④ 선상에서는 muslin이 더러워지기 쉬우므로 주 1회 정도는 바꾸어야 한다.

⑤ 직사광이나 열원을 피하고 될 수 있는 한 통풍이 잘 되는 창 가까이에 건다.

⑥ 황천시에 습도계가 빗물이나 해수에 젖지 않도록 한다.

4. 바 람

바람이란 공기의 수평적인 운동을 말하며 풍향과 풍속으로 표시된다. 공기의 운동은 대단히 복잡하지만 보통의 기상관측에서는 어느 시간 내의 평균적인 풍향이나 풍속을 관측할 때가 많다.

1) 풍향(wind direction)

풍향은 바람이 불어오는 방향을 가리키고, 보통 관측 정시 1분전에서 정시까지의 평균 풍향을 말한다. 지상풍은 바람이 불어오는 방향에 대하여 N(북)으로부터 시계방향으로 NNE(북북동), NE(북동), ENE(동북동), E(동), ESE(동남동), SE(남동), SSE(남남동), S(남), SSW(남남서), SW(남서), WSW(서남서), W(서), WNW(서북서), NW(북서), NNW(북북서)의 16방위로 관측한다.

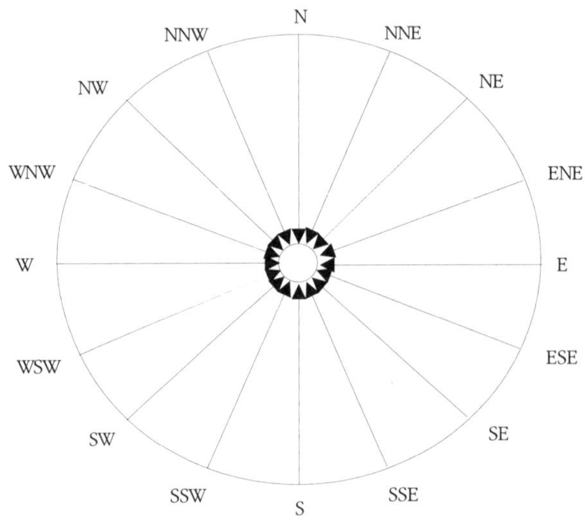

[그림 1-56] 풍향 16방위

풍향이 N→NNE→NE→E와 같이 시계방향으로 바뀌는 것을 풍향이 순전(順轉, veering)한다고 하며, 역으로 N→NNW→NW→W와 같이 반시계방향으로 변하는 것을 풍향이 역전(逆轉, backing)한다고 한다.

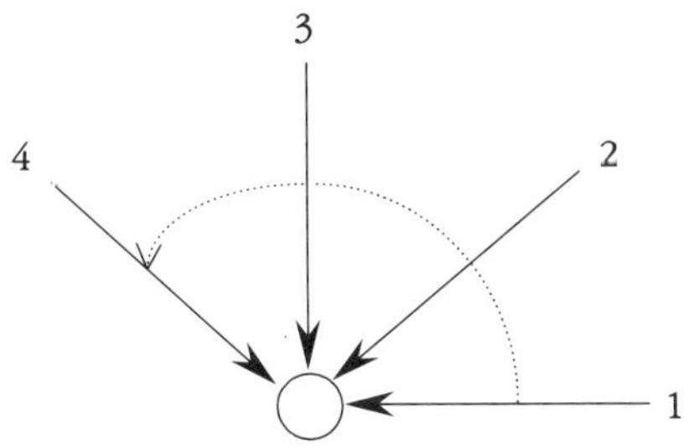

[그림 1-57] 풍향역전

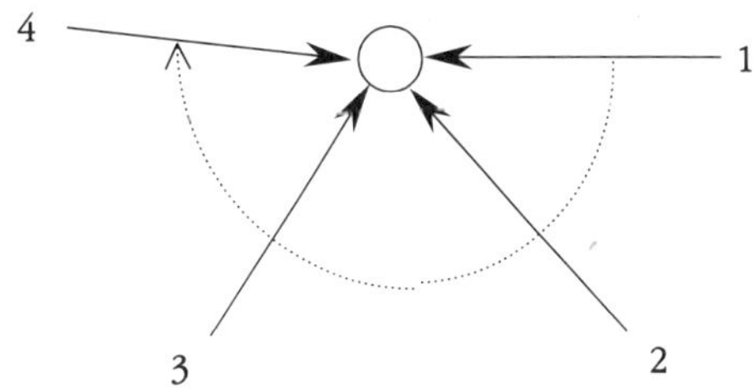

[그림 1-58] 풍향순전

선상에서 풍향을 목측할 때는 다음과 같은 점에 유의하여야 한다.

① 선체의 바로 옆의 파랑을 관측하면 선박의 항주와 파랑의 진행과의 상대운동에 의하여 오차가 생기기 쉬우므로, 어느 정도 선박에서 떨어진 곳의 파랑을 보고 관측한다.
② 가능한 한 파랑의 파두(波頭)를 보고 풍향을 관측한다.
③ 해상의 해수에 의한 거품이나 비말(飛沫)을 보고 풍향을 관측한다.
④ 파랑의 방향을 compass로 관측하는 것이 바람직하다.
⑤ 야간 관측시에는 오측(誤測)이 없도록 신중을 기한다.

2) 풍속(wind speed)

지상풍은 난류를 동반하므로 부단히 풍속은 변한다. 풍속의 변동을 바람의 숨이라고 한다. 평균 풍속(average wind speed)은 10분간의 풍속을 평균한 값을 말하고, 보통 우리가 풍속이라고 할 때는 이를 말한다. 풍속은 바람의 숨(gust)으로 인하여 순간순간 변화하는데 이 순간적인 풍속을 순간풍속이라 하며, 어느 기간 내의 기록 중 최대의 순간 풍속을 순간 최대풍속이라 한다. 순간 최대풍속은 지형과 바람의 상태 등에 의하여 다르지만 대략 평균 풍속의 1.5~1.7배이다.

풍속의 단위는 여러 가지가 있으나, 우리나라에서는 주로 m/sec(육상)를 사용하며, 해상에서는 주로 knot를 사용한다(1m/sec = 1.9424 knot).

3) 바람의 관측

항행중의 선상에서 관측하는 바람은 진풍(true wind)과 선박의 항주에 의하여 생기는 바람의 합성으로 시풍(apparent wind)이라 한다. 시풍향, 시풍속을 관측하여 진풍향, 진풍속을 구하기 위해서는 벡터도법에 의한다.

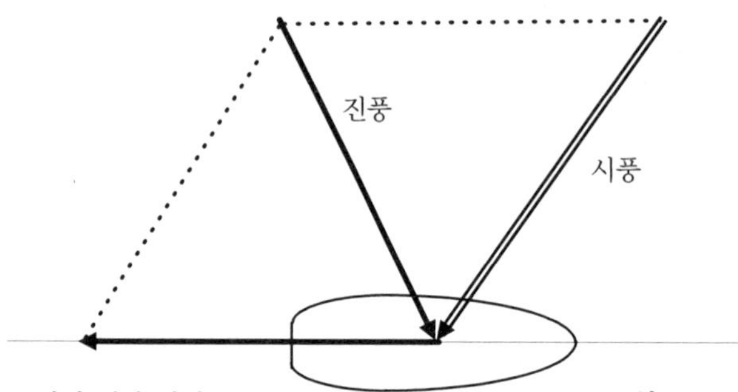

[그림 1-59] 시풍에서 진풍 구하는 방법

즉, 선박의 항해중 풍향풍속계(Anemometer)를 통해 확인한 값은 상대풍향과 상대풍속이다. 상대풍향과 상대풍속은 실제로 불고 있는 바람과 선박의 진행으로 인해 선박 진행 반대방향으로 생기는 바람이 합성되어 만들어진다.

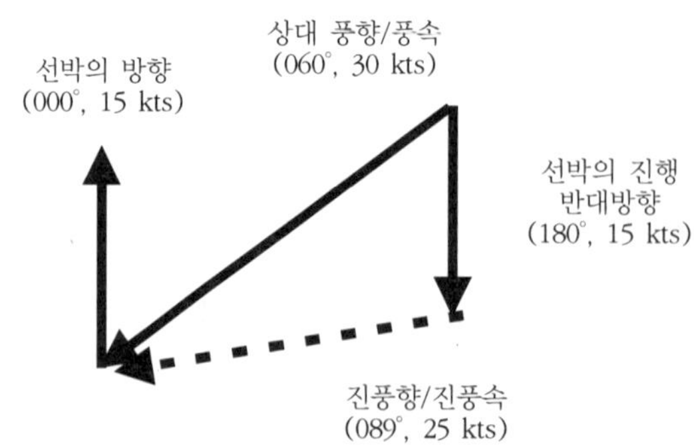

[그림 1-60] 진풍향과 침풍속의 계산

그림에서 000°로 15kts로 항행하는 선박에서 풍향풍속계로 확인한 결과 060° 방향에서 30 kts의 바람이 불고 있다고 가정할 때 이 상대풍향, 풍속은 선박의 진행 때문에 그 반대방향으로 생긴 바람(방향은 반대이나 속도는 동일, 180°, 15 kts)과 실제로 불고 있는 바람(089°, 25kts)의 벡터 합성으로 생긴 것이므로 벡터 분해를 통하여 쉽게 구할 수 있다.

5. 구 름

공기 중의 수증기가 응결(凝結) 또는 승화(昇華)하여 수적(水滴) 또는 빙정(氷晶)으로 되어 상공에 떠 있는 것을 구름(cloud)이라고 한다. 형성된 구름 입자의 일부는 우적(雨滴) 또는 눈의 결정 등으로 성장하여 지면으로 낙하하고, 일부는 바람에 날리어 공중을 이동하는 사이에 증발하여 마침내는 소멸한다.

구름은 발생시 벌써 그때의 기상 상태에 따르는 형을 가지고 나타나지만 소멸 시까지 그때그때의 기상 상태에 좌우되어 차례차례로 변형된다. 그러므로 구름을 관측함으로써 상공의 기상 상태를 어느 정도 추측할 수 있으며, 또 장래의 기상변화를 예측할 수 있으므로 옛날부터 구름은 관천망기에 가장 많이 이용되었다.

구름의 국제저 분류법인 국제운급(國際雲級)은 다음과 같으며, 운형 중에서 높층구름, 층쌘구름, 쌘구름은 가끔 강수를 동반하고, 비층구름, 쌘비구름은 항상 강수를 동반하는 경향이 있다. 여기서 강수란 강우와 강설을 포함한다.

〈표 1-9〉 구름의 분류표

족(族)	10종 운형	국제명	국제기호
상층운(C_H) 평균 상면 : 6,000m	• 털구름(卷雲) • 털쌘구름(卷積雲) • 털층구름(卷層雲)	Cirrus Cirrocumulus Cirrostratus	Ci Cc Cs
중층운(C_M) 평균 상면 : 6,000m 평균 하면 : 2,000m	• 높쌘구름(高積雲) • 높층구름(高層雲)	Altocumulus Altostatus	Ac As
하층운(C_L) 평균 상면 : 2,000m 평균 하면 : 지상 부근	• 층쌘구름(層積雲) • 층구름(層雲) • 비층구름(積層雲)	Stratocumulus Stratus NImbostratus	Sc St Ns
수직으로 발달하는 구름 평균 상면 : Ci 고도 평균 하면 : 500m	• 쌘구름(積雲) • 쌘비구름(積亂雲)	Cumulus Cumulonimbus	Cu Cb

6. 해상 상태

바람의 세기는 풍속에 의하여 정확히 나타낼 수 있으나 풍속계가 없는 선박의 목측(目測)을 위하여 풍속의 정도에 따라 가장 풍속이 작은 단계를 0으로 하고 순차로 1, 2, 3, · · · · 으로 풍력계급(wind scale)을 만들어 사용하고 있다.

〈표 1-10〉 Beaufort wind scale

풍력 계급	명칭	해상 상태	상당 풍속 (m/sec)	파고(m)
0	고요(calm)	해면은 거울과 같음	0 ~ 0.2	-
1	실바람 (light air)	해면에 고기 비늘과 같은 소파(小波)가 생기나 거품은 일지 않음	0.3 ~ 1.5	0.1
2	남실바람 (light breeze)	해면에 소파를 뚜렷이 볼 수 있으나 파의 세기는 평이함	1.6 ~ 3.3	0.2
3	산들바람 (gentle breeze)	해면에 소파가 커지고 파두(波頭)가 부서져 거품이 생기고 군데군데 백파(白波)가 나타남	3.4 ~ 5.4	0.6
4	건들바람 (moderate breeze)	파는 낮지만 파장은 길어지고 백파가 상당히 증가함	5.5 ~ 7.9	1.0
5	흔들바람 (fresh breeze)	파는 중간 정도의 것이 한층 더 뚜렷해지고 파장이 길어짐. 백파가 많이 나타남	8.0 ~ 10.7	2.0
6	된바람 (strong breeze)	파가 점점 커지기 시작하여 백파가 전면에 일어남	10.8 ~ 13.8	3.0
7	센바람 (near gale)	파가 점점 커지고 파두는 부서져 흰 거품이 풍하(風下)로 열 지어 흘러감	13.9 ~ 17.1	4.0
8	큰바람 (gale)	대파(大波)의 약간 작은 것이 파장이 길어지고 파두는 부서져 물결이 바람에 날림	17.2 ~ 20.7	5.5
9	큰센바람 (strong gale)	대파, 짙은 물거품이 풍하로 흐르며 파두가 말리며 부서지고 물보라로 시정이 불량해짐	20.8 ~ 24.4	7.0
10	노대바람 (storm)	파도는 굉장히 높아지고 백색의 물거품은 큰 덩어리를 이루며 해면은 전체가 희게 보이면서 시정은 극히 불량함	24.5 ~ 28.4	9.0
11	왕바람 (violent storm)	산 같은 대파, 중소형선은 파곡(波谷)에 들어가면 일시에 안 보일 때가 있음. 해면은 물거품으로 덮이고 시정은 더욱 악화됨	28.5 ~ 32.6	11.5
12	싹쓸바람 (hurricane)	해상은 물거품과 물보라로 덮이고, 해면은 물보라 때문에 보이지 않고 시정은 더욱 악화됨	32.7 ~ 36.9	14.0

각 풍력계급에는 그 때에 일어날 수 있는 해상과 육상의 전형적인 상태의 해설이 붙어 있으므로 경험을 쌓은 관측자는 상당히 정확히 풍력을 목측할 수가 있다.

Beaufort wind scale은 영국의 해군 제독 Sir Francis Beaufort가 1805년에 만든 것으로 그는 범선에서 바람에 대한 범(帆)의 상태를 기준으로 풍력을 0에서 12까지의 계급으로 구분하였다. 해상에서 측정한 풍력의 세기가 풍력계급 12보다 강한 경우라 할지라도 모두 12로 간주하고, 풍력계급은 12로 기록한다. Beaufort wind scale에 대한 자세한 설명은 〈표 2-5〉와 같다.

[그림 1-61] 풍력계급 0 : 풍속 1 kts 미만

[그림 1-62] 풍력계급 1 : 풍속 1~3 kts

[그림 1-63] 풍력계급 2 : 풍속 4~6 kts

[그림 1-64] 풍력계급 3 : 풍속 7~10 kts

[그림 1-65] 풍력계급 4 : 풍속 11~16 kts

[그림 1-66] 풍력계급 5 : 풍속 17~21 kts

[그림 1-67] 풍력계급 6 : 풍속 22∼27 kts

[그림 1-68] 풍력계급 7 : 풍속 28∼33 kts

[그림 1-69] 풍력계급 8 : 풍속 34∼40 kts

[그림 1-70] 풍력계급 9 : 풍속 41∼47 kts

[그림 1-71] 풍력계급 10 : 풍속 48∼55 kts

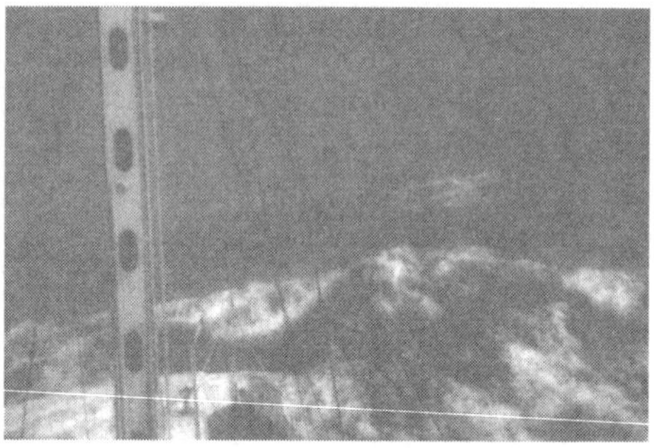

[그림 1-72] 풍력계급 11 : 풍속 56∼63 kts

[그림 1-73] 풍력계급 12 : 풍속 64∼71 kts

1.2.2 해상기상의 해석

1. 전선(Front)

1) 전선의 의의

① 전선이란 천기도의 해석에 있어서 고저기압과 함께 중요한 개념 중의 하나로 발원지가 다른 두 기단이 서로 향하여 이동한 결과 부딪쳐서 생긴 경계면이 지표면(혹은 등압면, 타전선면)과 교차하여 생긴 선을 말한다.

② 동일 기압내에서는 기온이나 습도 등의 기상요소가 완만히 연속적으로 변화하지만 전선은 기온, 즉 밀도의 불연속을 이루고 있을 뿐만 아니라 습도, 풍향풍속, 시정, 기압경도, 구름과 강수 등이 급변한다.

③ 전선의 양측에서는 풍력과 풍향이 서로 다르며, 통상 무거운 한기와 가벼운 온기가 부딪치게 되므로 대부분의 경우 악천후를 동반한다.

2) 한랭전선(Cold front)

① 한랭전선은 한기가 난기의 하방을 쐐기 모양으로 파고들어 난기를 강제로 밀어 올리면서 진행하는 전선이다.

② 전선의 진행속도가 빠를수록 전선면의 경사는 급하며 구름이 크게 발달하여 맹렬한 돌풍과 강수를 동반한다.

③ 전선통과시 바람이 가장 강하며 풍향은 S~SW에서 W~NW로 급변한다.

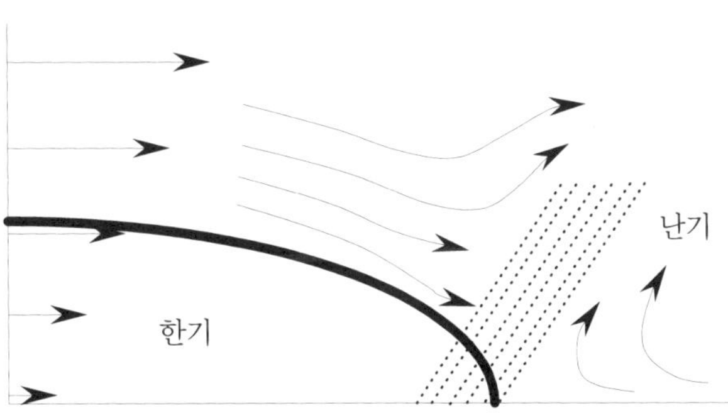

[그림 1-74] (활강)한랭전선

3) 온난전선(Warm front)

① 온난전선은 온기가 한기를 밀어내면서 전진하며 전선면의 경사는 완만하다.

② 기압경향은 전선의 전방에서는 기압이 장기간 하강을 계속한다.

③ 바람은 전선의 전방에서는 SE이고 통과하면 S～SW로 반전한다. 풍속은 전선의 접근과 함께 증가하며 통과 직전에 최대를 보이나 통과 후는 감소한다.

④ 강수는 낙하도중에 증발하므로 전선면의 하방의 한기가 포화에 달하여 층운이나 안개를 형성할 때가 있다.

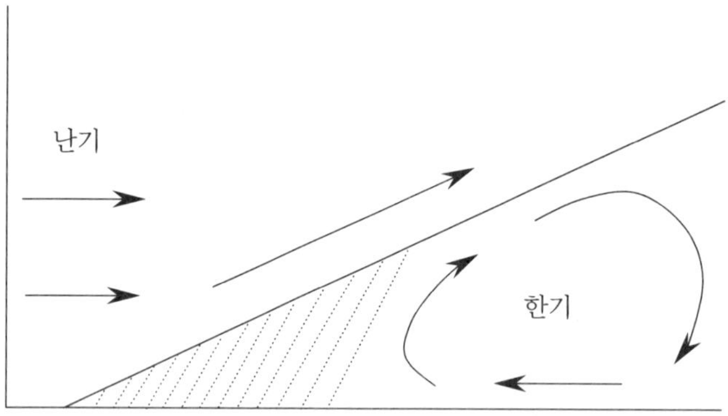

[그림 1-75] 온난전선

4) 정체전선(Stationary front)

① 전선이 수 시간 또는 그 이상에 걸쳐 어느 방향으로도 뚜렷이 이동하지 않을 때 정체전선이라 한다.

② 정체전선의 구조와 구름과 강수 등의 천기현상은 온난전선과 비슷하며 안개를 빈번히 동반한다.

③ 장마전선은 북태평양기단과 오츠크해기단 사이에 형성된 한랭전선이 정체하여 정체전선을 이룬 것이다.

5) 폐색전선(Occluded front)

① 폐색전선은 한랭전선이 온난전선보다 이동이 빠르므로 저기압이 최대 전성기

를 지나면 중심부로부터 점차로 한랭전선이 온난전선을 추월하여 난기는 상공으로 밀려 올라가고 지표부근에는 한기와 한기간에 전선을 형성하고 있는 것이다.

② 폐색의 초기에는 구름과 강수 및 폭풍우의 범위가 넓고 강하다.

6) 전선의 생성 및 발달과정

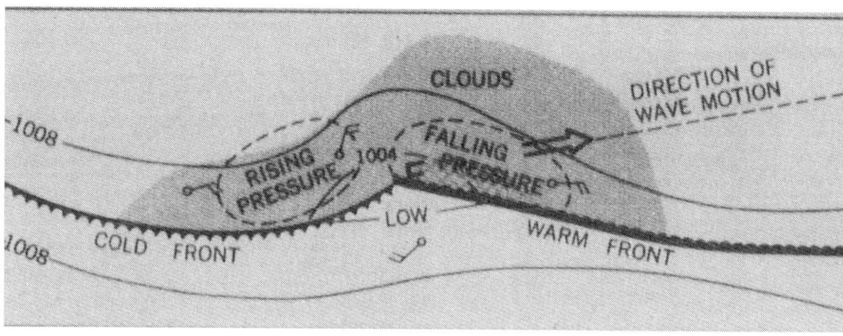

[그림 1-76] 전선 생성의 초기 단계

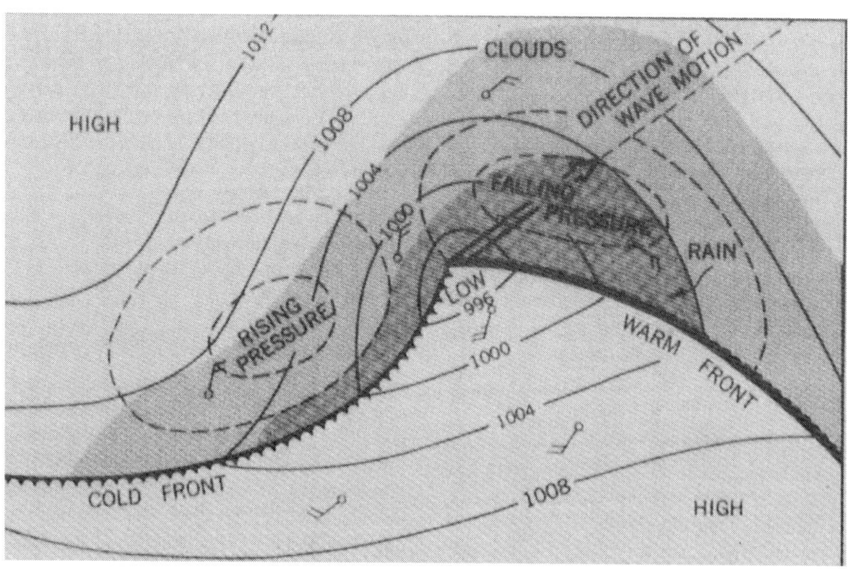

[그림 1-77] 완전히 발달한 전선

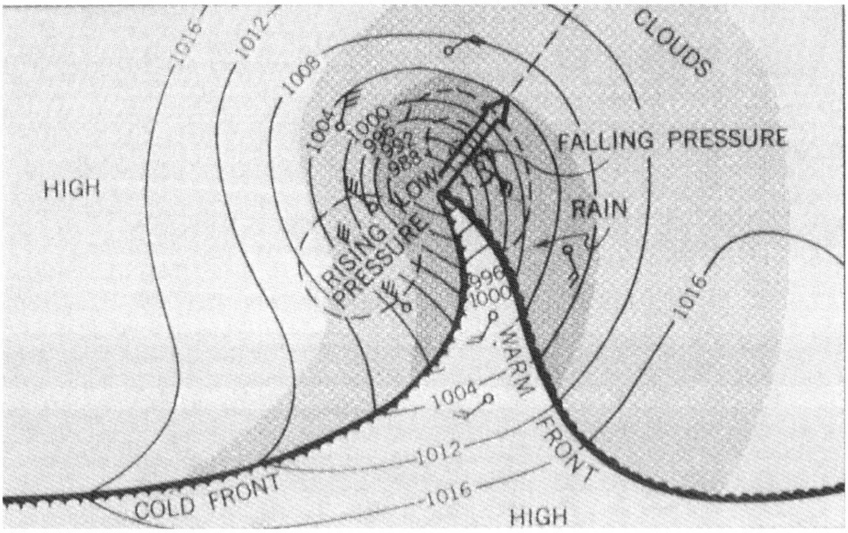

[그림 1-78] 폐색전선으로 발달 초기 단계

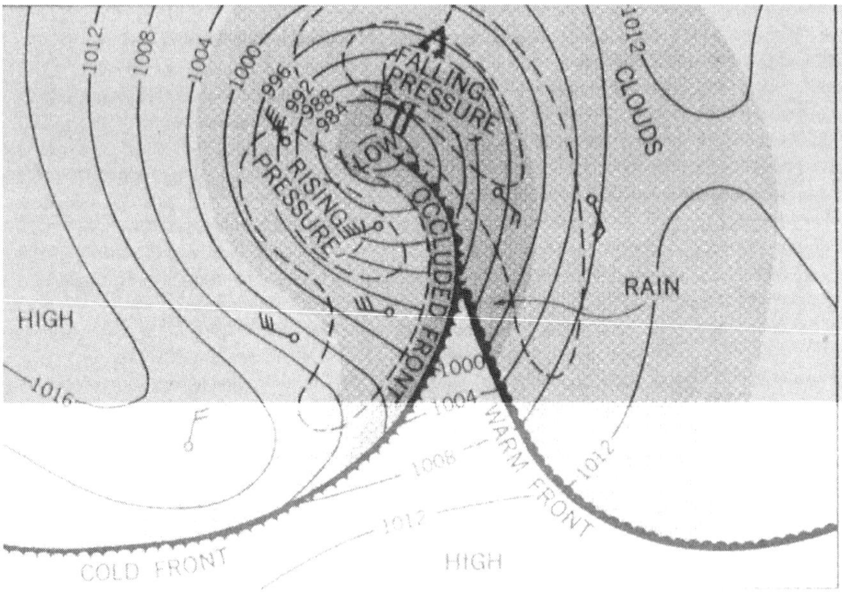

[그림 1-79] 폐색전선으로 발달된 상태

2. 지상일기도의 해석법

지상일기도(地上 日氣圖)에는 관측한 지역의 기상요소를 기호, 숫자 및 영문약어로 표시하고 있으므로, 이것을 통하여 그 지역에서의 기상상황 및 변화를 알 수 있다. 평소에는 하루에 4차례에 걸쳐서 지상 일기도를 송신하고 있으나, 태풍이 접근할 때에는 태풍 기상도를 따로 작성하여 보내주고 있다.

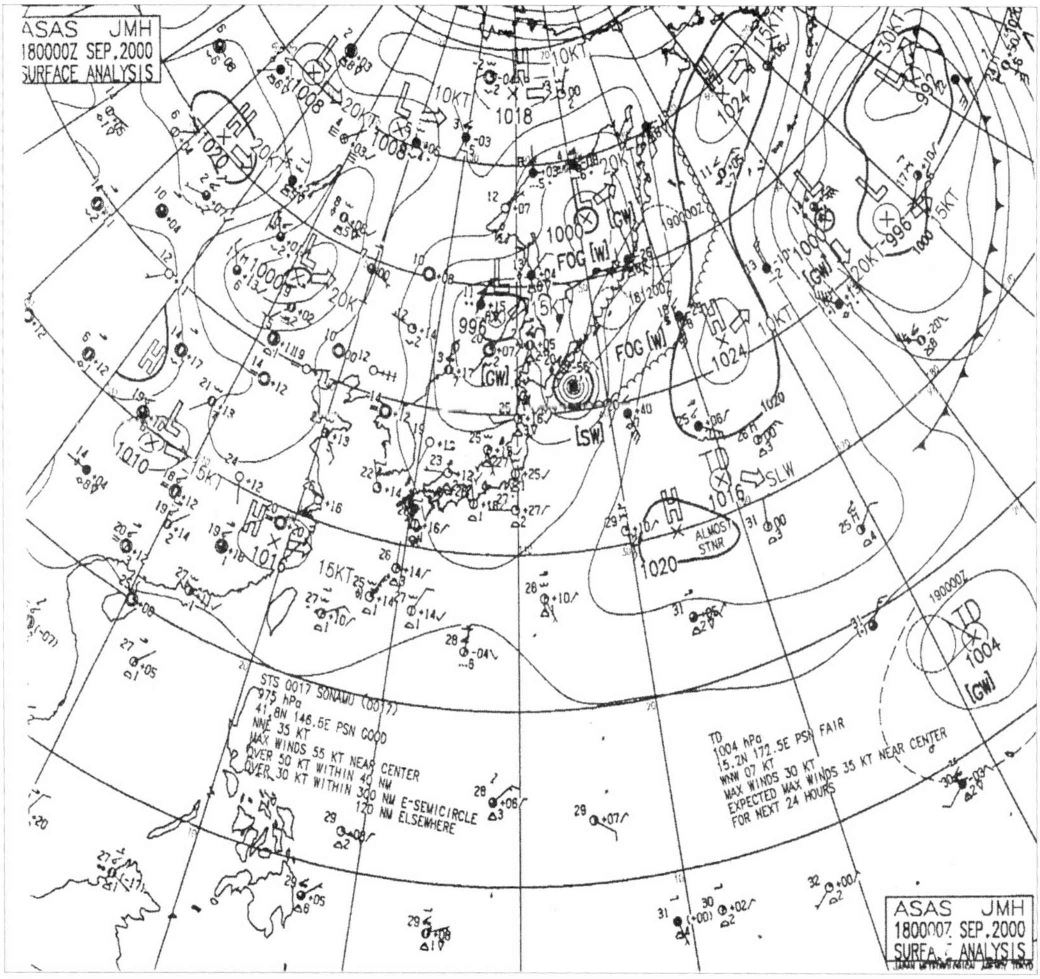

[그림 1-80] 지상일기도

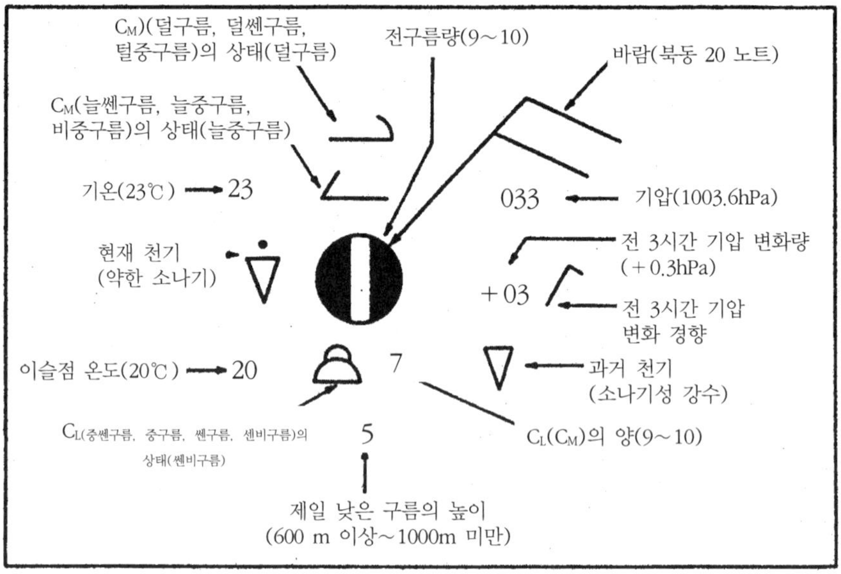

[그림 1-81] 일기도상의 기호

〈표 1-11〉 일기도상의 전문 용어

약 어	원 어	의 미
L	LOW	저기압
H	HIGH	고기압
SLW	SLOWLY	천천히
STNR	STATIONARY	정체
UKN	UNKNOWN	자세히 알 수 없음
KT	KNOTS	노트(해상 속력)
NM	NAUTICAL MILE	마일(해상거리 단위)
MAX	MAXIMUM	최대
PSN	POSITION	위치
TD	TROPICAL DEPRESSION	열대성 저기압(풍속33노트 이하)
TS	TROPICAL STORM	열대성 폭풍(풍속 34~47노트)
STS	SEVERE TROPICAL STORM	열대성 폭풍(풍속 48~63노트)
T	TYPHOON	태풍(풍속 64노트이상)
[W]	WARNING OF WIND	강풍 경보(풍력계급 7)
FOG[W]	WARNING OF FOG	농무 경보
[GW]	GALE WARNING	폭풍 주의보(풍력계급 8~9)
[SW]	STORM WARNING	폭풍 경보(풍력계급 10 이상)
[TW]	TYPHOON WARNING	태풍 경보(풍력계급 12 이상)

3. 태 풍

태풍은 북태평양 서부에서 발생하는 열대저기압 중에서 중심 부근의 최대풍속이 34노트(17m/s)이상의 강한 폭풍우를 동반하고 있는 것을 말하는데, 폭풍우는 반드시 태풍에만 동반되는 것이 아니고 온대저기압에서도 발생하는 경우가 많다.

세계기상기구(WMO : World meteorological organization)에서는 중심 부근의 최대풍속에 따라 4계급으로 분류하며, 열대폭풍(TS)부터 태풍의 이름을 붙인다. 우리나라와 일본은 열대폭풍(TS) 이상을 태풍이라고 부른다.

〈표 1-12〉 태풍의 구분

<table>
<tr><th colspan="2">중심부근
최대풍속</th><th>17m/s(34kts)
미만</th><th>17～24m/s
(34～47kts)</th><th>25～32m/s
(48～63kts)</th><th>33m/s(64kts)
이상</th></tr>
<tr><td rowspan="5">구분</td><td rowspan="4">세계기상
기구</td><td>약한 열대
저 기 압</td><td>열 대
폭 풍</td><td>강한 열 대
폭 풍</td><td>태 풍</td></tr>
<tr><td>Tropical
Depression</td><td>Tropical
Storm</td><td>Severe Tropical
Storm</td><td>Typhoon</td></tr>
<tr><td>(TD)</td><td>(TS)</td><td>(STS)</td><td>(T or TY)</td></tr>
<tr><td>⊗
TD</td><td>TS VERA (0412)
이름 연도번호</td><td>STS VERA (0412)
이름 연도번호</td><td>T VERA (0412)
이름 연도번호</td></tr>
<tr><td>한국
일본</td><td>약한 열대저기압</td><td colspan="3">태 풍</td></tr>
</table>

태풍은 열대성 저기압의 일종으로서 전 세계해역의 지역에 따라서 대개 아래와 같이 4종류의 다른 명칭으로 불려지고 있다.

1) Typhoon : 마리아나, 캐로라인, 마샬군도를 포함하는 북태평양 남서부해상
2) Hurricane : 북대서양의 카리비안 해역, 서인도제도, 멕시코만, 멕시코서측 해역
3) Cyclone : 벵갈만 해역, 아라비아해, 북인도양 해역
4) Willy willy : 호주 북서방의 티모르해, 북동방의 남태평양－뉴카레도니아, 피지, 사모아 제도 부근

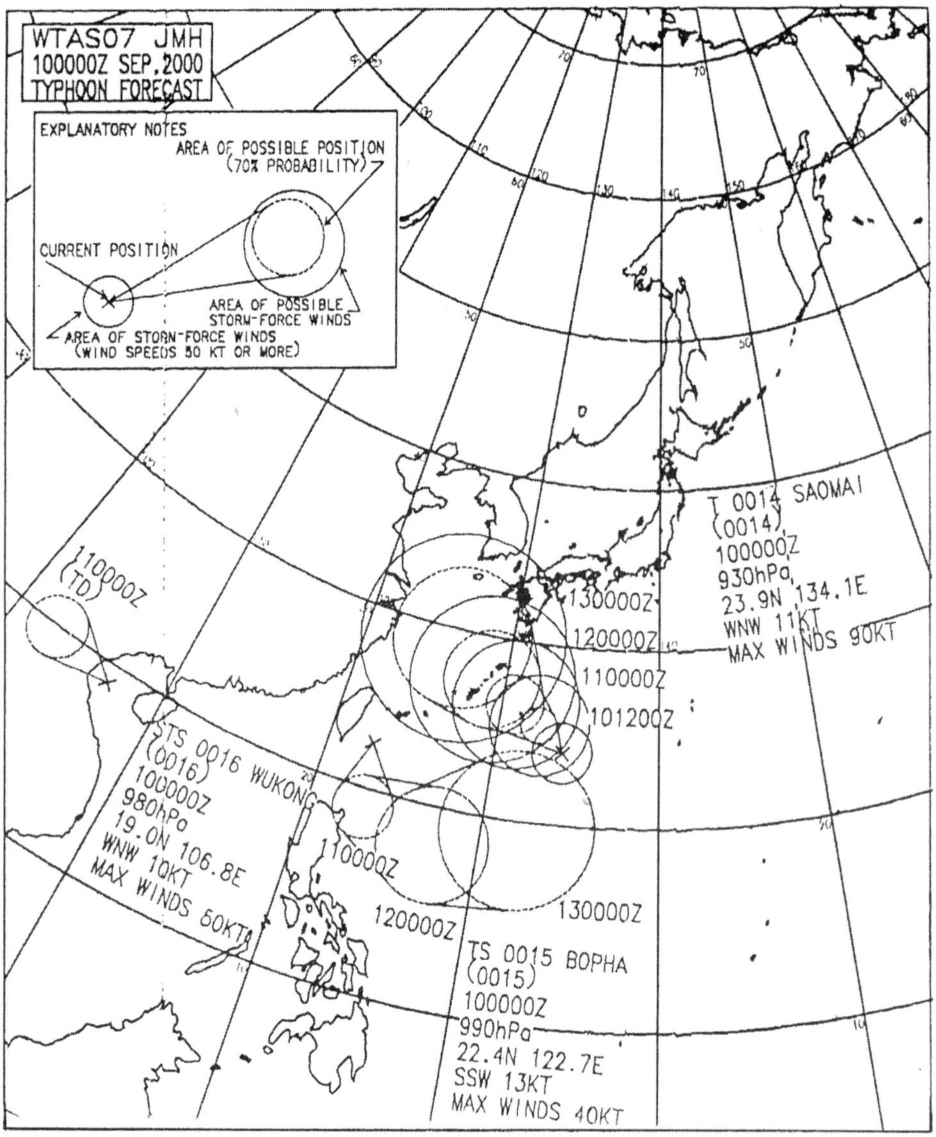
WTAS07 JMH
100000Z SEP.2000
TYPHOON FORECAST
EXPLANATORY NOTES
AREA OF POSSIBLE POSITION
(70% PROBABILITY)
CURRENT POSITION
AREA OF POSSIBLE
STORM-FORCE WINDS
AREA OF STORM-FORCE WINDS
(WIND SPEEDS 50 KT OR MORE)
T 0014 SAOMAI
(0014)
100000Z
930hPa
23.9N 134.1E
WNW 11KT
MAX WINDS 90KT
130000Z
120000Z
110000Z
101200Z
110000Z
(TD)
STS 0016 WUKONG
(0016)
100000Z
980hPa
19.0N 106.8E
WNW 10KT
MAX WINDS 60KT
110000Z
120000Z
130000Z
TS 0015 BOPHA
(0015)
100000Z
990hPa
22.4N 122.7E
SSW 13KT
MAX WINDS 40KT

[그림 1-82] 태풍 일기도

1.3
해상기상의 활용

1.3.1 우리나라 부근에 나타나는 기압배치형과 천기

1. 서고동저형

동계의 대표적인 기압배치로 Siberia 대륙에는 광대한 대륙성 고기압, 저기압은 일본을 통과하여 Kuril 열도나 Aleutian 부근에 위치할 때 잘 나타난다. 이때 우리나라는 등압선이 남북으로 놓이고 기압경도가 크므로 북서계절풍이 강하다. 이 계절풍이 황해나 동해의 따뜻한 해면상을 이류하는 사이 열과 수증기의 공급을 받아 제주도 북부, 울릉도, 북일본 등지에서는 지형성 강설이 내린다. Siberia 고기압의 세력은 7일 주기로 소장되기 때문에 3한 4온이 나타난다(4온 때 황해나 동지나해에 저기압이 위치하고, 그 저기압이 Kuril 열도에 도달하면 3한이 된다).

2. 북고남저형

이 형은 어느 계절에도 출현하나 비교적 동계와 가을철에 많다. 한대전선이 일본 남쪽 해상을 북동에서 동서로 달리고 대륙의 고기압이 Siberia에서 만주, 연해주, 북해도 방면으로 확장하므로 북부지방을 제외한 지역은 흐린 날씨를 보이며 영동지방에서는 강설을 보인다. 북동풍이 우세하고 북고남저의 기압배치는 장마철에도 빈번히 나타나지만 장마철에 고기압은 Okhotsk해 부근에 위치하고 다른 시기에는 대륙에 위치한다.

3. 돌풍형

한후기에 대륙에서 동진해 온 저기압이 동해상에서 급속히 발달할 때가 있다. 이 저기압에서 남서로 뻗친 한랭전선이 근해를 통과할 때는 빈번히 뇌우와 돌풍을 동반한다.

한랭전선 전방에는 불안정선을 동반할 때가 있다. 특히 봄의 저기압은 한랭전선이 가장 현저하며, 불안정선은 더욱 세력이 강하다.

4. 이동성 고기압형

춘추경에 몇 개의 이동성 고기압이 연달아 우리나라 부근을 동진할 때가 있다. 이 때는 좋은 날씨가 계속된다. 북부지방에는 기압골이 빈번히 통과하므로 천기가 급변할 때가 많다. 하계에는 아열대 고압대가 북상하여 우리나라 부근에 아열대 고압대를 이루고, 오래 머물러 있으면 가뭄을 가져온다. 이 고기압은 원형 또는 타원형의 등압선을 이루며 직경은 1000km 정도이고 3~4일의 주기로, 시속 약 40km 정도로 진행한다.

5. 장마형

이른 여름(6~7월)경에 Okhotsk해 기단과 북태평양 기단 사이에 장마전선(정체전선)이 형성된다. 이 전선은 동서로 길게 놓여 우리나라와 일본에 장마를 가져온다. 장마전선상을 대륙에서 발생한 저기압이 동진해오므로 전선의 북측 약 300km 역내에서는 나쁜 날씨가 계속된다. 7월 중순경에는 북태평양 기단이 발달하여 북상하면 장마전선도 만주로 북상하므로 장마는 그치고 기압배치는 하계의 전형적인 남고북저형이 된다.

6. 동고서저형

장마철이 지나고 북태평양 고기압이 발달하여 일본 동쪽 해상으로 북상하고 우리나라 서쪽에 저기압이 위치할 때의 기압배치를 말하며, 우리나라에서는 동풍~남동풍이 분다. 이 기압배치는 지속성이 있어 산맥의 서측, 즉 풍하측의 지역에는 Foehn 현상으로 고온 건조한 날씨가 계속되어 화재의 위험도가 높아지며 농작물에도 큰 피해를 준다. 또, 대륙에서 동진하는 저기압은 북쪽으로 치우쳐 만주 방면을 통과하므로 우리나라 가뭄의 원인이 되고 일본 남쪽 해상에는 꼬마 태풍이 빈번히 발생한다.

7. 남고북저형

일본 남쪽 해상에는 북태평양 고기압이 발달하여 우리나라 부근으로 확장하는 반면, 대륙에는 저압대로 되어 한 여름의 전형적인 기압배치인 남고북저형으로 된다. 이때는 고온 다습한 남동계절풍이 불어오므로 우리나라는 무더운 날씨를 보이며, 내륙지방에는 뇌우가 빈번하다. 북태평양 고기압은 세력이 대단히 안정하므로 이 형의 기압배치는 지속성이 있다.

8. 태풍 북상형

태풍이 우리나라 부근으로 북상할 때의 기압배치는 다른 형처럼 뚜렷하지 않지만 많은 경우 대륙과 태평양에 고기압이 위치하고 우리나라 부근에는 기압골이 놓인다.

9. 대만 저기압형(동지나해 저기압형)

한 겨울에는 동지나해 남부의 대만 부근에서 때때로 저기압이 발생하여 급속히 발달하면서 일본의 남쪽 해상을 북동진하는 경우가 있다. 2월에 가장 빈번히 나타난다. 대륙에서 설상(舌狀)으로 뻗힌 고기압의 앞단이 분리되어 이동성 고기압으로 되어 동진하고, 그 배후의 기압골이 동지나해에 달하면 기압골의 전면에 남쪽으로부터의 난기가 설상으로 유입하기 때문에 발생한다. 이 저기압은 발달이 극히 빠르고 발생 하루 후 큐슈 남쪽에 달한다. 중심시도는 비교적 높으나 하루에 10hPa 정도 깊어진다. 큐슈 부근에서 1,000hPa 이하일 때는 상당한 맹위를 떨친다고 보아도 된다. 항행하는 선박에 장해를 주는 경우가 많으므로 특히 주의하여야 한다.

1.3.2 기상예보

1. 기상도와 기상예보

일기 변화는 대기대순환의 통계적 풍계에 의하여 변하므로 우리나라와 같이 편서풍대에 속해 있는 곳에서의 고기압, 저기압, 전선 등의 기상현상은 서쪽에서 동쪽으로 시속 40km 정도로 동진하고, 기상도의 상황도 이와 같이 변해간다. 그러나 북동 무역풍대에 있어서는 오히려 동쪽에서 서쪽으로 변해가게 된다. 또, 우리가 항상 경험에서 알고 있는 것과 같이 일기에는 어떤 범위가 있기 때문에 어느 정도 지속성이 있다. 다시 말해서, 어느 곳에 비가 내리고 있으면 적어도 그 곳 일대는 비가 오고 있는 것이며, 비가 오는 시간도 몇 시간은 계속 되는 것이 보통이다. 또한, 저기압의 중심과 그 진행 전면 또는 전선이 있는 곳은 일기가 나쁘고, 고기압의 중심과 그 진행 전면은 일기가 좋은 것이 보통이다. 폭풍우는 저기압에서 볼 수 있고, 맑고 바람도 약한 날씨는 고기압권 내에서 나타나므로 일기도에 나타난 고기압과 저기압 및 전선의 이동 속도와 방향을 알게 되면 앞으로 24시간 내지 48시간 후의 일기를 예측할 수가 있다. 이들 원리가 종합되어 일기예보로서 발표되는 것인데, 일기예보가 가끔 틀리는 것은 이들의 이동속도와 이동방향이 예상대로 움직여 주지 않았고, 오는 과정에서 급격한 변화가 일어났기 때문이다.

일기예보는 공간적, 시간적 규모와 내용에 의하여 여러 종류로 분류된다. 시간적으로는 오늘과 내일의 예보, 즉 단기예보, 5~10일 정도의 중기예보, 1개월 이상의 장기예보, 또는 계절예보 등으로 구분한다. 한편, 공간적으로는 1개 도시, 1개 도(道) 정도의 지역예보로부터 우리나라 전체 혹은 극동지역 등과 같이 광범위한 지역에 걸쳐서 전반적인 예보를 하는 경우도 있다. 또, 내용적으로는 보통의 일기예보 이외에 선박, 항공, 홍수, 뇌우, 안개, 서리 등에 관한 것을 예보하는 것도 있다. 일기도를 작성하기 위해서는 세계 각국의 상호협력 없이는 불가능하다. 그러므로 현재 유엔의 경제사회 이사회 산하에 국제 전문기구로서 세계기상기구가 조직되어 각국이 협력하여 기상사업을 발전시켜 나가도록 되어 있다. 세계기상기구 회원국은 세계기상기구에서 정한 제반 기술 규정에 의하여, 전세계가 통일된 방법으로 기상사업을 할 수 있도록 되어 있다. 이와 같은 상호협력의 결과 북반구 전체의 일기도를 그릴 수 있게 되었으며, 기상 인공위성이 실용화됨에 따라 드디어 남반구까지 포함한 지구상의 대기의 움직임을 시시각각으로 파악할 수 있게 되었다.

현재의 일기예보는 일기도의 작성만으로는 불충분하기 때문에 기상 레이더, 기상 인공위성과 그 수신장치 및 전자계산기 등을 활용하여 보다 적중률이 높은 예상 기상도를 작성, 활용하고 있는데 그 적중률은 현저하게 향상되어 가고 있다.

2. 고층기상과 기상예보

지상기상도를 보면 고기압이나 저기압은 서쪽에서 동쪽으로 이동해 간다. 지표면 부근의 순환계는 마찰의 영향으로 고기압이나 저기압의 복잡한 구조를 나타내지만, 대류권 중부에서 상부까지는 대기의 흐름이 서풍이기 때문에 단순한 파동이며, 하층처럼 복잡성을 띠는 폐곡선이 아니다. 그래서 파동의 마루에서 마루까지, 골에서 골까지의 거리가 하층에 비하여 매우 멀다. 지상기상도에서는 많은 저기압이 있지만, 아주 크고 강한 저기압이 발달하는 지역은 북반구에 몇 군데 한정되어 있다. 이러한 장소는 일반적으로 상층의 서풍류의 남북 끝면과 매우 밀접한 관계가 있다. 지상저기압이 발달하는 곳은 상층의 서풍류의 골과 그 바로 동쪽 끝면이다.

태풍의 이동을 지배하는 것은 일반류이며, 이 일반류가 고저기압이나 태풍 등의 기압계의 이동에 미치는 작용을 지향(指向 : steering)이라 한다. 실제로, 태풍 진로 예상의 문제는 지향류(steering current)로서 어느 고도의 것을 채택하는가에 집약된다. 보통은 입체구조의 중앙에 해당하는 고도를 지향고도(steering level)로 보아 약한 태풍이나 또는 전향점까지의 태풍은 700hPa, 강한 태풍이나 전향 후의 태풍은 500hPa 부근의 고층의 바람에 의하여 이동한다고 보면 크게 틀리지 않는다. 그러나, 대단히 키가 큰 태풍의 경우에는 300hPa 부근의 바람을 참고로 하는 것이 유효할 때가 있다.

태풍은 아열대고기압의 주변을 진행하는 경향이 있다. 즉, 태풍은 500hPa 등 압면 기상도상의 5820～5860m의 등고선에 따라 진행하는 경향이 있고, 동서로 뻗어 있는 기압마루선(ridge line)의 남쪽 3～5°의 위도에서 전향하기가 쉽다.

3. 수치예보

어떤 시각의 대기의 물리적 상태가 시간에 따라 변화하는 것을 대기 운동의 이론식에서 계산하여 미래의 임의의 시각에 있어서의 대기 상태를 구하는 것을 수치예보라고 한다. 즉, 기온이나 기압의 분포를 초기 조건으로 하여 기초 방정식을 풀어서 장래의 상태를 구하는 방법이다.

1.3.3 기상과 항해

1. 기상도의 항해에 있어서의 이용법

선박 운항에 있어서 가장 중요한 것은 안전하고 경제적인 항해이다. 해난사고의 원인은 그 대부분이 폭풍, 짙은 안개, 착빙 등과 같이 기상이나 해상의 악조건에 의하여 일어나는 경우가 많다. 해난사고에 있어서는 불가항력적인 경우가 있으나 기상이나 해상에 대하여 너무 안일하게 판단하여 급변하는 상황에 제대로 대처하지 못하여 재해를 당하는 경우가 많다. 자료가 별로 많지 않은 해상에서 기상의 변화를 정확하게 판단하는 방법은 기상 통보를 정확히 수신하여 연속적으로 일기도를 작성한 후 그것을 최대한으로 활용하는 일이다.

선상에서 수신하는 기상 통보에는 시간적인 차이가 있으므로 국지적인 특수 현상이 있을 때에는 정규 관측망보다 현장에서 관측에 의한 날씨 변화의 징조를 알아두고, 선박에서 직접 관측한 자료를 기상도상에 옮겨 부근 해상의 특수한 기상 상태를 알려고 노력하는 것이 가장 좋다.

폭풍은 온대저기압, 열대저기압을 비롯하여 전선 부근의 돌풍이나, 겨울의 계절풍이 강하게 부는 경우를 말한다. 폭풍의 강한 풍압에 의한 선박의 전복사고는 극히 적지만, 폭풍이 수반하는 풍파가 선체를 파손, 침수시켜 해난사고를 일으키는 원인이 되는 수가 많다. 그러므로 항해시에는 폭풍권을 피하면서 항행하도록 하고 항로를 결정할 때에는 기상 판단에 유의하여야 한다.

1) 온대저기압

우리나라 부근을 통과하는 온대저기압은 급속히 발달하는 것은 매우 적으나 남해안을 통과하는 것은 급격히 발달하여 태풍에 못지 않게 위력이 큰 것이 많다. 폭풍역은 일반적으로 태풍보다 넓다. 그래서 저기압의 진로에 해당하는 해역에서는 풍향이나 날씨가 급격히 변화하여 단시간 내에 폭풍이 내습하여 선박 중에 특히 소형 선박에는 태풍보다 더 무서운 것이다.

최성기를 지난 저기압에서는 그 중심부의 기압 경도가 완만하고 바람이 약하지만 중심에서부터 멀어질수록 등압선이 조밀하고 강한 바람이 분다. 그래서 이러한 저기압의 경우 그 중심을 통과한 선박이 바람이 약해졌다고 해서 안심하고 항해하다 가는 폭풍이 내습하여 조난당하는 경우가 생긴다.

폭풍의 내습이 예상될 때에는 황천항해에 대한 준비를 하고 그것에 대비하는 것이 오히려 안전하며, 저기압의 접근에 따른 풍향, 풍속을 고려하여 안전한 항구를 선택하는 것이 중요하다.

2) 돌 풍

갑자기 바람이 부는 것을 돌풍이라고 한다. 돌풍은 전선 주변에서 일어나는 경우가 많고, 특히 겨울철의 한랭전선에 수반되는 돌풍이 많다. 돌풍은 순간 풍속이 40m/sec 이상인 강풍이 수분 간격으로 2~3회 계속 불기 때문에 소형선박은 주의하지 않으면 안된다.

오늘날의 예보 기술로는 돌풍은 국지적으로 예보하기가 매우 곤란하며 기상통보에서는 돌풍 발생 가능성을 알려 줄 정도이다. 돌풍에 관한 관천망기의 요점은 전선의 접근을 관측하고, 기온의 이상, 풍향의 변화, 구름의 움직임과 해면상태 등을 고려해서 돌풍을 미리 알고 대처하는 것이 가장 중요하다.

3) 태 풍

열대저기압에 관해서는 그의 움직임을 상세하게 통보하여 주므로, 그것에 대처하기가 비교적 용이하다. 그러나 태풍의 접근이 예상되는 해역에서는 최신 기상도의 입수와 현장에서의 기상 관측 결과 등을 종합적으로 정리하고 분석하여 안전을 최우선으로 하는 항해를 하지 않으면 안된다.

4) 안 개

짙은 안개가 발생하면 선수에서 선미가 보이지 않을 정도인데, 이 안개 때문에 다른 배, 빙산과의 충돌, 또는 암초에 좌초하는 등의 큰 사고가 생길 수 있다. 바다 안개의 경우 발생 구역과 발생 시각을 정확히 예보하기는 매우 힘들지만 안개의 정도는 예보가 가능하다. 바다안개에는 이류안개, 전선안개, 혼합안개 등이 있다. 우리나라 근해에서는 바다안개가 4~9월에 주로 발생하며, 6~7월에 가장 많다.

2. 기상특보

1) 기상주의보 및 경보

폭풍, 폭풍우, 호우 대설 등으로 비교적 작은 피해가 예상될 때 주의를 환기시키기 위하여 특별히 발표하는 예보를 기상주의보라고 한다. 기상경보는 중대한 재해가 예상될 때에 발표한다.

2) 선박기상 무선통보(선박통보)

선박에 대한 기상의 예보 및 경보의 실시 방법은 국제적으로 통일되어 있으므로 어떤 해역을 항해하는 선박은 그 해역을 책임지고 있는 기상국으로부터의 기상예보 및 통보를 수신하여 이용할 수 있다. 선박의 항행에 긴요하게 이용되는 무선통신을 선박무선 기상통보, 간단히 선박통보라고 한다. 통보 내용으로는 해상경보와 개황보 및 임시경보가 영문과 국문으로 발표된다. 해상경보 및 개황보는 1일 4회 즉, 00, 06, 12, 18Z의 기상도 분석에 의하여 발표된다. 해상경보는 폭풍을 동반한 저기압, 태풍, 계절풍 등이 책임구역 내에서 발생하였거나, 또는 앞으로 24시간 이내에 발생될 것이 예상되는 경우에 발표한다.

임시경보는 폭풍우, 폭풍설 등이 우리나라와 그 근해에 영향을 미칠 것이라고 예상될 때 전반해상경보 사이를 메우기 위하여 임시로 발표되는 경보이며, 1일 4회(03Z, 09Z, 15Z, 21Z)의 기상도 분석의 결과를 기초로 하여 방송된다.

〈표 1-13〉 우리나라 기상청의 해상특보 발표기준

	주의보	경보
폭 풍	최대풍속이 14m/s 이상으로 이러한 상태가 3시간 이상 계속될 것이 예상되거나, 최대순간풍속이 20m/s 이상이 예상될 때	최대풍속이 21m/s 이상으로 이러한 상태가 3시간 이상 계속될 것이 예상되거나, 최대순간풍속이 26m/s 이상이 예상될 때
파 랑	폭풍현상이 없이 해상의 파고가 3m 이상이 예상될 때	폭풍현상이 없이 해상의 파고가 6m 이상이 예상될 때
태 풍	태풍의 영향으로 최대풍속 14m/s 이상이고, 폭풍 또는 호우, 해일 등으로 재해가 예상될 때	태풍의 영향으로 최대풍속 21m/s 이상이고, 폭풍 또는 호우, 해일 등으로 재해가 예상될 때

제2장

선박 적화

해상운송(海上運送, Shipping or Sea transportation)이란 해상에서 화물과 여객을 운송(運送)하는 물류서비스 사업이며, 여기서 선박은 해상운송을 실현하는 운송수단이다. 따라서 운송하고자하는 화물이나 여객에 따라 다양한 형태의 선박이 건조되어 현재 특정 화물만을 운송하는 전용선이 널리 운항하고 있다.

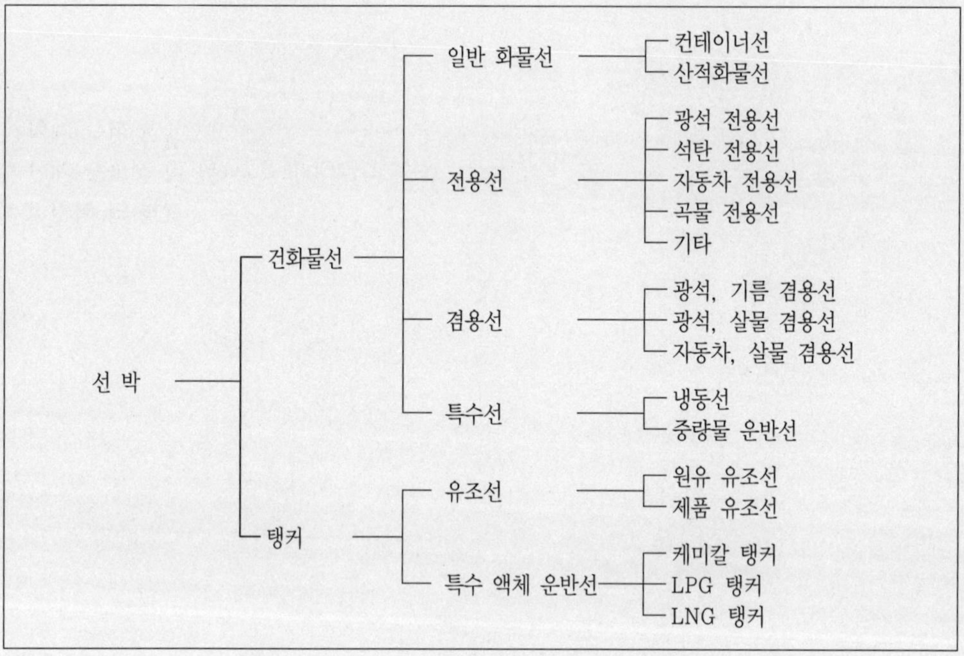

일반적으로 해상운송을 담당하는 상선(商船, Merchant ship)의 주요 목적은 화물을 안전하고 신속하게 운송하는 것이며, 이는 선박에서 실제 화물을 취급하는 항해사들의 노력에 의해 달성된다.

여기서는 화물의 취급 및 적재와 관련하여 상선의 항해사가 반드시 습득해야 할 실무적인 주요 사항들을 언급한다.

먼저, 일반화물에 관한 내용으로는 화물의 분류, 화물 적재시의 주의사항, 항해중 화물의 점검 및 관리, 화물 양화시에 필요한 사항 등이며, 액체화물에서는 탱커에서의 화물의 적재와 양화시에 유의할 사항, 탱크 크리닝에 관한 사항 및 카고 펌프와 장비의 보수 유지에 관한 사항을 기술한다. 또한 추가적으로 삽입한 선창정비에 관한 내용으로는 일반화물선에서의 선창 청소 및 정비에 관한 사항이다.

2.1 적화 계획

2.1.1 직무 분담 및 적화 시 고려사항

선박에서의 직무 분담에 따르면, 일등 항해사는 화물의 적재, 항해 중의 품질 관리, 양화 등 화물에 관한 책임을 지게 되어 있다. 따라서, 적화 계획의 작성 및 하역 작업의 감독 등은 일등 항해사의 중요한 업무 중 하나이다. 일등 항해사가 적화 계획을 세울 때에는 최대의 경제성이 발생할 수 있도록 하되, 특히 다음의 사항에 중점을 두어야 한다.

- 적화의 양(용적과 중량)을 결정한다.
- 중심의 위치를 적당하게 조절한다.
- 트림(배의 전후의 경사)을 최적으로 한다.

1. 적화의 양(용적과 중량) 결정

배에 화물을 실을 때에는 선창의 부피만큼, 즉 배가 감당할 수 있는 부력만큼만 실을 수 있다. 전기 제품, 자동차, 원목 등의 가벼운 화물은 선창에 가득 실어도 부력에 충분한 여유가 있지만, 광석, 강재 등의 무거운 화물은 만재 흘수선까지 적재해도 선창의 용적을 다 채울 수 없다. 그러므로 일등 항해사는 이를 고려하여 가장 많은 화물을 실을 수 있도록 계획해야 한다.

2. 최적의 중심 위치

재래 정기선이나 컨테이너선과 같이 여러 가지 화물을 적재하는 경우 적재하는 방법에 따라 중심의 높이를 조정할 수 있다. 반면에, 단일 화물을 싣는 광석 전용선, 원유 탱커 등은 적재 방법에 의하여 중심의 높이를 조정할 수 없다. 또, 갑판상에 많은 화물을 적재하는 컨테이너선이나 목재 운반선의 경우 갑판 화물을 많이 실으면 중심이 높아져 배의 안정성이 나빠진다.

3. 최적의 트림 유지

배가 저항이 적고 안전한 상태로 항주하기 위해서는 적당한 트림을 유지할 필요가 있다. 그러나 트림을 만들면 흘수가 깊게 되므로 수심이 얕은 곳에 입출항하는 경우는 가능한 선수미 흘수가 똑같게 되도록 적화량을 조절해야 한다(even keel).

2.1.2 선박 화물의 표시

화물의 포장에 표시되는 화표(cargo mark)는 화물의 얼굴 역할을 한다. 여기에는 수화인, 양화지 및 취급법 등을 명시하게 된다. 선내 반입시에 화표가 없거나 불명확하면, 인수를 거절하거나 화물 인수증(M/R)에 그 사실을 기입해야 한다.

마킹(marking)은 검정 유성 잉크로써 측면 패널의 양면에 인쇄하며, 상자의 크기에 따라 알맞게 조정하고 주요 표시 내용은 다음과 같다.

1. 주마크(main mark) : 화표의 주체가 되는 것으로서, 각형, 원형, 사다리꼴 등의 여러 모양에 수화인을 표시하는 대표 문자를 합한 특유 기호로 되어 있다.
2. 부마크(counter mark) : 화물의 생산자나 공급자의 이름을 약자로 표기
3. 양화지 마크(destination mark) : 화물의 양화지 표시
4. 수출지 마크(export mark) : 화물의 원산지 또는 수출지 표시
5. 품질 마크(quality mark) : 내용품의 품질을 기호나 숫자로 표시
6. 중량 마크(quantity mark) : 화물의 중량
7. 화물 번호(case number) : 화물의 일련번호
8. 주의 마크(care mark) : 적재 및 취급에 특별한 주의가 필요한 경우 표시. 예를 들면, '이 쪽을 위로 (This Side up)', '건조한 곳에 보관(Keep Dry)', '부서지기 쉬운(Fragile)' 등이 있다.

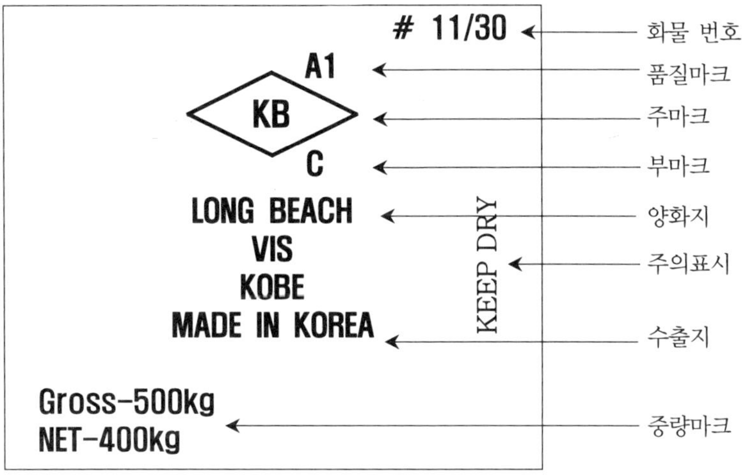

[그림 2-1] 선박 화물의 표시

2.1.3 화물 적재의 감독

1. 화물 적재의 감독

화물 적재 감독(loading)의 주안점은 안전, 신속 및 정확이라 할 수 있다. 안전은 인명과 선체 및 화물이 그 대상이며 신속한 하역작업을 통하여 운항비의 절감을 꾀할 수 있기 때문이다. 또한 정확한 하역작업을 통하여 원활한 하역과 안전한 운항이 확보 될 수 있기 때문이다. 하역중 선창을 담당하여 하역 작업을 하는 Hatch officer (정박 당직사관)가 유의하여야 할 사항은 다음과 같다.

1) 자기가 담당할 선창에 적부될 화물의 종류, 수량, 톤수, 포장형식, 양화지, 적부장소, 적부방법 및 적부순서에 대해 숙지해야 한다.
2) 선창의 소제상태를 확인하고 선창내부에 Pipe가 새거나, 외판에서 물이 스며들었던 흔적은 없는가를 점검하여야 한다.
3) 하역용구의 정비 상황을 확인하고, 통풍장치, 조명장치를 점검하여 둔다.
4) 하역 중에 하역기구의 작동상황(winch 작동소리의 이상 유무 등)에 주의하여, 이상이 있을 때는 작업을 일시중지 시키고 점검한 후 필요할 때는 보완 후에

작업을 계속 한다.

5) 한 종류 화물의 하역이 완료되었을 때마다 검수인(tallyman)의 수량에 과부족이 없는가를 확인하고, 화물적부 상태를 확인한다.
6) 화물에 lashing이 필요할 때는 Hatch officer가 현장에서 직접 지휘하고, 중량화물(heavy cargo of lift)의 Lashing은 일등 항해사가 직접 지휘해야 한다.
7) 화물적부 및 취급에 특별히 주의를 요하는 화물을 하역할 때에는 반드시 본선 선원 1명을 선창에 내려보내서 작업감독을 수행토록 한다.
8) 해당 Hold의 작업이 완료되었을 때는 반드시 선창내부를 점검하여 이상 여부를 확인하여야 한다.

2. 화물관계 서류

1) Bill of lading(B/L, 선하증권) : 선적한 화물을 대표하는 일종의 유통증권으로서 화물거래상 중요 서류이고, 또한 수화인이 양지에서 화물을 인수할 때의 인환서(引換書)이며 운송조건을 표시하는 증거 서류이기도 하다.
2) Mate's receipt(M/R, 본선수령증) : 화물의 본선수령(本船受領)의 확인으로 본선에서 일등 항해사가 서명하여 하주 또는 선적업자에게 발행하는 것이다.
3) Shipping order(S/O, 선적지시서) : 선적을 신청한 화주의 화물을 본선에 선적할 것을 지시하는 서류이며, 화주는 이를 본선에 제출하고 자신의 화물을 선적하게 된다.
4) Stowage plan(화물적부계획서) : 선적을 위해서 사전에 작성되는 것으로 Sailing plan 과 Cargo list를 참고하고, 동시에 적 · 양화항의 사정, 준비된 화물, 본선의 사정, 하역 능률, 적 · 양화의 순서 등을 고려하여 작성되어야 한다.
5) Stowage survey report(적부감정서) : 손상이 생기기 쉬운 화물이나 위험화물을 선적할 시에는 화물의 양화항에서 화물손상이 생겼을 때를 대비하여, 본선이 화물적부에 관해 최선을 다하였다는 사실을 객관적으로 증명하기 위해 Marine surveyor(해사감정인, general surveyor라고도 함)로부터 발급

받는 보고서이다.

6) Manifest(M/F, 적화목록) : 본선에 선적한 화물 목록의 상세이다. 이 목록을 기초로 많은 화물에 대한 선적지, 양화지, 화주 등에 관한 사항을 쉽게 확인할 수 있도록 해준다.

7) Hatch list(선창화물일람표) : 각 선창에 적부한 화물의 종류, 수량 등의 사항을 기록한 서류이다.

3. IMDG Code의 위험화물 적재 방법

1) IMDG Code

위험물은 물질 자체의 물리적, 화학적 또는 생물학적 개별 특성이나 복합적 특성에 의해 언제나 다른 물질 또는 자연 환경에 위해를 미치거나 줄 수 있는 물질을 총칭하며 위험물의 해상 운송시 SOLAS 제7장(위험물의 운송) 또는 국제 통일규칙인 IMDG Code(international dangerous goods code, 국제 위험 화물 운송 규칙)에 적합하게 운송해야 한다.

2) 적재 중 주의사항

위험물을 적재하는데 있어서 규칙을 지키는 것은 물론 취급자의 상무(常務)로서 주의를 태만히 하여서는 안 된다. 가장 중요한 것은 먼저 그 화물이 어떠한 품명의 위험물인가를 확인하여 그 위험의 성질이나 정도를 틀리지 않게 두는 것이다.

적부 방법은 규칙에 따라 위반이 없도록 하며, 또한 위험 방지는 그 성질에 따라 합리적인 방법으로 취하여야 한다. 위험물의 적화 및 양화에 있어서는 야간이나 승객의 승강시(乘降時)를 피하고, 인화의 위험이 있는 위험물에는 Wire rope 등 불꽃을 내기 쉬운 용구의 사용은 엄금하여야 한다. 위험물의 취급 및 적부에 있어서는 인부들에게 요지(要旨)를 주의시켜 던지는 것, 이동(移動), 전도, 충격(衝擊), 마찰, 누설(漏泄), 압궤(壓潰) 등이 생기지 않도록 한다. 적당한 Dunnage를 이용하여 적부 높이를 제한하며 선체 철제와의 접촉을 피하도록 배려한다.

4. 카고 기어의 검사

카고 기어는 허용된 한계 내에서 안전하게 사용되어져야 하는데, 사용 전에 안전성이 확인하였더라도 당직사관이나 당직자는 작동중의 카고 기어에 대한 안전성을 계속하여 감시하여야 한다. 하역중의 카고 기어의 고장이 발생하면 원활한 하역 작업이 이루어질 수 없으며, 카고 와이어의 절단과 같은 사고의 발생은 선체와 인명에 치명적인 결과를 초래할 수 있기 때문이다. 사전에 작성된 Check list에 따라 점검한다.

5. 화물의 분리 적재

1) 분리 적재 : Dirty cargo(조악화물, rough cargo)란 내용물의 성질 또는 포장의 상태로 적부, 운송 중 다른 화물에 손상을 입힐 우려가 있는 화물로 다음과 같은 종류가 있다.
   ① 흡수, 융해성 화물 : 당밀(molasses), 아스팔트(asphalt), 유지 등과 같이 높은 온도에서 녹아 흐르는 것이나, 소금(salt), 생석회, 소다(soda) 등과 같이 습기를 흡수하여 녹거나 열을 발하는 성질을 가진 화물.
   ② 분진성 화물(Dusty cargo) : 시멘트(cement), 비료, 흑연 등과 같이 하역 중에 분말이 날림으로써 다른 화물을 오염시키는 성질의 화물.
   ③ 악취성 화물 : 코프타(copra), 생가죽, 절인 생선, 비료 등과 같이 강한 냄새(특히 악취)를 내고 벌레를 생기게 하는 종류의 화물.
2) 조악화물 적재시 주의사항 : 조악화물은 소량일지라도 다른 화물과 혼적하면 손상을 끼칠 우려가 있다. 또한 양화 후 선창 청소도 까다롭고 시간이 많이 걸린다. 따라서 정기선에 있어서는 적화 계획에 혼란을 가져오고 청소작업으로 인하여 선박의 정시운항에 지장을 줄 가능성이 크므로, 이런 종류의 화물은 선수 또는 선미 한 구역을 Dirty space로 지정하여 다른 화물과 격리하여 적재한다.

6. 화물 적재 계획의 준비

선적화물을 선박에 적부할 때, 그 적부요령이 잘못되면 선박의 감항성(堪航性)이

나빠지고 화물에 손상(損傷)을 입히게 되며, 또한 운항능률을 저하시킨다. 따라서 용의주도한 화물적부계획을 작성하여 화물을 선적, 적부하는 일이 중요하다. 화물 적재의 기본 요점(基本要點)은 화물을 적부한 후의 선박 안전 확보, 운항능률을 증가시켜 화물을 사고 없이 안전하게 운송하는 일이다. 이상의 기본요점을 달성하려면 다음에 열거하는 사항을 충분히 고려하여, 그 여건에 상응한 적화계획을 수립해야 한다.

1) 화물의 성질 및 포장 : 화물의 성질 및 포장형식은 다종다양(多種多樣)하다. 따라서 화물의 적부장소, 혼합적부 또는 격리적부, 적부순서 등을 고려하여 계획을 작성하여야 한다.
2) 화물의 Lot수와 수량 : 단일의 Lot 화물은 계획이 간단하다. 그러나 그 종류와 화주가 다른 화물을 같이 적화할 때의 계획은 매우 복잡하다. 화물의 개수, 중량, 용적 및 양화지 등에 차질이 생기지 않도록 계획을 작성하여야 한다.
3) 기항지(寄港地, calling port)의 수 및 순서 : 기항지가 많은 정기선에서는 양화항(囊荷港)에서 다른 화물을 적화하는 경우가 있으므로, 양화항의 순서대로 화물을 적부하고, 또 각 항의 적화(積貨)를 예상하여 하역이 순조롭게 진행되도록 계획을 세워야 한다.
4) 운송기간 및 기후 : 운송기간이 길면 화물 사고가 일어나기 쉽다. 더욱이 황천이 예상되거나 기온의 변화가 현저한 항로일 경우에는 사고의 가능성이 높으므로 이에 대한 화물의 적부방법도 통풍환기가 잘 될 수 있도록 고려하여야 한다.
5) 양화지의 하역능률 및 정박기간 : 적화계획은 적화지의 사정만이 아니고 양화지의 하역설비, Barge 및 인부의 공급상황, 하역능률과 정박기간을 예상하여 계획되어야 한다.
6) 선박의 구조설비(構造設備) : Tanker, 광석전용선 또는 기타 전용선은 그 특정 화물 적부에 적합하도록 설계되어 있다. 그러나 일반 화물선은 화물의 종류가 다양하고 선박의 구조도 Lower hold 및 Tween deck으로 구분되어 있어, 구획 크기, 형상, 온도, 통풍환기도 각기 다르다. 따라서 이러한 점을 감안하여 적부계획이 작성되어야 하며, 그 외에 다음의 사항을 충분히 고려하여 적화 계획을

수립해야 한다.

① 복원성, 흘수, 트림의 조정

② 선체 강도를 고려한 화물배치

③ 화물사고 방지

④ 최대량의 화물적재

⑤ 하역시간 단축 및 하역비의 경감

⑥ 인명, 선박 및 화물의 위험방지

7. 계산 : 적재 화물량, 복원성, 선체의 스트레스

1) 적재 화물량 : 선박의 적화능력은 만재흘수선에 의하여 제한되는 최대적화중량(最大積 貨重量)과 선창의 용적에 의하여 제한되는 최대적화용적(最大積貨容積)으로 표시된다.

2) 복원성 : 선박이 외력에 의해 일시적으로 경사했을 때 원래의 위치로 되돌아가려는 힘 또는 성질을 말한다. 이 복원성은 선박의 안전을 파악하는 중요한 기준이 된다. 복원력이 과대하면 횡요가 심해져 화물의 이동이나 선원의 피로를 가중시키고, 너무 적으면 전복의 위험이 있다. 따라서 화물 적화에 따른 적당한 복원력이 요구된다.

3) 선체 스트레스 : 선체 구조물은 그 선박에 작용하는 모든 하중(load)에 견딜만한 강도(strength)와 강성(stiffness)을 가지고 있어야 한다. 선체의 강도는 종강도, 횡강도 및 국부강도로 나누어진다. 과도한 국부하중(local stress)이나 굽힘응력(bending stress)은 선체의 피로를 가져오고 극단적인 경우 균열, 절단, 좌굴(坐屈) 등의 손상을 가져올 수 있다.

2.1.4 적재 전에 실시해야 할 화물창과 빌지 웰의 Cleaning

1. 빌지 웰(bilge well) cleaning

2중저(double bottom)를 가지고 있는 선박의 선창 밑에 2중저가 있어 그 양측(兩

側) Margin plate와 외판(外板) 만곡부 사이에 도랑처럼 되어 있는 곳이 빌지 웰(bilge well)이다. 창 내에 고인 오수(汚水, bilge water)는 직접 선외로 배출시킬 수 없으므로 각 구역에 설치된 빌지 웰(bilge well)에 모아 빌지 펌프로 배출한다. 빌지관 끝의 흡입구에는 로즈박스(rose box)를 부착하여 펌프를 작동시킬 때 먼지나 쓰레기가 흡입되지 않도록 한다.

2. 화물창과 빌지 웰의 청소

화물을 선박에 적재하기 전에 화물창이나 Tank를 청소하여 충분히 건조시켜 두고, 동시에 창내를 잘 점검하여 누수(漏水) 또는 불량한 곳은 완전히 수리해야 하며, 또 검역법에 따라서 창내를 훈증 소독하여 쥐와 곤충을 구제(驅除)해서 화물사고가 발생하지 않도록 해야 한다. 이러한 선창의 청소 및 점검을 선창 준비라고 한다. 창내의 청소 및 수리는 양화가 끝난 후 선창이 비어 있을 때에 실시하는 것이 가장 효과적이다.

1) 화물창의 일반적인 청소

잡화를 적재한 후의 청소는 일반적으로 선원들의 인력으로 다음과 같은 순서로 수행된다. 청소에 앞서서 사용했던 Dunnage를 정리하여 다시 사용할 수 있는 것은 묶어서 deck의 한쪽 구석에 모아놓고, 쓰지 못하게 된 Dunnage는 상갑판으로 들어낸다. Beam, Frame 및 Girder 등에 묻은 먼지를 털고 나무조각 등의 쓰레기는 쓸어 모아서 상갑판상으로 퍼올린다. 콩, 사탕 등의 양화 작업 후에는 포대가 찢어져서 선창내에 화물이 가루 또는 입상(粒狀)으로 남아 있게 된다. 이것은 미리 준비한 포대나 가마니에 넣어서 화주에게 인도(引渡)하는 것이 좋으며, 적은 양일 경우에도 함부로 처분해서는 안 된다. 청소하고 남은 쓰레기의 처분은 항내규칙에 따라야 한다. 일반적으로 항내 및 항구 부근에 버리는 것을 엄하게 금지하고 있기 때문에 폐기물 처리와 동일하게 처리하거나 해양오염방지법상의 규정에 따라서 추후 처분하여야 한다.

2) Bilge well의 청소

Bilge well을 청소할 경우에는 Bilge well의 유통과 배수에 지장이 없도록 주의하여야 한다. Bilge water가 유통되지 못하고 고이게 되면 화물이 오손(汚損)될 우려가 있을 뿐만 아니라 선창 내부가 침수되어 선박의 안전을 위태롭게 하여 큰 사고를 일으키는 원인이 되기도 한다. Side bilge는 Limber board로서 덮여 있기 때문에 창내를 청소할 때마다 청소할 수는 없지만 Bulk cargo를 양화한 후에는 Bilge board를 열어서 청소할 필요가 있다. Bilge way는 오수(汚水)로 인하여 불결해지기 쉽고 악취(惡臭)가 나서 식료품(食料品)을 오염(汚染)시키고 철재를 부식시키기도 한다. 그러므로 청소시에는 오물(汚物)을 긁어내고 물로 씻은 후 Cement와 석회(Lime)를 발라두면 위생적으로 방출(放出)되는 효과가 있다. Bilge 청소에서 가장 신경을 써야 할 곳은 Limber hole과 Rose box이다. 이 곳은 청소 후에 꼭 확인하여 점검해 두어야 한다. 오수(汚水)가 잘 유통되고 배출에 지장이 없는가를 확인하고서 Bilge board를 복구, Dust proof 상태로 덮는다. 그러나 수밀상태(waterproof)가 되어서는 안 된다.

3. 화물창의 스커퍼와 빌지 흡입구의 배출 시험

1) 화물창의 배수 설비

선창 내에 고인 오수(汚水 : Bilge water)는 빌지 웰(Bilge well)에 모여져 흡입관(吸入管, Suction pipe)에 의하여 배수 펌프로 선외로 배수한다. 대개 배수 펌프는 소화 펌프와 같은 것으로 거의 기동(汽動)또는 전동(電動) 펌프이다. Bilge well 내의 흡입관의 끝에는 Bilge water 중의 먼지 등이 관을 메우지 않도록 하기 위하여 작은 구멍이 다수 뚫어진 주강제(鑄鋼製)의 Rose box가 설치되어 있다. 또 갑판상의 누수(漏水)는 그 양현에 배수공(排水孔, Scupper)이 설치되어 배수관(Scupper pipe)을 통하여 Bilge well로 흘러 내리게 하거나 Non-return valve을 설치하여 직접 선외로 배출한다.

Scupper를 소제하고 나면 물이 잘 유통되는지 물을 부어서 Bilge에 흘러 떨어지는가를 확인하여야 한다. 물이 잘 유통되지 않으면 굵은 철사 같은 것으로 후벼서 물이 자유로이 흐를 때까지 소제하여야 한다.

2) 화물창과 빌지 웰의 청결 및 건조는 화물의 손상 방지를 위해 매우 중요한 사항이며 특히 곡물 운송시에는 검사기관의 검사 결과에 따라서 선적이 거부되는 경우도 발생된다. 다음은 곡물 적재를 위한 선창 준비에 관한 사항들이다.

① 선창의 준비 : 선적될 Hold는 청결, 건조하여 곡물수송에 적합한지 Survey가 실시되는데 미국, 호주, 캐나다 등의 지역에서는 이러한 Survey가 엄격하다. 만약 이 검사에 실패하면 선석 경쟁이 있을 시 선석 이양 심지어는 화물의 변경까지 해야 하므로 아래 사항에 유의하여 사전에 충분히 준비, 점검해야 한다.

㉮ 본선에서 정비 가능한 녹이 슨 부분은 Scrapping하여 Painting한다.

㉯ Bilge well은 깨끗이 청소하고 Cover는 Tight시킨다. 호주에서는 Bilge well box 내의 Non return bilge valve test를 요구하는 경우가 있으므로 사전에 확인 점검을 해두어야 한다.

㉰ 전 항차의 잔존화물은 완전히 쓸어내고 물로 닦아낸다. 특히 Bracket, Beam, Pipe 등 창내 구조물의 뒷부분(보이지 않는 부분)에 대한 검사관들의 검사가 까다로우므로 특히 유의하여 잔존화물을 철저히 처리하여야 한다.

㉱ 전 항차에 곡물이나 기타 식물성 화물을 수송하여 Hold에 벌레가 발생하거나 살아남아 있을 경우에는 사전에 약품을 투입하여 Fumigation한 후 Gas free시켜야 한다.

㉲ 전 항차에 냄새나는 화물을 수송하였을 경우는 Inspection 하기 전 충분히 창내를 환기시켜 냄새를 제거해야 한다.

㉳ Wet damage를 방지하기 위하여 Hatch cover 등에서 누수되는 부분을 Check하고 필요하면 사전에 조치한다.

② Inspection : 적재 전 Loading port에서 해당 Port의 Rule에 따라 다음 2가지의 검사가 실시된다.

㉮ Inspection of hold condition : Hold의 상태가 곡물의 수송에 적합한가를 확인하는 검사이며 농업 관련 정부 행정 기관(농림부)이나 이와 유사한 기관 또는 수입국 정부에서 파견한 검사관에 의해서 수행된다.

㉯ Loading safety inspection : 곡물 운송 규칙에 따라서 다음 기관에서 파견한 검사관이 흘수 및 Stowage Stability 적합성 여부를 검사하여 선박의 안

전을 도모하고자 시행되는 것으로 적재 전 검사와 적재 후 검사가 있다.

㉰ 적재 전 Stability 검사 : 곡물 적재 전 본선에서 계산한 출항시, 항해중, 도착시의 상태에 따른 Grain stability calculation이 관계 법규에 따라서 적절하게 계산되었는지 확인하며, Surveyor의 계산 근거인 Grain loading booklet 및 Approval of Ship's plans for the carriage of bulk grain도 제시해야 한다. 본선에의 계산이 적절하면 Certificate of readiness를 발급하며 동 증서 발급 및 Hold inspection에 합격한 시점이 실질적인 Notice of readiness의 Tender 시간이 된다. 따라서 N/R Tender 시간이 지연되지 않도록 미리 계산해 두어야 한다.

㉱ 적재 완료 후 검사 : 적재 완료 후 원래 계획대로 선적되었는지를 확인하는 과정으로 Draft의 확인, Slack hold에 Levelling과 Strap Down이나 Shifting board의 상태가 적절하게 시행되었는지를 검사하며 모든 조건이 만족되면 Certificate of loading을 발급한다. 동 Certificate를 받지 않고는 어떠한 경우에도 Loading port의 항계밖으로 출항할 수 없으며, 만약 증서 발행 전 출항하였다면 USCG 혹은 항만 당국에 의하여 범죄행위로 간주된다.

㉲ 검사기관

미국 : 교통부 산하의 NCB(the national cargo bureau)

캐나다 : 교통부 산하의 Port warden

호주 : 교통해운국 산하의 검사관

[실습 과제]

[과제 1] 일반 상선에서 일등항해사의 주요 업무 중에서 화물의 적재와 관련된 모든 직무에 대하여 기술하고, 정박시에 2등항해사 및 3등항해사의 직무에 대하여 설명하시오.

[과제 2] 화물의 적재시에 반드시 고려해야 될 일반 사항들을 기술하시오.

2.2

흘수 측정 및 적화량 계산

2.2.1 흘수 측정

철광석 등과 같은 산적화물의 적화량을 결정할 때에는 적화 혹은 양화가 시작 또는 종료가 된 후 흘수 측정(Draft Survey)을 하여 흘수의 차로써 화물의 중량을 산정한다.

일반적으로 실무에서 행하고 있는 흘수 감정은 Quarter mean(1/4 mean) draft에 대한 배수량을 Hydrostatic curve 또는 Table이나 Deadweight scale로써 구하여 Trim 및 Density correction을 하는 방법과 선수 선미 흘수의 Mean Draft에 대한 배수량을 Hydrostatic curve나 Table로써 구하여, Bending(Sag. Hog.), Trim 및 Density correction을 하여 더욱 정확하게 구하는 방법이 있다.

Draft survey가 단순한 면의 요소도 가지고 있지만 경험적인 기술도 필요하다.

1. Draft survey의 순서

1) 흘수(Draft)를 읽는다.
2) 해수 비중(Density)을 측정한다.
3) 선박의 연료, 청수, Ballast 등의 중량을 측정한다,
4) 적화 및 양화 중량을 산출한다.

Apparent Draft F Stem corr. △f	Apparent Draft A Stem corr. △a	
Corresponding Draft Fc	Corresponding Draft Ac	Fc+Ac/2 mean : Mc
Midship Draft P	Midship Draft S	Midship mean : c
(Mc + C) / 2 = Mean of mean (M/M)		
(M/M + C) /2 = Corresponding mean of mean (1/4 M/M)		

	Before Loading/unloading	After Loading/unloading
Apparent Displacement		
Trim correction		
SG correction		
Corresponding Displacement	tons (A)	tons (B)
Non cargo weight on board		
Fuel, Bunker on board	tons	tons
Fresh water on board	"	"
Ballast water on board	"	"
Others	"	"
Total weight	tons (a)	tons (b)
Unloaded cargo :	(A-a)-(B-b) L/T or M/T	
Loaded cargo :	(B-b)-(A-a) L/Tor M/T (Based on the ship's deadweight, displacement scale)	

[그림 2-2] Draft survey

2.2.2 제반 측정에 대한 주의사항

선지만 대부분의 항구에서는 본선 draft survey에 의해 적량은 육상 weight scale에 의해 수시로 산출 가능하선적량이 계산되므로 다음 사항을 숙지하여 흘수 측정을 정확하고 주의 깊게 행하여야 한다.

1. 흘수 측정

풍파나 너울이 있는 곳에서 흘수를 읽는다는 것은 용이하지 않다. 수면의 상하 움직임이 크고 특히 너울이 있는 장소에서는 세심한 주의와 함께 경험적인 관측 요령이 필요하다.

미터 단위의 흘수표는 높이 10cm의 아라비아 숫자를 20cm 간격으로 기입하고, 피트 단위의 흘수표는 높이 6인치의 아라비아 숫자나 로마 숫자를 1피트 간격으로 기입한다.

1) 수 분간 수면의 상하운동의 평균치를 잡는다. 그러나 이 경우 최고, 최저의 중간치가 아니라 돌발적인 해면의 동요는 제외하고 최고치와 최저치의 평균치를 읽도록 한다. 파랑에 의한 수면의 상하 폭이 넓으면 순간적으로 오래 머무르는 수면의 숫자를 읽는다. (초보자는 주의 깊게 반복하여 평균치를 택함이 바람직하다)
2) 조류가 있는 장소에서는 선수의 수위가 높아진다는 것을 고려하여 과대하게 읽지 않도록 한다.
3) 중앙흘수, 특히 안벽에서 흘수를 읽을 경우에는 과대하게 읽기가 쉬우나 수면이 평온한 지역에서는 그러한 경향이 적다.

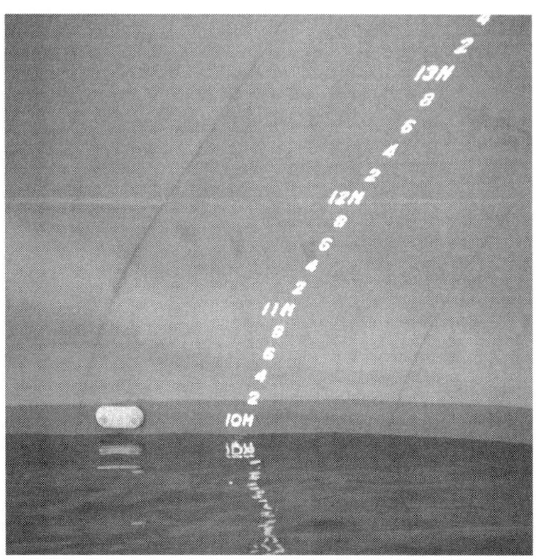

[그림 2-3] 선미흘수

4) 야간에 흘수를 읽을 경우 특히 수면의 동요가 없는 경우에는 조그만 돌을 던져 파문을 일으켜서 읽으면 좋다.
5) 읽은 오차의 최종치(mean of mean, 또는 1/4 mean)에 영향을 미치는 비율은 다음과 같다.
6) Draft survey 중에는 본선 Displacement에 영향을 미치는 작업은 금한다. (Ballasting, Deballasting 등)
7) Trim 변화가 많은 상태보다는 Even keel에 가까운 상태에서 정확한 선적량을 계산할 수 있다.
8) Trim이 많은 상태에서 각 tank sounding을 실시할 경우에는 정확하게 측정을 실시하고 이에 상응한 correction을 해 준다.

$$\frac{Fc+Ac}{2}=Mc \ , \ \frac{P+S}{2}=C$$

$$\frac{Mc+C}{2}=\frac{M}{M} \text{ (mean of mean)}$$

$$=\frac{M/M+C}{2}=\frac{M/M}{4} = \frac{\dfrac{\dfrac{Fc+Ac}{2}+\dfrac{P+S}{2}}{2}+C}{2}$$

$$=\frac{\dfrac{Fc+Ac+P+S+4C}{4}}{2} = \frac{Fc+Ac+P+S+2(P+S)}{8}$$

$$=\frac{Fc+Ac+3P+3S}{8}$$

위의 계산식에 의하여 선수미 흘수 1cm의 오차는 최종치의 1/8의 영향을 미치고, 중앙 흘수의 경우에는 3/8의 영향을 미치게 된다.

거대형선의 경우 1cm의 흘수를 잘못 읽을 경우 화물 계산에 있어서 엄청난 양이 서로 다르게 된다. 따라서 Draft Survey를 할 경우 화주, 검정인 및 본선 대표가 같이 입회를 하여 실시한다.

2. 해수비중의 측정(sea density checking)

거대선일수록 비중 측정의 오차는 무시할 수 없을 정도로 커진다. 특히 하구(河口)에 있는 항은 주의가 필요하다.

$$\Delta w = \frac{W \times (P_0 - P_1)}{P_0} \fallingdotseq W \times (P_0 - P_1)$$

Δw : 비중차에 의한 배수량의 오차

W : 배수량(t)

P_1 : 해수비중

P_0 : 표준해수비중

가령 배수량이 100,000톤인 선박이 해수비중 1.024에서의 수정량은 다음과 같다.

$$\Delta w = \frac{100,000 \times (1.025 - 1.024)}{1.025} = 97.6 \text{ ton}$$

일반적으로 해수비중은 동일한 장소일지라도 겨울에 높고, 여름에 낮은 경향이 있으며 하구에서는 풍향과 강우에 의해서도 영향을 받는다.

1) 비중 측정법

하구항에서 만재 상태로 떠 있을 때의 비중 측정은 어렵고, 선수미, 수심의 상하층에 따라 해수 비중이 차이가 난다.

원칙적으로 선박의 중앙, 선수, 선미의 각 양 현 6개소에서 상, 중, 하층으로 측정하여 평균치를 구한다. 그러나 감정인은 항시 동일한 장소에서 흘수 감정을 행하므로 비중의 변동에 대해서 잘 알고 있으므로 1개소만 측정하는 경우가 있다. 그러한 경우 상중하층의 해수를 측정하여 평균치를 구해야 한다. 비중 측정시에는 뚜껑이 부착된 채수기를 사용해서 배의 흘수를 3등분하는 깊이의 물을 떠 올려 측정하여 그 평균을 구한다.

$$\text{평균해수비중} = \frac{a + 2b + c}{4}$$

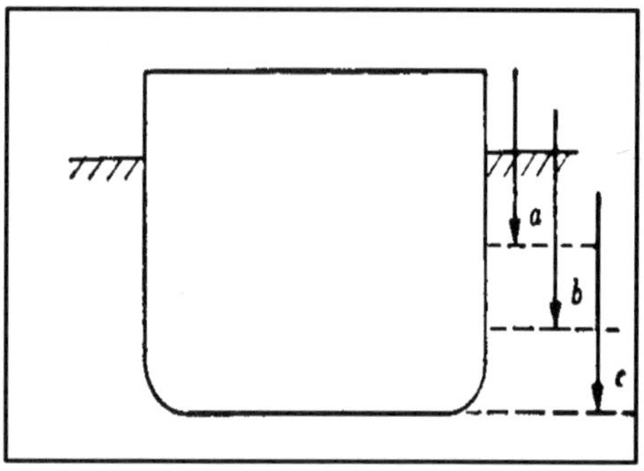

[그림 2-4] 비중 측정

2) 비중계의 비교 검정

본선측의 비중계와 Survey의 것과 비교 체크를 해야 한다. 가령 적화지에서 본선의 것을 사용하고, 양화지에서는 본선의 것을 사용하지 않을 경우에는 화물량에 차이가 생기는 일이 있다. 또한 수온 4℃일 때 체적 $1cm^3$,밀도 $1g/cm^3$일 때 비중이 1이다. 따라서 수온을 체크해서 상온일 경우 온도 개정도 해야 한다.

3) 해수 비중의 측정

① 해수 온도와 채수기의 온도차를 없애기 위해서 2~3회 물을 떠 올린 후 맨 마지막에 떠 올린 것으로 측정한다.

② 시차를 없애기 위해 채수기에 물을 가득 채워 비중계를 넣으면 물이 넘치도록 한다.

[그림 2-5] 비중계 1

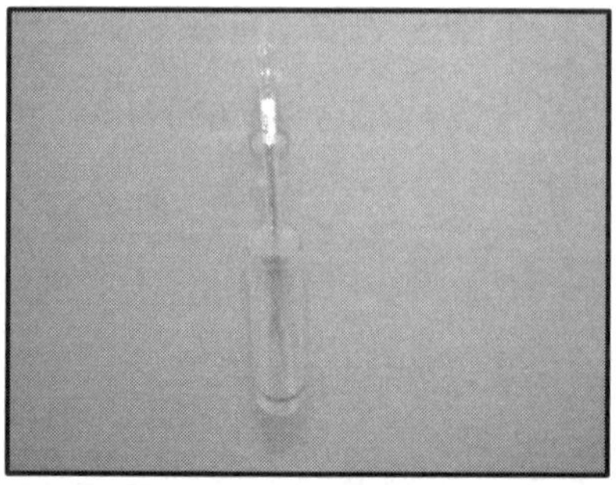

[그림 2-6] 비중계 2

③ 비중계에 기포나 손자국 등이 생기지 않도록 한다.

④ 해수비중의 측정은 물의 표면 장력에 의하여 약간 올라간 부분의 눈금을 읽어서 소수점 이하 4자리에서 반올림하여 3자리로 측정한다.

[실습 과제]

[과제 1] 실습선의 현재 상태에 대한 Draft Survey를 위의 순서에 따라 실시한 후 그 결과를 제출하시오.

3. 선내 보유 물질의 측정

1) 연 료

통상적으로 연료 탱크의 계측을 행하지만 기관사의 보고량을 사용한다. 최초 계측시 보유량(입항시)－정박 중 소비량 = 최종보유량(적양화 종료시) 또한 본선 일일 평균 소비량을 알고 있으면 기관사에게 연락을 하여 계산하게 하는 직입을 세외할 수 있다.

2) 청 수

각 Tank를 계측하여 Sounding Table을 이용하여 그 양을 구한다.

3) Ballast

계측하려는 Tank 및 Ballast의 양이 많을수록 그 오차는 커지므로 정밀한 계측이 요구된다.

① 재화만재시

만선시 각 Tank는 거의 비어 있게 되지만 Ballast를 다 뽑아내지 못하기 때문에 이것을 계측해야 되는데 계산할 때의 기록상으로는 Bilge 등에 포함시키고 Ballast가 0이 되도록 한다.

② 공선시

거대선에서는 2만톤 이상의 Ballast가 각 탱크에 주입하게 되어 계측시 신중을 기해야 한다. Ballast를 주수하는 경우 Tank의 Air vent에서 물이 넘쳐 나오면 가득찬 것으로 생각하지만 이것은 Trim이 클 경우에 Air vent를 통해서 가득차지 않아도 넘치게 된다. Surveyor에 따라서는 Ballast의 총량에서 1%를 빼는 방법을 취하기도 하는데, 그것은 부정확한 방법이다. 표의 값에서 구한 m^3에 비중을 곱하여 중량을 구한다.

③ Bilge

입항시에 기관실의 Bilge는 거의 배출되어 있지만 정박중에는 상당히 남아 있기 때문에 측정하여야 한다. 또 광석선에서는 광석가루가 날리지 않도록 Hold에 물을 뿌렸을 경우 그 양을 포함하여야 한다.

④ Constant가 전 항차에 비해 현저하게 차이가 생겼다면 일단 Draft survey를 재차 수행하여 확인하여야 한다.

⑤ 하역 중 장비가 hold내에 남아 있는지 또는 swimming pool에 물이 담겼는지 확인하고 그 중량을 감안한다.

2.2.3 흘수 계산 방법

1. 선수미 개정 (stem & stern correction)

흘수계산에 이용되는 선박의 길이는 수선간장(垂線間長, length between perpendiculars, 만재계획흘수선상에서 선수재의 전면에서 타주의 후면 또는 타두재의 중심까지 잰 수평거리)이며, 선수미의 흘수 표시가 수직선상에 바르게 표시되어 있으면 문제가 되지 않지만, 보통 선수재는 파도를 헤치도록 경사되어 있고, 그 위에 Draft mark가 표시되어 있기 때문에 Trim이 있을 경우에는 선수 수선상의 흘수를 나타내지 못한다. 이것은 선미도 마찬가지이다. 이 때문에 흘수 표시에서 읽은 흘수치를 선수미 수선상의 흘수값으로 수정하여야 한다.

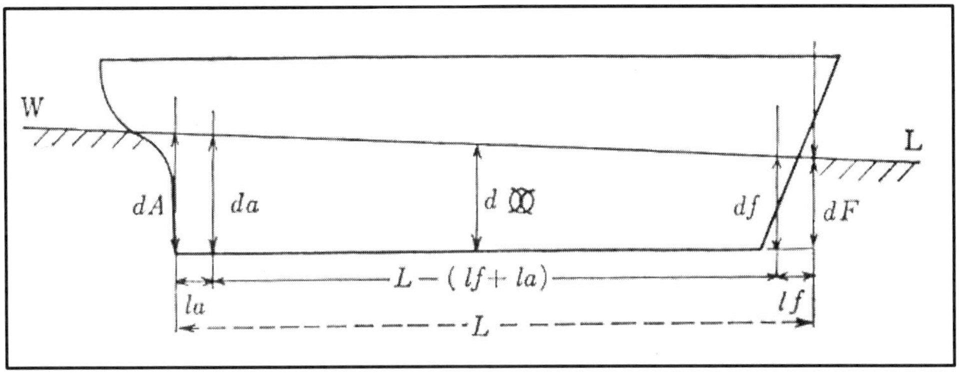

[그림 2-7] 흘수 계산 요령도

df : 선수계측흘수 (m)　　　lf : 선수수선과 선수흘수표와의 수평거리 (m)

da : 선미계측흘수 (m)　　　la : 선미수선과 선미흘수표와의 수평거리 (m)

d¤ : 중앙계측흘수 (m)　　　T : 수선간의 Trim

dF : 선수수선에서의 흘수 (m) dM : 평균흘수 (m)

dA : 선미수선에서의 흘수 (m)

계산식 (by the stern일 경우 −, by the head일 경우는 +)

$$dF = df - \frac{da - df}{L - (lf + la)} \times lf$$

$$dA = da + \frac{da - df}{L - (lf + la)} \times la$$

$$dM = \frac{dF + dA}{2}$$

$$T = dA - dF$$

선체의 비틀림　　Hogging dM〉d¤

Sagging dM〈d¤

2. 비중 개정(density correction)

배수량 계산 자료는 표준 비중(1.025)에 작성한 것이므로 비중이 차이가 있으면 수정이 필요하다. 또한 비중차에 따라서 Trim의 변화(부력의 중심 위치가 변한다)가 일어나고 양에 차이가 나므로 통상적으로 무시하지는 못한다.

계산식

$$\Delta w = \frac{W \times (P_0 - P_1)}{P_0}$$

Δw : 비중차에 따른 수정량(t), W : 배수량(t), P_1 : 해수비중

P_0 : 표준해수비중

3. Trim 개정(Trim correction)

선체가 계획 trim 이외의 흘수로 떠 있을 때의 배수량은 부면심(center of floatation)의 이동으로 인하여 단순한 전후 흘수의 평균치를 정확히 구하는 문제가 아니라 Trim의 변화로 인한 배수량의 수정이 필요한 것이다.

1) Trim이 근소한 경우의 배수량의 수정

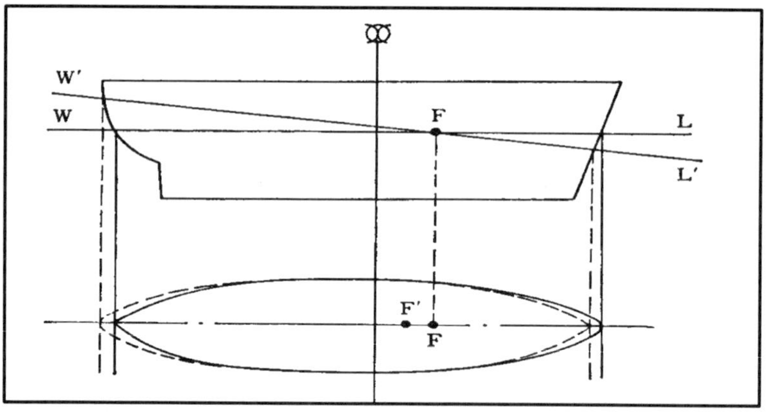

[그림 2-8] 배수량 제2개정도

$$\Delta w = \frac{\mathrm{T} \times \otimes \mathrm{F}}{\mathrm{L}} \times 100 \times \mathrm{T.P.C.}$$

Δw : 부면심에 대한 수정 배수량(t)

L : 수선간 선박의 길이(m)

⊗F : 선체 중앙부에서 부면심까지의 수평거리(m)

T : 수선간 Trim(m)

T.P.C. : 매 cm 배수 톤 수(t)

통상, 광석선의 경우 ⊗F의 위치가 ⊗보다 선수쪽으로 위치해서 부호가 −인 경우가 많으며 만재 상태에서는 선미쪽으로 이동한다.

2) Trim이 큰 경우의 배수량의 수정

$$\Delta w^2 = \alpha \times L \times \frac{dM}{dZ} \times \left(\frac{T}{L}\right)^2 = \frac{50 \times (T)^2}{L} \times \frac{dM}{dZ}$$

Δw^2 : 수정배수량(t, by the stern 일 경우 항시 +)

dM : 미소 흘수에 있어서의 매 cm trim 모멘트의 변화율(t−m)

dZ : 미소 흘수에 있어서의 흘수 변화량(m)

T : 수선간 Trim(m)

L : 수선간 선박의 길이(m)

$\frac{dM}{dZ}$: 통상 1m 변화에 따른 M.T.C.의 변화량

Trim이 클 경우 수선면적의 변화로 인해 부면심이 이동함에 따라 상기의 수정을 하여 정확한 수정량을 산출해야 한다.

보통 Trim이 근소한 경우의 배수량의 수정을 제 1 수정이라 하고, Trim이 큰 경우의 배수량의 수정을 제 2 수정이라고 한다.

제 2 수정의 필요한 이유로는

① WL의 흘수로 떠 있는 선박이 선미 trim으로 W'L'의 흘수로 변할 경우 그 수선면적은 실선의 선형에서 점선의 선형으로 변한다.

② 부면심 F는 수선면의 중심점이고 수선면이 변화함에 따라 이동을 한다.

③ 선미 trim의 경우 수선면적은 ⊗에서 수선면적과 비교하여 선미방향으로 커지게 되어 선미 방향으로 부면심 F'가 이동하게 된다.

최근 건조되는 선박은 Bon Jean Curves(곡선)[1]에서 각 흘수에 대한 수정량을 개정하며, 수정표가 구비되어 있어 실제 계산과 수정표를 사용하고 있어

---

1) 선박의 수선간 길이를 동일 등분한 분할점의 횡단면적을 곡선으로 표시한 것으로, 이 면적곡선의 면적을 Simpson법칙에 의해 구한 것이다. 이 곡선을 사용하면 임의 흘수에 있어서의 배수량은 배수량 곡선을 사용하지 않고도 산출할 수 있다. 트림이 큰 경우나 Hogging 또는 Sagging의 경우에는 배수량을 동일한 방법으로 계산할 수 있다.

거의 차이가 없다.

3) Bending 수정(Bending correction)

광석선처럼 길이가 긴 선박의 만재시에는 Sagging 또는 Hogging이 15cm 이상이 되는 경우도 있다.

Hogging dM〉d¤

Sagging dM〈d¤

평균 흘수의 배수량에 다음의 수정을 행한다.

$$\delta\Delta = \frac{K}{Cw} \times (d\otimes - dM) \times T.P.C.$$

$\delta\Delta$: 선체 휘임의 수정량(t)

K : $\frac{2}{3}\left(1 - \frac{3(1-Cw)^2}{3-2Cw}\right)$

Cw : 수선면적계수

4) Constant

연료, 청수, Ballast, 선용품, 하역 용품 등 정확한 중량을 측정할 수 있는 것을 제외한 추정 중량을 말한다. 선박의 대소에 관계없이 선령이 증가할수록 증가하는 것이 보통이다. constant는 다음에 말하는 중량을 말한다.

① 계측이 안 된 Tank의 잔수

② 선저 하부에 부착된 이물질

③ 신조 후 수리 등의 사유로 설비가 변경되거나, 철재 등이 부가된 경우 (선령이 증가할수록 늘어나는 것이 보통이다.)

④ 기타 측정 불가능한 불명 중량

⑤ constant의 산출

$(B-b)-L.C.$

B : Net displacement

b : 공선시 선내 물건의 총량

$L.C.$: 선박의 경화상태(light condition)

(Light condition이란 일반적으로 완비된 선체, 기관 및 기타 장비들이 작동 가능한 법정 속구 및 기타 예비품 등을 포함한 선박의 상태)

적화전의 $B-b$의 산출을 행하는 것이 원칙이지만, 장주기파 또는 파랑으로 인해 정확한 흘수 측정이 불가능한 경우 Constant 값이 예상외로 큰 값이 산출되는 경우가 있다. 이 경우에는 과거 본선의 Constant 값으로 이용된 값을 적화 계산에 그대로 사용하는 것이 바람직하다.

2.2.4 Displacement(배수량) 계산

다음의 계산 예는 Deadweight : 27369.4, Gross Tonnage : 16252, Net Tonnage : 9669, Light ship : 6140.5, Loa : 167m, Lbp : 158m, Breadth : 26.2m, Summer Draft : 9.9155m인 27K 선박의 Trim & Stability Booklet에서 발췌한 Displacement (배수량)을 구하는 과정이다.

1. 27K 선박의 평면도

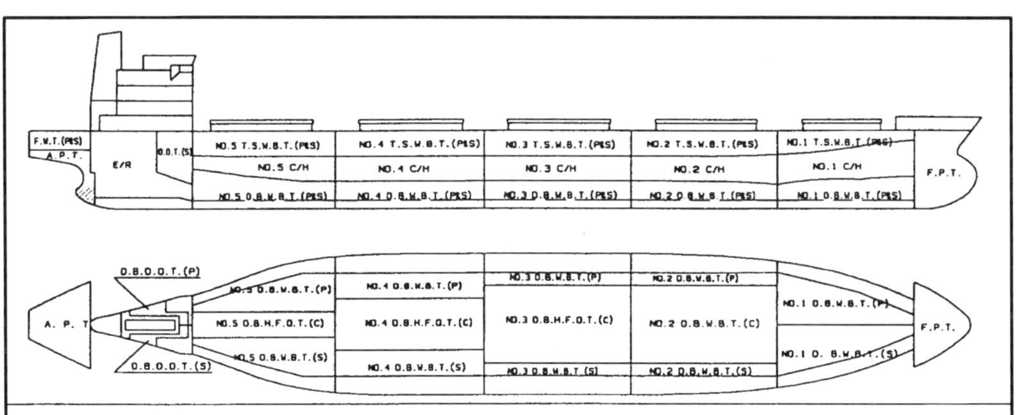

[그림 2-9] 27K 선박의 평면도

2. Draft correction method

* DRAFT MARK & READING SENSOR ARRANGEMENT *

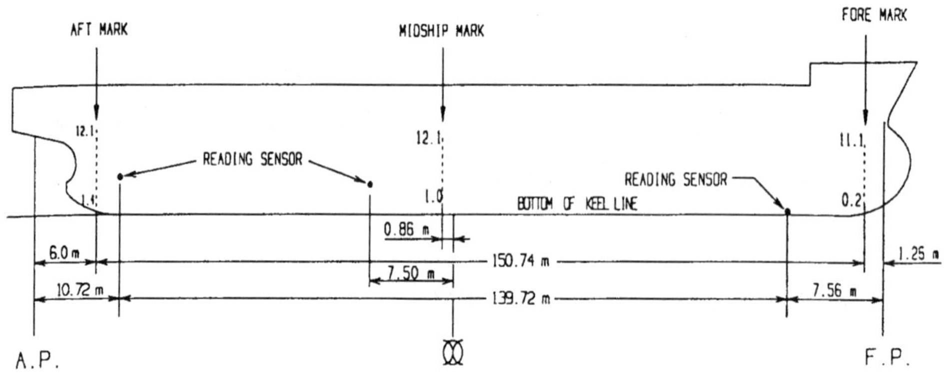

* DRAFT CORRECTION METHOD *

1) FOR DRAFT MARKS

AFT MARK	MIDSHIP MARK	FORE MARK
$\frac{-6.0}{150.74} \times \text{TRIM}$ $= -0.0398 \times \text{TRIM}$	$\frac{0.86}{150.74} \times \text{TRIM}$ $= 0.0057 \times \text{TRIM}$	$\frac{1.26}{150.74} \times \text{TRIM}$ $= 0.0084 \times \text{TRIM}$

[그림 2-10] Draft correction method

3. Hydrostatic Table

〈표 2-1〉 Hydrostatic Table

DRAFT	DISPL TON	VOLUME (M)3	K B M	L C B M	L C F M	KMT M	BML M	MTC TON.M/CM	TPC TON/CM
8.500	28285.4	27521.1	4.416	4.166	-0.029	10.963	206.5	368.7	36.37
8.510	28321.9	27556.5	4.421	4.161	-0.048	10.961	206.3	368.8	36.38
8.520	28358.3	27592.0	4.426	4.155	-0.067	10.959	206.2	369.0	36.38
8.530	28394.7	27627.5	4.432	4.150	-0.086	10.958	206.0	369.2	36.39
8.540	28431.2	27663.0	4.437	4.144	-0.104	10.956	205.9	369.4	36.40
8.550	28467.6	27698.5	4.442	4.139	-0.123	10.954	205.7	369.6	36.40
8.560	28504.0	27734.0	4.447	4.133	-0.142	10.952	205.6	369.8	36.41
8.570	28540.5	27769.5	4.453	4.128	-0.161	10.950	205.4	370.0	36.42
8.580	28577.0	27805.1	4.458	4.122	-0.180	10.948	205.3	370.2	36.42
8.590	28613.4	27840.6	4.463	4.117	-0.200	10.947	205.1	370.4	36.43
8.600	28649.9	27876.1	4.468	4.112	-0.219	10.945	205.0	370.6	36.44
8.610	28686.4	27911.6	4.474	4.106	-0.238	10.943	204.8	370.8	36.44
8.620	28722.9	27947.2	4.479	4.101	-0.257	10.941	204.7	371.0	36.45
8.630	28759.3	27982.7	4.484	4.095	-0.277	10.940	204.5	371.2	36.46
8.640	28795.8	28018.3	4.489	4.089	-0.296	10.938	204.4	371.4	36.46
8.650	28832.3	28053.8	4.495	4.084	-0.316	10.936	204.2	371.6	36.47
8.660	28868.8	28089.4	4.500	4.078	-0.335	10.935	204.1	371.8	36.48
8.670	28905.3	28125.0	4.505	4.073	-0.355	10.933	203.9	372.0	36.48
8.680	28941.9	28160.5	4.510	4.067	-0.374	10.931	203.8	372.2	36.49
8.690	28978.4	28196.1	4.516	4.062	-0.394	10.930	203.6	372.5	36.50
8.700	29014.9	28231.7	4.521	4.056	-0.413	10.928	203.5	372.7	36.50
8.710	29051.4	28267.3	4.526	4.051	-0.433	10.927	203.3	372.9	36.51
8.720	29088.0	28302.9	4.531	4.045	-0.453	10.925	203.2	373.1	36.52
8.730	29124.5	28338.5	4.537	4.039	-0.472	10.924	203.0	373.3	36.52
8.740	29161.1	28374.1	4.542	4.034	-0.492	10.922	202.9	373.5	36.53
8.750	29197.6	28409.7	4.547	4.028	-0.512	10.921	202.8	373.7	36.54

〈표 2-1〉 —계속—

DRAFT	DISPL TON	VOLUME (M)3	K B M	L C B M	L C F M	KMT M	BML M	MTC TON.M/CM	TPC TON/CM
8.760	29234.2	28445.4	4.552	4.022	-0.532	10.919	202.6	373.9	36.54
8.770	29270.8	28481.0	4.558	4.017	-0.551	10.918	202.5	374.1	36.55
8.780	29307.4	28516.6	4.563	4.011	-0.571	10.916	202.3	374.3	36.56
8.790	29344.0	28552.3	4.568	4.006	-0.591	10.915	202.2	374.5	36.57
8.800	29380.6	28587.9	4.573	4.000	-0.611	10.913	202.1	374.7	36.57
8.810	29417.2	28623.6	4.579	3.994	-0.631	10.912	201.9	374.9	36.58
8.820	29453.8	28659.3	4.584	3.988	-0.651	10.910	201.8	375.1	36.59
8.830	29490.4	28694.9	4.589	3.983	-0.670	10.909	201.6	375.4	36.59
8.840	29527.0	28730.6	4.594	3.977	-0.690	10.908	201.5	375.6	36.60
8.850	29563.7	28766.3	4.600	3.971	-0.710	10.906	201.4	375.8	36.61
8.860	29600.3	28802.0	4.605	3.965	-0.730	10.905	201.2	376.0	36.61
8.870	29636.9	28837.7	4.610	3.960	-0.750	10.904	201.1	376.2	36.62
8.880	29673.6	28873.4	4.615	3.954	-0.770	10.902	200.9	376.4	36.63
8.890	29710.3	28909.1	4.621	3.948	-0.790	10.901	200.8	376.6	36.63
8.900	29746.9	28944.9	4.626	3.942	-0.810	10.900	200.7	376.8	36.64
8.910	29783.6	28980.6	4.631	3.936	-0.829	10.899	200.5	377.0	36.65
8.920	29820.3	28016.3	4.636	3.931	-0.849	10.897	200.4	377.3	36.66
8.930	29857.0	28052.1	4.642	3.925	-0.869	10.896	200.3	377.5	36.66
8.940	29893.7	28087.8	4.647	3.913	-0.889	10.895	200.1	377.7	36.67
8.950	29930.4	28123.6	4.652	3.907	-0.909	10.894	200.0	377.9	36.68
8.960	29967.1	28159.4	4.657	3.901	-0.929	10.893	199.9	378.1	36.68
8.970	30003.9	28195.2	4.663	3.896	-0.948	10.891	199.7	378.3	36.69
8.980	30040.6	28231.0	4.668	3.895	-0.969	10.890	199.6	378.5	36.70
8.990	30077.4	28266.7	4.673	3.889	-0.988	10.889	199.5	378.7	36.70

4. 배수량(Displacement) 계산 예

〈표 2-2〉 배수량 산출 방법

	Item	Method	Measured draft		
			Aft	Midship	Fore
①	Draft at draft marks	Port side	9.20	8.90	8.40
		Starboard side	9.10	8.80	8.30
②		Mean	9.15	8.85	8.35
③	Apparent trim	Fore-Aft mark	−0.80		
④	Draft correction factor	Refer to table	-0.0398	0.0057	0.0084
⑤	Draft correction	③ X ④	0.032	-0.005	-0.007
⑥	Draft at (A.P) (M.S) (F.P)	② + ⑤	9.182	8.845	8.343
⑦	Deflection corr. factor		1	6	1
⑧	Deflection correction	⑥ X ⑦	9.182	53.07	8.343
⑨	Mean draft	Σ⑧ / 8	70.595 / 8 = 8.824m		
⑩	Actual trim	Fore−Aft at ⑥	-0.839 m		
⑪	LCF at draft ⑨	From hydro. table	-0.6586 m		
⑫	Trim correction	⑩ X ⑪ / LBP(158)	0.003 m		
⑬	Equivalent draft	⑨ + ⑫	8.827 m		
⑭	Displacement at draft ⑬	From hydro. table	29479.4 Ton		
⑮	Actual S.G. of sea water	As measured	1.022 T/m³		
ⓐ	Displacement correction due to S.G. of sea water	⑭ X (⑮ − 1.025) / 1.025	-86.3 Ton		
ⓑ	Actual displacement	⑭ + ⓐ	29393.1 Ton		

	Item	Method	Value
ⓒ	MTC at draft ⑬	From hydro. table	375.3 Ton-m
ⓓ	BG at draft ⑬	⑩ X ⓒ X 100 / ⑭	-1.068 m
ⓔ	LCB at draft ⑬	From hydro. table	3.985 m
ⓕ	LCG at draft ⑬	ⓓ + ⓔ	2.917 m

5. Quarter Mean Draft에 의한 Draft survey 실제 계산 예

다음의 계산 예는 Deadweight : 27369.4, Gross Tonnage : 16252, Net Tonnage : 9669, Light ship : 6140.5, Loa : 167m, Lbp : 158m, Breadth : 26.2m, Summer Draft : 9.9155m인 27K 선박이 Pre-Stowage Plan을 작성하고 Trim 및 Draft Calculation을 통해 화물의 양과 본선의 GM을 구하는 일련의 과정을 나타내었다.

1) Pre-stowage 작성

① Loading Manual 및 과거의 loading condition을 참조하여 작성

② Load/disch. Port에 draft 제한이 있는 경우 이를 감안하여 작성

③ Loadable Cargo Q'ty, Draft, Trim 등을 고려하여 어떤 hold를 slack시킬 것인가를 결정

④ Discharging port의 변경 또는 양화항이 여러 곳일 경우를 예상하여 작성 후 discharging 순서에 입각한 본선의 condition을 check

⑤ Loading중, 항해중, discharging중 B.M나 S.F가 허용치를 초과하지 않도록 작성

⑥ Loading sequence는 loading 작업중 Gang의 숫자, Trim, B.M & S.F, Safe ballasting condition 등을 고려하여 최대한 신속한 loading이 이루어지도록 하며 First loading hold는 center hold에, final hold는 slack hold로 하는 것이 유리하다.

⑦ Trimming hold를 정하여 loading 완료시 항해 중 연료유 등의 예상 소모량을 감안한 출항 trim이 되도록 plan을 작성.

⑧ GoM 등 기타 본선의 stability에 관한 계산을 한다.

2) Cargo Stowage Plan

Max. Loadable C해 계산 방식에 의해 산출된 화물량이 23,500M/T일 때 각 Hold에 적재할 화물량을 배분한다.

〈표 2-3〉 Tank Plan

	No.1 Hold	No.2 Hold	No.3 Hold	No.4 Hold	No.5 Hold
Grain Cap(㎥)					
Bale Cap(㎥)					

S.F가 43.2 Ft^3/LT 이라면 민저 단위를 M^3/MT으로 환산하여 주어야 한다.

1FT = 30.48cm, 1m = 3.2808FT에서 $1M^3$= 35.31467FT^3

∴ Ft^3/LT = 1/3531467 × 1.016047 = 0.02787 M^3/MT

따라서 43.2 Ft^3/LT은 1.024M^3/MT가 되어 No.1 Hold에 Full 적재량은 5766.1M^3/1.204M^3/MT = 4789MT이 된다.

다른 Hold도 동일한 방법으로 계산하여 각 Hold에 적재할 화물량을 결정한다. 단, 이때 총 적재량은 확정되어 있으므로 나머지 Hold Capacity에 구애됨이 없이 본선 적양화지의 제한 사항 및 본선의 Stress 등 또는 곡물 선적시에는 Stability를 고려하여 적절히 분배하여 적재한다.

3) Quarter Mean Draft법

① 선수미, 중앙, 3곳의 양현 흘수를 읽는다.(df, da, $d\theta$)

② 해수비중을 측정한다.

③ 선수미 경사에 대한 흘수 수정(Stem & Stern Correction)을 하여 선수미 수선값으로 수정한다.(df', da', $d\theta'$)

④ 아래와 같이 Quarter Mean Draft를 구한다.

$$\frac{(df'+da')}{2} = dm \text{ (선수미 평균 흘수)}$$

$$\frac{(d\theta p + d\theta s)}{2} = d\theta \text{ (중앙부 평균 흘수)}$$

$$\frac{(dm + d\theta')}{2} = M/M \text{ (평균 흘수의 평균)}$$

$$\frac{(M/M+d\theta')}{2} = Q/M$$ (Corresponding mean of mean : 1/4 M/M)

⑤ Q/M 흘수에 해당하는 Displacement－㉠를 Hydrostatic Table에서 구한다.

⑥ Trim Correction－㉡을 한다.

⑦ ⑤의 배수량에서 ⑥의 수정량을 가감한다. ㉠±㉡=㉢

⑧ 현재 해수 비중에 대한 수정－㉣을 가감한다.

⑨ Displacement = ㉢±㉣

4) Quarter Mean Draft법에 의한 계산 실례

〈표 2-4〉 Quarter Mean Draft법에 의한 계산 실례

Reading Draft				On Hand weight			
	df	dθ	da	F.O	769 MT	Ballast	1600 MT
Port	7.20	7.65	8.29	D.O	104 MT	Constant	170 MT
Stbd	7.22	7.74	8.30	F.W	390 MT	Light ship	6135.2 MT
				Total : 9168.2 MT			

다음은 실제 선박의 Draft를 측정하고 화물량을 구하는 계산이다.

① 양현 Draft의 평균을 구한다.

df = (7.20+7.22)/2 = 7.21 m

$d\theta$ = (7.65+7.74)/2 = 7.695 m

da = (8.29+8.30)/2 = 8.295 m

App. Trim = 7.21−8.295 = −1.085 (−) by the stern

② 선수미 흘수에 대한 흘수의 수정(Stem & Stern Correction)

㉮ Draft mark & reading sensor Arrangement

[그림 2-6] Draft correction method 참고.

㉯ Draft Correction 방법

df' =7.21+(0.0084 × (−) 1.085) = 7.21 + (−0.00911) = 7.201 m

da' =8.295−(0.0398 × (−) 1.085) = 8.295 − (−0.043183) = 8.338 m

$d\theta' = 7.695 + (0.0057 \times (-)\ 1.085) = 7.695 + (-0.00618) = 7.689$ m

Actual Trim $= df' - da' = -1.137$ m

㉰ Q/M 구하는 법

$\dfrac{(df' + da')}{2} = dm$, (7.201 + 8.338)/2 = 7.7695

$\dfrac{(dm + d\theta')}{2} = M/M$, (7.7695 + 7.689)/2 = 7.7292

$\dfrac{(M/M + d\theta')}{2} = Q/M$, (7.7292 + 7.689)/2 = 7.709

㉱ Cargo Weight 계산

〈표 2-5〉 Cargo Weight 계산

Draft	DISP	LCF	TPC	MTC
7.21				347.1
7.70	25391.7	1.317	35.88	
7.71	25427.6	1.303	35.88	
8.21				363.1

Q/M=7.709m로 Loading Manual의 Hydrostatic Table에서 본선의 Displacement = 25423.99 M/T을 찾는다.

TPC = 35.88이며 기준 Draft(7.70m)와의 차(0.9cm)만큼 더해주면 Q/M에 해당하는 Disp(25319.7 +(35.88 × 0.9) = 25423.99 M/T)를 구할 수 있다.

㉲ Trim Correction

㉠ 1st Trim Correction

T1 = (Trim × LCF)/LBP × 100 × TPCcm

= (−1.137 × 1.304)/158 × 100 × 35.88 = −33.67 M/T

Hydrostatic Table의 값은 Even Keel 상태의 것이므로 Trim이 있으면 Trim에 의한 수정을 해주어야 한다.

ⓛ 2nd Trim Correction

T2 = 50 × Trim2/ LBP × ⊿MTC / ⊿d = 50 × (−1.137)2/158 × 16 = 6.5 M/T

Trim 수정배수량 = 25423.99 − 33.67 + 6.5 = 25396.82 ----D1

ⓑ Density Correction(S.G Corr')

측정 Density(1.0245)에 대한 수정값은

S.G Corr' = D1 × (1.025 − S.G)/1.025

= 25396.82 × (1.025 − 1.0245)/1.025 = 12.42 M/T

Density 수정 배수량은 25396.82 − 12.42 = 25384.4 M/T ----D2

따라서 화물량은 최종 수정된 배수량(D)에서 본선의 On Hand(9168.2 M/T)량을 빼주면 현재 선적된 화물량을 알 수 있다.

선적 화물량 : 25384.4 M/T − 9168.2 M/T = 16216.2 M/T

[실습 과제]

[과제 1] 실습선의 현재 상태에 대한 배수량을 위의 절차에 따라 산출하시오.

〈표 2-6〉 Hydrostatic Table

DRAFT M	DISPL. TON	VOLUME (M)3	K B M	L C B M	L C F M	KMT M	BML M	MTC TON.M/CM	TPC TON/CM
9.500	31961.8	31102.7	4.942	3.570	-1.997	10.850	193.3	390.1	37.07
9.510	31998.9	31138.8	4.947	3.564	-2.015	10.850	193.2	390.3	37.08
9.520	32036.1	31175.0	4.953	3.558	-2.033	10.849	193.1	390.5	37.09
9.530	32073.2	31211.2	4.958	3.551	-2.050	10.849	193.0	390.7	37.09
9.540	32110.3	31247.4	4.963	3.545	-2.068	10.848	192.8	390.9	37.10
9.550	32147.5	31283.6	4.969	3.538	-2.086	10.848	192.7	391.1	37.11
9.560	32184.6	31319.7	4.974	3.532	-2.203	10.848	192.6	391.3	37.11
9.570	32221.8	31356.0	4.979	3.525	-2.221	10.847	192.5	392.5	37.12
9.580	32259.0	31392.2	4.984	3.519	-2.139	10.847	192.4	391.7	37.13
9.590	32296.1	31428.4	4.990	3.512	-2.156	10.847	192.2	391.9	37.13
9.600	32333.3	31464.6	4.995	3.506	-2.174	10.846	192.1	392.1	37.14
9.610	32370.5	31500.8	5.000	3.499	-2.191	10.846	192.0	392.3	37.15
9.620	32407.7	31537.1	5.006	3.492	-2.209	10.846	191.9	392.5	37.15
9.630	32444.9	31573.3	5.011	3.486	-2.226	10.846	191.7	392.7	37.16
9.640	32482.1	31609.6	5.016	3.479	-2.244	10.845	191.6	392.9	37.17
9.650	32519.4	31645.8	5.021	3.473	-2.261	10.845	191.5	393.1	37.17
9.660	32556.6	31682.1	5.027	3.466	-2.279	10.845	191.4	393.3	37.18
9.670	32593.8	31718.4	5.032	3.459	-2.296	10.845	191.2	393.5	37.18
9.680	32631.1	31754.7	5.037	3.453	-2.313	10.844	191.1	393.7	37.19
9.690	32668.3	31790.9	5.043	3.446	-2.330	10.844	191.0	393.8	37.20
9.700	32705.6	31827.2	5.048	3.440	-2.347	10.844	190.8	394.0	37.20
9.710	32742.8	31863.5	5.053	3.433	-2.364	10.844	190.7	394.2	37.21
9.720	32780.1	31899.9	5.058	3.426	-2.381	10.844	190.6	394.4	37.22
9.730	32817.3	31936.2	5.064	3.420	-2.398	10.843	190.5	394.6	37.22
9.740	32854.6	31972.5	5.069	3.413	-2.415	10.843	190.3	394.8	37.23
9.750	32891.9	32008.8	5.074	3.406	-2.431	10.843	190.2	395.0	37.23
9.760	32929.2	32045.1	5.080	3.400	-2.448	10.843	190.1	395.2	37.24
9.770	32966.5	32081.5	5.085	3.393	-2.464	10.843	190.0	395.3	37.25
9.780	33003.8	32117.8	5.090	3.386	-2.481	10.843	189.8	395.5	37.25
9.790	33041.1	32154.2	5.095	3.380	-2.497	10.843	189.7	395.7	37.26
9.800	33078.4	32190.5	5.101	3.373	-2.513	10.843	189.6	395.9	37.27
9.810	33115.6	32226.9	5.106	3.366	-2.529	10.843	189.5	396.1	37.27
9.820	33153.1	32263.2	5.111	3.360	-2.545	10.843	189.3	396.3	37.28
9.830	33190.4	32299.6	5.117	3.353	-2.560	10.843	189.2	396.4	37.28
9.840	33227.8	32336.0	5.122	3.346	-2.576	10.843	189.1	396.6	37.29
9.850	33265.1	32372.4	5.127	3.340	-2.591	10.843	189.0	396.8	37.30
9.860	33302.5	32408.8	5.133	3.333	-2.607	10.843	188.8	397.0	37.30
9.870	33339.8	32445.2	5.138	3.326	-2.622	10.843	188.7	397.2	37.31
9.880	33377.2	32481.6	5.143	3.320	-2.637	10.843	188.6	397.4	37.31
9.890	33414.6	32518.0	5.148	3.313	-2.652	10.843	188.5	397.6	37.32
9.900	33451.9	32554.4	5.154	3.306	-2.666	10.843	188.3	397.7	37.33
9.910	33489.3	32590.8	5.159	3.300	-2.681	10.843	188.2	397.9	37.33
9.920	33526.7	32627.3	5.164	3.293	-2.695	10.843	188.1	398.1	37.34
9.930	33564.1	32663.7	5.170	3.286	-2.709	10.843	188.0	398.3	37.35
9.940	33601.5	32700.1	5.175	3.280	-2.723	10.843	187.8	398.5	37.35
9.950	33638.9	32736.6	5.180	3.273	-2.737	10.843	187.7	398.7	37.36
9.960	33676.3	32773.0	5.185	3.266	-2.751	10.843	187.6	398.9	37.36
9.970	33713.7	32809.5	5.191	3.260	-2.764	10.843	187.5	399.0	37.37
9.980	33751.1	32845.9	5.196	3.253	-2.778	10.843	187.4	399.2	37.38
9.990	33788.6	32882.4	5.201	3.246	-2.791	10.843	187.2	399.4	37.38

〈표 2-7〉 Trim & Stability Calculation

TRIM & STABILITY CALCULATION SHEET

M.V ________ VOY. No: ________ PORT: ________ DATE: ________

	TANKS	FULL COND WT(MT)	FULL COND VCG(M)	ACTUAL COND WT(MT)	ACTUAL COND VCG(M)	V-MNT M-TON	F.S CORR	LCG	LCG MNT
BALLAST TANK	F.P.T	804.3	7.47					74.65	
	No.1 DB & TST(p)	637.6	5.18					57.55	
	No.1 DB & TST(s)	637.6	5.18					57.55	
	No.2 DB & TST(p)	738.3	7.58					33.86	
	No.2 DB & TST(s)	738.3	7.58					33.86	
	No.2 DB WBT(c)	559.4	0.75					34.31	
	No.3 DB & TST(p)	787.8	7.32					8.73	
	No.3 DB & TST(s)	787.8	7.32					8.73	
	No.4 DB & TST(p)	780.6	7.38					-16.79	
	No.4 DB & TST(s)	780.6	7.38					-16.79	
	No.5 DB & TST(p)	812.8	7.18					-41.66	
	No.5 DB & TST(s)	812.8	7.18					-41.66	
	No.3 C. HOLD	77.13	7.88					8.30	
	No.1 D. WBT(p=s)	431.2	1.52					58.27	
	No.2 D. WBT(p=s)	331.5	1.59					33.50	
	No.3 D. WBT(p=s)	371.5	1.58					8.72	
	No.4 D. WBT(p=s)	364.4	1.60					-16.69	
	No.5 D. WBT(p=s)	410.9	2.01					-41.30	
	TOTAL	18500.4							
FW	F.W.T(p)	107.8	12.69	215.6 (p.s)	12.69	2736	206	-76.38	-16468
	F.W.T(s)	107.8	12.69					-76.38	
	APT	152.7	9.76	152.7	9.76	1490	1491	-75.91	-11591
	TOTAL	368.3		368.3		4226	1697		-28059
FO	No.3 HFOT (C)	485.3	0.75	485.3	0.67	325	6274	8.69	4217
	No.4 HFOT (C)	483.4	0.75	483.4	0.67	324	6262	-16.97	-8203
	No.5 HFOT (C)	155.7	0.75	155.7	0.68	106	222	-42.13	-6560
	F.O SERV T (p)	21.5	11.56					-60.21	
	F.O SETT T (p)	21.0	11.56					-56.77	
	TOTAL	1166.9		1124.4		755	12758		-14763
DO	D/B DOT(p)	18.7	1.20	18.7	1.11	21	10	-59.36	
	D/B DOT(s)	27.1	1.24	27.1	1.15	31	26	-58.65	
	DOT (s)	107.8	10.43	107.8	10.10	1089	26	-57.12	
	DO SERV T (p)	9.1	12.93					-63.74	
	DO SERV T (p)	4.0	11.30					-63.61	
	TOTAL	166.7		153.6		1141	62		-8857
	SUB TOTAL			1646.3		6122	14517		-47462
	LIGHT SHIP	6140.5	9.735	6140.5	9.735	59775		-8.565	-52592
	CONSTANT	226.1	9.886	226.1	9.886	2235		-37.128	-8395
	CARGO			25497.0	7.62	194295			167001
	DISPLACEMEMT			33509.9	7.83	262427	14517		58552

	COMPART-MENT	WEIGHT (MT)	VCG (M)	V-MNT (T-M)	LCG (M)	L-MNT (T-M)
CARGO	NO.1 HOLD	4597.5	8.17	37561	57.64	264998
	NO.2 HOLD	6016.4	7.85	47229	33.93	204136
	NO.3 HOLD	3464.7	5.25	18190	8.30	28619
	NO.4 HOLD	6018.5	7.86	47305	-17.30	-104601
	NO.5 HOLD	5400.0	8.15	44010	-41.88	-226151
	TOTAL	25497.0	7.62	194295		167001
LOG	No.1 DECK				56.95	
	No.2 DECK				34.21	
	No.3 DECK				8.74	
	No.4 DECK				-16.55	
	No.5 DECK				-42.26	
	TOTAL					
	No.1 HOLD				57.64	
	No.2 HOLD				33.93	
	No.3 HOLD				8.30	
	No.4 HOLD				-17.38	
	No.5 HOLD				-41.88	
	TOTAL					

DISP ___33509.9___ M/T Mean draft ___9.913___ M

LCG = LCG MNT / DISP = (58552) / (33509.9) = ___1.747___ M

LCB ___3.297___ M LCF ___-2.686___ M MTC ___398.0___ M

GB = LCG - LCB = (1.747) - (3.297) = ___-1.55___ M

TRIM = (GB x DISP) / (MTC x 100)
= (-1.55 x 33509.9) / (398 x 100) = ___-1.305___ M

df = M.draft + (TRIM) x (LBP/2 - LCF) / LBP
= 9.913 + -1.305 x (158/2 - -2.686) / 158 = ___9.24___ M

da = M.draft - (TRIM) x (LBP/2 + LCF) / LBP = ___10.54___ M

GMo = KM - (V-MNT + F.S) / DISP
10.843 - (262427 + 14517) / 33509.9 = ___2.58___ M

Actual rolling period ______ sec, Cal. rolling period = ______ = sec

2.2.5 Condition report 작성

1. 목 적

선박이 항구에 입항, 출항하거나 투묘, 양묘시 본선의 상태를 기록한 것으로 연료유 · 윤활유 · 밸러스트 · 청수 등의 보유량(항내 수급량), 도선사 승 · 하선 시간, 접 · 이안 시긴, 투 · 양묘 시산, 흘수, 화물의 선적 및 양화량 등이 기재되어 입출항 수속에 필요한 중요자료이다.

2. 작성시기

모든 기항지에서 필요하며, 출입항 30분 전에 작성하며, 해운회사마다 조금씩 차이는 있으나 원본은 선교에 보관하고 사본은 선장, 기관장, 1항사, 1기사 및 통신장에 배부해야 한다.

3. 작성 방법

1) Arrival / Leaving / Shifting에 해당 사항을 표시한다.
2) ①에 선명을 기입한다.
3) ②에 항차번호를 기입한다. 항차는 부산항의 학교부두를 이안하는 시점을 항차의 시작으로 하며, 다음 항차가 시작되기 직전의 시점을 끝으로 한다. 항차번호는 다음의 순서로 기록한다.

00(총항차)-00(년도)-00(당해항차)

4) ③④에 출입항하는 항구명과 날짜를 기입한다.
5) ⑭⑮⑯⑰⑱⑲에 해당 시각을 기입한다. ⑭는 'First line to pier' 시각을 기입하고, ⑲는 'Cast off all lines' 시각을 기입한다. 시각은 가급적 6분 단위로 기록한다.
6) ⓐⓑⓒⓓ를 기관실로부터 자료를 받아 기입한다. ⓐ에는 D.O를, ⓑ에는 F.O를

기입한다.

7) ⓔⓕ는 각 Tank를 계측하여 Sounding Table에 의해 그 양을 구해 기입한다.

8) ⓖⓗ에 해당사항을 기입한다.

9) ⓘ의 constant는 불명중량으로 신조한 이후에 선적된 각종 속구, 선용품, 개인 물품 등으로 정확하게 측정할 수 없는 중량을 말한다. 이 불명중량은 공선시 흘수감정을 통하여 수시로 확인한다.

10) ⓙ의 total 값은 ⓐⓑⓒⓓⓔⓕⓖⓗⓘ를 모두 합산한 값으로 이는 선박에 선적된 모든 물품의 총 무게이다.

〈표 2-8〉 Condition report

<table>
<tr><th colspan="7">Arrival / Leaving / Shifting CONDITION REPORT</th></tr>
<tr><td colspan="4">T/S ①</td><td>VOY. NO</td><td colspan="2">②</td></tr>
<tr><td>PORT</td><td colspan="3">③</td><td>DATE</td><td colspan="2">④</td></tr>
<tr><td rowspan="4">DRAFT</td><td>FORE</td><td colspan="2">⑤</td><td rowspan="3">MIDSHIP</td><td>PORT</td><td>⑧</td></tr>
<tr><td>AFT</td><td colspan="2">⑥</td><td>STB'D</td><td>⑨</td></tr>
<tr><td>MEAN</td><td colspan="2">⑦</td><td>MEAN</td><td>⑩</td></tr>
<tr><td>M/M</td><td colspan="2">⑪</td><td>Q/M</td><td colspan="2">⑫</td></tr>
<tr><td colspan="4">DENSITY</td><td colspan="3">⑬</td></tr>
<tr><td colspan="4">ARRIVAL TIME</td><td colspan="3">⑭</td></tr>
<tr><td colspan="4">QURANTINE TIME</td><td colspan="3">⑮</td></tr>
<tr><td colspan="4">BERTHING TIME</td><td colspan="3">⑯</td></tr>
<tr><td colspan="4">COMMENCED LOADING / DISCHARGING</td><td colspan="3">⑰</td></tr>
<tr><td colspan="4">COMPLETED LOADING / DISCHARGING</td><td colspan="3">⑱</td></tr>
<tr><td colspan="4">LEAVING TIME(ETD)</td><td colspan="3">⑲</td></tr>
<tr><td rowspan="2">F.O</td><td>BUNKER(A)</td><td>ⓐ</td><td>M/T</td><td rowspan="6">SUPPLIED</td><td>ⓚ</td><td>M/T</td></tr>
<tr><td>BUNKER(B)</td><td>ⓑ</td><td>M/T</td><td>ⓛ</td><td>M/T</td></tr>
<tr><td rowspan="2">L.O</td><td>CYLINDER OIL</td><td>ⓒ</td><td>LTR</td><td>ⓜ</td><td>LTR</td></tr>
<tr><td>SYSTEM OIL</td><td>ⓓ</td><td>LTR</td><td>ⓝ</td><td>LTR</td></tr>
<tr><td rowspan="2">F.W</td><td>FRESH WATER</td><td>ⓔ</td><td>M/T</td><td>ⓞ</td><td>M/T</td></tr>
<tr><td>DRINGK WATER</td><td>ⓕ</td><td>M/T</td><td>ⓟ</td><td>M/T</td></tr>
<tr><td colspan="2">BALLAST</td><td colspan="2">ⓖ</td><td>DISPLACEMENT</td><td colspan="2">ⓠ</td></tr>
<tr><td colspan="2">CARGO</td><td colspan="2">ⓗ</td><td>CORRECTION</td><td colspan="2">ⓡ</td></tr>
<tr><td colspan="2">CONSTANT</td><td colspan="2">ⓘ</td><td>LIGHT SHIP</td><td colspan="2">ⓢ</td></tr>
<tr><td colspan="2">TOTAL</td><td colspan="2">ⓙ</td><td>DWT</td><td colspan="2">ⓣ</td></tr>
<tr><td colspan="2" rowspan="2">REMARK</td><td colspan="2"></td><td colspan="3">DIFFERRENCE : ⓤ</td></tr>
<tr><td colspan="2"></td><td></td><td colspan="2"></td></tr>
</table>

[실습 과제]

[과제 1] 실습선의 현재 상태에 대한 Condition Report를 작성하시오.

2.3 선박의 복원성

2.3.1 배수량, 매 cm 배수톤 등

1. 배수량, 중심 및 부심(浮心)

Archimedes의 원리에 의하면, 물 위에 떠 있는 물체는 그 물체가 배제한 물의 무게만큼 부력(浮力)을 받는다. 즉 선박이 평형하게 떠 있다는 것은, 곧 중력과 부력의 크기가 같고 그 중심(中心)이 동일 연직선상에 있다는 것이다. 따라서 물 위에 부상하고 있는 선박은, 그것이 배제한 물의 용적(선박의 수면하의 용적 : V)과 그 물의 밀도(ρ)[2]를 곱한 것과 같은 무게를 가진다. 그러므로 선박의 무게를 무게라 하지 않고 배수량(排水量, Displacement : Δ)이라 한다.

$$\Delta = V \times \rho$$

위의 식은 Meter법에서 이용되는 식인데, Foot법에서는 수면하의 체적(ft^3)을 해수일 때는 35, 담수(淡水)일 때는 36으로 나눈 값이 ton이 된다.

선박의 전 중량(全重量)이 한 점에 있다고 생각할 수 있는 점을 중심(重心, Center or gravity : G)이라 하며, 부력이 한 점에서 작용한다고 생각할 수 있는 점을 부심(浮心, Center of buoyancy : B)이라 한다. 부심은 선수하부의 용적의 기하하적 중심(中心)이 된다.

---

2) 물의 밀도

해수(海水) 1 m^3 = 1,025kg = 1.025kg · ton
1 ft^3 = 64 lbs
35f t^3 = 2,240 lbs = 1 long ton

담수(淡水) 1 m^3 = 1,000kg = 1.000kg · ton
1 ft^3 = 62.5 lbs
35f t^3 ≒ 2,240 lbs = 1 long ton
35.883 ft^3 = 1 long ton

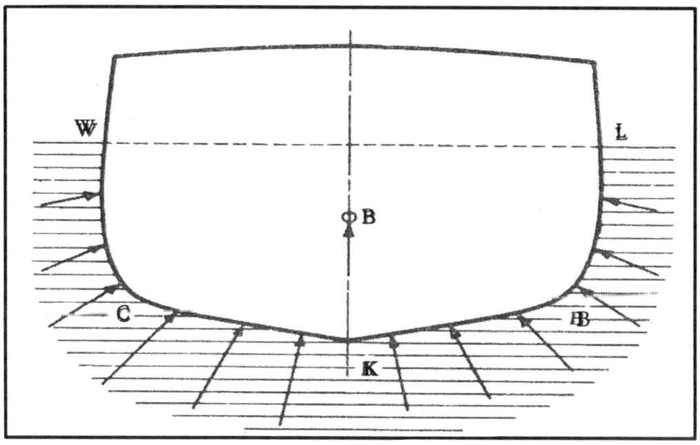

[그림 2-11] 부심

[예제 1] 배수량 5,000ton의 선박이 해수 (ρ =1.025 g/cm^3) 중에서와 담수(ρ =1.000) 중에서의 수면하 용적은 얼마이겠는가?

[풀이] $\triangle = V \times \rho$ 에서

$$V = \frac{5,000}{1.025} \fallingdotseq 4,878(m^3) \quad (해수중)$$

$$V = \frac{5,000}{1.000} = 5,000(m^3) \quad (담수중)$$

[예제 2] 비중 0.92의 빙괴(氷塊)가 해수 비중 1.02의 해상에서 수면상의 용적 7.5m^{3}로 떠 있다면 이 빙괴의 전용적은 얼마인가?

[풀이] 빙괴의 전 용적 = V(m^3)

빙괴의 무게 = V × 0.92(ton)

빙괴의 수면 하 용적 = V − 7.5(m^3)

$(V-7.5)\times 1.02 = V \times 0.92$

$(1.02-0.92)V = 7.5 \times 1.02$

$$\therefore V = \frac{7.65}{0.1} = 76.5(m^3)$$

[실습 과제]

[과제 1] 길이 3m, 폭 40cm , 깊이 30cm의 장방형(長方形)의 목재를 비중 1.025의 표준해수에 띄우니까 25cm 평행침하 하였다. 이 목재의 비중은 얼마인가?
(답 : 0.85)

[과제 2] 길이 20m, 폭 6m의 상형선(箱型船)이 흘수 1.5m로 해수에 떠 있다. 이 배의 배수량을 구하라. 또 최대흘수가 4.5m라면 몇 ton을 더 적재할 수 있겠는가?
(답 : 배수량 184.5 ton, 더 적재할 수 있는 did 369 ton)

[과제 3] 실습선 '한바다'의 Anchor 무게는 3.2ton이다. 해수(1.025)중에서는 얼마가 더 가벼워지겠는가? 단, 단강(鍛鋼)의 비중은 7.5라 한다.
(답 : 437kg)

2. 매 cm 배수톤 및 해수밀도와 흘수변화

1) 매 cm 배수톤 (Tons per centi-meter immersion : T_{cm})

한 선박이 임의의 수선(水線)에서 횡방향이나 종방향으로 경사됨이 없이 흘수 1cm만큼 침하하면서 밀어내는 해수의 중량, 즉 선박에 경사가 생기지 않을 적당한 위치에 화물 w톤을 적재하여 흘수가 1cm 증가할 때, 그 화물의 무게를 매 cm 배수톤(T_{cm})[3]이라 한다. 흘수가 1cm 침하하여도 수선면적(水線面積, Water plane area : A_w)이 일정하다고 가정하면, T_{cm}는 면적 A_w에 비례하게 된다. 따라서 표준해수(1.025)에 떠 있는 선박에 대하여 다음 관계가 성립한다.

흘수의 변화량을 $\triangle d$(m) 또는 δ(cm)라 하면,

$$w = A_w \times \triangle d \times 1.025$$

$\triangle d$ 를 $\frac{1}{100}$m(1cm)로 하면 정의에 따라 $w = T_{cm}$가 되어 w는

$$T_{cm} = \frac{A_w}{100} \times 1.025 \text{ (ton)}$$

3) 선박에서 사용하는 매 cm(inch) 배수톤은 해수의 표준밀도에 있어서 T_{cm} 및 T_{in}이다.

식 T_{cm} 에서, 수선면적 A_w(m^2)의 선박에 T_{cm} ton을 양화하여도 흘수의 변화량은 1cm가 된다. 단위가 Foot일 경우에는 1inch 흘수변화에 소요되는 하중을 매 inch배수톤(Tons per inch immersion ; T_{in})이라 한다. 수선면적을 A_w(ft), 흘수변화를 Δd(ft) 또는 δ(in)라 하면 해수중에 떠 있는 선박에 대하여 다음 관계가 성립한다.

$$w = A_w \times \Delta d \times \frac{1}{35}$$

Δd 를 $\frac{1}{12}$ ft, 즉 1 inch로 하면 $w = T_{in}$가 된다.

$$T_{in} = A_w \times \frac{1}{12} \times \frac{1}{35} = \frac{A_w}{420}$$

식 T_{in}은 표준밀도에 있어서 Foot법을 사용하는 선박의 매 inch 배수톤수, 즉 해수에서의 T_{in}이다.

[예제 1] 길이 85m, 폭 13m의 선박이 평균흘수 5m에서 수선면적이 862m^2이다. 흘수를 15cm 증기시키려면 몇 ton의 중량을 실으면 되는가? 단, 해수비중은 1.025이다.

[풀이] $T_{cm} = \frac{A_w}{100} \times 1.025 = \frac{862}{100} \times 1.025 = 8.84$(ton)

$w = 15 \times T_{cm} = 15 \times 8.84 \fallingdotseq 132.6$(ton)

[실습 과제]

[문제 1] 어떤 선박의 표준밀도에서의 매 cm 배수톤이 12ton이다. 이 배가 비중 1.01의 곳에서 1cm 흘수를 증가시키는데 소요되는 화물의 무게는 얼마인가?

(답 : 11.82 ton)

[문제 2] 길이 145m, 폭 20m의 선박이 6m의 등흘수로 표준해수 중에 떠 있다. 이 선박의 배수량과 매 cm 배수톤수를 구하라. 단, C_w = 0.72, C_b = 0.58이다.

(답 : Δ = 10,344.3 ton, T_{cm} = 21.4 ton)

2) 해수밀도와 흘수의 변화

일정한 배수량의 선박이 해수의 비중이 다른 곳에 가면 흘수에 변화가 생긴다. 즉, 해상에서 하항(河港)으로 들어가게 되면 흘수는 증가하고, 반대로 하항에서 해상으로 나오면 흘수는 감소하게 된다. 이 경우에 부심(浮心)이 변하여 Trim의 변화가 일어나는데 그 양이 대단히 미소하기 때문에 실용상 무시해도 별 차이는 없다. 배수량 Δ인 선박이 해수비중 ρ_1인 곳에서 ρ_2인 곳으로 들어갔을 경우에 일어난 흘수의 변화량을 Δd(m) 또는 δ(cm)라 하고, 그때의 수면하의 용적을 V_1, V_2라 하면 다음과 같이 나타낼 수 있다.

$$V_1 = \frac{\Delta}{\rho_1}, \quad V_2 = \frac{\Delta}{\rho_2}$$

그리고 V_1, V_2의 관계는 다음과 같이 표시할 수 있다.

$$V_2 = V_1 + A_w \cdot \Delta d$$

$$\therefore \ \Delta d = \frac{V_2 - V_1}{A_w} = \frac{\Delta}{A_w}\left(\frac{1}{\rho_2} - \frac{1}{\rho_1}\right) \text{ (m)}$$

m를 cm로 바꾸면, 100 $\Delta d = \delta$이므로

$$\delta = \frac{100 \times \Delta}{a_w}\left(\frac{1}{\rho_2} - \frac{1}{\rho_1}\right) \text{ (cm)}$$

위의 식은 배수량과 수선면적을 알고 있을 때, 비중이 다른 해역(海域)에서 흘수의 변화량을 구하는 식이다. 그런데 실제로는 T_{cm}와 배수량을 알고 나서 흘수의 변화를 구하는 것이 일반적이다.

$$\delta = \frac{100}{A_w \times 1.025} \times \Delta \times \left(\frac{1.025}{\rho_2} - \frac{1.025}{\rho_1}\right)$$

$$= \frac{\Delta}{T_{cm}}\left(\frac{1.025}{\rho_2} - \frac{1.025}{\rho_1}\right)$$ [4)]

---

4) Foot 법을 사용하는 선박은 $\Delta d(ft) = \frac{V_2 - V_1}{A_w}$ 에서

앞의 식은 선박에서 해수의 밀도 차이에 의한 흘수의 변화를 구하는 데에 많이 사용되는 식으로 중요하다.

[예제 1] 배수량 6,000ton의 선박이 해항(海港)에서 비중 1.015의 하항에 입항했다. 흘수의 변화는 얼마냐? 단, 배수량의 변화는 없고 T_{cm}는 13ton이다.

[풀이] $\delta = \dfrac{\Delta}{T_{cm}}\left(\dfrac{1.025}{\rho_2} - \dfrac{1.025}{\rho_1}\right) = \dfrac{6,000}{13}\left(\dfrac{1.025}{1.015} - \dfrac{1.025}{1.025}\right)$

$\fallingdotseq 461.5 \times (1.01 - 1) = 4.6(cm)$

[예제 2] 상형의 선박이 하항에서 정박하여 석탄을 적재하기 시작할 때 평균흘수는 2.2m, 하항의 비중은 1.004였고, 적재를 완료했을 때 평균흘수는 6.5m, 하항의 비중은 1.006이었다. 이 선박이 적재한 석탄의 중량은 얼마인가? 단, 이 선박이 정박하여 하루에 소비하는 물과 연료 등은 14ton이고, 이 작업을 하는데 4.5일이 걸렸으며 본선의 표준해수에서의 T_{cm}는 15ton이다.

[풀이] 각 평균흘수를 비중 1.025의 해수의 경우로 환산하면,

적재할 때 평균흘수 $= 2.2 \times \dfrac{1.004}{1.025} = 2.155(m)$

석재 완료했을 때 평균흘수 $= 6.5 \times \dfrac{1.006}{1.025} = 6.380(m)$

평균흘수의 전체 변화량 $= 6.380 - 2.155 = 4.225(m)$

배수량의 전체 변화량 $= 15 \times 422.5 = 6,337.5(m)$

적재기간 중의 소비량 합계 $= 14 \times 4.5 = 63.0(ton)$

구하는 적재 석탄의 중량은

$W = 6,337.5 + 63.0 = 6,400.5(ton)$

$$\delta(in) = \frac{12}{Aw}(V_2 - V_1) = \frac{35 \times 12}{A_w}\left(\frac{V_2 - V_1}{35}\right)$$

$$= \frac{1}{T_{in}} \times \frac{V_0}{35}\left(\frac{V_2 - V_1}{V_0}\right) = \frac{\Delta}{T_{in}}\left(\frac{V_2}{V_0} - \frac{V_1}{V_0}\right)$$

$$\therefore \delta(in) = \frac{\Delta}{T_{in}}\left(\frac{\rho_0}{\rho_2} - \frac{\rho_0}{\rho_1}\right) \quad \left[\because \begin{array}{l} V_2 : V_0 = \rho_0 : \rho_2 \\ V_1 : V_0 = \rho_0 : \rho_1 \end{array}\right]$$

여기서, $\rho_0 = 1.025$이므로, $\delta(in) = \dfrac{\Delta}{T_{in}\left(\dfrac{1.025}{\rho_2} - \dfrac{1.025}{\rho_1}\right)}$이다

[실습 과제]

[문제 1] 배수량 9,000ton의 선박이 해상에서 평균흘수 6.0m인데, 수심이 얕은 항에 입항하기 위하여 평균흘수를 5.50m로 하고자 한다. 몇 ton의 화물을 양화하면 되겠는가? 단 T_{cm}는 17.9ton 이다. (답 : 895ton)

[문제 2] 문제 1의 선박이 입항하려는 항구의 물의 비중이 1.005라면 몇 ton을 양화해야 하는가? (답 : 약 1,053ton)

[문제 3] 하항($\rho = 1.01$)에서 정박 중인 선박이 해수 중에서 175ton을 더 적화하니까 흘수가 하항에 있을 때와 같아졌다. 하항에서의 배수량을 구하라.
(답 : 11,783ton)

[문제 4] 하항(비중 = 1.000)에 정박하고 있는 선박의 평균흘수는 7.83m이고, 이 흘수에서의 배수량은 11,968ton이며, T_{cm}는 17.193ton이다. 이 선박이 하항을 출항하여 해수비중이 1.030인 항구에 입항하였다면 그 평균흘수는 얼마나 되겠는가? 항해 중 모든 소비량은 172ton이었으며 T_{cm}는 변하지 않는다.
(답 : 752.7cm)

2.3.2 Trim 변화와 그 조절

선수흘수(船首吃水)의 차를 Trim이라고 한다. 선미흘수가 선수흘수보다 클 때를 Trim by the stern이라 하고, 선미흘수가 선수흘수보다 작을 때를 Trim by the head라 하며, 선수흘수와 선미흘수가 같을 때를 Even keel이라고 한다.

선박에 화물을 적부할 때는 Trim을 항해에 알맞도록 조정하여야 한다. 알맞은 Trim은 어떠한 상태라고 한 마디로 말할 수는 없으나, 일반적으로 중형선에 있어서는 선박의 길이의 1/70정도 Trim by the stern인 상태가 적합하다. Trim은 흘수와 같이 선박의 속력, 타효(舵効) 및 능파성(凌波性)에 영향을 미친다. Trim 조정은 다음과 같은 사항을 고려하여 적화계획을 작성하여야 한다.

- 중간 항(中間港)에서의 적화 및 양화량
- 기항지(寄港地)의 수심
- 항해 중에 소비하는 연료, 청수 등의 영향
- Tank의 주배수(注排水) 또는 청수의 이동

1. $\overline{BM_L}$ 등의 계산

1) 부면심(浮面心, Center of flotation : F)

선박이 Even keel로 떠 있다가 외력에 의하여 배수량의 변화없이 약간 Trim을 하게 되면, 경사하기 전의 수선면과 경사한 후의 수선면과의 교선(交線)은 반드시 어떤 한 점을 통과하게 된다. 이 점은 수선면적의 중심(中心)으로서 부면심(浮面心) 혹은 경사중심(傾斜中心, Tipping center)이라고 한다.

부면심이 경사중심이기 때문에 적은 양의 중량물을 이 부면심을 통하는 수직선상에 적양화면 평행침하하게 되고, 이 점보다 전방 또는 후방에 중량물을 적양화하면 Trim이 생기세 되는 것이다.

보통 선형에서 부면심은 선체 중앙에서 선박 길이의 1/30~1/60정도 전, 후방에 있다.

2) $\overline{BM_L}$과 $\overline{GM_L}$

$$\overline{BM_L} = \frac{I_L}{V}$$

I_L : 부면심을 통하는 횡축에 대한 수선면의 관성 모멘트

V : 배수용적 $\overline{AB} = \dfrac{I \times \tan\theta}{V \times \tan\theta} = \dfrac{I}{V}(\text{m})$

위의 식과 같은 원리에서 $\overline{BM_L}$이 정하여진다.

보통 배수량 등곡선도를 이용하여 다음 식으로 구한다.

$$\overline{KM_L} - \overline{KB} = \overline{BM_L}$$

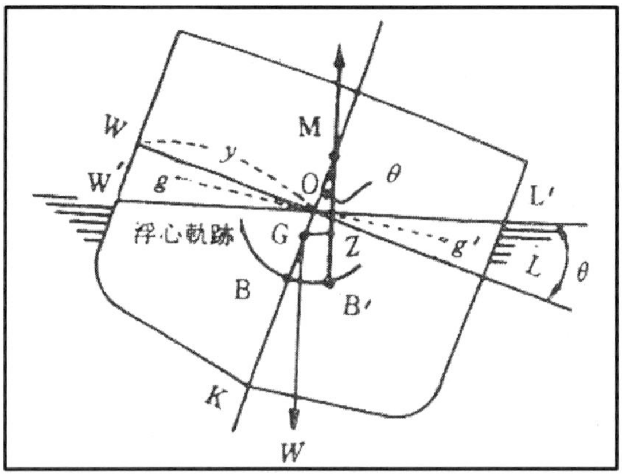

[그림 2-12] 선박의 부면심

선박이 약간 종경사(縱傾斜)하였을 때 그림에서 보는 바와 같이 B와 B′의 작용선의 교점 M_L을 종 Metacenter(Longitudinal metacenter)라 하고, G와 M_L과의 거리를 종 Metacenter 높이(Longitudinal metacenter height)라 한다.

이 $\overline{GM_L}$은 만선(滿船)시에 선박의 길이와 거의 같으며, 선박안전상의 문제에서는 횡경심의 높이($\overline{GM}$)만큼 중요하지 못하다. $\overline{GM_L}$의 계산은 다음 방법에 의한다.

$$\overline{GM_L} = \overline{KB} + \overline{BM_L} - \overline{KG}$$

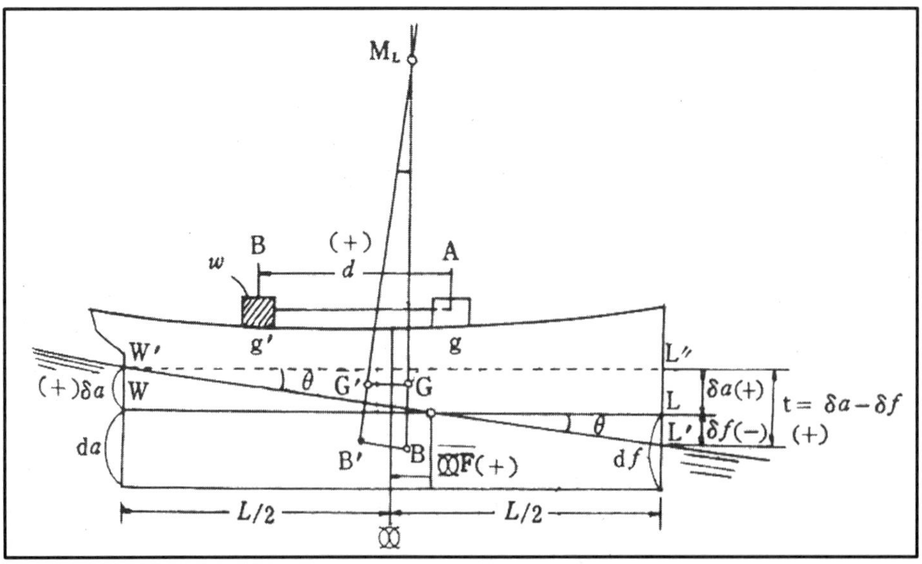

[그림 2-13] 종 메타센터(Longitudinal metacenter height)

3) 매 cm trim moment(Moment to change trim 1cm : M_{cm})

매 cm trim moment란 Trim이 1cm 생기게 하는데 소요되는 화물의 이동 Moment이다. 등흘수선 WL로 떠 있는 선박에서 선내의 중량물 ω(ton)을 d(m)만큼 이동하면, ω×d(m-tom)의 Trim moment가 생겨서 흘수수선은 W′L′로 변하고 Trim은 L′ L″만큼 변한다. 경사각을 θ라 하면

$$\tan\theta = \frac{\omega \times d}{\Delta \times \overline{GM_L}}$$

$$\tan\theta = \frac{t}{100L}$$

로 표시할 수 있다. 위 두 식에서 아래의 식을 도출하며

$$t = 100L \times \frac{\omega \times d}{\Delta \times \overline{GM_L}} \text{(cm)}$$

이 시은 Trim t기 1cm일 때의 이동 Moment, 즉 ω×d가 M_{cm}이므로

$$M_{cm} = \frac{\Delta \times \overline{GM_L}}{100L} \text{(m-ton)}$$

단, L : 선박의 길이(m), t : trim(cm)

위의 식은 trim을 1cm 생기게 하는데 요하는 화물의 이동(移動) Moment이다. 그러나 다음 식은 선박의 수면하의 형상, 즉 흘수에 의하여 기하학적(幾何學的)으로 정하여지는 값이 아니다. 이 값을 기하학적으로 표시하기 위하여 근사치를 취하려면 $\overline{GM_L} \fallingdotseq \overline{BM_L}$, $\overline{GM_L} < \overline{BM_L}$이고, Meter법으로는 $\Delta \fallingdotseq V$, $\Delta > V$ 이므로 $\Delta \times \overline{GM_L} \fallingdotseq V \times \overline{BM_L}$ 이다. 따라서 아래 식은

$$M_{cm} = \frac{\Delta \times \overline{GM_L}}{100L} \fallingdotseq \frac{V \times \overline{BM_L}}{100L} = \frac{I_L}{100L} \text{(m-ton)}$$

로 표시할 수 있다. 위의 식은 흘수에 의하여 정해지는 값이다. 배수량등곡선도에는 처음 식의 결과 대신에 아래의 식의 값이 쓰이고 있다.

㊟ M_{in} (매 inch trim moment)는

$$M_{in} = \frac{\Delta \times \overline{GM_L}}{12L} \text{(ft-ton)}$$

$$M_{in} = \frac{I_L}{35 \times 12L} = \frac{I_L}{420L} \text{(ft-ton)}$$

[실습 과제]

[문제 1] 실습선의 현재 상태에 대한 M_{cm}를 배수량등곡선도에서 찾아서 확인하시오.

2. Trim 및 흘수 계산법

선박에 있어서 화물의 적양, Tank내의 물의 이동 등에 의하여 흘수 및 Trim이 변한다. 이들 흘수 및 Trim 변화에 대한 계산은 다음과 같다.

1) 선내중량의 이동

① 선내의 화물, 연료, 물 등의 종(縱)방향 이동에 의한 흘수 변화

지금 선내에 실려 있는 중량물 $\boldsymbol{\omega}$를 A에서 B로 d거리만큼 이동했을 때 Trim의 변화량 t는 다음과 같이 표시된다.

$$t = \frac{\omega \times d}{M_{cm}} \text{(cm)}$$

그런데 Trim은 Tipping center(F)를 중심으로 하여 변화가 생기므로 선수 및 선미흘수의 변화는 다음과 같다.

$$\text{da}' = \text{da} + \frac{L/2 + \overline{\Phi F}}{L} \times \frac{\omega \times d}{M_{cm}} \text{ (cm)}$$

$$\text{df}' = \text{df} - \frac{L/2 - \overline{\Phi F}}{L} \times \frac{\omega \times d}{M_{cm}} \text{ (cm)}$$

$\overline{\Phi F} = 0$이라 놓으면,

$$da' = da + \frac{1}{2} \cdot \frac{\omega \times d}{M_{cm}} \text{ (cm)}$$

$$df' = df - \frac{1}{2} \cdot \frac{\omega \times d}{M_{cm}} \text{ (cm)}$$

단, 각 Symbol의 의미와 그 부호는 다음과 같다.

$\boldsymbol{\omega}$: 이동화물량(ton), 적화 시에는 양(+), 양화 시에는 음(−)

d : 화물의 이동거리(m), 단 선미방향으로 이동했을 때 양(+)

t : 선미 Trim 증가시에는 양(+), 단위는 cm

$\overline{\Phi F}$: 선체중앙과 부면심과의 수평거리(m), 부면심이 선체중앙보다 선수방향일 때 양(+)

df : 선수흘수(cm)

df′ : 변화 후의 선수흘수(cm)

da : 선미흘수(cm)

da′ : 변화 후의 선미흘수(cm)

[예제] 선수흘수 5.14m, 선미흘수 6.06m의 선박이 A.P.T(船尾水艙)의 청수 65ton을 F.P.T(船首水艙)로 이동하였다면, 선수미흘수는 어떻게 되겠는가? 단, F는 중앙에서 1.5m 선미방향에 있고, Tank 사이의 거리는 39m, M_{cm}는 64.2(m-ton)이고 배의 길이는 55m이다.

[풀이] $da' = da + \frac{L/2 + \overline{\Phi F}}{L} \times \frac{\omega \times d}{M_{cm}}$ (cm)에서,

$$da' = 606 + \frac{27.5 - 1.5}{55} \times \frac{65 \times (-39)}{64.2}$$

$$= 606 - 18.6 = 587.4\text{(cm)}$$

$df' = df - \frac{L/2 - \overline{\Phi F}}{L} \times \frac{\omega \times d}{M_{cm}}$ (cm)에서,

$$df' = 514 - \frac{27.5 + 1.5}{55} \times \frac{65 \times (-39)}{64.2}$$

$$= 514 + 20.7 = 543.7\text{(cm)}$$

② Trim을 변경하기 위한 선내 중량의 이동량(移動量) 및 이동거리

중량의 이동으로 인한 Trim moment는 다음과 같이 표시되므로,

$$\text{Trim moment} = \omega \times d = M_{cm} \times t \ (\text{m-ton})$$

이동량 및 이동거리는 다음과 같다.

$$\omega = \frac{M_{cm} \times t}{d} (\text{ton})$$

$$d = \frac{M_{cm} \times t}{\omega} (\text{m})$$

[예제] 흘수가 선수 635cm, 선미 640cm인 화물선이 F.P.T(Φ에서 63.23m)의 청수를 A.P.T(Φ에서 62.46m)로 이동시켜서 50cm Trim by the stern으로 하려면 몇 톤의 청수를 옮겨야 하는가? 단, M_{cm}은 151.7m-ton이다.

[풀이] df : 635 cm

da : 640 cm

현재 Trim : 5 cm

예정 Trim : 50 cm(stern)

현재 Trim : 5 cm(stern)

Trim 변화 : 45 cm(stern)

$\omega \times d = M_{cm} \times t$에서,

$\omega \times (63.23 + 62.46) = 45 \times 151.7$

$$\therefore \omega = \frac{45 \times 151.7}{125.69} = 54.3(\text{ton})$$

2) 중량물의 적재 또는 양화

화물이나 다른 중량의 적량화에 의한 Trim 및 흘수의 변화는 다음과 같이 계산한다.

① 소량(小量) 화물

화물을 적화 또는 양화할 때는 부면심(F)의 위치에 적화(또는 양화)하여, 소정의 적양화 위치에 옮긴 것으로 생각하면 다음과 같이 표현할 수 있고, Trim 계산하는데 자주 사용된다.

$$da' = da + \frac{\Sigma\omega}{T_{cm}} + \frac{L/2 + \overline{\Phi F}}{L} \times \frac{\Sigma\omega \times d}{M_{cm}} \ (\text{cm})$$

$$df' = df + \frac{\Sigma'\omega}{T_{cm}} - \frac{L/2 - \overline{\Phi F}}{L} \times \frac{\Sigma\omega \times d}{M_{cm}} \ (\text{cm})$$

단, ω : 적화 혹은 양화한 중량(ton), 적화시는 양(+), 양화시는 (−)

d : 부면심과 화물중심과의 종(縱)거리(m), 부면심(또는 선체 중앙)보다 선미쪽이면 양(+)

위의 식에서 $\overline{\Phi F}$의 값이 Zero이면 다음과 같이 계산된다.

$$da' = da + \frac{\Sigma\omega}{T_{cm}} + \frac{1}{2}\times\frac{\Sigma\omega\times d}{M_{cm}} \quad (cm)$$

$$df' = df + \frac{\Sigma'\omega}{T_{cm}} - \frac{1}{2}\times\frac{\Sigma\omega\times d}{M_{cm}} \quad (cm)$$

[예제] 선수흘수 7.35m, 선미흘수 8.25m의 선박이 A.P.T(F에서 62.26m 후부)에 청수 150ton을 싣고 No. 4 Hold(F에서 16m 후부)의 화물 220ton을 육양(陸揚)k였다. 흘수를 구하라.

단, L = 132m, T_{cm} = 20.7 ton, M_{cm} = 167m-ton, 부면심 F는 선체 중앙(Φ)의 후방 1.22m에 있다.

[풀이] 먼저 Trim을 생기게 하는 요소의 Moment를 구해 보면,

청수 : 150 × 62.26 = 9,339(m-ton)

화물 : −220 × 16 = −3,520(m-ton)

−70 5,819(m-ton)

따라서 선미흘수는

$$da' = da + \frac{\Sigma\omega}{T_{cm}} + \frac{L/2+\overline{\Phi F}}{L}\times\frac{\Sigma\omega\times d}{M_{cm}} \quad (cm)$$

$$= 825 + \frac{-70}{20.7} + \frac{66-1.22}{132}\times\frac{5819}{167}$$

$$= 825 - 3.4 + 17.1 = 838.7 ≒ 839(cm)$$

선수흘수는 마찬가지로,

$$df' = df + \frac{\Sigma'\omega}{T_{cm}} - \frac{L/2-\overline{\Phi F}}{L}\times\frac{\Sigma\omega\times d}{M_{cm}} (cm)$$

$$= 735 + \frac{-70}{20.7} - \frac{66+1.22}{132}\times\frac{5819}{167}$$

$$= 735 - 3.4 - 17.8 ≒ 714(cm)$$

② 대량(大量) 화물

대량화물을 적화 또는 양화할 때는 평균흘수의 변화량이 커서 화물 하역 전후의 흘수에 대한 부면심의 위치, T_{cm} 및 M_{cm} 은 상당한 양이 변하기 때문에 다음에 설명하는 방법에 의하여 흘수 및 Trim을 구한다.

흘수의 변화에 따라서 부면심 F의 위치가 이동하기 때문에, 이때는 하역전과 하역후의 부면심의 평균위치에 화물을 적양한 다음에 소정(所定)의 위치로 옮긴 것으로 생각하는 것이 편리하다.

T_{cm}는 $\dfrac{T_{cm1}+T_{cm2}}{2}$, $\overline{\Phi F}$는 $\dfrac{\overline{\Phi F_1}+\overline{\Phi F_2}}{2}$, M_{cm}는 적량후의 흘수에 대한 값 M_{cm2}로 되고, d는 부면심의 평균위치에서 소정(所定)의 장소까지의 거리가 된다. 즉,

$$da' = da + \frac{\Sigma\omega}{\dfrac{T_{cm1}+T_{cm2}}{2}} + \frac{L/2 + 1/2(\overline{\Phi F_1}+\overline{\Phi F_2})}{L} \times \frac{\Sigma\omega \times d}{M_{cm2}} \ \text{(cm)}$$

$$df' = df + \frac{\Sigma\omega}{\dfrac{T_{cm1}+T_{cm2}}{2}} - \frac{L/2 - 1/2(\overline{\Phi F_1}+\overline{\Phi F_2})}{L} \times \frac{\Sigma\omega \times d}{M_{cm2}} \ \text{(cm)}$$

단, Symbol의 오른쪽 밑에 붙여 쓴 1 또는 2는 처음 흘수 및 적량 후 흘수에 대한 값이라는 뜻이다.

[실습 과제]

[과제 1] '한바다호'가 선수흘수 315cm, 선미흘수 340cm이다. 다음과 같이 적화하였다면 선수미흘수는 얼마나 되겠는가? (대량화물 계산법으로 계산할 것)

하중	Φ 로부터의 위치
250 ton	31m (선수쪽)
180 ton	5m (선수쪽)
210 ton	17m (선미쪽)
240 ton	22m (선미쪽)

[풀이] 평균흘수 dm $= \dfrac{da+df}{2} = \dfrac{340+315}{2} = 327.5$(cm)

배수량 등곡선도에서 평균흘수 327.5cm에 대한 다음 값은

T_{cm1} : 8.8ton $\overline{\Phi F_1}$: 0.5 m

Δ_1 : 2,340 ton

$\Delta_1 + \Sigma\omega =$ 2,340 + 880 = 3,220(ton)

3,220 ton(Δ_2)의 흘수는 곡선도에서 420cm이다. 이 흘수에 대한 다음 값은

[배수량 등곡선두에서]

T_{cm2} : 9.65 ton , $\overline{\Phi F_2}$: −0.12 m

T_{cm2} : 44 m-ton, $\overline{\Phi F} = \dfrac{\overline{\Phi F_1} + \overline{\Phi F_2}}{2}$ = 0.19(m)

하역량과 Moment를 표로 만들려면

ω	$\overline{d\Phi}$	$\overline{\Phi F}$	d	ω ·d
200	-31	0.19	-30.81	-6,162
180	-5	0.19	-4.81	-865.8
210	17	0.19	17.19	3,609.9
240	22	0.19	22.19	5,325.6
$\Sigma\omega$ =880				$\Sigma\omega \bullet d$ =1,907.7

$$da' = da + \frac{\Sigma\omega}{\dfrac{T_{cm1} + T_{cm2}}{2}} + \frac{L/2 + 1/2(\overline{\Phi F_1} + \overline{\Phi F_2})}{L} \times \frac{\Sigma\omega \times d}{M_{cm2}} \text{ (cm)}$$

$$= 340 + \frac{880}{\dfrac{8.8 + 9.65}{2}} + \frac{45 + 0.19}{90} \times \frac{1,907.7}{44}$$

$$≒ 340 + 95.39 + 0.50 \times 43.37$$

$$≒ 340 + 95.39 + 21.7$$

$$≒ 457.1\text{(cm)}$$

$$df' = df + \frac{\Sigma\omega}{\dfrac{T_{cm1} + T_{cm2}}{2}} - \frac{L/2 - 1/2(\overline{\Phi F_1} + \overline{\Phi F_2})}{L} \times \frac{\Sigma\omega \times d}{M_{cm2}} \text{ (cm)}$$

$$≒ 315 + 95.39 - \frac{45 - 0.19}{90} \times 43.37 ≒ 340 + 95.39 - 21.6$$

$$≒ 388.8\text{(cm)}$$

[과제 2] 어떤 선박에 소량의 중량 ω 를 싣거나 풀 때 선미흘수가 변하지 않는 위치를 구하여라.

(답 : d = $-\dfrac{M_{cm}}{T_{cm}} \times \dfrac{L}{L/2+\overline{\overline{\Phi F}}}$)

2.3.3 복원력 계산

선박의 정상적인 위치로부터 경사를 한다고 가정하면, 정상적인 위치에서의 선체 중심선과 경사때의 부력의 작용선과의 교점 M(metacenter)을 기점으로서 일종의 진자운동을 하는 것으로 생각할 수 있다.

선박의 정상적인 위치에서의 정횡 선체부력의 중심 B(부심)는 선박이 경사할 경우 수선하 선체 체적의 비율이 변해서 경사 방향으로의 B'로 이동한다.

선박의 정상적인 위치에서의 정횡 선체 중심을 G라고 하면 경사 상태에서 중력은 연직 하방으로 움직이고, B'에서의 부력은 연직 상방으로 움직여서 선박을 원래의 위치로 돌아오게 하는 복원이 작용한다. 이 복원을 복원력(stability)이라 한다.

선박에서 stability가 있기 위해서는 메타센터 M이 선체 중심 G보다 상방으로 있지 않으면 안 된다. 즉, KM〉KG가 되지 않으면 안 된다.

이 KM과 KG와의 차 GM을 메타센터 높이(metacentric height)라 하고 복원력은 다음과 같이 정의된다.

$$\text{초기 복원력} = W \times GM\sin\theta = W \times GZ$$

만약, KM < KG로 되어 있다면 선박이 경사했을 경우 부력과 중심의 관계는 더욱 더 경사시키도록 작용을 한다. 이러한 상태를 stability가 없다고 한다.

또 KM=KG로 되어 있다면 선체가 경사할 경우 부력과 중력이 균형을 이루어 외력이 더 이상 작용하지 않는다면 경사한 그대로의 상태를 유지한다.

KM > KG일 경우 GM이 작으므로, 선박이 높은 파도, 강풍을 조우할 경우 선박을 경사시키도록 하는 압력에 대해서 복원력이 없어 선박은 전복하게 된다.

GM이 과대할 경우 선체 동요 주기가 짧아 선체, 속구, 화물 등을 손상시키는 결과를 가져올 수 있으므로 GM의 크기는 적정해야 한다.

또 선박의 각 상태에서의 GM의 조정, 즉 stability의 조정이 필요하게 된다.

GM의 적정한 크기는 선박의 종류, 크기, 흘수의 정도에 따라서 다르지만, 경험상 일반적인 평온한 해상 상태에서는 60~80cm, 대양에서는 90~100cm 정도 되지만, 황천의 경우에는 이 이상의 GM이 필요하게 된다. 선박이 항해 중에 연료, 청수, 부식 등을 소비하므로 보통 항해 상태에서 GM 값은 변한다. 항해 중에 필요하다면 ballast tank의 주배수 등을 통해서 적절한 GM 값을 보유하기 위해 stability의 조정을 하지 않으면 안 된다.

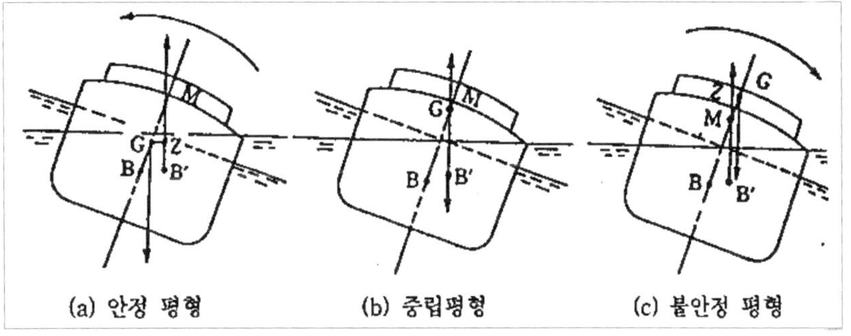

[그림 2-14] 중력과 부력의 작용과 안정성

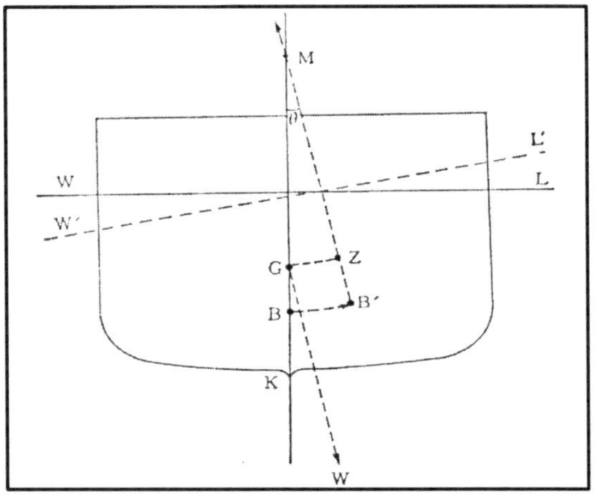

[그림 2-15] 복원력 계산도

1. GM의 계산

GM은 선박의 상태에 따라 KM 및 KG를 계산하여 그 차이를 구하면 된다.

1) KM의 계산

KM은 선박에 비치되어 있는 도면 중 배수량등곡선도(Hydrostatic curve)의 transverse metacenter above base line에 의해 각 평균 흘수 또는 배수량에 대해 구해질 수 있다.

2) KG의 계산

KG(m) = total weight moment(m-t) / total weight(t)

total weight moment = weight moment of light condition+adding weight moment

total weight = weight of light condition+adding weight

Light condition(경하 흘수)에서의 weight 및 weight moment는 경사시험성적표(Result of inclining experiment)로부터 구하며, adding weight 및 adding weight moment는 light condition으로부터 선박에 적재하는 화물의 양에 따라 계산한다.

3) GM 계산의 예

① 각 Compartment의 Weight에 Longitudinal Center of Gravity를 곱하고 LCG-MNT를 구하여 선수부쪽을(+), 선미부를(−)로 한다.

② Aft쪽 Moment의 합계를 ㉠, FWD쪽 합계를 ㉡이라 하고

③ 각 Compartment Weight를 합하면 Displacement = 33509.9 M/T이다.

④ TTL LCG = LCG MNT / DISP = 58552 T-M / 33509.9 MT = 1.742m

⑤ Hydrostatic table에서 Displacement에 의한 L.C.B와 LCF, MTC를 찾아 계산에 대입한다.

LCB = 3.297m, LCF = −2.686m, MTC = 398.0 TON.M/CM

⑥ LCG와 LCB 간의 거리 GB를 구한다.

GB = LCG－LCB = 1.747－3.297 = －1.55m

GB는 부심의 위치와 선체중심의 위치와의 선수미 방향의 수평거리

⑦ Total Trimming Moment = Displacement × GB = 33509.9 × (－) 1.55

= (－) 51940 M－T

⑧ Trim＝Total Trimming Moment / MTC

＝(－) 51940 Ton.M / 398 Ton.M / 100 = (－) 1.305m

⑨ df＝Draft Corresponding ＋ Trim × (LBP/2－LCF) / LBP

＝9.913m ＋ (－) 1.305 × (158/2 － (－) 2.686) / 158 = 9.24m

da = 9.913m － (－) 1.305 × (158/2 ＋ (－) 2.686) / 158 = 10.54m

dm = 9.89m

여기에서 계산에 사용되는 부호는 선수방향일 경우에는 (＋) 선미 방향일 때에는 (－)이므로, Draft 계산 공식의 부호가 반대로 적용됨.

4) GoM의 계산

① 기본 공식 GM = KM－KG에서 유동수의 영향으로 인한 G점의 상승분을 감하여 주면 GoM이 산출된다.

② KG＝Total V－MNT / Displacement

＝262427 TON－M / 33509.9MT = 7.83m

CGo＝Total F.S MNT / Displacement

＝14517 TON－M / 33509.9MT = 0.433m

③ GoM＝KM－(KG－GGo) = 10.843－(7.83-0.43) = 2.58m

[실습 과제]

[과제 1] 현재 상태에 대한 실습선의 GM 또는 GoM를 산출하시오.

2. 복원성과 화물 배치

1) 화물 배치와 복원성의 관계

화물을 실을 때 선박의 안전을 확보하기 위하여, 당연히 충분한 복원력을 가질 수 있도록 해야 할 것이다. 복원력을 평가하는 기준이 되는 GM은 선박의 메타센터(M), 무게 중심(G), 부심(B)의 위치에 따라 결정되기 때문에, 화물 배치와 GM과의 영향을 검토해 보는 것이 중요하다. 화물을 적재하지 않은 경하 흘수 상태에서는 배수량(△)이 작기 때문에, GM을 크게 하지 않으면 충분한 복원력을 얻지 못한다. 이와는 반대로, 화물을 만재하여 흘수가 깊어지면 배수량이 커지므로 GM이 비교적 작은 값이라도 복원력이 부족하지 않게 된다.

결국, 화물의 적재에 의하여 복원성이 결정되는 것은 어디에 무게 중심(G)의 위치를 정하느냐 하는 것이므로, 그 때의 배수량과의 관계를 고려하여 적정한 선박 무게 중심(G)의 위치가 확보될 수 있도록 화물의 중량을 배치해야 한다.

일반적으로 선창 내에 화물을 적재하는 경우는 물론이고, 특히 갑판위에 화물을 싣는 경우나 무거운 화물 등을 싣는 경우에는 복원성에 관한 계산을 명확히 해야 한다.

선박의 안정성을 확보하기 위해서는 선박을 직립 상태로 떠 있게 하는 것이 가장 중요하다. 그러므로 먼저 화물이나 그 밖의 중량물을 좌우평형이 되도록 균등하게 배치해야 한다. 복원성 확보를 위해서는 선창과 갑판 구획에 화물을 어떻게 배치하면 적당한 GM을 얻을 수 있는지를 검토해야 한다. 이 때 물론 화물 이외에 연료유, 청수, 밸러스트(Ballast) 등에 대해서도 고려해야 한다.

화물의 상하 배치에 의한 선박의 무게 중심(G)의 설정은 항해 중에 발생하는 연료유, 청수 등의 소비, 유동수의 발생 또는 화물의 건조나 갑판상에 적재한 화물의 해수 흡수 등에 따른 중량의 증가와 감소가 무게 중심 위치에 미치는 영향을 예상하여, 항해의 전체 과정을 통해 안정된 복원성을 유지할 수 있는 GM을 확보할 수 있도록 계획해야 한다.

화물을 만재한 경우 동일한 화물이 아닌 적화 계수가 다른 여러 종류의 잡다한 화물을 적재할 때에는 각 구획에 균등한 배치를 할 수 없으므로, 전체 선창을 종합하여 상하 배치 비율을 계획한다.

화물을 만재하지 않을 경우에는 선체 강도를 고려하여 적재할 화물의 전체 중량에 대한 선창과 각 구획의 배분량을 정하여 적재하도록 계획한다.

복원성을 계산, 확인하는 일반적인 방법은 적재 계획 단계에서 정밀하게 GM을 계산하여 미리 적합 여부를 평가하고, 적재 완료 후에 보다 정확하게 GM을 계산하여 확인하는 것이다.

선창 또는 적재 구획이 수직상으로 여러 개의 갑판으로 분리되어 있지 않고 하나의 선창 또는 구획으로 되어 있는 선박은 선창의 용적과 갑판 하중을 고려하여 곡물 또는 광석 등은 산적화고, 철재나 강재 등은 그 중량을 분산하여 화물 손상을 방지하기 위해 어느 정도의 가능한 높이만큼 차곡차곡 싣는다.

이 때, 필요하면 선창 바닥 및 화물 사이에 던니지를 깐다. 다만, 컨테이너선이나 원목 수송선과 같이 갑판 위에 화물을 싣는 경우나 광석, 철재 등을 적재할 경우에는 반드시 GM을 계산하여 확인하는 것이 중요하다.

2) 복원성의 조정

① 선박의 무게 중심(G)을 조정하는 방법

선박의 무게 중심(G)을 상하로 이동시켜서 GM을 변화시키면, 복원성을 조정할 수 있다. 선박의 무게 중심의 위치는 화물을 상하로 이동시키거나 화물을 싣고 내림에 따라 이동하게 된다. 이 때, 선박의 무게 중심의 이동량은 상하로 이동되는 화물의 중량과 이동 거리, 싣고 내리는 화물의 중량과 그 화물의 무게 중심의 수직 높이에 따라 달라진다.

일반적으로, 선박에서 밸러스트를 탱크(TANK)에 넣거나 빼는 작업은 선박의 무게 중심(G)의 위치를 조정하기 위한 목적으로 수행되고 있다. 선내에 적재되어 있는 중량을 이동하거나, 화물을 적화 또는 양화할 경우의 선박의 무게 중심의 수직 이동 거리(GG')는 각각 다음 식으로 구한다.

㉮ 어떤 중량 w(t)를 거리 d(m)만큼 상하로 이동할 경우

$$GG = \frac{w \times d}{\Delta} \text{(m)}$$

㉯ 선박의 무게 중심(G)의 위 또는 아래에 수직 거리 d(m)에 중량 w(t)를 실을 경우

$$GG = \frac{w \times d}{\Delta + w}\,(\mathrm{m})$$

㉰ 선박 중심(G)의 위 또는 아래에 수직 거리 d(m)에 있는 중량 w(t)를 내릴 경우

$$GG = \frac{(-w) \times d}{\Delta + (-w)}\,(\mathrm{m})$$

위의 계산식에서 d(m)의 부호는, 선박 중심의 위 방향이면 양(+), 아래 방향이면 음(−)이다.

② 횡요(rolling) 주기(T)를 조정하는 방법

항해 중에 화물의 이동을 방지하거나 승무원의 안락한 작업 환경과 승선감을 유지하기 위하여, 복원력이 부족하지 않은 범위 내에서 횡요 주기가 길어지도록 복원성을 조정할 필요성이 있을 때가 있다.

빠른 횡요 가속도를 줄이기 위한 방법으로는 화물을 선박 중심에서 가능한 한 먼 양 현측에 적재하여 횡요 운동의 관성 모멘트를 증가시키거나, GM을 줄여 횡요 주기를 길게 하는 방법이 있다.

화물을 선체 양 현측 끝단에 적재한다는 것은 특별한 경우를 제외하고는 실질적으로 실행하기 곤란하므로 그 효과는 기대할 수 없다. GM을 줄이는 방법은 선박 중심을 높이면 되지만, 그것은 복원성을 감쇠시키는 결과가 되기 때문에, 횡요 가속도를 줄여 선박을 쾌적한 상태로 한다는 것은 한계가 있다.

따라서, 횡요 주기를 줄이는 방법은 어느 정도 복원력을 감소시킬 수 있음에 유의해야 한다.

3) 복원성에 영향을 미치는 요소

① 선폭의 영향

선박의 길이, 깊이, 흘수와 무게 중심의 높이(KG) 등은 변화시키지 않고 선박의 폭(breath)만을 증가시키면, 배수 톤수가 증가하고 GM이 커지게 된다.

따라서, 정적 복원력 곡선은 원점에서의 경사가 급해지고, 경사에 의한 저항이 증가하여 복원력의 최대값도 커진다. 그러나 복원력이 최대가 되는 경사각과 복원성 범위는 작아진다. 그러므로, 페리((ferry)와 같이 흘수가 얕고 선박 중심이 높은 선박의 선폭을 넓혀서 복원성을 확보하고자 할 때에는 복원성에 관한 세밀한 계산이 필요하다.

② 건현의 영향

적당한 선폭과 GM을 가지고 있어도 충분한 건현(freeboard)을 가지고 있는 않으면, 경사하여 갑판 끝이 물속에 잠기게 되는 각이 작아져서 복원성 범위가 보장되지 못한다. 이와는 반대로, 건현을 높이면 갑판 끝이 물속에 잠기는 각도가 커지게 되고, 선체 경사에 따라 선폭을 크게 하는 효과가 있기 때문에 복원성 범위가 현저히 증대된다. 또, 복원력의 최대값이 커지고 복원력이 최대가 되는 경사각도 커지게 된다.

③ 현호의 영향

선박이 항해 중에 있을 때 현호(sheer)는 갑판으로 들어오는 해수의 유입을 막아 주는 역할을 하는데, 이는 현호가 같은 높이의 건현을 가지는 것과 똑같은 효과를 내기 때문이다.

④ 배수량의 영향

복원력은 배수량과 복원의 팔(GZ)의 곱으로 표현되므로, 복원의 팔이 같은 값이라 하더라고 그 때의 배수량의 크기에 따라 복원력은 변한다. 서로 다른 선박의 복원성을 비교하거나 동일한 복원의 팔 및 GM을 함께 생각해야 한다. 밸러스트 상태나 적화량이 적어서 배수량도 적을 때에는 같은 복원력을 가지기 위해서 만재 상태로 항해할 때보다 큰 GM을 필요로 하게 된다.

⑤ 유동수의 영향

선내의 탱크에 청수, 밸러스트, 기름 등의 액체가 가득 차 있지 않아 출렁일 수 있는 자유 표면(free surface)을 가질 경우, 선박이 동요하게 되면 탱크 안의 액체도 유동하게 된다. 선박이 항해 중에 운동하게 되면 액체의 표면도 움직이게 되므로, 유동수의 가상 중심(virtual center of gravity)에 의해 선박의 무게중심(G)이 상승한 것과 똑같은 결과를 가져와 복원력을 감소시키는 효과를 일으킨다. 이 현상을 유동수의 자유 표면 효과라 한다. 항해 중에 여러 탱크에 유동수가 많이 발생하게 되면, 선박의 안전에 큰 영향을 미치게 된다.

그러므로, 유조선과 같은 선박에서는 유동수의 영향을 줄이기 위하여 구조적으로 여러 개의 길이 방향의 격벽을 설치하여 자유 표면의 폭을 나누어 작아지게 설계한다. 자유 표면을 없애기 위해서는 탱크를 가득 채우거나 완전히 비우면 된다. 실제로, 선박에서는 물 탱크와 기름 탱크를 측정하여 자유 표면이 최소가 되도록 물과 기름을 옮기는 작업을 항해중에도 매일 수행한다.

또, 황천 시 갑판 상에 파도가 쳐 올라와 머무르게 되면 자유 표면이 생기게 되고, 상부에 중량물을 싣는 것과 같아져서 복원성을 더욱 나쁘게 하므로 주의가 필요하다.

⑥ 바람의 영향

선박이 가로 방향으로부터 속도가 일정한 바람을 받을 때 수면 위의 선체 부분은 풍압이 작용하고 수면 아래의 선체 부분은 물의 반력이 작용하므로, 선박은 일정한 각도로 기울어지게 된다. 그러나 황천시에는 강풍, 돌풍, 높은 파도의 영향이 서로 합쳐져서 큰 경사 모멘트를 받게 되고, 갑판 위에 쳐 오르는 파랑 때문에 복원력이 크게 감소하게 되어 선박이 전복될 위험이 높아진다. 그러므로 여유 있는 복원력의 확보와 위험을 피할 수 있는 선박 운용이 필요하다.

※ 유동수에 의한 선박의 무게 중심의 상승량을 구하는 계산식

선체의 배수 용적을 V, 유동수의 경사축에 대한 자유 표면의 관성 모멘트를 i ,유동수의 비중을 ρ‘, 선박이 떠 있는 해수의 비중을 ρ라 하면, 유동수에 의한 선박의 무게 중심의 상승량(GG')은 다음의 계산식으로 구한다.

$$GG = \frac{i}{V} \times \frac{\rho'}{\rho} (\mathrm{m})$$

유동수와 해수 밀도가 같으면,

$$GG = \frac{i}{V} (\mathrm{m})$$

이 경우에는 유동수에 의한 중심의 상승량(GG')은 유동수의 양에는 관계가 없고, 자유 표면의 관성 모멘트 i에만 영향을 받는다는 것을 알 수 있다.

4) 횡요 주기에 의한 GM의 근사 추정 방법

직립 상태의 선박이 어떤 원인에 의하여 가로 방향으로 경사하게 되면, GM이 양(+)의 값일 경우에는 복원력이 작용하여 선체는 원래의 위치로 되돌아오려는 회전 운동을 시작한다. 만일, 회전 운동 에너지가 외부의 저항이 없어 소모되지 않는다면 복원 모멘트에 의하여 좌우의 현으로 횡요 운동을 계속하게 된다. 이와 같이 저항이 없는 선체 운동을 무저항 횡요 운동이라 한다.

선박이 횡요 운동을 할 때에 저항이 작용하지 않는다고 가정한 무저항 횡요 운동을 해석하여 보면, 그 때의 횡요 운동 주기(T)는 선폭(B)과 GM으로써 그 관계를 다음과 같이 근사식으로 구할 수 있고, 그 식으로부터 계산하여 GM을 추정할 수 있다.

$$T = \frac{0.802B}{\sqrt{GM}}\,(\mathrm{s}) \;\Rightarrow\; \mathrm{GM} = \left(\frac{0.802B}{T}\right)^2 (\mathrm{m})$$

이 계산식은 정수 중에서의 무저항 횡요 운동을 가정한 것이지만, 실제의 선박에서는 선체 외판 등이 해수와의 마찰에 의하여 저항을 받게 된다. 따라서, 이 식에서 구한 GM은 실제의 GM보다 약간 크므로, 그 점을 항해 안전을 평가하는 데에 참고해야 한다.

5) 이상적인 GM

선박에서 적절한 복원성을 유지하기 위해서는 적당한 크기의 복원력 즉, 적당한 GM을 가져야 한다. GM이 너무 커지면 복원력이 과대해져서 횡요 주기가 짧아지고, 선체의 운동이 빠르게 된다. 따라서, 횡요 각도가 커지게 되면 승무원이나 승객에게 멀미를 일으켜서 불쾌감을 주고, 화물 또는 선내 중량물의 이동으로 인해 선체나 화물 등에 손상을 일으킬 수도 있다. GM이 너무 작으면 복원력이 작아져서 횡요 주기가 길어지고, 경사했을 때 직립 상태로 되돌아가는 가속도가 작아진다. 따라서

이 상태에서 높은 파도나 강한 바람을 만나면, 복원력의 부족으로 인하여 선체가 전복될 수 있는 위험이 있다. 그러므로 선박은 적당한 크기의 이상적인 GM을 가져야 하는데 그 값은 배의 종류, 크기, 형상, 흘수 상태에 따라 다르다. "이상적인 GM은 얼마이다"라고 표현하기는 어려우나, 해상에서의 오랜 경험과 항해 실적을 통해 통계적으로 얻은 값을 살펴보면 여객선은 선폭의 약 2%, 일반 화물선은 선폭의 약 5%, 유조선에서는 선폭의 약 8% 정도가 적당한 GM이라고 인식되고 있다.

일반적으로, 원양 화물선일 경우 평온한 해상에서의 GM은 60~80cm, 대양에서는 90~100cm가 적당하다고도 한다. 그러나, 황천시에는 더 큰 GM이 요구되며, 항해사는 황천에 대비하여 본선의 적화 상태에 따라 알맞은 GM이 얼마인지를 파악해 두어야 할 것이다.

한편, 어선의 경우에는 어로 작업 또는 갑판상에서의 어획물 이동에 따르는 복원력 상실로 인하여 전복 사고가 가끔 발생하고 있다. 그리고 목재 운반선의 경우에도 상갑판상에 상당량의 원목을 적재하게 되면 항해 중에 파도가 쳐서 갑판에 적재한 원목이 수분을 흡수하게 된다. 따라서, 이로 인한 선박의 무게 중심 상승과 화물의 이동에 기인한 복원력 상실로 선체 전복에 의한 침몰 사고가 발생할 가능성이 높은 점에 특히 주의해야 한다.

[실습 과제]

[과제 1] 복원성의 조정 방법을 구체적으로 기술하시오.

[과제 2] 선박의 복원성에 영향을 미치는 요소와 그 원리를 설명하시오.

2.3.4 선박 복원성 기준

제정 1999. 1. 2. 해양수산부고시 제1998-91호
일부개정 2007.11. 2. 해양수산부고시 제2007-95호
일부개정 2008. 7.18. 국토해양부고시 제2008-358호

제1장 총 칙

제1조(목적) 이 기준은 선박안전법 제28조에 의한 선박의 복원성의 기준 등에 관하여 필요한 사항을 규정함을 목적으로 한다.〈개정 2007.11. 2〉

제2조(용어의 정의) 이 기준에서 사용하는 용어의 정의는 다음과 같다.

1. "상갑판"이라 함은 강선의 구조기준에 의한 상갑판(목선에 있어서는 선체의 주요부를 구성하는 갑판, 강화플라스틱선에 있어서는 강화플라스틱(FRP)선의 구조기준에 의한 강력갑판)을 말한다.〈개정 2008. 7. 18〉
2. "선루"라 함은 상부에 갑판을 가지는 상갑판상의 구조물로서 그 측벽이 한쪽 선측에서 다른 쪽 선측에 이르는 것 또는 선측외판에서 내측으로 향하여 배의 너비의 4퍼센트를 넘지 아니하는 위치에 있는 것을 말한다.
3. "해수유입각"이라 함은 선박이 직립상태에서 강도 및 풍우밀성에 있어서 다음 각 목의 요건에 적합한 폐쇄장치를 가지지 아니하는 개구(이하 "해수유입개구"라 한다)의 아래 가장자리가 수면에 달 할 때까지의 선박의 횡경사각을 말한다. 다만, 점진적인 침수를 일으키지 아니하는 작은 해수유입개구는 해수유입개구로 보지 아니한다.
   가. 출입구의 폐쇄장치는 다음 요건에 적합한 것일 것
      (1) 격벽 또는 위벽에 상설적으로 견고하게 취부되어 있는 것일 것
      (2) 구조가 격벽 또는 위벽과 동등한 강도의 것이고 이를 폐쇄하는 경우 풍우밀이 되는 것일 것
      (3) 격벽, 위벽 또는 문에는 개스킷 및 잠금장치 기타 이와 동등한 장치를 갖추고 격벽 또는 위벽의 양측 혹은 상방의 갑판에서 조작할 수 있는 것일 것
   나. 현창은 힌지식 안덮개가 부착된 것일 것
4. "복원정곡선"이라 함은 직각좌표에 있어서 횡축에는 선박의 횡경사각을, 종축에는 선박의 복원정을 취하여 선박의 배수량에 변화없이 횡경사하는 경우에 있어서의 복원정을 표시한 곡선을 말한다.
5. "소형여객선"이라 함은 선박길이 12미터 미만의 여객선을 말한다.〈개정 2007.11. 2〉
6. "카페리여객선"이라 함은 카페리선박의 구조 및 설비 등에 관한 기준에 의한 카페리여객선을 말한다.〈개정 2008. 7. 18〉
7. "쌍동선 또는 다동선"이라 함은 수선하부의 선체가 2개 또는 그 이상인 선박을 말한다.

제3조(적용대상) ① 〈삭제 2007.11. 2〉

② 특수한 구조나 형상을 가지는 선박 기타 국토해양부장관이 이 기준의 규정을 적용하는 것이 곤란하거나 적당하지 아니하다고 인정하는 선박에 대하여는 이 기준의 규정에 불구하고 국토해양부장관이 정하는 바에 의한다.〈개정 2008. 7. 18〉

제2장 복원성 시험 및 계산

제4조(복원성의 시험) ① 선박의 복원성을 계산하기 위하여 다음 각 호의 복원성 시험을 실시하여야 한다. 다만, 제13조에서 정한 계산식에 의해 선박의 횡요주기를 산출할 수 있는 경우에는 제2호의 동요시험을 생략할 수 있다.〈개정 2007.11. 2〉

1. 선박을 횡경사시켜 선박의 무게중심위치 산정에 필요한 사항을 측정하는 경사시험
2. 선박을 동요시켜 선박의 횡요주기 산정에 필요한 사항을 측정하는 동요시험

② 수상호텔 등 부유식 해상구조물의 경우 경하배수량 및 중량중심이 경하중량 산정시험 또는 설계도서 등에 의하여 산출할 수 있는 경우에는 복원성시험을 생략할 수 있다.〈신설 2007.11. 2〉

제5조(복원성의 계산 등) ① 선박의 복원성을 확인하기 위하여는 제4조의 규정에 의한 복원성 시험결과를 기초로 하여 제8조제1항의 규정에 의한 선박의 표준재화상태와 기타 필요한 상태에서의 중량 · 중심 및 트림과 횡요주기 등에 대하여 계산을 하여야 한다.

② 제1항의 규정에 의한 복원성의 계산방법은 다음 각 호와 같다.

1. 경하상태에서의 중량 · 중심 및 트림 등의 계산(별표 1)
2. 재화상태에서의 중량 · 중심 및 트림 등의 계산(별표 2)
3. 횡요주기의 계산(별표 3)

③ 선박구획기준의 적용을 받는 선박으로서 구획만재흘수가 2가지 이상인 것에 대하여는 그 각각의 경우에 대하여 복원성계산을 하여야 한다.

④ 제2항의 규정에 의한 복원성을 계산하는 경우에는 다음 각 호의 사항을 고려하여야 한다.

1. 어선의 갑판상 젖은 어망 및 어구 등의 중량에 관한 사항
2. 실제와 상반되지 아니하는 경우 동종의 화물 또는 어획물의 균등한 배분에 관한 사항
3. 어선의 갑판상 어획물
4. 밸러스트를 위하여 설치된 탱크 또는 밸러스트수를 운반하기 위하여 설치된 기타 탱크내의 밸러스트수에 관한 사항
5. 기타 운반되는 화물 또는 어획물의 영향에 관한 사항
6. 갑판에 목재 등을 적재하는 경우에 있어서의 수분흡수결빙 등에 관한 사항

제6조(부력의 산입범위) ① 제5조제2항의 규정에 의한 복원성 계산에 있어서 선박의 상갑판하의 부분 및 선루 기타 이에 준하는 상갑판상의 구조물(당해 구조물의 측벽이 선측으로부터 300밀리미터 이내에 있고 강도 및 구조가 선루와 동등이상인 갑판실을 말한다. 이하 "구조물" 이라 한다) 이외의 것은 이를 부력에 산입하지 아니한다.

② 제1항의 규정에 불구하고 창구, 트렁크 등은 그 구조 또는 풍우밀성을 고려하여 이를 부력산입

범위에 포함시킬 수 있다.

③ 제1항 및 제2항의 규정에 의한 부력의 산입범위에 포함된 선체, 선루 또는 구조물 등에 해수유입개구가 있는 경우로서 선박의 횡경사각이 해수유입각을 초과하는 범위에 있을 경우에는 당해 선체, 선루 또는 구조물 등은 이를 부력에 산입하지 아니한다. 이 경우 부력의 산입범위는 별표 4에 의한다.

제7조(액체의 자유표면의 영향) ① 제5조제2항의 규정에 의한 복원성 계산에 있어서는 선박내에 있는 액체의 자유표면에 의한 영향을 고려하여야 한다. 다만, 평수구역을 항행구역으로 하는 선박(액화가스산적운송신 및 액체화학불산적운송선은 제외한다)에 대하여는 이를 생략할 수 있다.

② 제1항의 규정에 의한 액체의 자유표면에 의한 영향의 산정방법은 다음 각 호에 의한다.

1. 다음 산식 또는 이와 동등한 방법에 의하여 액체의 자유표면의 영향에 의한 무게중심의 상승값(GG_o)을 계산한다.

$$GG_o = \frac{\Sigma(\rho \cdot i)}{W}$$

다만, ρ : 액체의 비중, I : 자유표면의 관성모멘트(네제곱미터)

W : 배수량(톤)

2. 소비되는 액체의 자유표면에 대한 계산에 대하여는 액체의 종류별로 적어도 횡방향의 1조의 탱크 또는 1개의 중심선상 탱크가 최대의 자유표면을 가지는 것으로 한다. 다만, 입항 상태에 있어서는 실제의 값으로 한다.
3. 비소비성 액체탱크에 대하여는 실제의 값으로 한다.

제8조(선박의 표준재화상태 등) ① 제5조제2항의 규정에 의하여 선박의 복원성에 관한 사항을 계산하는 경우 선박의 종류별 표준재화상태의 구분은 다음 표와 같다.

선박종류	어선 이외의 선박	어 선
표준재화상태의 구분	공창출항	만재출항
	공창입항	어장발
	만재출항	만재입항
	만재입항	부분만재입항
비고 : 카페리여객선에 대하여는 만재입항상태에서 모든 여객이 최상층여객갑판에 집결되어 있는 상태를 포함한다.		

② 제1항의 규정에 의한 선박의 종류별 복원성 기준에 적합하지 아니한 상태가 있는 경우에는 다음 각 호에 의하여 이를 적합하도록 한다. 이 경우 이에 대한 주의사항을 복원성자료에 포함시켜야 한다.

1. 고정밸러스트의 탑재, 여객정원의 감소, 개구의 폐쇄장치의 개선 등에 의하여 기준에 적합하도록 할 것
2. 밸러스트탱크의 용량, 항로와 소모품의 관계 등을 고려하여 액체밸러스트의 적재량·적재장소등의 조절에 의하여 기준에 적합하도록 할 것

③ 제1항의 규정에 의한 선박의 표준재화상태의 구분에 따른 적재기준은 다음 각 호에 의한다.

1. 어선 이외의 선박

표준재화 상태의 구분	적 재 기 준
공창출항상태	경하상태에 선원 및 선원소지품, 기관부예비품, 창고품, 잡용수 등을 탑재하고 연료, 청수, 식료품등을 만재한 상태
공창입항상태	공창출항상태로부터 연료, 청수, 식료품등 소모품을 90퍼센트 소비한 상태
만재출항상태	공창출항상태에 여객 및 여객소지품, 여객용화물, 화물 등을 만재한 상태
만재입항상태	만재출항상태로부터 연료, 청수, 식료품등 소모품을 90퍼센트 소비한 상태

2. 어선

표준재화 상태의 구분	적 재 기 준
만재출항상태	경하상태에 얼음, 어구, 선원 및 선원소지품, 기관부예비품, 창고품, 잡용수 등을 탑재하고 연료, 청수, 식료품등을 만재한 상태
어장발상태	만재출항상태로부터 어획물을 만재하고 연료, 청수, 식료품 등 소모품을 75퍼센트 소비한 상태
만재입항상태	어장발상태로부터 연료, 청수, 식료품 등 소모품을 90퍼센트 소비한 상태
부분만재입항상태	만재출항상태로부터 만재어획물의 20퍼센트를 적재(조업방법을 고려하여 적합하다고 인정되는 경우에는 40퍼센트까지 적재)하고 연료, 청수, 식료품 등 소모품을 90퍼센트 소비한 상태

④ 제3항의 규정에 의한 선박의 표준재화상태에서의 적재기준에 따른 선원 · 여객(이하 "승선인원"이라 한다) 및 그의 소지품의 중량과 중심위치의 산정은 다음 각 호에 의한다.

1. 승선인원 1인당 중량(승선인원의 체중 60킬로그램과 그의 소지품의 중량을 포함한 것을 말한다)은 다음 표에 의한다.

선박의 구분	선원 및 선원 소지품(킬로그램)	여객 및 여객 소지품(킬로그램)
근해구역 이상을 항행구역으로 하는 선박	120	110
연해구역 이상을 항행구역으로 하는 선박	100	90
연해구역의 항행예정시간이 2시간 미만인 선박 및 평수구역을 항행구역으로 하는 선박	80	80
비고 : 1. 여객용 화물실에 있는 수화물은 별도로 더한다. 2. 선원실이 없는 선박에 있어서는 선원 1인당 중량을 60킬로그램으로 한다. 3. 평수구역을 항행구역으로 하는 유람선에 있어서는 여객 1인당 중량을 70킬로그램으로 한다.		

2. 승선인원의 중량중심은 바닥으로부터 상방 1미터에 있는 것으로 하고 승선인원의 선박내 배치는 다음 각 목에 의한다.
   가. 여객은 여객탑재장소마다 그 장소의 여객정원을 그 장소의 바닥면적의 중앙에 배치되는 것으로 한다.
   나. 선원은 정위치에 배치되는 것으로 한다.

제3장 여객선의 복원성 기준

제9조(여객선의 복원성 기준) ① 여객선의 복원성은 다음 각 호의 기준에 적합한 것이어야 한다.

1. 횡경사각 10도에 있어서의 복원정(GZ_{10})이 여객의 횡이동에 따른 경사우력정$\left(\frac{M_P}{W}\right)$과 선회에 의한 경사우력정$\left(\frac{M_R}{W}\right)$ 이상일 것([그림 2-16] 참조) 〈개정 2007.11. 2〉

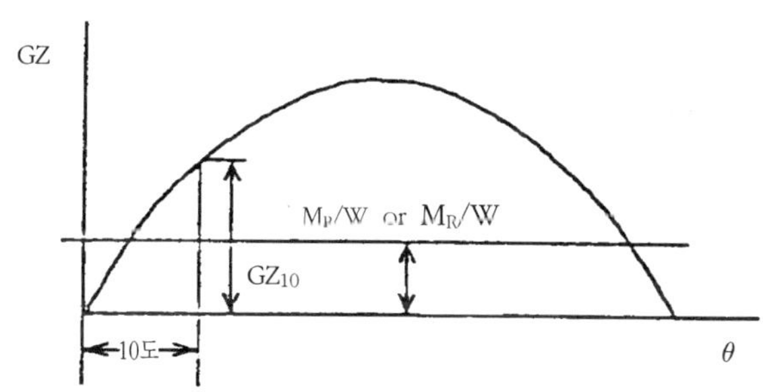

[그림 2-16]

2. G_oM(액체의 자유표면의 영향을 고려한 무게중심으로부터 횡메타센타까지의 높이를 말한다. 이하 같다)의 값이 0.15미터 이상일 것

② 여객선의 복원성은 제1항의 규정에 의한 기준 이외에 격심한 바람에 의한 경사우력정 및 파도에 의한 횡요를 고려할 때 다음 각 호의 기준에 적합한 것이어야 한다. 〈개정 2007.11. 2〉

1. [그림 2-17]의 복원정곡선에 있어서 면적 ABC가 면적 BDE보다 클 것. 이 경우 [그림 2-18]과 같이 면적 ABC(b)는 복원정(GZ)이 경사우력정$\left(\frac{M}{W}\right)$의 1.5배와 같은 복원정곡선상의 점 B 및 C를 통하는 직선과 복원정곡선에 포위된 부분의 면적이고, 면적 BDE(a)는 복원정(GZ)이 경사우력정$\left(\frac{M}{W}\right)$과 같은 복원정곡선상의 점 F에서 왼편으로 횡요각(θ_o)과 같은 거리에 있는 종축에 평행한 직선과 점 B와 C를 통하는 직선 및 복원정곡선에 포위된 부분의 면적이다. 다만, 동 그림상의 점 C의 횡경사각이 50도를 넘는 경우에는 50도까지로 하며, 해수유입각(θ_f)을 초과하는 경우에는 해수유입각까지로 한다.

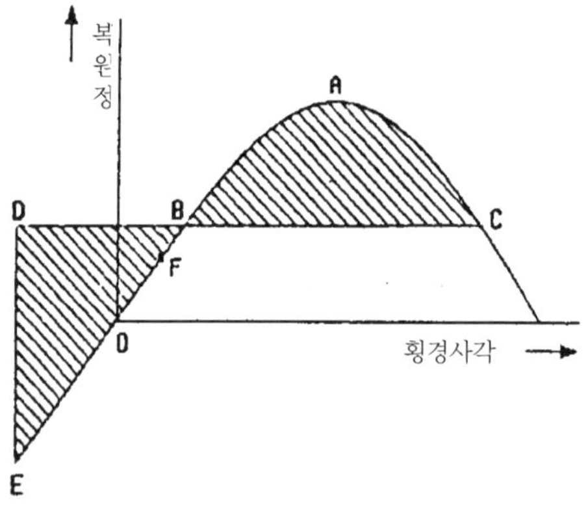

[그림 2-17]

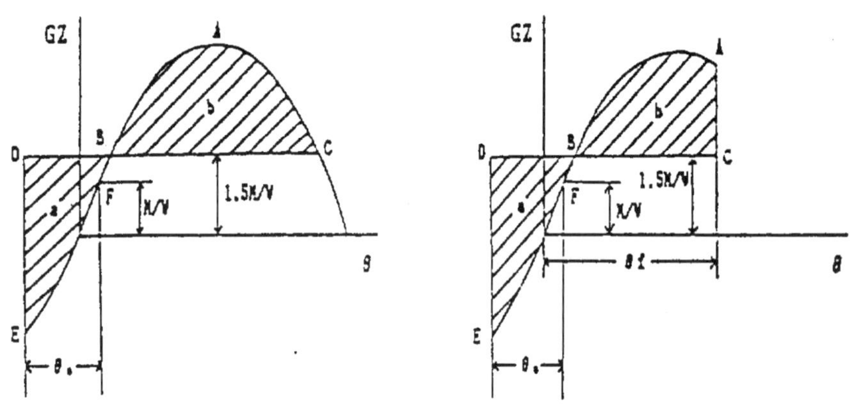

[그림 2-18]

2. 제1호의 규정에 의한 점 F의 횡경사각(θ)은 한계경사각(α)을 초과하지 않을 것

③ 여객선의 복원성은 제1항 및 제2항의 규정에 의한 기준 이외에 다음 각 호의 기준에 적합한 것이어야 한다. 다만, 연해구역 항해예정시간이 2시간 미만이거나 평수구역을 항해하는 여객선 및 길이 24미터 미만의 여객선의 복원성은 제1호의 기준에 적합한 것이어야 한다. 〈신설 2007.11. 2〉

1. 횡축과 복원정곡선에 둘러싸인 부분의 면적이 다음 표에 의한 값 이상일 것

횡경사각	면적(미터 · 라디안)
0도에서 30도까지	0.055
30도에서 40도 또는 해수유입각(θ_f) 중 작은 각도까지	0.030
0도에서 40도 또는 해수유입각(θ_f) 중 작은 각도까지	0.090

2. 복원정의 최대값(GZ_m)은 25도 이상의 횡경사각에서 발생되고 30도 이상의 횡경사각에서 복원정은 0.2미터 이상일 것

제10조(여객선의 한계경사각) 제9조제2항제2호의 규정에 의한 여객선의 한계경사각은 선박의 직립상태에서 현단이 수면에 달할 때까지의 횡경사각(이하 "현단몰입각"이라 한다)의 80% 또는 16도 중 작은 각도를 말한다. 이 경우 한계경사각 및 각도의 산정방법은 다음에 의한다. 〈개정 2007.11. 2〉

1) 한계경사각 및 각도는 선박의 직립상태에 있어서 선체중심선과 흘수선과의 교점을 통하는 것으로 한다.
2) 현단은 원칙적으로 현측의 최저짐에 있어서 상갑판의 상면의 연장과 외판의 외면과의 교점으로 한다. 다만, 상갑판에 현측수도 또는 양압재를 설치하는 경우에는 그 내측에 있어서 갑판의 상면의 연장과 외판의 외면과의 교점으로 한다.
3) 평수구역을 항행구역으로 하는 선박에 대하여는 현측이 상갑판 보다 상방에 있고 그 강도 및 수밀성에 대하여 충분하다고 인정되는 경우에는 그 위치를 현단으로 할 수 있다.
4) 상갑판 바로 위에 전통선루를 가지는 선박에 대하여는 선박이 경사한 경우 당해 선루의 선측에 있어서 폐쇄장치가 전부 개방된 상태에서 당해 폐쇄장치의 개구의 하연의 부분 중 최저점(당해 선루의 선측에 개구가 없는 경우에는 당해 선루갑판의 상면과 외판의 외면과의 교점)을 현단으로 할 수 있다.

제11조(여객선의 복원정) 〈삭제 2007.11. 2〉

제12조(여객선의 경사우력정) ① 제9조제1항제1호의 규정에 의한 여객의 횡이동에 따른 경사우력정 $\left(\frac{M_P}{W}\right)$은 다음 산식에 의한 것으로 한다. 다만, 동 산식 중 1개의 여객탑재장소에 대하여 $\frac{n}{a} \fallingdotseq 0$, $b = b_o$(당해 여객탑재장소의 최대너비) $\left(7-\frac{n}{a}\right)n \cdot b = 7n \cdot b_o$로 하여도 기준에 적합한 경우에는 a 및 b의 계산을 생략할 수 있다. 〈개정 2007.11. 2〉

$$\frac{M_P}{W} = \frac{0.214\Sigma\left(7-\frac{n}{a}\right)n \cdot b}{100W} \text{(미터)}$$

이 식에서 n은 각 여객탑재장소의 여객수. 이 경우 여객탑재장소는 원칙적으로 동일 갑판에 있는 것을 1개의 여객탑재장소로 한다. 다만, 동일 갑판에 있더라도 상호간에 다른 갑판을 경유하지 아니하면 통할 수 없는 경우에는 별개의 여객탑재 장소로 본다.

a는 각 여객탑재장소의 바닥면적(제곱미터). 이 경우 a에는 여객실, 통로, 식당, 휴게실, 유보갑판 등 여객출입이 가능한 장소를 포함시켜야 한다. 다만, 너비가 40센티미터 미만인 장소 및 욕실, 화장실, 세면소 등의 장소는 제외되는 것으로 하고 책상, 의자 등이 차지하는 장소는 포함되는 것으로 한다.

b는 각 여객탑재장소의 여객의 이동 가능한 평균너비(미터). 이 경우 b는 여객탑재장소에 대하여 한쪽현의 a의 면적중심에서 반대쪽 현의 중심까지의 거리의 2배로 한다.([그림 2-19] 참조)

$$b = 2(l_1 + l_2)$$

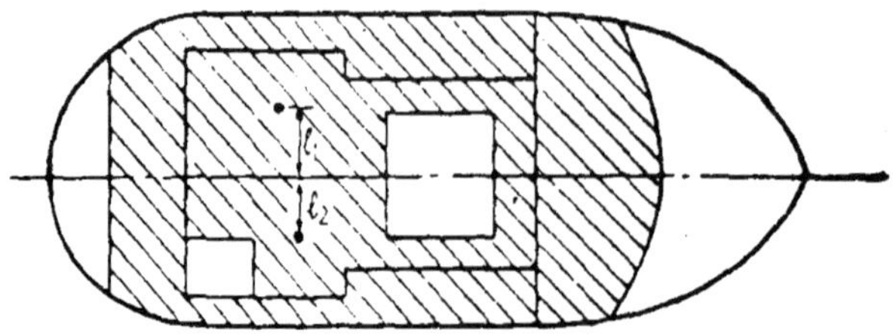

[그림 2-19]

② 제9조제1항제1호의 규정에 의한 선회에 의한 경사우력정$\left(\frac{M_R}{W}\right)$은 다음 산식에 의한 것으로 한다. 〈개정 2007.11. 2〉

$$\frac{M_R}{W} = 0.02\frac{V_0^2}{L_a}\left(KG - \frac{d_{eq}}{2}\right)(\text{미터})$$

이 식에서

V_O는 항해예정시간 산정에 적용하는 최고속력(미터/초)

L_a는 흘수선의 전장(미터)(이하 같다)

d_{eq}는 기선으로부터 측정한 상당흘수(배수량에 대한 등흘수) (미터) (이하 같다)

KG는 기선으로부터 측정한 수직방향 중량중심높이(미터)

③ 제9조제2항제1호의 규정에 의한 여객선의 경사우력정$\left(\frac{M}{W}\right)$은 다음 산식에 의한 것으로 한다. 〈신설 2007.11. 2〉

$$\frac{M}{W} = \frac{P \cdot A \cdot H}{1000 \cdot g \cdot W}$$

이 식에서

P(풍압)의 값은 504.2(N/m^2)

A는 직립상태에서 선박의 흘수선 윗부분의 선체종단면에 대한 투영면적(제곱미터). 이 경우 가능한 한 선박의 광범위한 부분을 산입하고 적어도 다음의 부분을 포함시켜야 한다.

1) 상갑판하의 부분

2) 선루

3) 갑판실

4) 위벽

5) 불워크

6) 연돌

7) 단정

8) 마스트붐등

9) 천창, 창구, 갑판상의 탱크 등

10) 황천시 취외하는 통풍통 이외의 통풍통

H는 선박의 선체종단면에 대한 투영면적에 있어서 직립상태에 있어서의 선박의 흘수선 윗부분의 중심으로부터 흘수선 아랫부분의 중심까지의 수직거리(미터). 이 경우 H의 하단은 보통의 선형을 가지는 선박에 대하여는 흘수의 2등분점으로 할 수 있다.

g는 $9.81m/sec^2$

제13조(여객선의 횡요각) 제9조제2항제1호의 횡요각(θ_o)은 다음 산식에 의한 것으로 한다. 〈개정 2007.11. 2〉

$$\theta_o = 109K \cdot X_1 \cdot X_2 \sqrt{r \cdot s} \text{ (도)}$$

이 식에서

K는 다음 표에 의한 값. 다만, 만곡부의 형상이 각형인 선박에 있어서는 0.7로 하고, 만곡부용골 또는 방형용골(바킬을 포함한다. 이하 같다)을 가지지 아니하는 선박으로서 당해 선박의 만곡부의 형상이 둥근형인 것에 있어서는 1.0으로 한다.

$\frac{100A_k}{L_a \cdot B}$	K
0.0	1.00
1.0	0.98
1.5	0.95
2.0	0.88
2.5	0.79
3.0	0.74
3.5	0.72
4.0 이상	0.70

비 고 : 1. A_k는 만곡부용골의 최대투영면적 및 방형용골의 선체종단면에 대한 투영면적의 합계(제곱미터)

2. B는 배의너비(미터)(이하 같다)

3. $\frac{100A_k}{L_a \cdot B}$가 이 표에 의한 값의 중간에 있는 경우에는 보간법에 의하여 K를 산정한다.

X_1은 다음 표에 의한 값

$\frac{B}{d_{eq}}$	X_1
2.4 이하	1.00
2.5	0.98
2.6	0.96
2.7	0.95
2.8	0.93
2.9	0.91
3.0	0.90
3.1	0.88
3.2	0.86
3.3	0.84
3.4	0.82
3.5 이상	0.80
비 고 : 1. $\frac{B}{d_{eq}}$가 이 표에 의한 값의 중간에 있는 경우에는 보간법에 의하여 X_1을 산정한다.	

X_2는 다음 표에 의한 값

C_b	X_2
0.45 이하	0.75
0.50	0.82
0.55	0.89
0.60	0.95
0.65	0.97
0.70 이상	1.00
비고 : 1. C_b는 방형계수 2. C_b가 이 표에 의한 값의 중간에 있는 경우에는 보간법에 의하여 X_2를 산정한다.	

r는 다음 산식에 의한 값

$$r = 0.73 + 0.6\frac{OG}{d_{eq}}$$

이 식에서

OG는 직립상태에 있어서의 선박의 무게중심으로부터 수선면(흘수선)까지의 수직거리(미터). 다만, 선박의 무게중심이 수선면하에 있는 경우에는 음(−)의 값으로 한다.

s는 다음 표에 의한 값

근해구역이상 항해선박		연해구역이하 항해선박	
T_s	s	T_s	s
6 이하	0.100	4.5 이하	0.1000
7	0.098	5.5	0.0988
8	0.093	6.0	0.0925
12	0.065	7.0	0.0830
14	0.053	9.0	0.0630
16	0.044	11.0	0.0460
18	0.038	12.0	0.0410
20	0.035	13.0	0.0368
		14.0 이상	0.0350

비 고 : 1. T_s는 횡요주기(초). 다만, 동요시험을 생략하는 경우에는 T_s의 값을 다음 산식에 의한 값으로 할 수 있다.

$$T_s = \frac{2k}{\sqrt{G_oM}}$$

이 식에서

k는 다음 산식에 의한 값

$$k = B\left(0.373 + \frac{0.023B}{d_{eq}} - \frac{0.043L_a}{100}\right)$$

2. T_s가 이 표에 의한 값의 중간에 있는 경우에는 보간법에 의하여 s를 산정한다.

제14조(소형여객선의 복원성기준) ① 〈삭제 2007.11. 2〉

② 제9조 내지 제13조에 의한 여객선의 복원성기준 등에 불구하고 호소·하천·항만 안에서만 항해하는 소형여객선(카페리여객선을 제외한다)의 복원성은 다음 조건식을 만족하는 것이어야 한다. 〈개정 2008. 7. 18〉

$$N \leqq C \cdot L \cdot B \cdot F$$

$$N \leqq \frac{L \cdot B(F_2 - 0.025L)}{0.33}$$

이 식에서

N은 최대탑재인원

L은 선박 길이(미터)

F는 사람을 탑재하지 아니한 상태에서 선박 길이의 중앙에 있어서의 건현(미터). 다만, F가 B/5.5

+0.09보다 큰 경우에는 B/5.5 + 0.09로 한다.

F2는 사람을 탑재하지 아니한 상태에서 선미에 있어서의 최소건현(미터)

C는 다음 산식에 의한 값. 다만, C가 2.27보다 큰 경우에는 2.27로, 0.78보다 작은 경우에는 0.78로 한다.

$$C = 2.69 - 5.31(D/B)^2$$

이 식에서

D는 선박 길이의 중앙에 있어서 기선으로부터 상갑판보의 현측 상면(갑판이 없는 선박에 있어서는 현측)까지의 수직거리(미터)

③ 여객탑재장소 이외의 장소에 화물을 적재하는 소형여객선의 복원성 기준에 대하여는 국토해양부장관이 인정하는 바에 의한다.〈개정 2008. 7. 18〉

제4장 여객선 및 어선 외의 선박의 복원성 기준

〈개정 2007.11. 2〉

제15조(여객선 및 어선 외의 선박의 복원성 기준) ① 여객선 및 어선 외의 선박의 복원성능은 다음 각 호의 기준에 적합한 것이어야 한다.〈개정 2007.11. 2〉

1. 복원정곡선이 다음 각 목의 기준을 만족하는 것일 것

가. 횡축과 복원정곡선에 둘러싸인 부분의 면적이 다음 표에 의한 값 이상일 것

횡경사각	면적(미터 · 라디안)
0도에서 30도까지	0.055
30도에서 40도까지	0.030
0도에서 40도까지	0.090

나. 근해구역 이상 항해 또는 국제 항해 화물선에 있어서는 복원정의 최대값(GZ_m)은 25도 이상의 횡경사각에서 발생되고 30도 이상의 횡경사각에서 복원정은 0.2미터 이상일 것〈개정 2007.11. 2〉

다. 국제항해를 하는 여객선 및 어선 외의 선박으로서 만재흘수상태에 있어서의 풍압측면적이 만재흘수선 하방의 투영측면적보다 큰 선박에 있어서는 제9조제2항제1호의 규정에 의한 여객선기준에 적합한 것일 것. 이 경우 동 기준의 규정에 의한 점 F의 횡경사각(θ)은 한계경사각(제10조의 규정에 의한 여객선의 한계경사각을 말한다. 다만, 제2항의 규정을 적용하는 경우에는 16도로 한다)을 초과하여서는 아니되며, [그림 2-20]의 점C(제2교점)의 횡경사각이 50도를 넘는 경우에는 면적 ABC'(횡경사각 50도까지의 범위)를 면적 ABC로 하여야 한다.〈개정 2007.11. 2〉

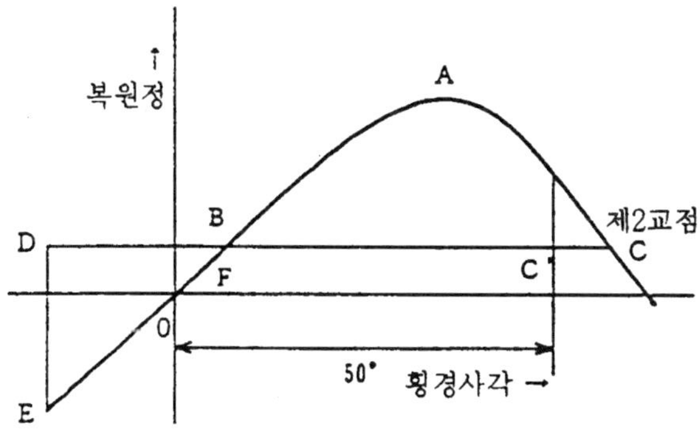

[그림 2-20]

2. G_oM의 값이 0.15미터이상일 것

② 제1항의 규정에 불구하고 여객선 및 어선 외의 선박으로서 선박길이 24미터 미만의 평수구역만을 항해하는 선박의 복원성에 있어 G_oM은 0.35미터 또는 다음 산식에 의한 값 중 큰 값 이상이어야 한다.〈개정 2008. 7. 18〉

$$0.059B\left(\frac{B}{D}-2.20\right)+[2.085\left(\frac{T}{D}\right)^2-2.857\frac{T}{D}+0.990]B$$

이 식에서, D는 강선의 구조기준·목선의 구조기준 또는 강화플라스틱(FRP)선의 구조기준에 의한 배의 깊이(미터)를 T는 형상당흘수(미터)를 말하며(이하 같다), B/D가 2.2이하인 경우 2.2를, T/D가 0.5이하인 경우 0.5를 적용한다.

③ 화물선의 상갑판 또는 선루갑판의 폭로부에 목재를 적재하여 운송하는 경우에는 제1항 내지 제3항의 규정에 불구하고 다음 각 호의 기준에 의할 수 있다.〈신설 2007.11. 2〉

1. 횡축과 복원정곡선에 둘러싸인 부분의 면적이 0도부터 40도까지의 횡경사각(θ)의 범위안에 있어서 0.08미터·라디안 이상일 것
2. 복원정의 최대값(GZ_m)이 0.25미터이상일 것
3. G_oM의 값이 0.1미터이상일 것

제16조(화물선의 경사우력정) 여객선 및 어선 외의 선박의 경사우력정은 제12조제3항을 준용한다.〈개정 2007.11. 2〉

제17조(화물선의 횡요각) 여객선 및 어선 외의 선박의 횡요각은 제13조를 준용한다.〈개정 2007.11. 2〉

제5장 어선의 복원성 기준

제18조(어선의 복원성 기준) ① 선박길이 40미터미만어선의 복원성은 다음 각 호의 기준에 적합한 것이어야 한다.〈개정 2007.11. 2〉

1. G_oM이 다음 산식에 의한 값이상일 것〈개정 2008. 7. 18〉

$$G_oM = 0.04B + \alpha\frac{B}{D} - \beta \text{ (미터)}$$

이 식에서

D는 강선의 구조기준·목선의 구조기준 또는 강화플라스틱(FRP)선의 구조기준에 의한 배의 깊이(미터)(이하 같다). 다만, D가 $\frac{B}{2}$보다 큰 경우에는 $\frac{B}{2}$로 한다.

α 는 강선 및 FRP선에 있어서는 0.54, 목선에 있어서는 0.28

β 는 다음 표에 의한 값

$\frac{F}{D}$	β		$\frac{F}{D}$	β	
	강선, FRP선	목 선		강선, FRP선	목 선
0.10	0.881	0.313	0.22	1.058	0.490
0.11	0.903	0.333	0.23	1.063	0.496
0.12	0.925	0.353	0.24	1.068	0.501
0.13	0.945	0.372	0.25	1.073	0.506
0.14	0.964	0.391	0.26	1.076	0.511
0.15	0.981	0.408	0.27	1.080	0.513
0.16	0.997	0.424	0.28	1.084	0.516
0.17	1.012	0.439	0.29	1.087	0.518
0.18	1.024	0.454	0.30	1.090	0.521
0.19	1.035	0.464	0.31	1.092	0.523
0.20	1.044	0.474	0.32 이상	1.095	0.525
0.21	1.051	0.484			
비 고 : 1. F는 건현으로서 D의 상단으로부터 상당흘수(배수량에 대한 등흘수)선까지의 수직거리(미터) 2. $\frac{F}{D}$의 값이 이 표에 의한 값의 중간에 있는 경우에는 보간법에 의하여 β 를 산정한다.					

2. 제1호의 규정에 불구하고 선박길이 24미터 미만의 어선인 경우 GoM은 0.35미터 또는 다음 산식에 의한 값 중 큰 값 이상일 것〈개정 2007.11. 2〉

$$0.117B\left(\frac{B}{D} - 2.20\right) + [1.773\left(\frac{T}{D}\right)^2 - 2.646\frac{T}{D} + 1.016]B$$

이 식에서 B/D가 2.2이하인 경우 2.2를, T/D 가 0.5이하인 경우 0.5를 적용한다.

3. 어로작업중 부가적인 외력이 어선에 미치는 어로정을 탑재하는 어선 및 선망어선에 있어서는 다음 조건식을 만족할 것〈개정 2007.11. 2〉

$$GZ_c > \frac{M_c}{W}$$

이 식에서

GZ_c는 현단몰입각(12도보다 큰 경우에는 12도로 한다)에 있어서의 복원정(미터)

Mc는 부가외력에 의한 횡경사모멘트(톤ㆍ미터)

4. 최대승선인원이 13인 이상인 낚시어선의 경우 제1호 내지 제3호의 기준에 추가하여 다음 각 목의 기준에 적합한 것이어야 한다.〈개정 2007.11. 2〉

가. 제9조제1항제1호의 기준에 적합할 것.

나. 제2항제4호의 규정에 의한 복원성기준에 적합할 것. 다만, 이 경우 풍압 P는 269.3(N/㎡)으로 한다.

5. 제1호 내지 제3호의 규정에 불구하고 다음 조건식을 만족하는 어선에 대하여는 다음 각 목의 기준을 적용할 수 있다. 이 경우 우변이 0.5 미만인 경우에는 0.5로 한다.〈신설 2007.11. 2〉

$$\frac{A_f}{L_f \times D_f} \geq 1.6 - \frac{1}{50}(L_f - 20)$$

이 식에서

A_f는 직립상태에 있어서 건현을 0으로 가정한 경우 선박의 흘수선상의 부분의 선체종단면적(제곱미터)

L_f는 건현갑판의 갑판보상에 있어서 선수재의 전면으로부터 타주가 있는 것은 그 후면까지, 타주가 없는 것은 타두재의 중심까지의 수평거리(미터)

D_f는 L_f의 중앙에 있어서 기선으로부터 건현갑판상면까지의 깊이(미터)

가. G_oM이 0.35미터 이상일 것

나. 제2항제4호의 규정에 의한 복원성기준에 적합할 것. 다만, 이 경우 풍압 P는 269.3(N/㎡)으로 한다.

② 선박길이 40미터 이상 어선의 복원성은 다음 각 호의 기준에 적합한 것이어야 한다.〈개정 2007.11. 2〉

1. G_oM이 0.35미터 이상일 것. 다만, 전통선루를 가지거나 또는 선박길이 70미터이상 어선의 경우에는 0.15미터 이상으로 할 수 있다.〈개정 2007.11. 2〉
2. 제1항제4호의 규정을 준용한다.〈개정 2007.11. 2〉
3. 제15조제1항제1호 가목 및 나목의 화물선의 복원성기준을 준용한다.
4. 제15조제1항제1호 다목의 화물선의 복원성기준을 준용한다. 이 경우 어선의 경사우력정$\left(\frac{M}{W}\right)$은 다음 산식에 의한 값으로 하며, 횡요각(θ_o)은 제13조의 규정에 의한 여객선의 횡요각으로 한다. 다만, 어선의 횡요각 산정시 s의 값은 제13조의 규정에 의한 여객선의 횡요각의 산식의 계수 s의 값에 대한 표중 근해구역이상 항행선박의 s의 값으로 한다.〈개정 2007.11. 2〉

$$\frac{M}{W}=\frac{P\cdot A\cdot H}{1000\cdot g\cdot W}$$

이 식에서

P는 선박길이 45미터이상 선박에 있어서는 504.2 (N/㎡)로 하고, 선박 길이 45미터미만 선박에 있어서는 다음 표에 의한 값

h(m)	P(N/㎡)	비 고
1 이하	315.5	1. h는 흘수선상의 투영면적의 중심에서 흘수선까지의 수직거리(미터) 2. h의 값이 이 표에 의한 값의 중간에 있는 경우에는 보간법에 의하여 P의 값을 산정한다.
2	386.1	
3	429.2	
4	459.7	
5	485.0	
6 이상	504.2	

A, H는 각각 제12조제1항의 규정에 의한 여객선의 경사우력정 산식에서의 A, H와 같다.

g는 $9.81m/sec^2$

제6장 특수선형 선박의 복원성 기준

제19조(적용) 이 장의 기준은 다음 각 호의 특수한 선형 또는 구조의 선박 (이하 "특수선형선박"이라 한다)에 대하여 적용한다.

1. 쌍동선 또는 다동선
2. 제1호의 규정에 의한 선박과 유사한 선형 또는 구조를 가지는 선박

제20조(특수선형선박의 복원성 기준) 특수선형선박의 복원성은 다음 각 호의 기준에 적합한 것이어야 한다.

1. 횡축과 복원정곡선에 둘러싸인 부분의 면적이 다음 표에 의한 값이상일 것〈개정 2007.11. 2〉

최대복원정이 발생하는 횡경사각 (θ max)	복원정곡선 면적산입범위	면적 (미터·라디안)
15도	0도에서 15도까지	0.070
15도 초과 30도 미만	0도에서 최대복원정이 발생하는 횡경사각까지	0.055＋ 0.001(30° － θ max)
30도 이상	0도에서 30도까지	0.055

2. 횡축과 복원정곡선에 둘러싸인 부분중 횡경사각 30도에서 40도 까지의 면적이 0.03미터·라디안 이상일 것

3. 복원정곡선에 있어서 횡경사각 30도 이상에서의 복원정(GZ)이 0.20미터 이상일 것
4. 복원정곡선에 있어서 최대복원정(GZ)이 발생하는 횡경사각은 15도 이상일 것
5. 초기횡메타센타 높이(G_oM)가 0.15미터이상일 것
6. 특수선형선박 중 여객선에 있어서는 제1호 내지 제5호의 규정 이외에 [그림 2-21]의 복원정곡선에서 해수유입각(θ_f) 또는 복원정곡선과 경사우력정과의 제2교점에서의 각도 중 작은 횡경사각(이하 "한계경사각"이라 한다)까지의 복원정곡선의 면적은 경사우력정 아래의 면적의 1.4배 이상일 것〈개정 2007.11. 2〉

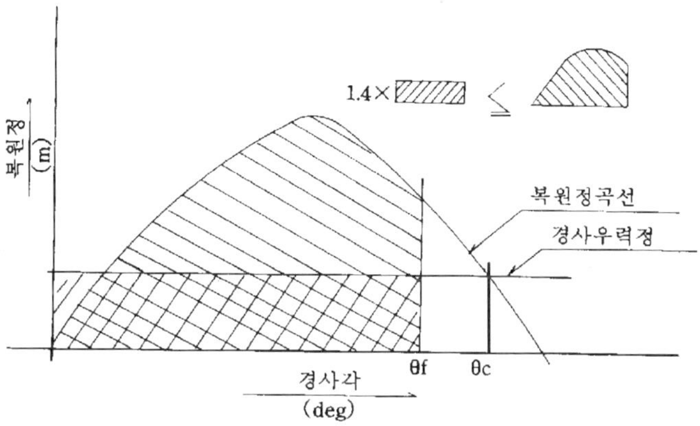

[그림 2-21]

제21조(특수선형선박의 경사우력정) 제20조제6호의 규정에 의한 특수선형선박 중 여객선의 경사우력정 $\left(\frac{M}{W}\right)$은 다음 산식에 의한 것으로 한다.

$$\frac{M}{W}=\frac{1.4K\cdot A\cdot H+0.214\sum\left(7-\frac{n}{a}\right)n\cdot b}{100\cdot W}$$

이 식에서

k는 다음 표에 의한 계수 〈개정 2007.11. 2〉

선박의 구분	K
근해구역이상을 항해구역으로 하는 선박	5.14
연해구역을 항해구역으로 하는 선박	2.74
연해구역의 항해예정시간이 2시간미만인 선박 및 평수구역을 항해구역으로 하는 선박	1.71

A, H, n, a 및 b는 각각 제12조의 규정에 의한 여객선의 경사우력정 산식에서의 A, H, n, a 및 b와 같다.

제7장 부유식 해상구조물의 복원성기준

〈신설 2007.11. 2〉

제22조(적용) 이 장의 기준은 이동식 시추선·수상호텔 등 부유식 해상구조물("이하 부유식 해상구조물"이라 한다)에 대하여 적용한다. 다만, 선박안전법시행규칙 제3조 제2호에 따른 수상호텔 등의 해상구조물에 대하여는 부선의 구조 및 설비 등에 관한 기준의 복원성 관련 규정을 준용할 수 있다.〈개정 2008. 7. 18〉

제23조(부유식 해상구조물의 복원성기준) 부유식 해상구조물의 복원성기준은 다음 각 호에 따른다.〈신설 2007.11. 2〉

1. 부유식 해상구조물은 승강 중의 상태를 포함하여 부양 시 모든 상태에 대하여 정수 중 평형상태에서 양의 복원성을 가져야 한다.
2. 복원정곡선 및 바람에 의한 경사우력정 곡선은 가장 영향이 큰 축 방향에 대하여 부양상태에 대한 모든 범위의 흘수에 대하여 작성하여야 한다.
3. 장비의 특성상 굴착장비를 하강 또는 적재할 수 있는 경우에는 이러한 장비의 정확한 위치를 명시한 추가의 복원정선과 바람에 의한 경사우력정 곡선을 작성하여야 한다.
4. 복원정 곡선에 있어서 부유식 해상구조물의 형식에 따라 다음 각 목을 만족하여야 한다. 면적 A, B, C 및 각도 θ_2 , θ_3 은 [그림 2-22]에 따른다.
   가. 반잠수형 부유식 해상구조물은 해수유입각까지의 범위에서 면적 A와 B의 합은 면적 B와 C의 합의 1.3배 이상이어야 한다.
   나. 반잠수형 이외의 부유식 해상구조물은 경사각 θ_2 또는 θ_3 중 작은 각까지의 범위에서 면적 A와 B의 합은 면적 B와 C의 합의 1.4배 이상이어야 한다.
   다. 부유식 해상구조물은 직립상태로부터 θ_3 의 경사각까지 양(+)의 복원력을 가져야 한다.

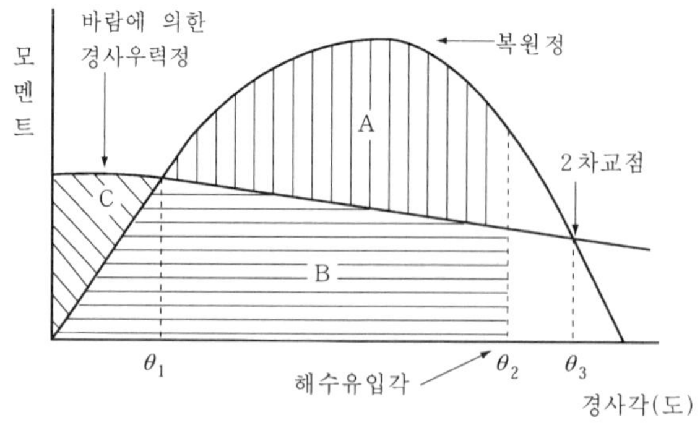

[그림 2-22]

제24조(바람에 의한 경사우력정) 부유식 해상구조물의 바람에 의한 경사우력정 계산은 다음 각 호에 따른다. 〈신설 2007.11. 2〉

1. 바람에 의한 경사우력정은 부유식 해상구조물의 각 상태의 경사각마다 계산하여야 한다. 이때 고려하는 풍속은 다음 각 목에 따른다.
   가. 풍속은 36m/sec(70knots) 이상으로 하여야 한다.
   나. 극한상태에 있어서 일정한 바람을 받아도 합리적인 시간 내에 구조물의 상태를 변경하여 충분한 복원성을 유지할 수 있어야 한다. 이때 풍속은 51.5m/sec(100 knots) 이상으로 하여야 한다.
   다. 한정된 조건하에서만 작업을 하는 구조물은 제2호 및 제3호에 규정하는 일정풍속을 25.8m/sec(50knots)로 할 수 있다. 다만, 한정된 작업조건을 운용지침서에 명시하여야 한다.
2. 경사우력정 계산은 가장 영향이 큰 축 방향에 대하여 하여야 한다.
3. 경사우력정 계산을 위한 레버의 길이는 수선하 구조부의 횡방향 저항중심 또는 동적 압력중심으로부터 바람에 의한 압력중심까지의 거리로 한다.
4. 선박형 구조물의 바람에 의한 경사우력정곡선은 구조물 경사각의 코사인 함수로 변화하는 것으로 가정한다.
5. 경사우력정 F는 다음 식에 의한다. 다만, 구조물의 모형에 대하여 국토해양부장관이 적절하다고 인정하는 풍동실험에 의하여 풍압을 구할 수 있다. 풍동실험에 의하여 바람에 의한 경사우력정을 결정하는 경우, 각 경사각에 있어서 항력효과 및 양력효과를 포함하여 경사모멘트를 결정하여야 한다. 〈개정 2008. 7. 18〉

$$F = 0.5 C_h C_s p V^2 \times 10^{-2} \mathrm{A}\,(\mathrm{kN/m^2})$$

V : 1항에 규정한 설계풍속(m/sec).
p : 공기의 밀도(1.222kg/m^3)
A : 구조물의 직립상태 또는 필요에 따른 경사상태에서의 수면상 각 구조부분의 바람을 받는 면적으로서 각 바람방향에 대한 투영면적(m^2)을 말한다. 또한, 바람을 받는 면적의 산정에 있어서는 ③호에 따른다.
C_h : 고도계수로서 구조부분의 고도에 따라 〈표 2-9〉에 의한 값
C_s : 형상계수로서 구조부분의 형상에 따라 〈표 2-10〉에 의한 값

〈표 2-9〉 고도계수 C_h

수직높이 (m)	C_h
15.3 이하	1.00
15.3 초과 30.5 이하	1.10
30.5 초과 46.0 이하	1.20
46.0 초과 61.0 이하	1.30
61.0 초과 76.0 이하	1.37
76.0 초과 91.5 이하	1.43
91.5 초과 106.5 이하	1.48
1106.5 초과 122.0 이하	1.52
3122.0 초과 137.0 이하	1.56
4137.0 초과 152.5 이하	1.60
6152.5 초과 167.5 이하	1.63
167.5 초과 183.0 이하	1.67
183.0 초과 198.0 이하	1.70
198.0 초과 213.5 이하	1.72
213.5 초과 228.5 이하	1.75
228.5 초과 244.0 이하	1.77
244.0 초과 259.0 이하	1.79
259.0 초과	1.80

〈표 2-10〉 형상계수 C_s

구조부분	C_s
구형 선각 구조	0.4
원통형 구조	0.5
주선각	1.0
갑판실	1.0
독립된 구조부재(크레인, 형강, 보 등)	1.5
갑판하부분(평활면)	1.0
갑판하부분(노출된 보, 거더 등)	1.3
작업용타워(각 면)	1.25

6. 바람을 받는 면적의 산정에 있어서는 다음 각 목에 따른다.
   가. 컬럼을 가지는 구조물의 경우, 모든 컬럼의 투영면적에 대하여 고려하여야 하며, 갑판승강형 구조물의 경우에는 레그의 투영면적을 고려하여야 한다. 다만, 갑판승강형 구조물의 경우에는 레그가 바람의 통과에 지장을 주지 아니하는 구조(트러스형)인 경우 제3호의 규정을 준용할 수 있다.
   나. 갑판실 또는 기타의 구조부분 및 크레인 등의 바람을 받는 면적은 개별적으로 산정한다. 다만, 갑판실 또는 기타의 구조부분이 근접되어 2개 이상 있는 경우에는 그 바람을 받는 면적은 일체 블록으로 간주하여 각 풍향에 대한 투영면적으로 하여도 좋다. 이 경우의 형상계수 C_s 는 1.1 로 한다.
   다. 작업용 타워, 붐, 마스트 등이 바람의 통과를 방해하지 아니하는 구조인 경우의 바람을 받는 면적은 보통인 경우의 풍향에 대한 투영면적의 60 %로 하여도 좋다.
   라. 수면하 구조 부재가 경사로 인하여 노출된 경우, 적당한 형상계수를 사용하여 산정하여야 한다.

제25조(기타 방법에 의한 복원성) 국토해양부장관이 적절하다고 인정하는 경우, 환경조건 및 가동상태를 고려하여 기타 입증된 방법에 따라 복원성을 계산할 수 있다.〈개정 2008. 7. 18〉

제8장 보 칙

〈개정 2007.11. 2〉

제26조(복원성자료의 작성) 선박의 복원성 자료는 복원성시험결과를 기초로 하여 당해 선박의 복원성을 용이하고 확실하게 평가할 수 있도록 작성되어야 하며 다음 각 호의 사항이 포함된 것이어야 한다.〈개정 2007.11. 2〉

1. 선박의 주요제원
2. 자료의 사용에 관한 안내
3. 수밀구획, 개구의 위치 및 폐쇄상태, 해수유입각, 고정밸러스트, 갑판의 허용하중 및 건현표시를 나타내는 일반배치도면(해당 사항에 한 한다)
4. 배수량등곡선도 또는 표
5. 복원력교차곡선도 또는 표
6. 화물(어획물을 포함한다)적재장소의 용적 및 중심위치를 나타내는 용적도 또는 표
7. 각 탱크의 용적, 중심위치 및 자유표면에 대한 자료를 나타내는 용적도 또는 표
8. 재화상태를 계산하기 위한 안내 및 계산에 관한 사항
9. 복원성계산시의 가정에 관한 사항
10. 기타 안전운항을 위한 필요한 지침
11. 복원성시험결과서

제27조(컴퓨터프로그램을 이용한 복원성 계산시의 자료 등) 컴퓨터프로그램을 사용하여 복원성을 계산하고자 할 때 그 계산방식 및 작성방법은 별표 5에 따른다.〈신설 2007.11. 2〉

제28조(복원성자료의 승인 기준 및 절차) 복원성자료의 승인과 관련한 업무의 기준 및 절차 등은 별표 6에 따른다. 〈신설 2007.11. 2〉

부 칙〈1999. 1. 2〉

제1조(시행일) 이 기준은 고시한 날부터 시행한다.

제2조(경과조치) 이 기준 시행일전에 건조되었거나 이미 건조에 착수한 선박에 대하여는 종전의 기준에 적합한 경우 이 기준에 적합한 것으로 본다. 다만, 복원성에 영향을 미치는 개조를 하는 경우에는 그러하지 아니하다.

제3조(다른 규정의 폐지) 어선복원성기준(수산청고시 제1995-33호, '95. 10. 31)은 이를 폐지한다.

부 칙〈2007. 11. 2〉

① **(시행일)** 이 기준은 2007년 11월 4일부터 시행한다.

② **(경과조치)** 이 기준 시행일전에 건조되었거나 이미 건조에 착수한 선박에 대하여는 종전의 기준에 적합한 경우 이 기준에 적합한 것으로 본다. 다만, 선박길이, 너비, 깊이의 변경, 용도변경(항해구역 확대 포함) 및 만재흘수선이 증가하는 경우에는 그러하지 아니하다

부 칙〈2008. 7. 18〉

① **(시행일)** 이 기준은 고시한 날부터 시행한다.

[별표 II]

경하상태에서의 중량 · 중심 및 트림 등의 계산

(제5조제2항제1호 관련)

1. 경사시험상태에 있어서의 배수량(W_o)을 계산한다. 〈개정 2007.11. 2〉
2. 다음 산식에 의하여 경사시험상태에 있어서 무게중심으로부터 횡메타센타까지의 높이(G_oM)를 계산한다.

$$G_oM = \frac{w \cdot y}{W_o \cdot \tan\theta}$$

$$\tan\theta = \frac{S}{\ell}$$

이 식에서

w는 한쪽현의 이동중량물의 중량(톤)

y는 이동중량물의 이동거리(미터)

S는 추의 이동거리(미터)

ℓ은 추의 길이(미터)

θ는 횡경사각(도)

3. 본문 제7조의 규정에 의한 액체의 자유표면 영향을 고려할 수 있다. 다만, 이중저탱크에 있어서는 총용적의 40퍼센트 내지 60퍼센트, 디프탱크에 있어서는 총용적의 20퍼센트 내지 80퍼센트 범위내에 있는 경우에 한한다.
4. 무게중심으로부터 횡메타센타까지의 높이(GM), 기선으로부터 횡메타센타까지의 높이(KM) 및 기선으로부터 무게중심까지의 높이(KG)를 계산한다.
5. 다음 산식에 의하여 부심으로부터 무게중심까지의 수평거리(BG)를 계산하고 이 BG로부터 수선간장(LBP)의 중앙으로부터 무게중심까지의 수평거리(LCG)를 계산한다. 〈개정 2007.11. 2〉

$$BG(=LCB-LCG) = \frac{100 \cdot t}{W_o} MTC$$

이 식에서

LCB는 수선간장(LBP)의 중앙으로부터 부심까지의 수평거리 (+: 선수방향. 단위 : 미터)

t는 트림(-: 선미트림, 단위 : 미터) 〈개정 2007.11. 2〉

MTC는 매센티트림모멘트(톤 · 미터)

6. 다음 각 목에 의하여 선박의 경하상태(인원, 화물, 연료, 물, 식료품 등을 제외한 선체부(고정밸러스트를 포함한다) 및 기관부의 각 중량물이 탑재된 상태를 말한다. 이하 같다)에서의 선박의 중량· 중심 및 트림 등을 계산한다. 〈개정 2007.11. 2〉

가. 다음 산식에 의하여 경하상태의 배수량(W_L)을 계산한다.

$$W_L = W_o + \Sigma w_1 - \Sigma w_2$$

이 식에서

W_o는 경사시험상태에 있어서의 배수량(톤)

w_1은 탑재되어야 할 물건의 중량(톤)

w_2는 내려야 할 물건의 중량(톤)

나. 다음 산식에 의하여 선박의 경하상태에서 기선으로부터 무게중심까지의 높이(KG_L)를 계산한다.

$$KG_L = \frac{W_o \cdot KG + \Sigma w_1 \cdot kg_1 - \Sigma w_2 \cdot kg_2}{W_L}$$

이 식에서

KG는 경사시험시 기선으로부터 무게중심까지의 높이(미터)

kg_1, kg_2은 기선으로부터 각각 w_1, w_2의 무게중심까지의 높이(미터)

W_o, w1, w2 및 W_L은 각각 가목의 규정에 의한 W_o, w_1, w_2 및 W_L과 같다.

다. KM을 구하여 GM을 계산한다.

라. 다음 산식에 의하여 선박의 경하상태에서 수선간장(LBP)의 중앙으로부터 무게중심까지의 수평거리(LCG_L)를 계산하고 이 LCG_L로부터 BG를 계산한다.

$$LCG_L = \frac{W_o \cdot LCG + \Sigma w_1 \cdot lcg_1 - \Sigma w_2 \cdot lcg_2}{W_L}$$

이 식에서

LCG는 경사시험시 수선간장(LPB)의 중앙으로부터 무게중심까지의 수평거리(미터)

lcg_1, lcg_2은 수선간장(LBP)의 중앙으로부터 각각 w_1, w_2의 무게중심까지의 수평거리(미터)

W_o, w_1, w_2 및 W_L은 각각 가목의 규정에 의한 W_o, w_1, w_2 및 W_L과 같다.

마. 다음 산식에 의하여 트림(t)을 계산한다.

$$t = \frac{W_L \cdot BG}{100MTC}$$

이 식에서

W_L은 가목의 규정에 의한 W_L과 같다.

BG, MTC는 각각 제5호의 규정에 의한 BG, MTC와 같다.

바. 다음 산식에 의하여 기선으로부터 측정한 선수부의 흘수(d_f) 및 선미부의 흘수(d_a)를 계산한다.〈개정 2007.11. 2〉

$$d_f = d_{eq} + t \cdot \frac{\frac{LBP}{2} - LCF}{LBP}$$

$$d_a = d_{eq} - t \cdot \frac{\frac{LBP}{2} + LCF}{LBP}$$

이 식에서

d_{eq}는 기선으로부터 측정한 상당흘수(배수량에 대한 등흘수) (미터)

t는 마목의 규정에 의한 t와 같다.

LBP는 수선간장(미터)

LCF는 수신간장(LBP)의 중앙으로부터 부면심까지의 수평거리(+ : 선수방향, 단위 : 미터)

[별표 2]

재화상태에서의 중량 · 중심 및 트림 등의 계산

(제5조제2항제2호 관련)

1. 다음 산식에 의하여 배수량(W)을 계산한다.

$$W = W_L + \Sigma w$$

이 식에서

W_L은 별표1제6호가목의 규정에 의한 W_L과 같다.

w는 탑재된 물건의 중량(톤)

2. 다음 산식에 의하여 KG를 계산한다.

$$KG = \frac{W_L \cdot KG_L + \Sigma w \cdot kg}{W}$$

이 식에서

kg는 기선으로부터 w의 무게중심까지의 높이(미터)

KG_L은 별표1제6호나목의 규정에 의한 KG_L과 같다.

W_L, w 및 W는 각각 제1호의 규정에 의한 W_L, w 및 W와 같다.

3. KM을 구하여 GM을 계산한다.
4. 본문 제7조의 규정에 의한 자유표면의 영향을 계산한다.
5. 다음 산식에 의하여 LCG를 계산하고 이 LCG로부터 BG를 계산한다. 〈개정 2007.11. 2〉

$$LCG = \frac{W_L \cdot LCG_L + \Sigma w \cdot lcg}{W}$$

이 식에서

lcg는 수선간장(LBP)의 중앙으로부터 w의 무게중심까지의 수평 거리(미터)

LCG_L은 별표1 제6호라목의 규정에 의한 LCG_L과 같다.

W_L, w 및 W는 각각 제1호의 규정에 의한 W_L, w 및 W와 같다.

6. 다음 산식에 의하여 트림(t)을 계산한다. 〈개정 2007.11. 2〉

$$t = \frac{W \cdot BG}{100MTC}$$

이 식에서

W는 제1호의 규정에 의한 W와 같다.

BG, MTC는 각각 별표1제5호의 규정에 의한 BG, MTC와 같다.

7. 다음 산식에 의하여 기선으로부터 측정한 d_f 및 d_a를 계산한다. 〈개정 2007.11. 2〉

$$d_f = d_{eq} + \frac{t \cdot \left(\frac{LBP}{2} - LCF \right)}{LBP}$$

$$d_a = d_{eq} - \frac{tcodt\left(\frac{LBP}{2} + LCF \right)}{LBP}$$

이 식에서

d_{eq}는 기선으로부터 측정한 상당흘수(배수량에 대한 등흘수)(미터)

t는 제6호의 규정에 의한 t와 같다.

LBP는 수선간장(미터)

LCF는 별표1 제6호바목의 규정에 의한 LCF와 같다.

[별표 3]

횡요주기의 계산

(제5조제2항제3호 관련)

1. 다음 산식에 의하여 동요시험측정치를 기초로 동요시험상태에 있어서의 횡환동반경(k)을 계산한다.

$$k = \frac{T_{s_o}\sqrt{G_oM}}{C}$$

이 식에서

T_{so}는 동요시험상태에서의 선박의 횡요주기(초)

C는 2.00 〈개정 2007.11. 2〉

G_oM은 별표1제2호의 규정에 의한 G_oM과 같다. 다만, 동요시험상태가 경사시험상태와 다른 경우 G_oM은 다음 각 목에 의하여 이를 계산한다.

가. 다음 산식에 의하여 동요시험시의 배수량(W)을 계산한다.

$$W = W_o + \Sigma w_1 - \Sigma w_2$$

이 식에서

W_o는 경사시험상태에 있어서의 배수량(톤)

w_1은 경사시험 후 탑재된 물건의 중량(톤)

w_2는 경사시험 후 내린 물건의 중량(톤)

나. 다음 산식에 의하여 KG를 계산한다.〈개정 2007.11. 2〉

$$KG_o = \frac{W_o \cdot KG_{oi} + \sum w_1 \cdot kg_1 - \sum w_2 \cdot kg_2}{W}$$

이 식에서

KG_{oi}는 경사시험시의 기선으로부터 겉보기 무게중심까지의 높이 (미터)

kg_1, kg_2는 기선으로부터 각각 w_1, w_2의 무게중심까지의 높이(미터)

다. KM을 구하여 G_oM을 계산한다.〈개정 2007.11. 2〉

라. 선박내에 있는 액체의 자유표면 영향에 대하여는 별표1 제3호의 규정을 준용한다.

2. 동요시험에 의한 각 적하상태의 횡요주기(T_s) 계산은 다음 각 호에 의한다.

가. 다음 산식에 의하여 경하상태로부터 만재상태까지의 범위에 있어서 흘수(d)에 대응하는 k_A 값을 계산한다.〈개정 2007.11. 2〉

$$k_A = B\left(0.373 + \frac{0.023B}{d_{eq}} - \frac{0.043L_a}{100}\right)$$

이 식에서

L_a는 흘수선의 전장(미터)

d_{eq}는 기선으로부터 측정한 상당흘수(배수량에 대한 흘수)(미터)

나. 다음 산식에 의하여 각 적하상태에 있어서 실제의 k값을 계산한다. 즉, 본문 제8조제1항의 규정에 의한 선박의 표준재화상태의 구분에 따른 k값은 동요시험시에 있어서의 k_o 및 k_{oA}의 비에 따라 k_A를 비례 수정된 것으로 한다.〈개정 2007.11. 2〉

$$k = k_A \cdot k_o / k_{oA}$$

이 식에서

k_o는 1항에 따라 계산된 동요시험시에 있어서의 횡환동반경

k_{oA}는 동요시험시에 있어서의 제2호가목의 산식에 의한 k_A

다. 다음 산식에 의하여 각 적하상태에서의 Ts를 계산한다.〈개정 2007.11. 2〉

$$T_s = \frac{2.00k}{\sqrt{G_oM}}$$

이 식에서

G_oM은 액체의 자유표면 영향을 고려한 무게중심으로부터 횡메타센타까지의 높이(미터)

3. 〈삭제 2007.11. 2〉

[별표 4]

부력의 산입범위

(제6조제3항 관련)

1. 해수유입개구가 상갑판의 상부에 있는 경우에는 선박의 횡경사각(θ)이 해수유입각(θ_f)을 초과하는 범위에 있어서 상갑판하의 해당부분의 부력을 산입하지 아니한다. ([그림 2-23] 참조)

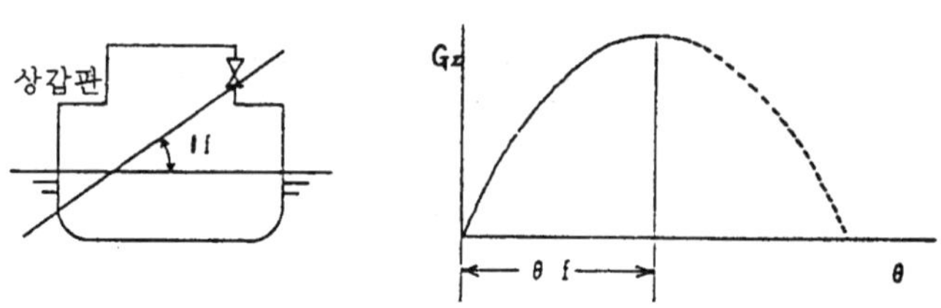

[그림 2-23]

2. 상갑판상의 선루 또는 구조물의 상부에는 이곳으로 통하는 해수유입개구가 있으나 상갑판상에는 해수유입개구가 없는 경우에는 선박의 횡경사각(θ)이 해수유입각(θ_f)을 초과하는 범위에 있어서 상갑판하의 부력은 유효한 것으로 한다. ([그림 2-24] 참조)

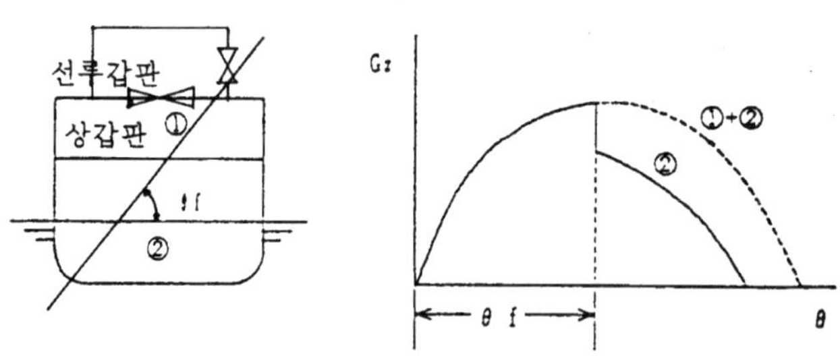

[그림 2-24]

[별표 5]

컴퓨터프로그램을 사용한 복원성의 계산방식 및 작성요령

(제27조 관련)〈신설 2007.11. 2〉

1. 복원성 계산시 컴퓨터프로그램을 사용하는 경우에는 다음 각 목의 사항이 포함되어야 한다.〈개정 2008. 7. 18〉
   가. 선박의 주요 제원
   나. 자료의 사용에 관한 안내
   다. 수밀구획, 개구의 위치 및 폐쇄상태, 해수유입각, 고정 선박평형수, 갑판의 허용하중 및 건현표시를 나타내는 일반배치도면
   라. 배수량등곡선도 또는 표
      - 적절한 간격의 흘수에서 Displacement, Moulded Volume, T.P.C, M.T.C, L.C.B, L.C.F, K.B, K.M.T, W.P.Area, C.B, C.P, C.W, C.M의 결과치가 산출될 수 있을 것
   마. 복원력교차곡선도 또는 표〈개정 2008. 7. 18〉
      - 적절한 간격의 흘수 또는 배수량에서 적절한 횡경사각에 대한 값이 산출될 수 있을 것
   바. 화물 적재장소의 용적 및 중심위치를 나타내는 용적도 또는 표
      - 각 화물 적재장소의 적절한 간격의 Level에서 Volume, VCG, LCG, 자유표면모멘트의 결과가 산출될 수 있을 것
   사. 각 탱크의 용적, 중심위치 및 자유표면에 대한 자료를 나타내는 용적도 또는 표
      - 각 탱크의 적절한 간격의 Level에서 Volume, VCG, LCG, 자유표면모멘트 결과가 산출될 수 있을 것
   아. 재화상태를 계산하기 위한 안내 및 계산에 관한 사항
      - 최소한 경하상태, 만재출항 및 만재입항의 재화상태에서 Lightship 중량, 화물의 중량, 선박평형수의 중량, 기타 선적물의 중량, Displacement, 선수미의 평균 흘수, KG, L.C.B, L.C.G, M.T.C, Trim, L.C.F, KG, GoM 등의 결과 값이 산출될 수 있을 것
      - 적절한 횡경사각에 대한 복원정
   자. 복원성계산시의 가정에 관한 사항
   차. 기타 안전운항을 위한 필요한 지침
   카. 복원성시험의 결과서
2. 복원성 계산방법은 이 기준에 따른 계산방식 또는 산식일 것

[별표 6]

복원성자료 승인의 기준 및 절차(제28조 관련)

〈신설 2007.11. 2〉

1. 승인대상

이 기준 제26조에 규정된 복원성자료 및 포함 항목을 대상으로 한다.

2. 제출자료

가. 복원성 승인을 요청할 경우에는 대행검사기관에 복원성자료를 제출하여야 한다.

나. 컴퓨터 프로그램을 사용하여 복원성을 계산하는 경우, 승인기관이 두 척 이상의 선박에 대하여 배수량 등 표, 복원교차곡선 표 및 주요 탱크의 용적의 정확성을 검증한 프로그램은 인정된 프로그램으로 간주한다.

3. 승인의 기준 및 절차

가. 컴퓨터 프로그램을 사용하여 계산된 복원성자료를 승인할 경우에는 인정할 만한 수단을 이용하여 배수량 등 표, 복원력 교차곡선 표 및 주요탱크 용적 등의 정확성을 확인하여야 한다. 다만, 제2호 나목에 의한 계산용 프로그램을 사용한 경우로서 계산에 사용된 선형입력자료, 구획입력자료 등 전산입력 자료의 정확성을 확인한 경우에는 그러하지 아니하다.〈개정 2008. 7. 18〉

나. 모든 적하상태에 대하여 관련 복원성기준에 적합함을 확인하여야 한다.

다. 도입되는 선박의 경우, 복원성능에 영향을 미치는 변경이 없는 경우에 한하여 도입이전의 정부 또는 선급에서 승인된 복원성자료 중 hydrostatic data 등의 기본 자료는 검증된 것으로 간주할 수 있다.

2.3.5 적하지침기기

1.1 관련 규정

선박은 하역작업 또는 항해 중에 화물 및 밸러스트의 부적절한 선적으로 인한 선체에 작용하는 과도한 응력을 피해야 한다. 따라서 선급에서는 선장에게 본선의 성능 및 상태를 이해시키고 적하에 따른 복원성과 선체강도와의 관계를 종합적으로 파악할 수 있도록 적하지침서를 비치하도록 규정하고 있다. 또한, 화물 및 밸러스트의 적하상태에 대하여 해당 선박에 발생하는 정수중 종굽힘모멘트, 전단력과 비틀림모멘트 등을 신속하고 용이하게 계산할 수 있는 종강도 적하지침기기를 비치하도록 규정하고 있다(선급 및 강선규칙 제3편 3장).

1.2 적하지침기기(Loading Computer)의 사용법

적하지침기기는 외국의 일부 해운국뿐만 아니라 우리나라에서도 일부 업체에서 개발하여 선박에 보급 사용되고 있다. 여기에서는 실습선 한바다호에서 사용하고 있는 적하지침기기(SHIPMANAGER-88, TMS)의 사용법에 대하여 살펴보자.

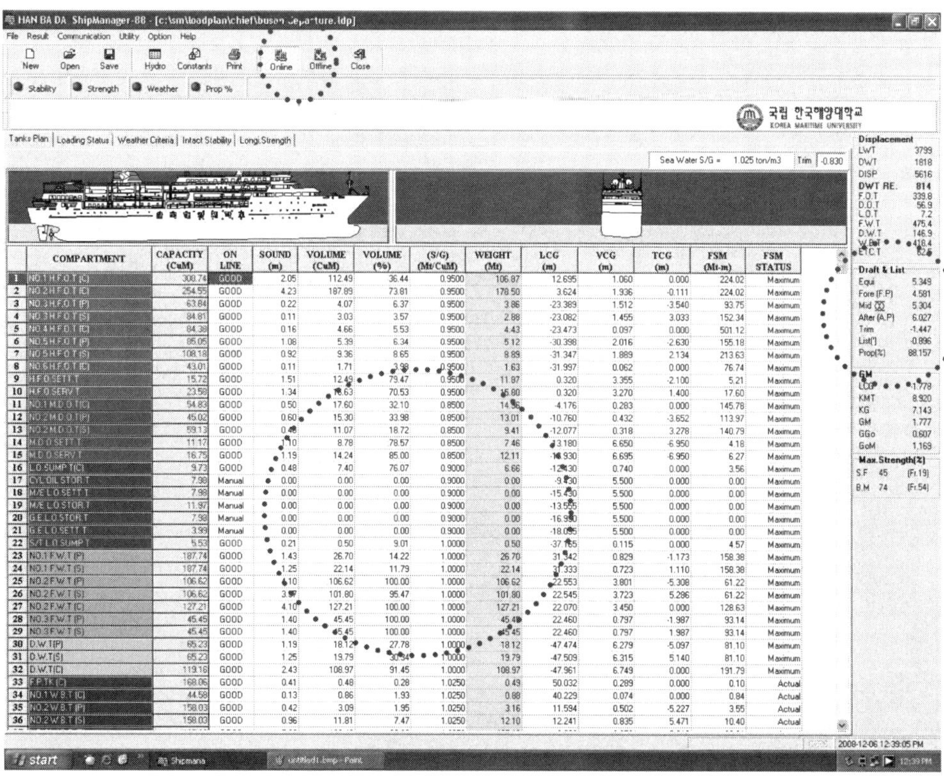

[그림 2-25] Tanks Plan 화면

[그림 2-25]는 Loading Computer를 실행하면 나타나는 기본화면으로 본선의 Loading Condition을 확인할 수 있다. 현재 Online 상태(상단의 표시부분)로 각 Tank로부터 Sounding 값이 실시간으로 입력되어(중앙 바탕부분) 본선의 현재 Condition(우측 표시부분)을 나타내고 있다. 본선의 변동가능한 모든 Tank가 좌측에 입력되어 있고, 각 Tank마다 Moment Lever(LCG, VCG, TCG)가 입력되어 있어 해당 Tank의 용량이 변하면 모멘트가 발생하여 선박의 Condition을 변화시킨다.

여기에서 본선의 Condition을 변경하여 계산하고자 한다면, Offline으로 변경하여 해당 Tank에 SOUND 값이나 VOLUME 값을 변경해 가면서 동시에 우측의 Condition을 확인하여 해당 Tank에 얼마만큼을 적재하면 되는지를 결정하면 된다. 해당 Tank에 SOUND 값이나 VOLUME 값을 입력하면 실시간으로 계산되어 해당 Condition이 확인 가능함으로써 화물, Bunker, Ballast Water 및 청수 등의 부적절한 선적이 곧바로 확인 가능하다.

Loading Computer의 사용은 Stowage Plan(Loading/Discharging)의 작성, 화물의 적양하 순서(Loading/Discharging Sequence) 결정, 적양하항에서의 흘수(Arrival/Departure Draft) 및 트림의 예측 등이 가능하며, 이러한 과정중에는 반드시 적절한 GM과 선체에 가해지는 응력의 크기를 확인해야 한다.

[그림 2-26]은 Loading Status를 한눈에 쉽게 확인할 수 있도록 구성한 화면으로 Oil Tank와 Water Tank를 구별하여 볼 수가 있다.

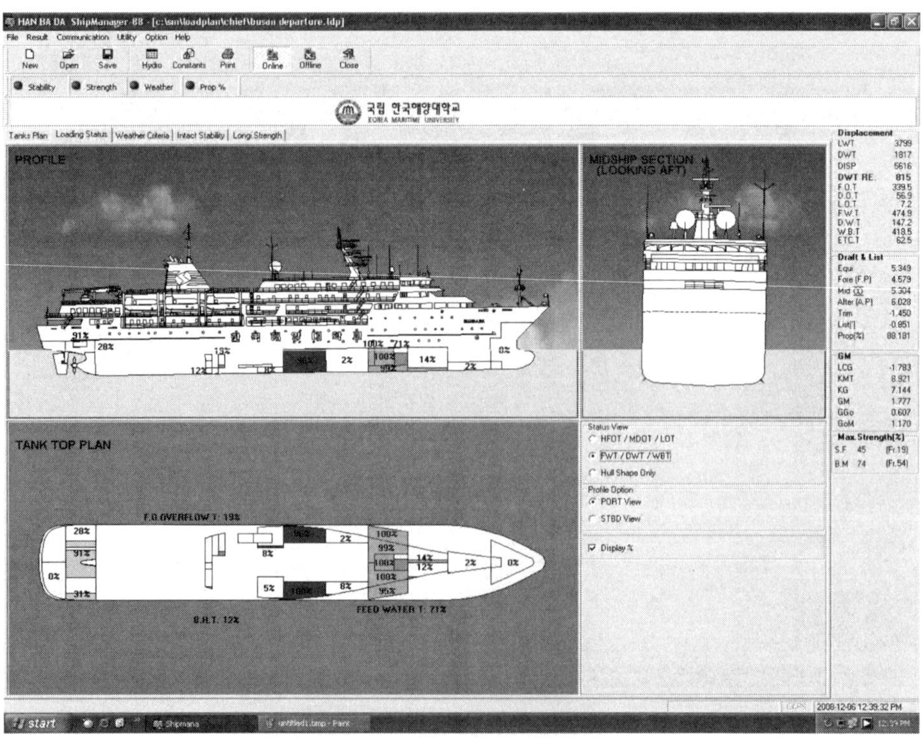

[그림 2-26] Loading Status 화면

[그림 2-27] 및 [그림 2-28]은 IMO 복원성 기준[Res. A. 749(18)]에 대한 만족 여부를 확인할 수 있는 화면으로, [그림 2-27]은 바람 및 파도에 대한 복원성 기준(Severe wind and rolling criterion), [그림 2-28]은 일반 복원성 기준(정적 복원성 기준, Intact Stability)을 나타낸다. 본선은 해당 복원성 기준을 만족한 것으로 표시되고 있다.

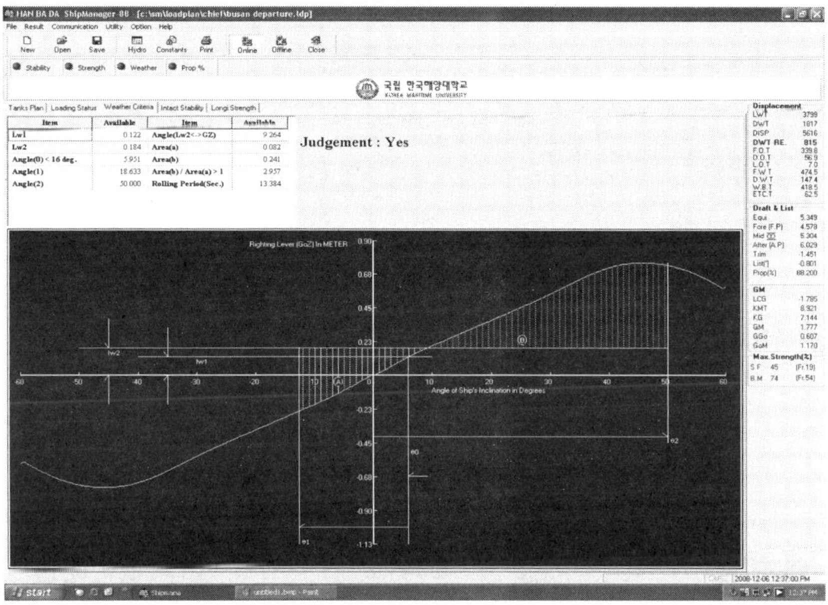

[그림 2-27] Severe wind and rolling criterion 화면

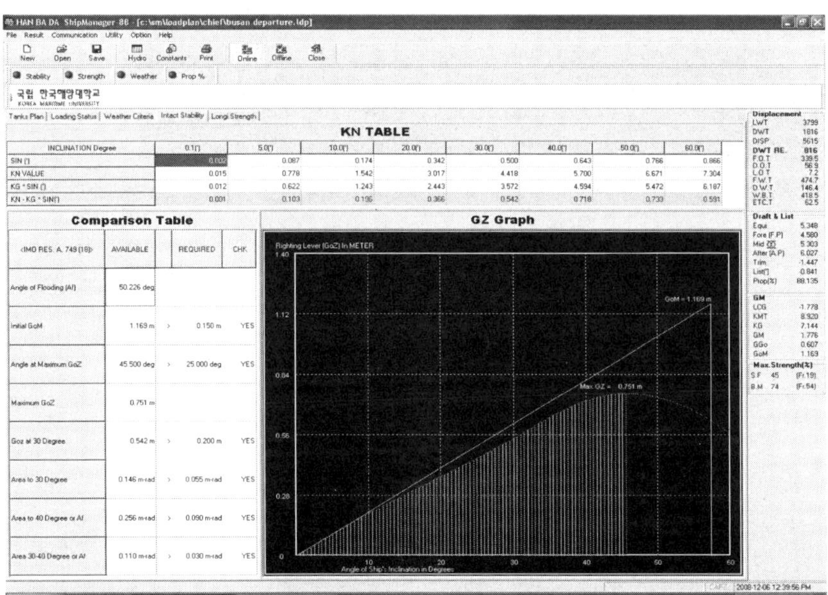

[그림 2-28] Intact Stability 화면

[그림 2-29]는 선체에 가해지는 Longitudinal Strength를 확인할 수 있는 화면이다. 좌측에는 선미부터 선수까지의 Frame Number가 표시되어 있고, 그 우측으로는 해당 위치에서의 현재의 전단력(Shere Force)과 종굽힘모멘트(Bending Moment)의 계산값과 허용 기준치에 대한 비율 및 허용 기준치가 표시되어 있다. 하단부 및 우측에는 해당 값의 최대치가 Frame Number와 함께 표시되어 있다.

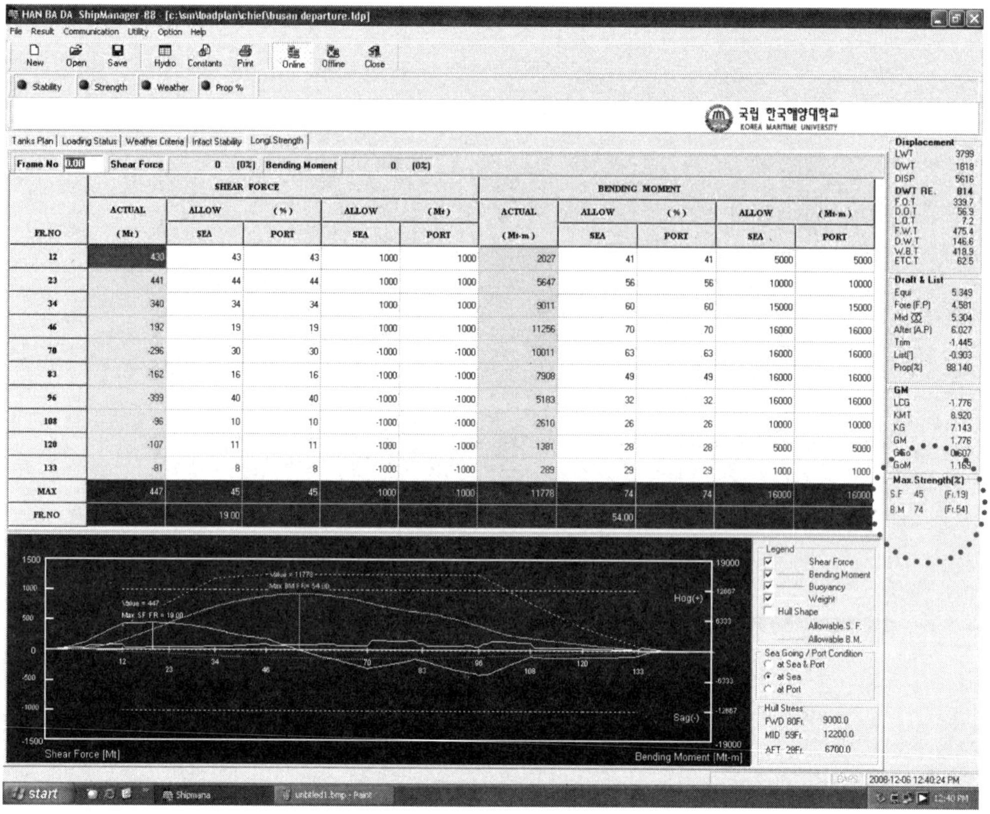

[그림 2-29] Longitudinal Strength 화면

기타 기능으로는 Hydrostatic Table(TPC, MTC 등)을 확인할 수 있는 화면(그림 2-30), 불명중량(Constant)을 수정할 수 있는 화면(그림 2-31) 그리고 해수 비중을 수정할 수 있는 화면(그림 2-32) 등이 있다.

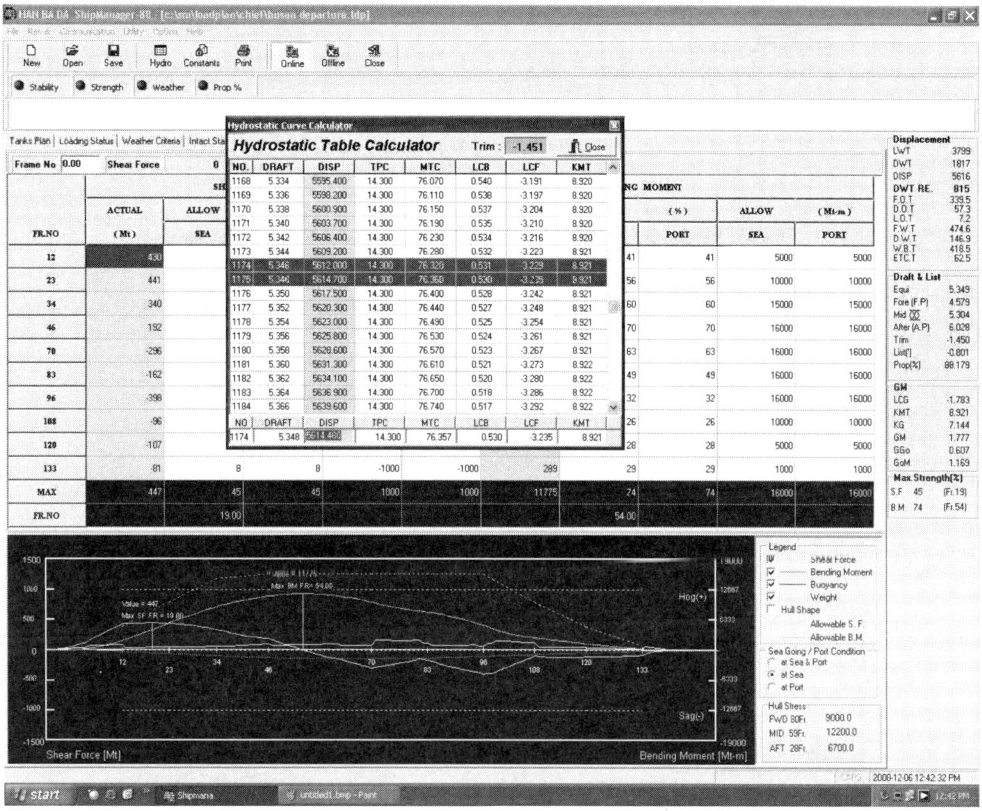

[그림 2-30] Hydrostatic Table 화면

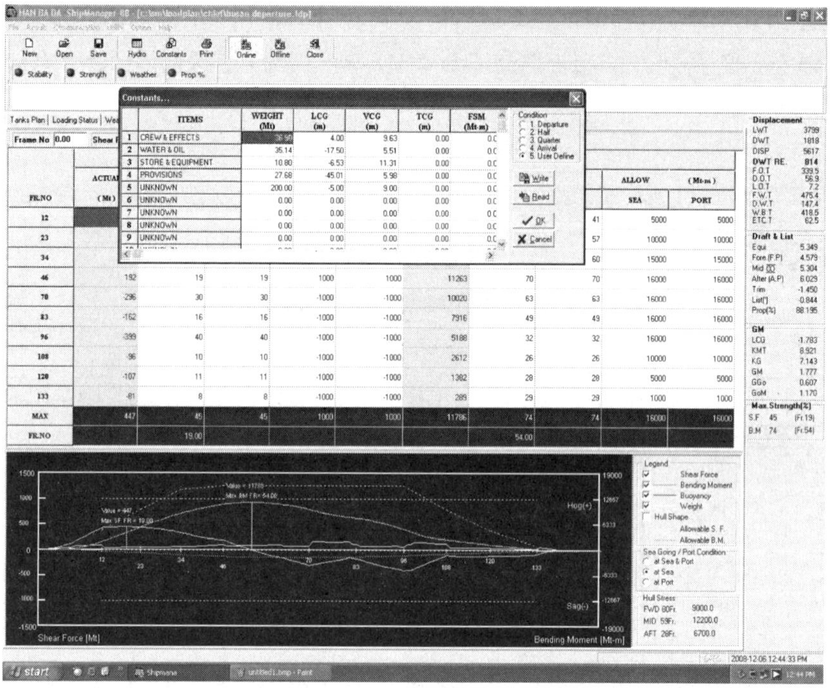

[그림 2-31] Constant 수정 화면

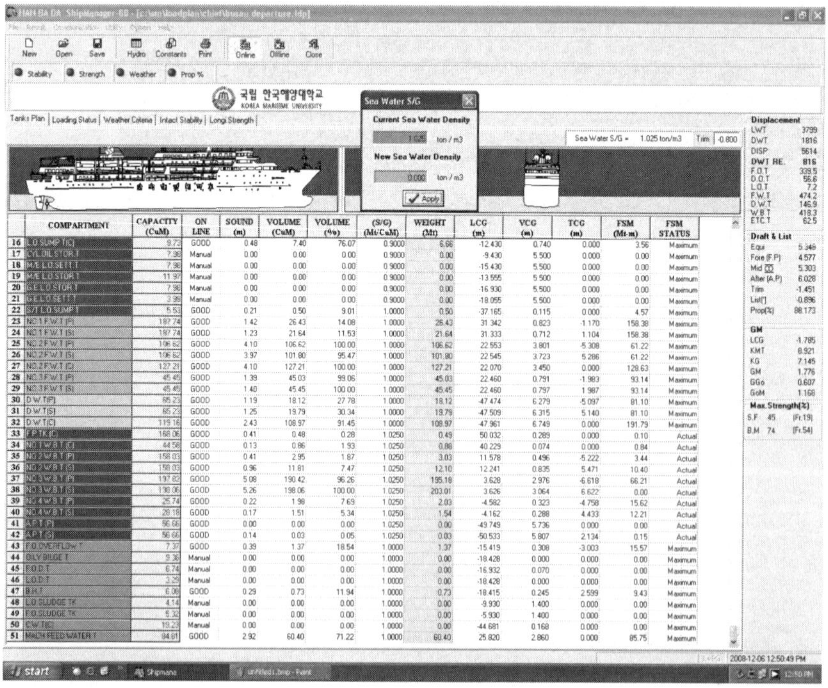

[그림 2-32] 해수 비중 수정 화면

제3장

컨테이너선

3.1 컨테이너선 운항의 개요

3.1.1 컨테이너선의 발전 과정

1950년대 중반 경 미국의 철도회사가 Piggy back system(TOFC : Trailer On Flat Car)라고도 하며 철도차량 위에 컨테이너를 적재한 트레일러를 실어 수송함으로써 철도 및 도로수송의 효율성을 제고한 수송방식)이라는 혁신적인 철도 운송 방법을 개발함으로써 철도 및 도로의 연계운송이 가능하여졌고, 이것이 컨테이너 운송의 기초가 되었다. 해상에서는 1956년 4월 sea land사의 전신인 Port Atlantic사에서 뉴욕과 휴스턴 항로에 60개의 컨테이너를 적재한 개조선박을 투입함으로써 해상 컨테이너 운송의 효시가 되었다.

그 후 SEA Land사는 1966년 4월 미국 구라파간의 국제항로에 처음으로 Full container선을 투입하였고, 뒤이어 1967년에는 미국의 Mstson사가 NYK 및 소화 해운과 연계하여 일본-PSW간 정기 항로를 개설하였다. 계속하여 1968년에는 American Mial Line에 의해 극동-PNW간 정기항로가 개설되었고, 1969년에는 호주-구주항로 및 호주-극동항로가, 그리고 1970년에는 극동-New York 항로가 각각 개설되었다.

〈표 3-1〉 컨테이너선의 세대 구분

세 대	연 대	적재 능력	선박의 길이	선박의 형태
1 세대	1956~1975	1,000 TEU 이하	137~ 192 m	개조 선박
2 세대	1970~1990	2,000 TEU 전후	220~280 m	풀 컨선, 터빈
3 세대	1980~현재	3,000 TEU 급	260~290 m	파나막스, 디젤
4 세대	1988~현재	4,000 TEU 급	270~290 m	포스트 파나막스
5 세대	1996~현재	5,000 TEU 급	300 m 이상	포스트 파나막스
미래의 컨테이너선				고속, 소형화

우리나라에서는 대한해운공사가 1972년 Container Feeder선 '인왕호'를 한일 간에 처음으로 취항시킨데 이어 1975년 첫 Full Container선인 'Korea Woins One호'를 극동 PNW간 항로에 취항시켰다.

1. 1세대 컨테이너선

1세대 컨테이너선은 본선의 길이가 137~192m이며, 적재능력 1,000 TEU 전후의 선형이다. 주로 1960년대 후반에 출현한 세미 컨테이너선 및 풀 컨테이너선으로 1960년대 이전에 개조된 일반화물선과 1960년대에 개조된 탱커가 모두 1 세대선에 속한다.

1960년대에 건조된 컨테이너선은 기본적으로 수에즈 운하의 경유를 전제로 설계된 선형이기 때문에 비교적 속도가 느리고 작은 편이다. 전형적인 1세대선의 제원을 보면 1,300~1,600 TEU급으로 32,000마력의 증기터빈을 탑재하고 스크류는 하나이며 속도는 21~22노트 수준이다. 기관실은 선미에 있고, 컨테이너는 9열 5단적으로 적재되며, 선체의 길이는 215m, 폭 30.5m, 흘수는 11m이다.

그러나 이들 1 세대선들이 채 진수되기도 전인 1967년 6월 3차 중동전 이른바 6일 전쟁이 발발하여 수에즈 운하가 봉쇄되고 만다. 따라서 신조 취항선들은 멀리 희망봉을 돌아 오랜 항해를 하지 않으면 안되었다. 따라서 새로운 환경, 즉 장거리 항해에 적합한 2세대선이 곧이어 설계되기 시작한다.

[그림 3-1] General cargo ship

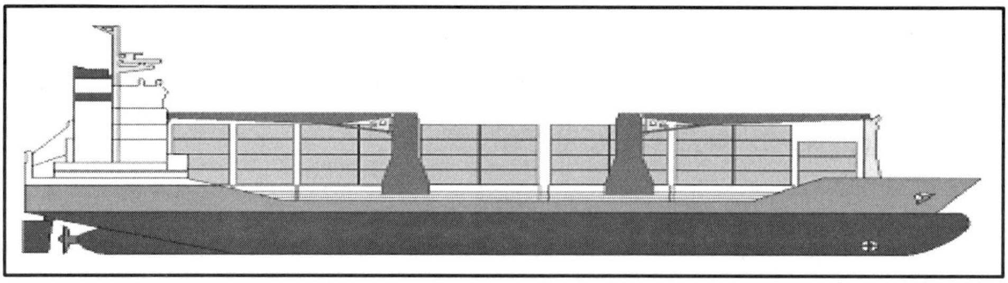

[그림 3-2] Multipurpose container vessel

2. 2 세대 컨테이너선

수에즈 운하의 봉쇄로 장거리 항해를 위한 대형 고속선이 등장하면서 2세대로 접어든다. 1970년대에 새로이 등장한 2,000 TEU 전후의 풀 컨테이너선으로 8만 마력의 증기터빈을 탑재하여 26 노트 이상을 내는 대형 고속선을 2 세대 컨테이너선으로 정의할 수 있다.

그런데 선박의 대형화시 직면하는 문제가 파나마 운하 가툰 갑문(Gatun Dock)의 통과이다. 갑문 6개 길이가 각각 302m, 폭은 33.5m, 수심 12.2m에 불과해 근본적으로 파나마 운하가 선박의 대형화에 크나큰 제약요인으로 작용하고 있다.

전형적인 2 세대선의 제원을 보면 2,300 TEU에 길이 290m, 폭 32.3m, 흘수 12m, 선창은 선교 앞에 6개 그리고 뒤에 2개, 10열 9단적으로 적재되고 선창에 1,900 TEU, 갑판상에 400TEU를 적재되어 있다.

따라서 흔히 말하는 파나막스 컨테이너선은 이미 2 세대선으로 시발되고 있음을 알 수 있다. 그러나 아직도 1 세대선이 그 태반을 이루고 이른바 파나막스선은 그 비중이 작아 2 세대선을 파나막스선으로 통칭하지 않는 것 같다. 파나막스선이라는 용어가 일반화된 것은 3 세대선, 즉 3,000 TEU급이 등장하면서부터이다.

1975년 8년 만에 수에즈 운하가 개통된다. 이제 다시 크고 빠른 선박들이 수에즈 운하를 통과함으로써 경제성에 대한 문제가 제기되었다. 더욱이 1973년 10월의 1차 오일 쇼크로 이들 연료 다소모형 2 세대선은 진수가 되자마자 비경제선으로 전락하고 만다. 나아가 1979년 2차 오일쇼크로 대부분의 대형 고속 2 세대선들은 연료절약형 디젤엔진으로 개조되거나 추진방식을 변경하게 된다.

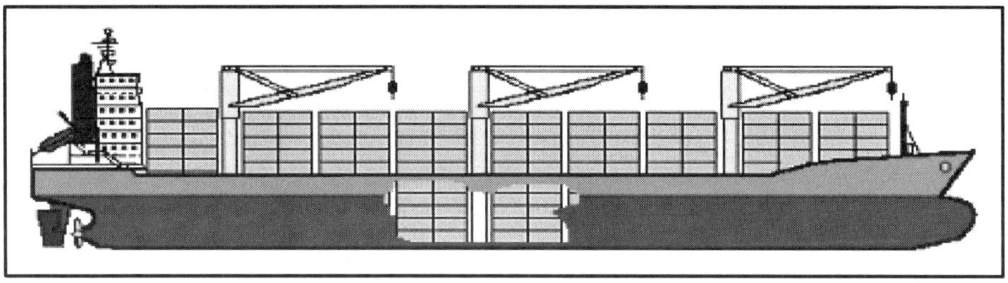

[그림 3-3] 2nd Generation Container Ship

3. 3 세대 컨테이너선

3 세대선은 대체로 3,000 TEU급 파나막스선과 4,000 TEU급 파나막스선으로 구분된다. 한마디로 3 세대 컨테이너선은 연료절약형 엔진을 탑재하여 운항비 절감을 목표로 한 선형이다. 1980년대 들어 규모의 경제를 통한 경쟁력의 강화, 원가절감에 초점이 맞추어지면서 다시 대형선이 선호되고 속도는 줄기 시작하였다.

예컨대 1986년에 건조된 에버그린의 'Ever Guest호'는 46,411 dwt, 53,240 총톤, 길이 241.66m, 폭 32.31m, 깊이 19.16m, 흘수 11.63m, 3,428 TEU, 23,180 마력의 저속 디젤엔진 1기를 장착하여 21 노트를 내는 선박이다. 1991년 건조된 'Nedlloyd Asia호'는 길이 226.0m, 폭 32.26m, 깊이 23.25m, 흘수 12.5m, 41,600 마력의 엔진에 스크류 하나, 21.5 노트, 48,508 총톤, 3,568 TEU 급으로 선원 15명이 승선하고 있다.

이들 3 세대선들은 2 세대선들에 비해 적재효율이 크게 증대되었다. 고속선은 선체가 날렵한 유선형으로 적재능력에 한계가 있었으나, 저속선은 유선형일 필요가 없으므로 적재능력을 상당히 늘릴 수 있었다. 또한 엔진이 작아져서 기관실과 연료창이 줄어 그만큼 적재공간이 늘어났고, 2 세대선의 갑판적은 4단인데 반해 4세대선은 5단으로 설계되었기 때문이다.

1970년대 초의 증기 터빈의 연료소모가 마력/시간당 190g이었는데 비해 저속 디젤엔진의 경우 124g에 지나지 않아 3 세대선은 하루 150톤 이하를 소모한다. 승선인원도 2 세대선의 경우 45 명이나 되었으나 자동화에 의해 12~14명 선이면 충분하였다. 그러나 여러 가지 사정을 이유로 유럽선의 경우 23명을, 에버그린은 16명을 승선하게 하고 있다.

4,000 TEU급 파나막스선은 USL의 슈퍼 컨테이너선, 일명 이콘선(Econship)으로부터 시발한다. 1977년에 USL을 매입한 맥린(Malcom P. McLean)은 씨랜드 경영시절부터 꿈꾸어 오던 세계일주 서비스를 위해 대우조선과 1883년 4월 21일 초대형 컨테이너선, 12척을 1984~1985년간에 인수받는 조건으로 5억 7,000만 달러에 건조계약을 체결한다. 이 배들은 공히 4,458 TEU, 57,800 dwt, 52,000 총톤, 18,700 순톤에 길이 289.5m, 폭 32.2m, 깊이 21.5m, 흘수 10.7m, 28,000 마력의 엔진을 장착하여 18 노트를 낼 수 있는 파나막스 저속선들이다.

USL은 1984년 12월 3일 네 번째 선박의 인수와 동시에 공식적인 세계일주 서비스의 개시를 선언한다. 그러나 1985년 9월 12번째의 선박을 인수한 이후 1년 동안의 누적적자가 5억 달러에 달해 1986년 11월 24일 법정관리를 신청하고 재기를 위해 안간힘을 썼으나, 마침내 1987년 5월 도산하고 만다.

한편, 최근에도 4,000 TEU 이상이면서 파나막스선인 제 3 세대선이 계속 발주, 건조되어 제 4세대선인 포스트 파나막스선과 함께 공존하고 있음을 볼 수 있다. 1988년에 건조된 Maersk Line의 'Marchen Maersk호'는 52,191 총톤, 4,422 TEU, 길이 294.32m, 폭 32.26m, 깊이 21.52m, 흘수 13.52m, 57,675 마력의 엔진에 스크류가 하나인 24 노트를 내는 선박이다.

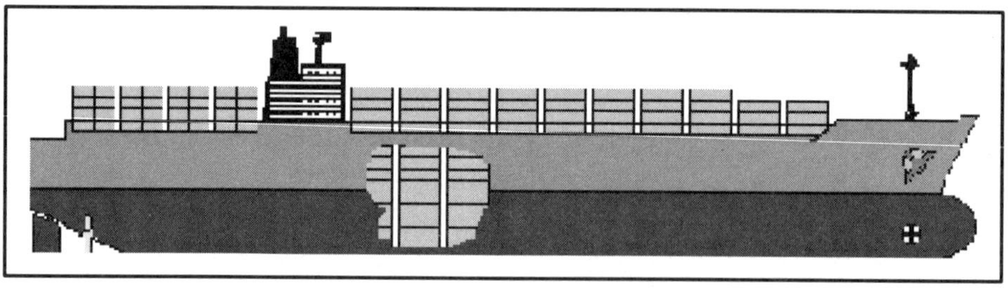

[그림 3-4] 3rd Generation Container Ship

4. 4 세대 컨테이너선

4 세대선은 4,000~5,000 TEU, 길이 262~290m로 이른바 포스트 파나막스선이며, 1988년 이후에 등장한 선형이다. 대표적인 4 세대선은 1988년 4월 15일에 진수된 APL사의 C-10 선이다. C-10선은 61,785 총톤, 길이 275.22m, 폭 39.41m, 깊이

23.63m, 흘수 12.73m, 4,340 TEU, 57,000 마력의 디젤엔진을 장착, 하루 연료 150톤을 소모, 24.25 노트를 낸다. 파나막스선의 선폭이 32.3m인데 반하여 C-10선의 선폭은 39.41m로 7m나 넓은 것이다.

포스트 파나막스선인 C-10 선과 파나막스선인 USL의 이콘선의 장단점을 비교해 보면, USL의 이콘선은 4,480 TEU급 선으로 파나막스이면서 포스트 파나막스인 C-10 선보다 적재량이 많고 길이가 같다. 그러나 C-10 선은 길이 대 폭의 비가 7 : 1이 되어 그 비가 9 : 1 인 이콘선에 비해 공학적으로 안정성이 높아 밸러스트의 양이 적고, 본선내의 적부시간이 단축된다. 즉, 이콘선은 선폭이 좁아 본선의 안전을 위해 배수량의 25 %에 달하는 밸러스트를 필요로 하지만 C-10 선은 5 %면 충분하여 약 1 만톤의 중량차이가 나게 된다.

컨테이너선의 경우 적재중량은 그다지 문제가 되지 않지만 1만톤은 연료 효율면에서 큰 차이를 보인다. 또 이 선박은 전후의 중량 배분을 위해 본선 내에서 컨테이너의 이동이 필요한데 비해, C-10 선은 중량배분에 그다지 유의하지 않아도 되므로 항만에서의 정박시간이 이콘선보다 짧아진다.

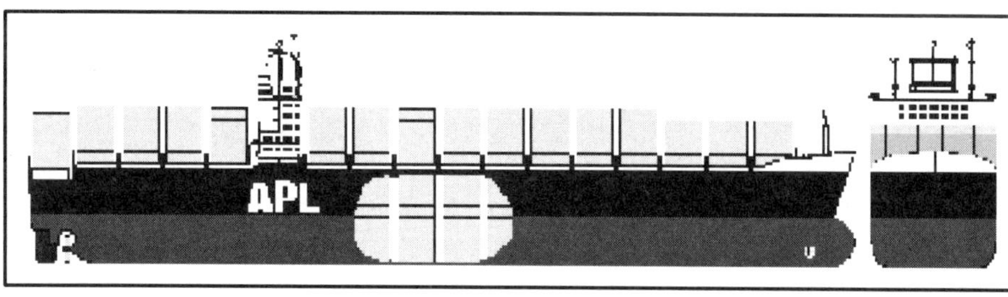

[그림 3-5] 4th Generation Container Ship

5. 5 세대 컨테이너선

길이 300m 이상 5,000~6,000 TEU급을 5 세대 선이라 할 수 있다. 그러나 운항효율면에서 소형선보다는 대형선에 의한 대량 수송의 이익이 더 크고, 컨테이너 장치장, 겐트리크레인, 항만의 준설 등 컨테이너 기반 시설의 현대화가 진전됨에 따라 대형선의 수용가능성이 높아지고 있으며, 선사 간 제휴에 의한 선복의 공동이용에 따른 적재율(load factor) 제고, 규모의 경제를 통한 경쟁력 제고의 실현, 거기에 최근 들어 낮은 수준의 신조선가에 힘이어 선박은 꾸준히 대형화되고 있다.

1994년 중반 현대상선이 5,046 TEU급 5 척을 현대중공업에서 건조하여 1996년에 북미항로에 투입하였다. 이 선박들이 취항하면서 5000 TEU를 초과하는 최초의 선박이 되어 5세대 시대를 개막하게 되었다.

한편, 머스크(Maersk)는 원래 4,900 TEU급 9 척의 신조를 계획했다가 5,500 TEU급으로 설계를 변경하여 건조하여 1996~97년간에 취항하였다. 그리고 중국의 COSCO(China Overseas Shipping Corp.)가 1994년 12월에 5,250 TEU급 6척을 발주하여 건조하였고, 1995년 5월 영국의 P&O와 일본의 NYK가 제휴를 발표하고 뒤이어 6월에 5,800~6,300 TEU급 선박을 각각 4척, 5척씩 신조하였다.

그러나 컨테이너선은 여러 면에서 제약 요인이 남아 무한정 커질 수는 없을 것 같다. 먼저 항만의 수심이 문제다. 선박의 적재흘수가 14미터 이상이 되면 소수의 항구를 제외하고 대부분이 항구가 수로 및 부두의 준설을 필요로 한다. 항문시설의 확충 및 준설은 예산 문제뿐만 아니라 환경문제와도 결부되어 있어서 쉽지 않을 것이다.

그리고 컨테이너 터미널 내 또는 주변의 하부구조의 제약 및 야드 장비의 설계능력 제약 등으로 신속 하역이 방해를 받아 대형화의 이점이 상쇄되는 문제점이 있다. 그러나 이러한 문제점은 주요 항만들이 겐트리 크레인 및 야드 기기를 보완함으로써 점차 해소될 것으로 기대된다. 더욱이 컴퓨터 및 통신 시스템의 개발로 컨테이너 하역의 능률을 크게 높일 수 있는 단계에 와 있다.

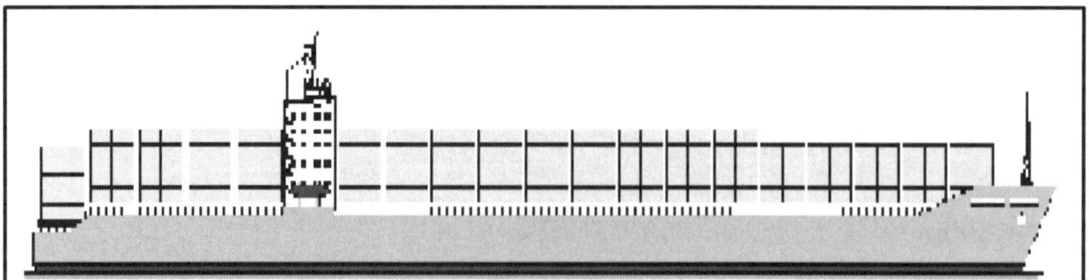

[그림 3-6] Silhouette of a 5th Generation Container Ship

6. 미래의 컨테이너선

[그림 3-7] Aftermost container bay on the Regina Maersk

운송에 있어서 속도는 첫 번째로 꼽는 매력요소이다. 해상 컨테이너 운송의 많은 장점에도 불구하고 결정적인 약점은 아직도 항공기에 비해 속도가 현저하게 떨어지는 것이다. 만약 선박이 40노트를 항해하여 대서양을 3일 만에 횡단할 수 있다면 많은 항공화물이 해양으로 복귀할 것이다.

이에 해상에서 보다 빠르고 효율적인 서비스를 제공하기 위한 갖가지 아이디어가 나오고 그것이 현실화 되고 있다. 사실 지금의 컨테이너선으로도 현재의 속도보다 40% 정도 더 빠르게 할 수 있지만 이러한 고속화는 많은 연료의 소모로 경제성에 문제가 생긴다.

따라서 선박이 고속화는 선박의 소형화와 강력한 소형엔진의 개발을 통해 가능하다. 미래의 컨테이너선은 대형화의 지속과 함께 소형화에 의한 고속화의 추진도 병행될 것으로 보여진다. 이에 발맞추어 일본, 미국 등이 현재 소형 고속 컨테이너선을 개발하고 있는 중이다. 일본의 경우 지난 1989년부터 일본 조선업계 7개사와 운수성이 참여하는 국가 프로젝트로서 '테크노 수퍼라이너(Techno-Superliner)'를 개발 중이다.

이 테크노 수퍼라이너라 불리는 초고속 컨테이너선은 배수톤수 3,000톤, 적재 중량 1,000 톤 이상으로 컨테이너 150 TEU와 항공기용 컨테이너 및 자동차 등을 적재하고, 25,000마력의 가스터빈을 장착 50 노트를 낼 수 있는 초고속선이다.

3.1.2 컨테이너 운송 특징

1. 정기선(Liner) 운송

정기선(Liner) 운송은 크게 두 개 이상의 항구로 구성된 일정한 항로를 화물의 집화량에는 크게 관계없이 미리 공시된 운항계획에 따라서 규칙적으로 반복 운항하는 것을 말한다. 운송화물로는 주로 공산품, 반제품 등 일반화물을 취급하며, 불특정 다수의 화주를 대상으로 한 선하증권에 의한 개품운송계약에 의하고, 화물운임은 사전에 공시된 운임표(Tariff)상의 운임률이 적용된다.

정기선 운송의 특징은 다음과 같다.

1) 특정항로의 반복 운항

정기선 운송은 투입 선박의 항로, 기항지, 출입항 일자, 항해일수 등이 미리 정해져 있으며, 이러한 스케줄에 따라서 공시된 특정 기항지를 순차적으로 기항하고 주기적으로 항해하는 서비스를 화주에게 제공한다.

2) 공공서비스의 제공

정기선 해운업자는 불특정 다수의 화물을 운송하는 보통운송인 또는 공중운송인으로서의 역할을 수행하여, 마치 육상 교통운송에서의 버스, 지하철 등의 대중교통수단과 같은 개념의 서비스를 제공한다.

3) 고가 서비스

정기선 운항은 주로 고가의 컨테이너선들을 이용하고, 화물로도 완제품 또는 반제품의 공산품이 주종을 이루기 때문에, 부정기선이 주로 운송하는 화물인 원자재 또는 농산물, 광산물 등에 비하여 운임이 비싸다.

4) 표준화된 계약 서비스

부정기선 운송과는 달리 화물의 종류, 수량 등에 관계없이 표준화된 계약인 선화증권(Bill of Landing : B/L)을 사용한다.

5) 운임률의 공시

해당항로에 따라서 취급하는 화물의 운임표를 사전에 작성하여 공시하며, 경우에 따라서는 관련 정부가 정기선 해운업자 또는 해운동맹에 운임율의 조정 및 신고를 요구할 수 있다.

6) 광범위한 조직

불특정 다수의 화주를 상대로 다양한 화물을 취급하고, 수많은 항구를 기항하고 또 내륙지역에서 영업활동을 해야 하기 때문에 지사, 사무소, 대리점, 현지법인 등을 설립하여 집화활동을 해야 한다.

7) 자본집약적 산업

특정항로에서의 안정적이고 반복적인 서비스 제공을 위해서는 적정규모의 컨테이너선대 확보, 컨테이너용기 확보, 내륙운송장비 확보, 전용터미널 확보, 전자정보교환(EDI : Electronic Data Interchange)구축 등이 필수적이며, 이를 위해서는 막대한 규모의 자본투자를 필요로 한다.

2. 개품운송계약(Affreightment in a general ship)

개품운송계약은 운송인이 불특정 다수의 화주로부터 소량 화물의 운송을 위탁받아 이들 화물을 혼재하여 운송하는 것으로, 정기선의 화물운송에서 일반적으로 이용한다.

운송계약서는 따로 작성하는 것이 아니고, 선적 후 운송인이 발행하는 선하증권에 의하여 운송계약이 성립한다. 선하증권의 이면에는 각종 이면약관이 아주 작은 글씨체로 인쇄되어 있어서 일반 화주들은 간과하기 쉬운 부분이다.

〈표 3-2〉 개품운송계약과 용선계약의 차이점

개 품 운 송 계 약	용 선 계 약
1. 개개 화물의 운송을 계약함	1. 운송인이 선복의 일부 혹은 전부를 대절하는 계약 형태임
2. 선박이 화물을 찾음	2. 화물이 선박을 찾음
3. 주로 정기선 운송에 이용함	3. 주로 부정기선 운송에 이용함
4. 특정항로에 정기적으로 행해짐	4. 불특정 항로에 부정기적으로 행해짐
5. 선형은 대형이고 고속임	5. 주로 선형은 중소형이고 경제속력임
6. 계약 내용은 B/L 약관에 의함	6. 계약내용은 각각의 계약마다 따로 정해짐
7. 재운송(Cargo relet) 계약을 허락지 않음	7. 재운송 계약이 가능함

경우에 따라서 한 하주가 동종의 대량화물을 운송하고자 할 때에는 별도의 특별 운송계약서를 작성하여 이용하기도 한다.

3.1.3 컨테이너선의 경영 및 운항

1. 컨테이너선의 경영

컨테이너선의 경영은 거액의 자본이 필요하기 때문에 위험부담이 매우 크다. 이로 인해 과거 재래 정기선의 경영에서는 볼 수 없었던 새로운 기업 경영형태를 가져오게 되었다. 현재 많이 채택되고 있는 컨테이너선의 경영형태로는 다음 3가지가 있다.

1) 스페이스 차터(Space Charter) 방식

NYK, MOSK 등 일본 선사에서 주로 채택하고 있는 방식이다. 이 방식은 2 개 이상의 선사가 1척 또는 수척의 컨테이너선을 소유하여 운항하고 ㉠ 그룹 내에서의 배선 조정, ㉡ 터미널의 공동 사용, ㉢ 컨테이너 개수를 단위로 하는 멤버간의 스페이스 차터(Space Charter), ㉣ 컨테이너와 관련 기기의 상호 융통, ㉤ 그룹 내에서의 협의 배선 등을 행한다. 그러나 집화, 컨테이너선의 운항 등에 대하여는 각사가 독립성을 갖고 있다.

2) 컨소시엄(Consortium)

컨소시엄이란 거액의 자본을 필요로 하는 분야에서 멤버들이 공동의 목표를 달성하기 위하여 구성하는 기업 연합체를 의미한다. 선박회사에서 실제로 행하여지고 있는 컨소시엄은 내용은 매우 다양해서 독립 기업체에 가까운 컨테이너선의 운항과 집화기구를 일원화한 연합 서비스 형식을 취하고 있는 등 여러 가지 형태가 있다. 국제적 컨소시엄 결성의 좋은 예로는 1975년 한국, 일본, 대만, 싱가포르, 프랑스 및 벨기에의 5개 선사가 결성한 에이스 그룹이 있다.

3) 기업합병 (Conglomerate)

기업합병의 예로는 독일의 대표적인 선사인 Hapag-Lloyd Container Line과 네덜란드의 Barber Blue Sea Line을 들 수 있다. Hapag-Lloyd Container Line은 Hamberg-America Line과 Norddeutscher Lloyd 2개 선사에 의한 합병회사로서, 미국의 New York, Baltimore, Philadelphia, Norfolk와 유럽의 Antwerp, Amsterdam, Rotterdam, Bremen의 항로에 컨테이너선을 공동 운항하여 터미널의 공동사용, 기기의 상호이용을 행하고 있다.

※ 해운동맹 (Shipping Conference)

해운 기업의 경영 형태라고 볼 수는 없지만, 기업 간의 불필요한 경쟁을 지양하고 상호 간의 이익을 유지, 증진하기 위한 목적을 가지고, 화물, 운임, 배선 및 기타 운송 조건에 관하여 협정을 체결하는 것을 말하며, 일종의 카르텔(cartel)이다. 협정 분야에 따라 항로 동맹, 운임 동맹 및 공동 배선 협정 등이 있다.

2. 컨테이너선의 운항

1) 컨테이너선의 특징

현재 운항 중이거나 계획 중에 있는 컨테이너선 운항에 대하여 그 특징을 말하면 다음과 같다.

① 선형의 대형화

대량수송과 항만 하역이 기계화에 따라 선형의 대형화가 지속적으로 이루어지고 있다. 초창기인 1970년대에는 1,000 TEU 내외의 선박이 주류를 이루었으나, 1980년대에는 2,000～3,000 TEU급이, 1990년대에는 4,000 TEU～5,000 TEU급, 2000년대에는 6,000～10,000 TEU급의 대형 컨테이너선이 취항하고 있다. 곧 12,000 TEU급 슈퍼 컨테이너가 출현할 것으로 예상된다.

② 고속화

현재 취항중인 신조 풀 컨테이너선의 속력은 모두 22 노트 이상이며, 최고 30 노트 이상도 가능한 풀 컨테이너선이 출현하고 있다. 이러한 고속화는 본선의 운항일수를 단축시켜 배선 척수의 감소와 대고객 서비스를 강화하는 이점을 가지게 된다.

③ 주기성

컨테이너선은 대고객 서비스를 안정적으로 제공하기 위하여 정해진 스케줄에 따라 주기성을 가지고 운항되는 것이 특징이다. 대고객 서비스, 항만사정, 배선간격, 선사의 능력 등을 감안하여 스케줄이 작성되며, 이는 다음에 기술하는 컨테이너선의 운항 방식과 밀접한 관련이 있다.

2) 컨테이너선의 운항 방식

① 피스톤 서비스 (piston service)

소수의 정해진 기항지 사이를 일정한 시차로 왕복하며 반복 수송하는 운항방식을 말한다. 피더 서비스와 함께 가장 기본적인 운항 방식이며, 기항지 사이의 거리가 짧을 때에는 소수의 선박으로도 서비스가 가능하다.

② 피더 서비스 (feeder service)

컨테이너 물동량이 비교적 작은 지선 항로에는 소형의 피더 컨테이너선을 투입하게 되며, 이를 피더 서비스라고 한다. 때때로 육상 운송이나 항공운송을 통하여 연계 수송하는 방식을 취하기도 하는데, 넓은 의미에서 이것도 피더 서비스라고 볼 수 있다.

③ 시계추 서비스 (pendulum service)

일정한 항구를 중심으로 하여 동, 서 방향으로 시계추처럼 왕복하면서 수송하는 운항방식이다. 피스톤 서비스에 비해 통상 서비스 구간이 더 길고, 한 단계 발전한 운항 서비스이다.

④ 세계 일주 서비스 (Round-The-World, RTW Service)

지구를 한 바퀴 돌면서 서비스를 하는 방식이다. 대형 선단과 잘 갖추어진 집화망, 터미널 시설 등을 필요로 하기 때문에 위험부담이 큰 운항방식이다.

3.2 컨테이너선의 화물

3.2.1 컨테이너 용어에 관한 정의

〈표 3-3〉 컨테이너 용어

용 어	영 어	정 의
자 중	Tare Weight	빈 Container의 중량
최대 총중량	Max.Gross Weight or Rating(R)	화물을 적재하였을 시의 최대 중량
최대 적재중량	Max.Pay Load(P)	최대 총중량에서 자중을 뺀 중량
외부 치수	Overall External Dimensions	Container 외부의 높이, 폭, 길이에 항구적인 부속품을 포함한 최대치
내부 치수	Internal Dimensions	높이는 Roof 하면에서 Floor 상면까지의 치수, 폭은 Side Lining의 내면간 치수, 길이는 Door Sheet의 내면에서 앞벽 내장까지 치수
내부 용적	Unobstructed Capacity	내부 치수로서 결정되는 용적
문의 개구부 치수	Dimensions of Door Opening	문의 개구부의 최소 높이 및 최소 폭의 치수

3.2.2 컨테이너의 규격

컨테이너는 여러 가지 화물을 일정한 크기의 상자에 넣어 해상과 육상 수송을 쉽게 하기 위해 고안된 규격으로, 컨테이너의 규격 치수 강도 및 구조에 대하여 국제표준화기구(ISO : International Organization Standardization)에 규정되어 있다. 아래의 표는 규정한 컨테이너의 외형 치수와 중량을 나타내고 있다. 이들 중에 선박용으로는 주로 1AAA, 1AA, 1CC 등이 사용되고 있으며, 특히 1AAA는 높이가 보통의 컨테이너보다 1 피트 높아 부피가 크므로 하이큐브(High Cube) 컨테이너라고 불린다. 특히 하이큐브 컨테이너 선적 시 Panam나 IMO Visibility에 유의하여야 한다.

컨테이너 박스 자체의 강도는 최대 중량의 컨테이너 9 단에 해당하는 정하중의 0.25 배에 해당하는 하중을 컨테이너의 네 귀퉁이에 각각 가하여도 견딜 수 있도록 설계, 제작되도록 요구하고 있다. 이것은 10 개 컨테이너를 한 줄로 쌓았을 때 맨 아래의 컨테이너가 찌그러지지 않아야 한다는 것이다. 실제로는 선박의 동요에 의한 가속도 때문에 그렇게 많이 선적할 수 없으며, 대형의 컨테이너선의 화물창 내에는 일반적으로 9단까지의 컨테이너를 선적하도록 하고, 각 Bay당 컨테이너의 하중을 지정한다.

〈표 3-4〉 ISO 표준규격

<table>
<tr><th rowspan="3"></th><th colspan="6">외 부 치 수 (mm)</th><th rowspan="3">최대
총 중량(R)
(Kg)</th></tr>
<tr><th colspan="2">높 이 (H)</th><th colspan="2">폭 (W)</th><th colspan="2">길 이 (L)</th></tr>
<tr><th>mm</th><th>ft-in</th><th>mm</th><th>ft-in</th><th>mm</th><th>ft-in</th></tr>
<tr><td>1A</td><td>2,438</td><td>8′</td><td rowspan="7">2,438</td><td rowspan="7">8′</td><td rowspan="3">12,192</td><td rowspan="3">40′</td><td rowspan="3">30,480</td></tr>
<tr><td>1AA</td><td>2,591</td><td>8′ 6″</td></tr>
<tr><td>1AAA</td><td>2,896</td><td>9′ 6″</td></tr>
<tr><td>1B</td><td>2,438</td><td>8′</td><td>9,125</td><td>29′ 11 1/4″</td><td>25,400</td></tr>
<tr><td>1C</td><td>2,438</td><td>8′</td><td rowspan="2">2,991</td><td rowspan="2">9′ 9 3/4″</td><td rowspan="2">10,160</td></tr>
<tr><td>1CC</td><td>2,591</td><td>8′ 6″</td></tr>
<tr><td>1D</td><td>2,438</td><td>8′</td><td>2,991</td><td>9′ 9 3/4″</td><td>10,160</td></tr>
</table>

세계 각국의 대부분 해운선사는 ISO(International organization for Standardiztion) 규격을 사용하고 있고 그 중에서도 1C(20foot)와 1AA(40foot)의 2종류가 대부분을 차지하고 있다.

－20footer CNTR : 길이 20' × 폭 8' × 높이 8'6"

－40footer Normal CNTR : 길이 40' × 폭 8' × 높이 8'6"

－40footer High Cube CNTR : 길이 40' × 폭 8' × 높이 9'6"

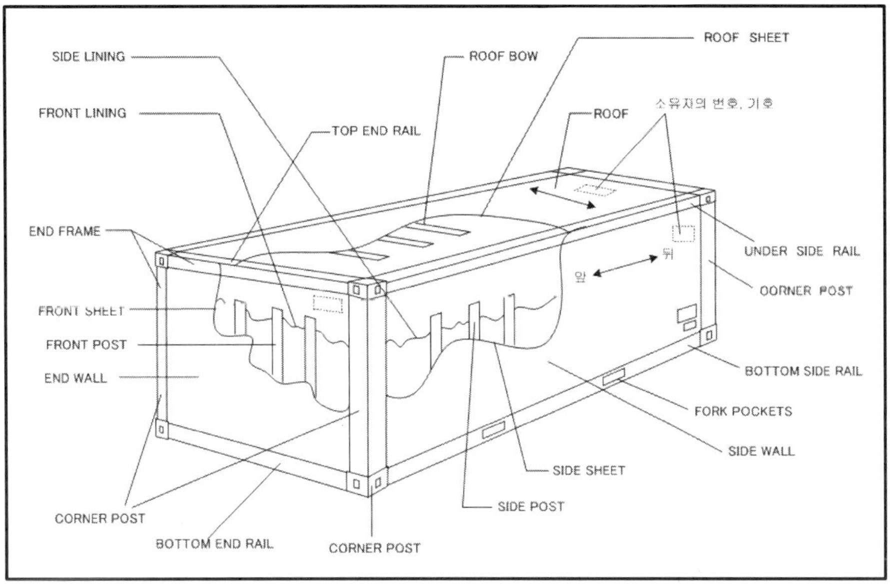

[그림 3-8] 컨테이너 명칭 및 표시 1

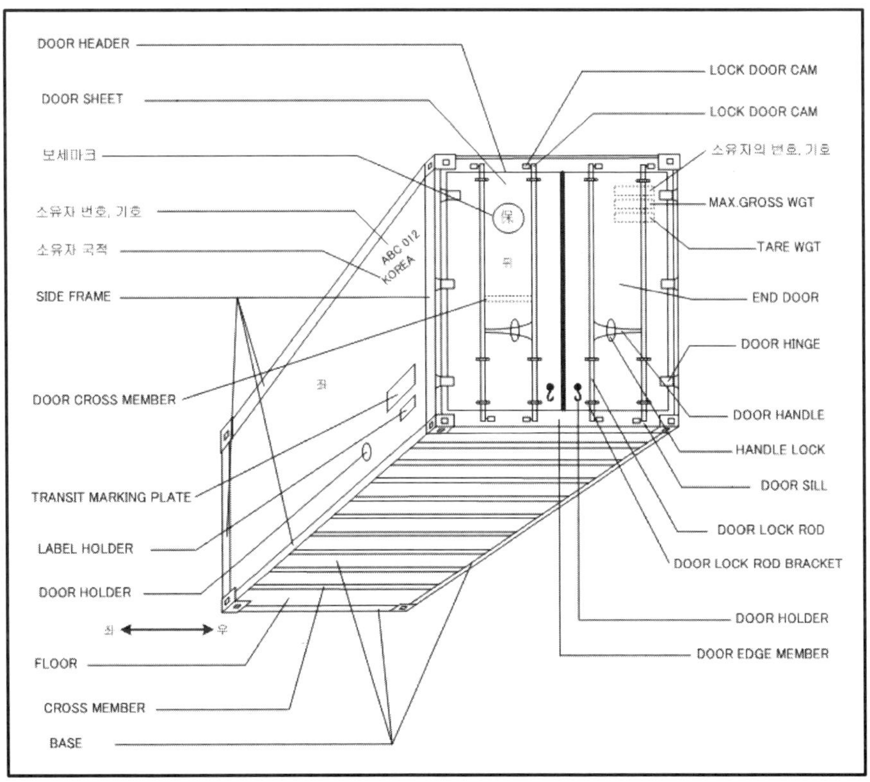

[그림 3-9] 컨테이너 명칭 및 표시 2

3.2.3 컨테이너의 종류

CNTR의 구조는 그 사용목적, 사용치수, 사용재질에 따라 다르다. 사용 목적별로는 크기, Open Type과 Closed Type으로 나누고, 사용치수별로는 20footer와 40footer, 사용 재질별로는 알루미늄 경합금제, 강제, FRP제(Fiber Glass Reinforced Plastic제) 등으로 대별된다.

1. 재질에 따른 분류

1) 알루미늄 컨테이너 (Aluminium container)

주로 구조재가 알루미늄 경합금재로 제작된 것으로서, 가벼우며 내구성이 비교적 큰 편이다. 그러나 제작비용이 비싸고 해수에 부식되기 쉬우며, 강도가 약하여 약한 충격에도 파손될 수 있는 단점을 지니고 있다.

2) 강재 컨테이너 (Steel container)

주요 구조재가 강철로 제작된 컨테이너로서, 중량은 비교적 무거운 편이지만 내구성이 좋고 제작비용이 싼 장점이 있다.

3) FRP 컨테이너 (Fiberglass Reinforced Plastic container)

플라스틱 유리 섬유로 보강하여 베니어 합판의 표면에 접착제로 플라스틱 유리 섬유를 붙여 만든 것으로서, 내부 용적이 상대적으로 크고 충격 및 방열성이 좋아서 특정 화물을 적재하기 위해 사용되고 있다.

4) 스테인리스강 컨테이너 (Stainless Steel container)

주요 구조재가 스테인리스강으로 제작된 것으로서, 강도가 크고 내식성 및 내마모성이 우수하나, 무게가 무거운 것이 단점이다. 특수 화물 적재를 위한 탱크 컨테이너나 냉동 컨테이너의 제작에 주로 사용된다.

2. 규격에 따른 분류

컨테이너 운송 초기에는 20' 및 40' 컨테이너가 주종을 이루었으나, 컨테이너의 사용이 보편화됨에 따라 점차 그 규격이 다양화되고 있는 추세이다.

일반적으로 널리 사용되고 있는 컨테이너의 규격은 다음과 같다.

1) 20' 긴테이너 : 길이 20 ft, 폭 8 ft, 높이 8 ft 6 in
2) 40' 컨테이너 : 길이 40 ft, 폭 8 ft, 높이 8 ft 6 in
3) 40' 하이큐빅 컨테이너 : 길이 20 ft, 폭 8 ft, 높이 9 ft 6 in
4) 기타 컨테이너 : 길이 35 ft, 45 ft, 48 ft, 53 ft 등

[그림 3-10] 20' 컨테이너

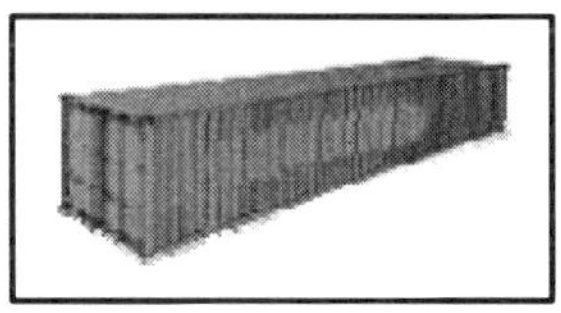
[그림 3-11] 40' 컨테이너

[그림 3 12] 40' 하이큐빅 컨테이너

3. 용도에 따른 분류

1) 드라이 컨테이너 (Dry Container)

온도 조절이 필요 없는 일반 잡화용으로 제작된 표준 컨테이너로서, 가장 많이 사용하고 있는 전형적인 컨테이너이다.

① 구 조

전후 방향의 한쪽에는 2 개의 문이 달려 있고, 문을 닫으면 기밀이 된다. 컨테이너의 내부 바닥에는 25~30mm의 목재를 깔고 뒷벽은 6mm 두께의 합판으로 내장되어 있다. 천장 부분은 보통 내장판을 붙이지 않지만 특별히 내장을 한 것도 있다. 재질은 알루미늄 합금 또는 강판으로 만들어지는 경우가 많다.

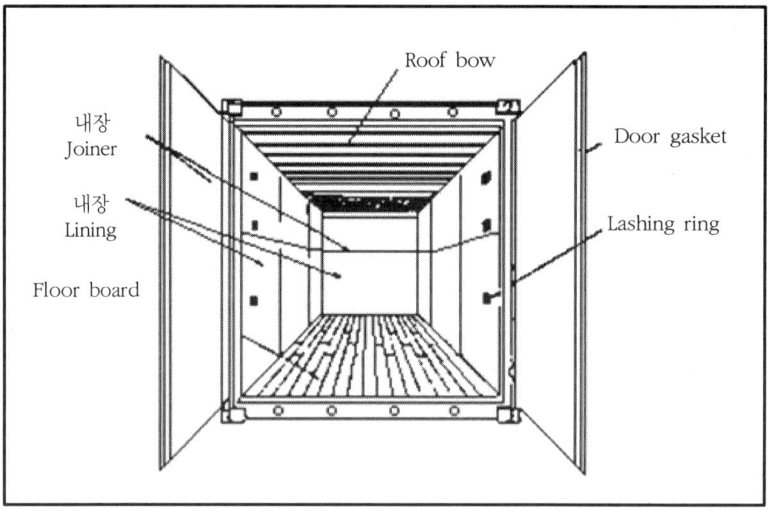

[그림 3-13] 20′형 컨테이너 내부

② 이용 화물

대부분의 일반 잡화를 적부 할 수 있지만, 다음과 같은 화물은 적합하지 않다.

㉮ 냉동 화물

㉯ 중량 화물

㉰ 대형 화물

㉱ 드라이 컨테이너 속에서 충분한 라싱(lashing)이 될 수 없는 화물

㉲ 벌크 화물

㉳ 액체 화물

㉴ 통풍 환기를 요하는 화물

㉵ 살아 있는 동·식물

2) 오픈 톱 컨테이너 (Open-top Container)

윗면과 옆면이 개방되어 있어서 상부 또는 옆면에는 화물 작업이 가능하도록 되어 있는 컨테이너이다.

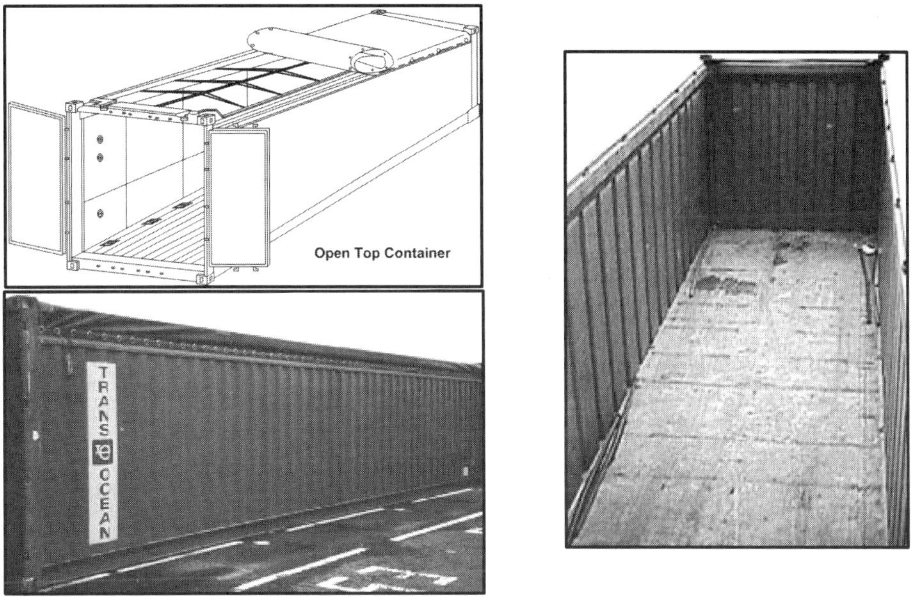

[그림 3-14] Open-top container

① 구 조

고정된 천장이 없고 캔버스 등으로 개폐할 수 있게 만들어져 있다. 천장이 없기 때문에 강도가 약해지는 것을 보강하기 위해 보강재들이 설치되어 있고, 또 필요할 때에는 이들 보강재와 캔버스를 들어 낼 수도 있다.

캔버스는 보통 아일릿(eyelet)으로 컨테이너에 붙이고 뗀다. 바닥에는 중량물의 라싱을 위하여 몰입식 링(강도 약 3t)이 1줄에 5개씩 2줄로 설치되어 있고, 뒷벽에는 소형 라싱 링(lashing ring, 강도 약 0.25t)이 2개 설치되어 있다. 20푸터형은 개폐가 가능한 통풍구가 5개 설치되어 있다.

② 이용 화물

㉮ 판유리, 패널(panel) 화물 등 컨테이너의 문으로 넣고 꺼내기가 불편하여 천장으로 작업하는 것이 편리한 화물

㉯ 기계류 등 높이가 지나치게 높아서 옆문으로 작업할 수 없는 화물

3) 하드 톱 컨테이너 (Hard top Container)

오픈 톱 컨테이너와 마찬가지로 상부 또는 옆면에서 하역 작업이 가능하도록 조립

식 구조로 되어 있으나, 견고한 구조로 되어 있는 것이 다르다.

[그림 3-15] Hard top Container

① 구 조

천장은 견고한 패널로 만들어져 있으나 떼어 낼 수 있게 된 것으로서, 오픈 톱 컨테이너와 다른 점은 윗덮개의 커버가 방수성이 부족한 캔버스가 아닌 견고한 패널을 사용한 점이다. 천장은 들어 낼 수 있으나, 견고하기 때문에 높이가 초과되는 화물은 적재할 수 없다. 컨테이너 바닥의 강도도 오픈 톱 컨테이너에 비해 강하다.

② 이용 화물

오픈 톱 컨테이너에 적합한 화물과 마찬가지이다. 다만, 높이를 초과하는 화물은 적재할 수 없다. 주로, 정밀 기계류의 수송에 많이 이용된다.

4) 플랫 락 컨테이너 (Flat Rack Container)

윗면과 옆면이 모두 없고 기둥만 있으며 전, 후, 좌, 우 및 상방에서 모두 화물작업이 가능하도록 되어 있다.

[그림 3-16] Flat Rack Container

① 구 조

덮개와 벽면이 없고, 강도가 높은 바닥과 4개의 모서리에 기둥(corner post)만을 가지고 있다. 지게차(fork lift)나 크레인을 사용하여 중량물이나 긴 화물을 적재할 수 있고, 바닥에는 라싱 설비가 갖추어져 있다. 커버 설비가 없어 비와 바람을 막을 수 없기 때문에 화물을 적재한 후에는 비닐 시트 등으로 덮을 필요가 있다.

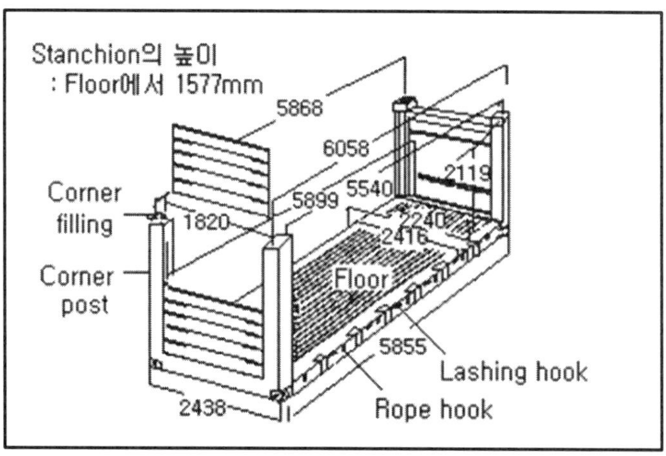

[그림 3-17] 20′형 Flat Rack Container

② 이용 화물

㉮ 집중 하중이 걸리는 중량물

㉯ 측면이나 천장으로 하역하는 것이 편리한 화물

㉰ 비교적 비와 바람의 영향을 적게 받는 화물

㉣ 컨테이너의 규격을 초과하는 화물

구체적으로는 강재, 코일, 크고 긴 화물, 기계류, 운반기기, 각종 파이프, 합판, 드럼, 변압기, 목재, 오토바이 등의 화물이 있다.

5) 냉동 컨테이너 (Reefer Container)

냉동 화물이나 과일, 야채 등의 보온 및 보냉이 필요한 화물을 수송하는 용기로서, 온도는 －25～25℃까지 유지되는 것이 보통이다.

[그림 3-18] Reefer Container

① 구 조

대부분이 스테인리스강으로 제작되며, 단열 구조로 되어 있다. 보냉 화물 수송용 특수 컨테이너로 냉동기기(R/F Unit 또는 R/F Machinery)가 부착되어 있어 수송중의 내부온도 보존이 가능하며 컨테이너 외부의 온도계를 통하여 내부온도를 점검할 수 있다. 냉각방법에 따라 Top Discharge Type과 Bottom Discharge Type이 있으며 근래에는 Bottom Discharge Type를 많이 쓰고 있다.

② 이용 화물

어류, 육류 등의 냉동 화물과 냉온육, 그리고 과일, 치즈, 달걀, 채소 등의 냉장 화물

③ 주의 사항

냉동, 냉장 화물을 냉동 컨테이너에 적재할 때에는 미리 컨테이너의 상태를 검사하고, 예냉(pre-cooling, 충분한 시간을 두고 사전 냉각)하여 컨테이너 내

부의 온도를 지정 온도까지 내려놓아야 한다. 운송 중에도 항상 지정된 온도가 유지될 수 있도록 주의하여야 한다.

6) 보냉 컨테이너 (Insulated Container)

내벽에 보온재를 넣은 구조로서, 소정의 보냉 성능을 가진 컨테이너이다. 단기 수송용 냉장 화물의 운송에 많이 사용된다.

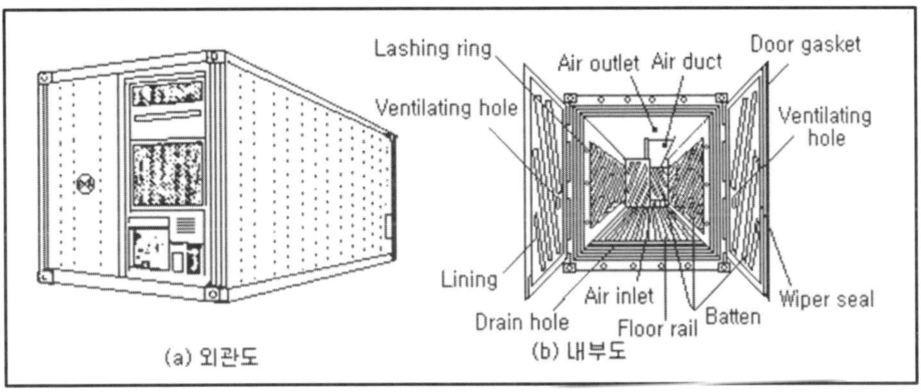

[그림 3-19] Reefer Container

[그림 3-20] thermal container

7) 통풍식 컨테이너 (Ventilated Container)

과일, 야채, 식료품 중에서 굳이 냉장할 필요는 없으나 환기가 요구되는 화물을 운송하는 데 사용된다.

8) 벌크 컨테이너 (Bulk Container)

벌크 화물 중에서 입자나 가루로 된 것을 적재하기 위한 컨테이너이다. 천장에 설치된 개구부(opining)를 통하여 화물을 싣거나 퍼낼 수 있다.

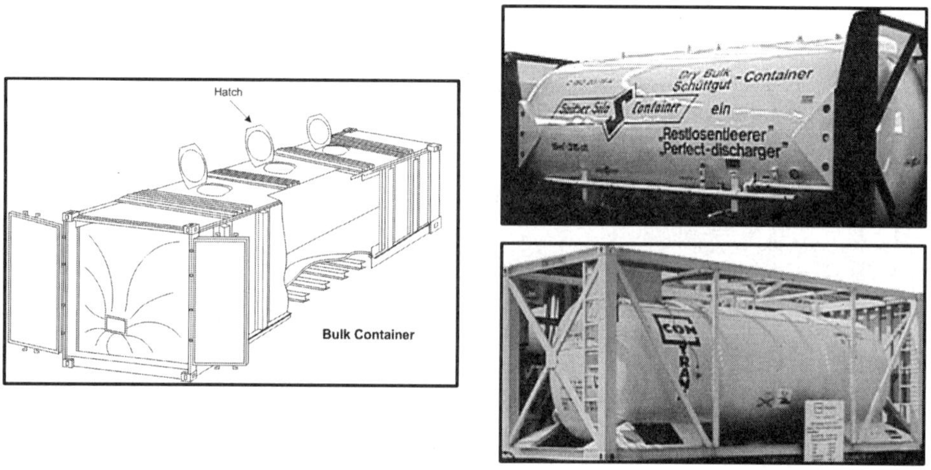

[그림 3-21] Bulk container

9) 탱크 컨테이너 (Tank Container)

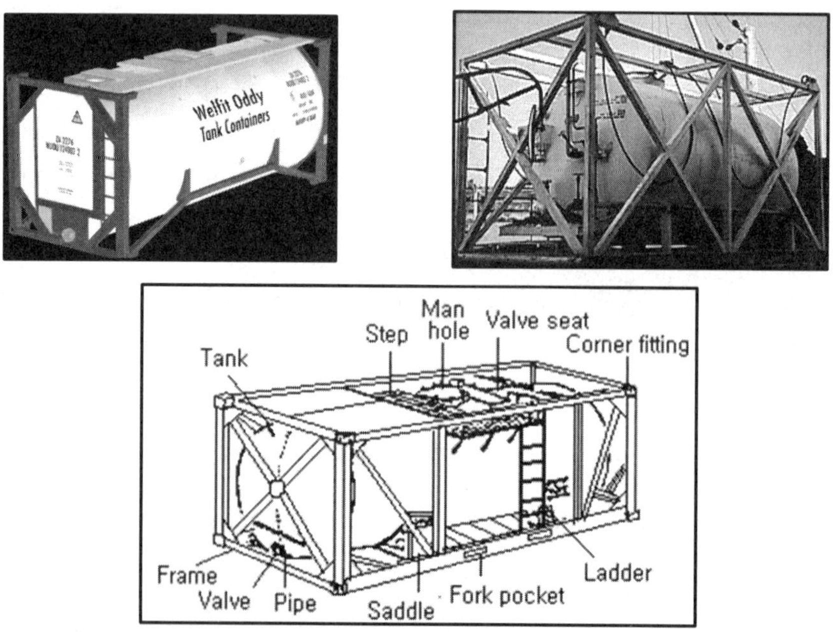

[그림 3-22] Tank container

내부에 원통형의 탱크를 위치시키고, 외부에 철제 프레임으로 고정시킨 컨테이너로서 술, 기름, 화학 약품 등의 액체 화물 운송에 사용된다.

10) 자동차용 컨테이너 (Vehicle Rack Container)

플랫 랙 컨테이너와 외관이 거의 유사하지만, 자동차 수송에만 사용되며 2 단으로 된 것이 많다.

11) 가축용 컨테이너 (Live-stock Container)

소, 말, 양 등의 살아있는 동물을 운송하는 데 사용되며, 통풍을 위해 측벽은 금속망으로 되어 있다. 지붕은 햇볕을 가릴만한 합판으로 되어 있고 측면이나 단면에는 적당한 창구가 있어 통풍이 용이하다. 측면하부에는 소제구나 배수구가 설치되어 있다. 또, 사료 주입과 분뇨 처리를 위한 특수 설비를 갖추고 있다.

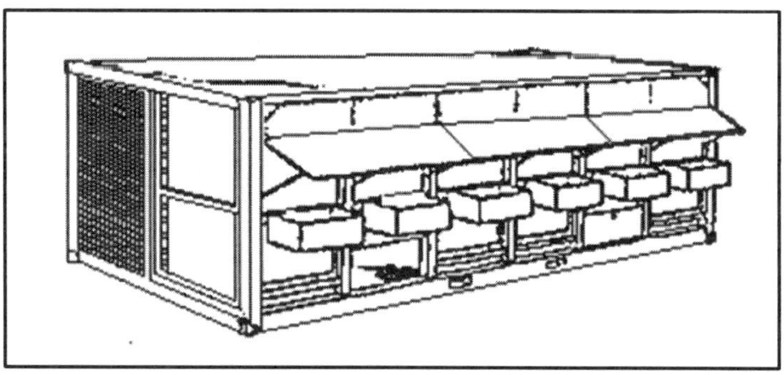

[그림 3-23] Live-stock Container

12) 하이드 컨테이너 (Hide Container)

생피(말리지 않은 피혁)나 액즙 등의 습한 화물의 운송에 사용되는 컨테이너이다. 바닥에는 이중저를 설치하여 운송 중에 흘러나오는 액체를 저장할 수 있는 구조로 되어 있다.

13) 행어 컨테이너 (Hanger Container)

일반 건화물을 매어 달아 운송할 수 있도록 설계된 컨테이너이다.

3.2.4 컨테이너의 하역서류

하역관계 서류로는 General Stowage Plan, Bay Plan, Crane Sequence Sheet, D/G Cargo Manifest, R/F CNTR List, 기타 Special Cargo List 등이 있다.

1. General Stowage Plan(Master Plan)

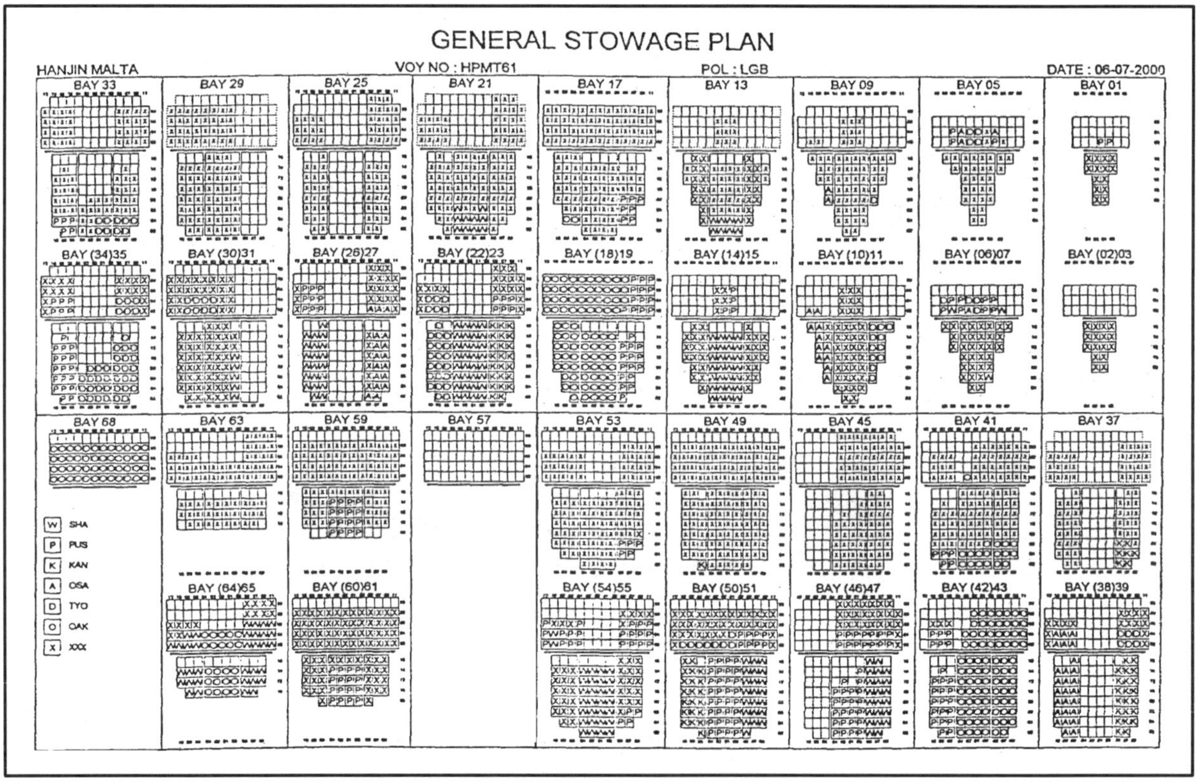

[그림 3-24] GENERAL STOWAGE PLAN

Bay Plan을 바탕으로 전체 Bay에 적재되어 있는 Container에 대해 양하항의 약호 등을 표시한 CNTR의 화물 적부도이며 다음 사항들을 표시할 수 있다.

1) 양하항 별 구분 및 Container 위치 표시
2) 20' 및 40' Container 위치 표시
3) Empty Container에 대해 "E"로 표시
4) Reefer Container를 "R"로 표시

5) 위험화물 컨테이너에 대해 IMDG 코드 기입

6) 기타 특수화물의 적재위치 및 내용표시 등

2. Bay Plan

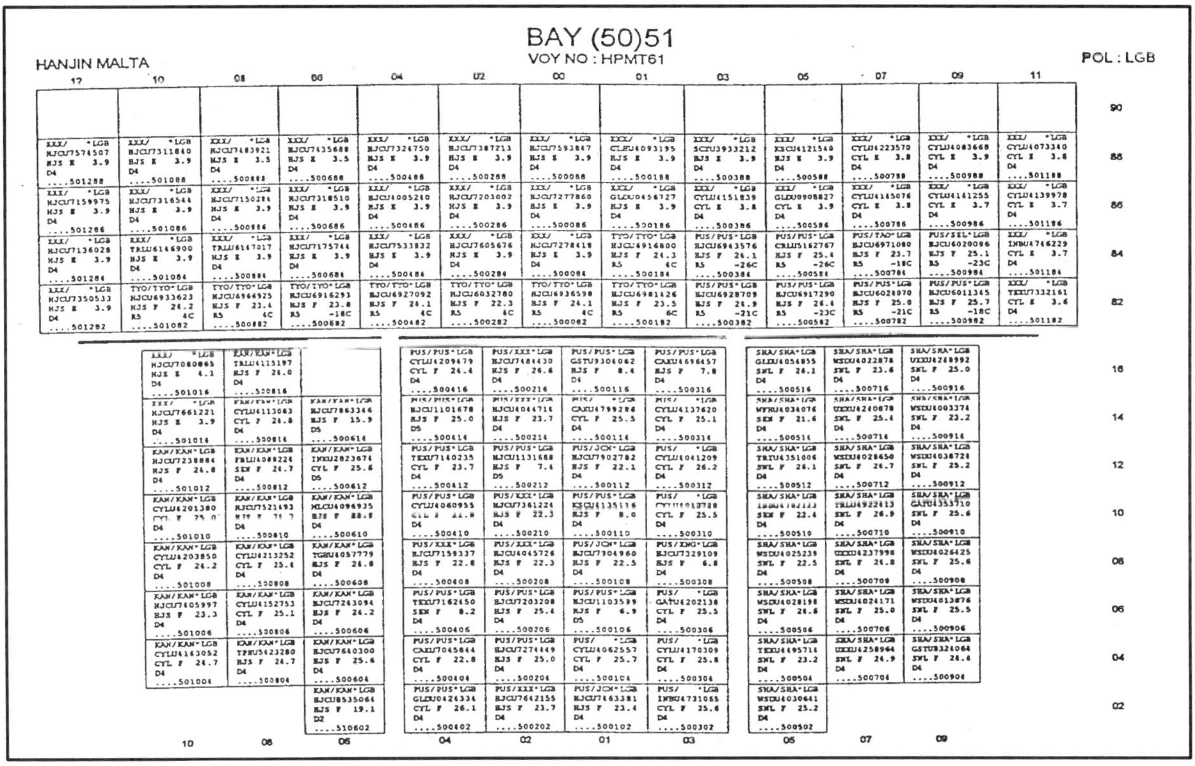

[그림 3-25] BAY PLAN

컨테이너선의 적부계획은 통상 Bay Plan에서부터 시작되며, 이 Bay Plan에 표시되는 사항을 간단히 설명키로 한다.

1) 선적항 및 양하항

컨테이너의 선적항과 양하항을 표시하고 있으며, 각 항구에 대한 당사의 약호는 첨부 표와 같다.

2) 컨테이너 NO.

컨테이너의 고유번호를 표시하며 통상 영문 4자, 숫자 7자리로 나타낸다. 예를 들면 HJCU7267990 등이다.

3) 컨테이너의 상태

컨테이너의 상태를 나타내는 약호로는 다음 등이 있다.

① E(Empty) : 빈 컨테이너를 표시하며 MT 또는 MTY로도 표시한다.

② F : FCL(Full Container Loaded)

한 품목의 양으로 채워져 있는 컨테이너를 말하며, 주로 화주의 공장이나 창고 등에서 화주의 책임 하에 화물을 컨테이너에 채워 넣게 된다.

③ L : LCL(Less Than Container Loaded)

한 품목의 양이 1개의 컨테이너에 미달됨으로써 2종류 이상의 품목으로 채워져 있는 컨테이너를 말하며 CFS(Container Freight Station)에서 수납케 한다.

④ 컨테이너 총중량 : 각 컨테이너의 총중량은 소수점 이하 첫째자리까지의 숫자로 나타내며 선박의 복원력, 트림 및 종강도의 계산 등에 사용된다.

⑤ 기타 : 컨테이너의 종류 및 소유자, R/F Container의 식별과 위험화물에 대한 IMDG 코드 등을 표시한다.

4) Crane Sequence Sheet

컨테이너의 적양하 순서를 나타내는 서류로서 사용하는 Crane마다 별도의 계획표가 만들어진다. 이 계획표와 General Stowage Plan으로 적양하 작업의 진행과정을 파악할 수 있으며, 원활한 하역작업의 진행을 위하여 필요한 사항을 조치하거나 당직자를 지휘하여야 한다. 특히 특수 화물 등이 적양하될 시에는 당직자로 하여금 현장 입회하여 그 상태를 확인하며 필요한 조치를 취하게 한다.

5) D/G Cargo Manifest

D/G Cargo Manifest는 D/G Container 선적에 반드시 필요한 것이며, 국제법규에 따라 당국의 요청이 있을 때는 항상 이 List를 제출할 수 있도록 준비되어 있어야 한다. 이 D/G Cargo Manifest는 대단히 중요한 화물관련 서류로서, 1항사는 그 내용과 기재사항, 서명 등을 직접 확인하고 현장에서 상태와 위치 등을 대조 확인하여야 한다.

DANGEROUS CARGO MANIFEST

Date : 31-May-00 14:43:5
Page 1 of 2

No	Container No	TP	Q'TY NO & Kind Of PKG	Grs. Weight	Net Weight	IMDG Class	UNNO	PSA	Pack Grp.	EMS	Flash. Point	MFAG	Marine Poll.	Stowage Location
Vessel Name HANJIN MALTA			Nationality KOREA			Official No ICR-922839			Port Of Loading PUSAN					
Voyage No 0062E	Call Sign D9ZZ		Kind Of Ship FULL CONTAINER SHIP			BL/No PUSA99383600			Port Of Discharg. LONG BEACH, CA					
1	HJCU7416733	D4	2002 FIBERBOARD BOX	939.32KGS	892.88KGS	2.1	2037	2	N	2-13		620	N	180582
	Emergency TEL.:82-2-3470-5323					Sub Label:								
	Technical Name:GAS CARTRIDGES (WITHOUT A RELEASE DEVICEM NON-REFI					Hazard Contents:								
2	HJCU8677650	D2	365 FIBERBOARD BOX	10407KGS	6307.2KGS	2.1	2037	2	N	2-13		620	N	090882
	Emergency TEL.:82-51-466-9084					Sub Label:								
	Technical Name:GAS CARTRIDGES (WITHOUT A RELEASE DEVICEM NON-REFI					Hazard Contents:								
			15 FIBERBOARD BOX	167KGS	193KGS	2.1	1057	2	N	2-13		311	N	
	Emergency TEL.:82-51-466-9084					Sub Label:								
	Technical Name:LIGHTERS (CONTAINING FLAMMABLE GAS)					Hazard Contents:								
3	HJCU8699920	D2	80 STEEL DRUM	15000KGS	13600KGS	8	2672	3	3	8-06		725	N	111082
	Emergency TEL.:KOIZUMI:81-25-256-1811					Sub Label:								
	Technical Name:AMMONIA SOLUTION(RELATIVE DENSITY BTWN 0.88 0.9 57					Hazard Contents:								
4	HJCU8742842	D2	50 STEEL DRUM	15000KGS	13500KGS	8	2735		3	8-05		320	D	110882
	Emergency TEL.:HASEGAWA:81-25-256-1177					Sub Label:								
	Technical Name:AMINES LIQUID CORROSIVE N.O.S.					Hazard Contents:								
5	HJCU8821258	D2	2480 EXPANDED PLASTIC DRUM	15905KGS	15800KGS	8	2796	3	1	8-06		700	N	050784
	Emergency TEL.:13803075131					Sub Label:								
	Technical Name:BATTERY ACID					Hazard Contents:								

Prepared By : ________ Master's Signature : ________

[그림 3-26] DANGEROUS CARGO MANIFEST

6) R/F Container List

R/F Container List에는 Container NO., Setting 온도, 상품명, Cell NO., 통풍구 상태, 기타 운송 중 주의해야 할 사항 등이 기록되어 있다.

REEFER CARGO MANIFEST

Date : 31-May-00 14:44:4
Page 1 of 1

No	Container No.	TP	Grs. Weight (Type)	Temp.	Ventilation	R/F Plug Voltage	Stowage Location	Operator	Remark
Vessel Name HANJIN MALTA			Nationality KOREA			Official No ICR-922839		Port Of Loading PUSAN	
Voyage No 0062E	Call Sign D9ZZ		Kind Of Ship FULL CONTAINER SHIP			BL/No		Port Of Dischang. LONG BEACH, CA	
1	HJCU6037210	R5	13671KGS	-20C	08	0	300082		
	Commodity	:Mackerel, Squid, Frozen for Canning, NOS							
			8500KGS	-20C	08	0			
	Commodity	:Mackerel, Squid, Frozen for Canning, NOS							
2	HJCU6938672	R5	19489KGS	-18C	08	0	300482		
	Commodity	:Frozen Pollock Fillet, NOS							
3	HJCU6965256	R5	19489KGS	-18C	08	0	300282		
	Commodity	:Frozen Pollock Fillet, NOS							

Prepared By : ________ Master's Signature : ________

[그림 3-27] REEFER CARGO MANIFEST

7) Port log

어느 항구에 기항하여 양하 및 적하를 마친 후 그 상세를 기록한 것으로서 적양하 이후의 본선 적하상태 및 차항의 하역수량을 나타내고 있다. 이는 하역 담당자인 1항사가 작성하여 선장에게 제출함으로써 선장이 적양하의 내용 및 본선의 Condition을 파악할 수 있도록 한 임의적인 서류양식이다.

8) Stability and Trim Calculation Sheet

본선의 GM, Draft, 종강도 등의 계산을 편리하게 하기 위한 양식이다.

9) Container Damage Report

컨테이너 적양하 작업 중 컨테이너에 손상이 나 있거나, Gantry Crane 등에 의해 손상이 발생된 경우 추후 Stevedore 측에 그 Damage에 대하여 구상할 수 있게 해 주는 일종의 거증서류이다. 1항사는 Damage 부위 및 상황을 기록하여 Stevedore 측의 서명을 받아 회사에 보고하여야 한다.

10) Exception List

B/B(Break Bulk) 등과 같이 정상 사이즈가 아닌, 넓거나 길든지 또는 지나치게 높거나 무거운 컨테이너 화물에 대해 목록을 작성한 것이다.

3.2.5 컨테이너의 위험화물관리

1. 개 요

위험물은 물질 자체의 물리적, 화학적 또는 생물학적 개별 특성이나 복합적 특성에 의해 인체나 다른 물질 또는 자연환경에 위해를 미치거나, 줄 수 있는 물질을 총칭하며 위험물의 해상운송에 관한 국제 통일규칙인 IMDG CODE 또는 SOLAS 제7장 (위험물의 운송)에 적합하게 운송을 해야 한다.

선박에서 위험물 운송 시 1항사는 FOREMAN이나 PLANNER등 터미널 관계자에게 PRE-LOADING PLAN과 D/G CARGO MANIFEST를 수령하여 MANIFEST상 선명, 국적, Container NO., PROPER SHIP NAME 등 누락된 사항이 있는지 확인한 후 IMDG CODE BOOK의 격리표(SEGREGATION TABLE)를 보고 주위의 다른 위험화물 또는 냉동화물 기기 부분, 거주구역과의 격리가 필요한지를 확인한 후 갑판적 적재가 가능한지 또는 갑판하 적재만 허용되는 화물인지 적부 요건(4항 참조 : STOWAGE CATEGORY)을 확인한 후 해당 D/G CARGO Container. 선적 후 해당 Container를 직접 외관 검사하여 올바른 위치에 선적이 되어 있는지, PLACARD(9항)가 적절히 부착되어 있는지 내부 화물이 세어 나오는 것이 있는지 확인하며 선적 중 이상이 있을 시 화물 감독, PLANNER나 화주에 즉시 연락하고 비상조치법(EmS : EMERGENCY PROCEDURES FOR SHIPS CARRYING DANGEROUS GOODS)과 응급의료처치 지침(MFAG : MEDICAL FIRST AID GUIDE OR USE IN ACCIDENTS INVOLVING DANGEROUS GOODS)에 따라 적절히 조치한다.

2. 위험물 분류

1) CLASS 1－화약류 (EXPLOSIVES)
   - ① 대규모의 폭발 위험이 있는 화약물
   - ② 발사될 위험이 있는 화약물
   - ③ 현저하게 화재 위험이 있는 화약물
   - ④ 중대한 폭발 위험이 없는 화약물
   - ⑤ 별로 예민하지 않은 화약물 － CLASS 1.1 성질 중 화재에 의해 폭발하지 않는 물질
   - ⑥ 아주 둔감한 화약물품류

2) CLASS 2－가스류 (압축 가스, 액화 가스, 고압 용해 가스)
   - ① 인화성 가스
   - ② 비인화성 가스
   - ③ 독가스
   - ④ 부식성 가스 (CANADA에서 사용)

3) CLASS 3-인화성 액체류 (INFLAMMABLE LIQUIDS)

① 제어온도 (FLASH POINT) 섭씨 -18도 (0°F) 이하

② 제어온도 (FLASH POINT) 섭씨 -18도(0°F)에서 23도 사이의 온도

③ 제어온도 (FLASH POINT) 섭씨 23도부터 61도 (141°F)사이

4) CLASS 4-인화성 고체류 (INFLAMMABLE SOLIDS)

① 인화성 고체

② 자연 발화하기 쉬운 물질

③ 물과 작용하여 인화성 가스를 발생하는 물질

5) CLASS 5-산화성 물질 및 유기 과산화 물질 (OXIDIXERS AND ORGARNIC PEROXIDES)

① 산화성 물질

② 유기 과산화 물질

6) CLASS 6-독물 및 병독을 옮기기 쉬운 물질(POISONOUS AND ETIOLOGIC MATERIALS)

① 독물

② 병독을 옮기기 쉬운 물질

7) CLASS 7-방사선 물질 (RADIOACTIVE MATERIALS)

8) CLASS 8-부식성 물질 (CORROSIVES)

9) CLASS 9-기타 위험 물질 (MISCELLANEOUS HAZARDOUS MATERIALS)

3. 격 리

두 가지의 물질 또는 제품을 함께 적부하였을 경우 누출이나 유출 또는 기타 사고 시 상호 반응 등의 위험성을 초래할 수 있는 물질들을 서로 혼적 불가한 (INCOMPARTIBLE) 물질로 간주하며, 이러한 물질들은 서로 격리(Segrigation) 해야 한다.

1) 격리 구분

① (AWAY FROM) : 사고 시 혼적 불가한 물질들이 위험한 상호 반응을 일으킬 수 없도록 하는 격리이며, 수직 투영면의 최소 수평거리가 3m 이상 된다면 동일한 구획실 또는 화물창에 적재할 수 있다.

② (SEPARATED FROM) :

- 갑판하 적재 시는 다른 구획실 또는 화물창에 적재하는 격리한다.
- 차단 갑판이 방화 방수 구조로 되어 있다면 수직 분리 적재한다.
- 갑판상 적재 시에는 적어도 6m의 수평거리를 두고 분리한다.

③ (SEPARATED BY A COMPLETE COMPARTMENT OR HOLD)

- 수직 및 수평 분리를 의미한다.
- 차단 갑판이 방화 방수 구조가 아니라면 오직 선수미 분리, 즉 사이에 완전한 구획실 또는 화물창을 두어야 한다.
- 갑판상 적재 시에는 적어도 12m의 수평거리를 두고 분리한다.

④ (SEPARATED LONGITUDINALLY BY AN INTERVENING COMPLETE COMPARTMENT OF HOLD FROM) :

- 수직 분리만으로는 이 조건을 만족할 수 없으며, 갑판하 포장 화물과 갑판상의 포장화물 사이에는 선수미 방향으로 적어도 24m 이상 분리되어야 하며 그 사이에는 완전한 선수미 방향 구획실이 있어야 한다.
- 갑판상 적재 시에는 선수미 방향으로 적어도 24m 이상의 수평거리를 두고 분리한다.

2) 컨테이너 적재시 위험물 상호 격리

〈표 3-5〉 컨테이너 적재시 위험물 상호 격리표

IMDG CLASS	1.1 1.2 1.5	1.3 1.6	1.4	2.1	2.2	2.3	3	4.1	4.2	4.3	5.1	5.2	6.1	6.2	7	8	9
화약류 1.1/1.2/1.5	*	*	*	4	2	2	4	4	4	4	4	4	2	4	2	4	×
화약류 1.3/1.6	*	*	*	4	2	2	4	3	3	4	4	4	2	4	2	2	×
화약류 1.4	*	*	*	2	1	1	2	2	2	2	2	2	×	4	2	2	×
인화성가스 2.1	4	4	2	×	×	×	2	1	2	×	2	2	×	4	2	1	×
무독성/비인화 성압축가스 2.2	2	2	1	×	×	×	1	×	1	×	×	1	×	2	1	×	×
독가스 2.3	2	2	1	×	×	×	2	×	2	×	×	2	×	2	1	×	×
인화성액체 3	4	4	2	2	1	2	×	×	2	1	2	2	×	3	2	×	×
가연성고체 4.1	4	3	2	1	×	×	×	×	1	×	1	2	×	3	2	1	×
자연발화물 4.2	4	3	2	2	1	2	2	1	×	1	2	2	1	3	2	1	×
젖으면 위험한물질 4.3	4	4	2	×	×	×	1	×	1	×	2	2	×	2	2	1	×
산화성물질 5.1	4	4	2	2	×	×	2	1	2	2	×	2	1	3	1	2	×
유기과산화물 5.2	4	4	2	2	1	2	2	2	2	2	2	×	1	3	2	2	×
독물 6.1	2	2	×	×	×	×	×	×	1	×	1	1	×	1	×	×	×
전염물질 6.2	4	4	4	4	2	2	3	3	3	2	3	3	1	×	3	3	×
방사성물질 7	2	2	2	2	1	1	2	2	2	2	1	2	×	3	×	2	×
부식성물질 8	4	2	2	1	×	×	×	1	1	1	2	2	×	3	2	×	×
기타 위험물 9	×	×	×	×	×	×	×	×	×	×	×	×	×	×	×	×	×

3) 컨테이너 격리적재 요령

〈표 3-6〉 컨테이너 격리적재 요령

<table>
<tr><th rowspan="3">상호
격리
요건</th><th colspan="3">상하 적재시</th><th colspan="7">선수미/정횡 방향 적재시</th></tr>
<tr><th rowspan="2">폐쇄형
대
폐쇄형</th><th rowspan="2">폐쇄형
대
개방형</th><th rowspan="2">개방형
대
개방형</th><th rowspan="2">방향</th><th colspan="2">폐쇄형 대 폐쇄형</th><th colspan="2">폐쇄형 대 개방형</th><th colspan="2">개방형 대 개방형</th></tr>
<tr><th>ON DECK</th><th>UNDER DECK</th><th>ON DECK</th><th>UNDER DECK</th><th>ON DECK</th><th>UNDER DECK</th></tr>
<tr><td rowspan="2">1</td><td rowspan="2">상하단 적재 가능</td><td rowspan="2">폐쇄형 상단에만 개방형 적재 가능</td><td rowspan="6">갑판으로 격리되지 않으면 상하 적재 금지</td><td>선수미</td><td>제약 없음</td><td>제약 없음</td><td>제약 없음</td><td>제약 없음</td><td>1 Container SPACE</td><td>1 Container SPACE 또는 BULKHEAD</td></tr>
<tr><td>정 횡</td><td>제약 없음</td><td>제약 없음</td><td>제약 없음</td><td>제약 없음</td><td>1 Container SPACE</td><td>1 Container SPACE</td></tr>
<tr><td rowspan="2">2</td><td rowspan="4">갑판으로 격리되지 않으면 상하 적재 금지</td><td rowspan="4">갑판으로 격리되지 않으면 상하 적재 금지</td><td>선수미</td><td>1 Container SPACE</td><td>1 Container SPACE 또는 BULKHEAD</td><td>1 Container SPACE</td><td>1 Container SPACE 또는 BULKHEAD</td><td>1 Container SPACE</td><td>1(ONE) BULKHEAD</td></tr>
<tr><td>정 횡</td><td>1 Container SPACE</td><td>1 Container SPACE</td><td>1 Container SPACE</td><td>2 Container SPACE</td><td>2 Container SPACE</td><td>1(ONE) BULKHEAD</td></tr>
<tr><td rowspan="2">3</td><td>선수미</td><td>1 Container SPACE</td><td>1(ONE) BULKHEAD</td><td>1 Container SPACE</td><td>1(ONE) BULKHEAD</td><td>1 Container SPACE</td><td>2(TWO) BULKHEADS</td></tr>
<tr><td>정 횡</td><td>2 Container SPACE</td><td>1(ONE) BULKHEAD</td><td>2 Container SPACE</td><td>1(ONE) BULKHEAD</td><td>3 Container SPACE</td><td>2(TWO) BULKHEADS</td></tr>
<tr><td rowspan="2">4</td><td colspan="3" rowspan="2">적 재 금 지</td><td>선수미</td><td>24M이상</td><td>24M이상 또는 BULKHEAD</td><td>24M이상</td><td>2(TWO) BULKHEADS</td><td>24M이상</td><td>2(TWO) BULKHEADS</td></tr>
<tr><td>정 횡</td><td>적재금지</td><td>적재금지</td><td>적재금지</td><td>적재금지</td><td>적재금지</td><td>적재금지</td></tr>
</table>

주 : 1) 개방형 Container라 함은 F/R, O/T 등의 개방형 Container를 칭한다.

2) 1 Container SPACE라 함은 20' Container 길이 기준이며, 선수미 방향으로는 6미터 이상, 정횡방향으로는 2.4미터 이상의 거리를 말한다.

4. DG Cargo 관련 본선의 확인사항

1) 위험화물 MANIFEST의 확인

선장 또는 1항사는 위험화물 MANIFEST의 수령 시 하기 기재사항을 확인 후 서명하고 기재사항의 누락이나 오기 발견 시는 현지 지점소에 연락, 즉시 수정토록 한다.

① 선명 및 OFFICIAL NO., 선박의 국적
② 위험물의 명칭 및 UN NO.
③ 위험물의 포장 상세, 수량, 총중량 및 적재위치
④ IMDG CODE에 의한 위험물의 등급
⑤ 비상연락처 및 위험물별 추가 기재사항

2) 선적위치를 결정하는 차례

① PROPER SHIPPING NAME, 혹은 UN NUMBER를 이용하여 제 1권에서 IMDG CODE PAGE를 찾는다.
② 해당항목을 찾아서 STOWAGE CATEGORY 즉 갑판상 적재 혹은 갑판하 적재의 위치를 결정한다.
③ CERT. OF FITNESS FOR SHIP'S CARRYING DANGEROUS GOODS를 참조하여 갑판하에도 적재가능한가를 확인한다.
④ 열원, 발화원, 식료품 및 거주구역으로부터의 격리를 고려한다.
⑤ 격리표를 최종 고려한다.

〈표 3-7〉 D/G CARGO 관리 절차

<table>
<tr><th>번호</th><th>ITEM</th><th colspan="2">참고 및 점검 내용</th></tr>
<tr><td rowspan="11">1</td><td rowspan="11">D/G CARGO MANIFEST와 DECLARATION을 CHECK
※ 기입 사항 누락 및 부적합 확인 후 수정
※ D/G MANIFEST 점검 후 C/O (OR MASTER) 서명할 것.</td><td colspan="2">※D/G MANIFEST 점검 사항</td></tr>
<tr><td>1) 선명 및 OFFICIAL NO. (CALL SIGN)</td><td></td></tr>
<tr><td>2) 선적항</td><td></td></tr>
<tr><td>3) PROPER SHIPPING NAME</td><td></td></tr>
<tr><td>4) 포장 상세, 수량 및 포장 단위별 중량</td><td>PACKING GROUP</td></tr>
<tr><td>5) UN NO. IMO CLASS 및 LABEL</td><td></td></tr>
<tr><td>6) STOWAGE LOCATION</td><td></td></tr>
<tr><td>7) NAME OF MASTER</td><td></td></tr>
<tr><td>8) EM'CY CONTACT TEL. NO</td><td>NATIONAL CODE & AREA CODE</td></tr>
<tr><td>9) EMS & MFAG</td><td></td></tr>
<tr><td>10) DECLARATION 확인</td><td>MANIFEST와 비교하여 모든 유무 확인</td></tr>
<tr><td>2</td><td>IMDG CODE VOL 2에서 UN NO. 및 IMDG CLASS별로 적부 장소 확인</td><td colspan="2">1) CHECK "UN NO" & "STOWAGE" IN IMDG-CODE
2) CERTIFICATE OF FITNESS FOR SHIPS CARRYING DANGEROUS GOODS.
3) CATEGORY C.D : ON DECK ONLY</td></tr>
<tr><td>3</td><td>HAZARDOUS STOWAGE PLAN상 각 CLASS간 SEGREGATION 확인.</td><td colspan="2">1) SEGREGATION TABLE
2) TABLE OF SEGREGATION FREIGHT Container ON BOARD CONTAINERSHIPS</td></tr>
</table>

〈표 3-8〉 D/G CARGO 점검 기본 자료

<table>
<tr><th></th><th>용어 및 약자</th><th>의미</th></tr>
<tr><td rowspan="5">STOWAGE
(화물선)</td><td>STOWAGE CATEGORY "A"</td><td>ON DECK OR UNDER DECK</td></tr>
<tr><td>STOWAGE CATEGORY "B"</td><td>ON DECK OR UNDER DECK</td></tr>
<tr><td>STOWAGE CATEGORY "C"</td><td>ON DECK ONLY</td></tr>
<tr><td>STOWAGE CATEGORY "D"</td><td>ON DECK ONLY</td></tr>
<tr><td>STOWAGE CATEGORY "E"</td><td>ON DECK OR UNDER DECK</td></tr>
<tr><td rowspan="4">SEGREGATION
(격리 구분)</td><td>1. AWAY FROM</td><td>최소 수평거리가 3미터 이상이 된다면 동일한 구획실(화물창)에 적재 가능</td></tr>
<tr><td>2. SEPARATED FROM</td><td>갑판하 적재 시는 다른 구획실 또는 화물차에 적재. 차단 갑판이 방화방수 구조로 되어 있다면 수직분리 적재 즉 다른 구획실의 적재는 이 격리의 동등물로서 허용. 갑판상 적재 시에도 적어도 6미터 이상의 수평 거리를 두고 적재.</td></tr>
<tr><td>3. SEPARATED BY A COMPLETE COMPARTMENT HOLD FROM"</td><td>수직 또는 수평분리를 의미함. 차단 갑판이 방수방화 구조가 아니면 완전한 구획실 또는 화물창을 두고 적재. 갑판 상부 적재 시 적어도 12미터 이상의 수평거리를 두고 분리.</td></tr>
<tr><td>4. SEPARATED LONGITUDINALLY BY AN INTERVENING COMPLETE COMPARTMENT OR HOLD FROM</td><td>수직분리만으로는 이 요건을 만족할 수 없음. 갑판하의 포장 화물과 갑판 상부의 포장 화물 사이는 선수미 방향으로 적어도 24미터 이상이어야 하며 그 사이에는 완전한 선수미 방향 구획실이 있어야 함. 갑판상부 적재 시에는 선수미 방향으로 24미터 이상의 거리를 두고 분리.</td></tr>
<tr><td rowspan="2">기 타</td><td>EMS NO</td><td>EMERGENCY SCHEDULE NO.</td></tr>
<tr><td>MFAG</td><td></td></tr>
</table>

3.2.6 R/F 컨테이너의 운송

1. R/F Container 운송의 특징

냉동 Container는 선박의 운항 중에 그 작동이 정상인지 또는 비정상인지 끊임없는 확인이 필요하고 아울러 Maintenance 업무가 부수되며, 육해상간의 협력 없이는 완전한 수송을 기대할 수 없는 특징이 있다. 또한 취급상의 사소한 실수로 인하여 Cargo Damage 및 고액의 Claim과 바로 연결되는 위험성을 가지고 있으므로 해상과 육상을 총괄하는 일관책임체제가 필요하게 된다.

2. 선박에서의 Maintenance

선상에서는 보통의 경우 냉동기에 대한 전문적인 지식을 충분히 갖추고 있으니, Container선을 처음 승선하였다면 냉동 Container에 대해서는 대부분 처음 접하는 경우가 많으므로 이의 취급에 있어 여러 가지 문제점이 있을 수 있다. 선박에서는 냉동 Container를 선적하기 전과 후에 정상작동 상태를 확인하고, Setting 온도대로 작동되고 있는가를 항해 중 12시간마다 계속적으로 Check하고 기록한다. 또한 정박하여 하역작업을 수행하는 중에 하역인부 등에 의하여 Seal이 뜯기고 화물이 분실되는 경우가 자주 발생하며, 특히 R/F Container의 Seal이 뜯긴 상태에서 열대지방 등 오염지역을 통과하는 Container는 양지에서 인도를 거부하는 사례가 발생하는 경우가 있으므로, Seal 파손이 우려되는 항구에서는 필히 순찰을 강화하여 이를 사전에 예방하여야 한다.

※ 온도기록지(CHART) 관찰 요령

1) 날짜/시간의 확인

[그림 3-28] R/F Container Monitor

2) 온도지시기의 온도와 기록지의 온도가 일치

3) Defrost의 간격 및 상태를 관찰한다.

Defrost때 상승된 온도기록선은 Defrost 후 하강하면서 상승시의 온도기록선과 거의 일치하면서 내려가야 하는데 상승과 하강시의 온도기록선이 벌어져 있을 경우는 냉매가 부족한 경우이다.

4) 컨테이너에 화물을 적재하고 육상에서 충분히 온도를 떨어뜨리지 않고 본선에 적하했을 경우에는 온도의 하강이 1~2일 경과해야 정상 set온도까지 떨어진다.(냉동화물의 경우)

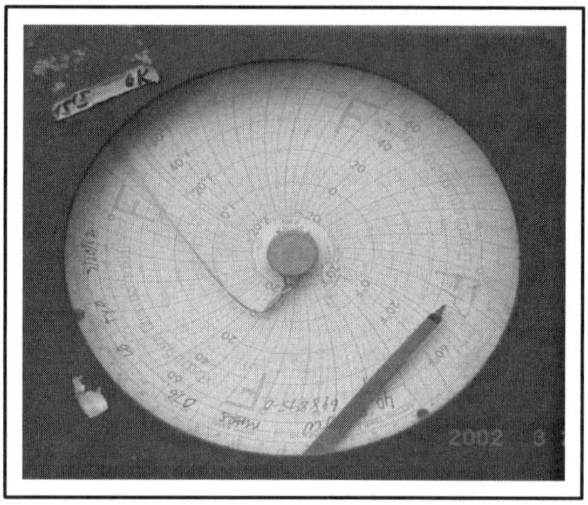

[그림 3-29] R/F Container의 차트

3. R/F Container의 선적위치

R/F Container는 전원을 연결해야 하므로 통상 On Deck에만 선적하도록 되어 있고 그 장소가 지정된다. R/F Container 선적가능 위치는 통상 General Stowage Plan상에 "•"으로 표시되어 있으며, 선적 후에는 General Stowage Plan 상에 "R" 혹은 "R/F" 등으로 Remark하여 표시한다.

R/F Container를 제외한 일반 컨테이너의 선적은 기본형대로 갑판에 선적된 컨테이너의 문이 선미쪽을 향하도록 한다. 이렇게 하면 눈, 비 또는 바닷물이 새어 들지 않게 되기 때문이다. 갑판 밑에 선적하는 컨테이너는 문을 어디로 향하게 하든지

문제가 없겠지만 갑판 위에 선적할 때 생길 수도 있는 실수를 미연에 방지하기 위해서 통상적인 방법을 따르는 것이 바람직하다. 그러나 R/F Container는 냉동장치가 선박 뒤쪽을 향하고 문이 선박 앞쪽을 향하도록 선적하는데 이는 R/F Container의 전원 혹은 냉동장치가 해수에 누전 되거나 파손되는 것을 방지하기 위함이다. 가능한 한 선수부 2BAY는 황천 시 DAMAGE 발생우려 있으므로 선적을 피한다.

4. 냉동 컨테이너 선적 시 주의사항

1) 선적 작업시의 확인사항

① 당직사관은 R/F 담당 기관사와 공동으로 선적 시 반드시 현장에 입회하여 첨부의 적양하 CHECK LIST에 의거 점검실시 후 그 결과를 1항사에게 보고해야 한다.

② 냉동 컨테이너 PLUG-IN은 본선 책임이므로 선적 즉시 전원 연결 후 냉동기기의 정상작동 여부를 확인해야 한다. (항구에 따라서는 하역인부가 PLUG-IN 하는 경우도 있으므로 주의)

③ 점검 중 문제점이 발견된 경우에는 반드시 REEFER CONTAINER MANIFEST에 "REMARK"를 기재하고 서명하여야 한다.

④ 선적당시 온도편차가 CHILLED CARGO ±5°F(±2.8℃), FROZEN CARGO ±15°F(±8.3℃) 이상인 경우에는 현지 지점소 운영담당자와 협의하여 REEFER SERVICE ENGINEER의 수배 및 선적 여부를 결정하여야 한다. 단, CHILLED CARGO는 SETTING 온도가 −10℃ 이상인 화물을 말하며, SETTING 온도가 영상인 화물은 0°C 이하로 되어서는 안된다.

⑤ CARRIER 냉동 컨테이너 사용 시에는 SCALE SELECTOR SWITCH가 FAHRENHEIT로 SET되어 있는지 확인한다.

⑥ R.F Container 선적 위치 확인(IN HOLD 선적 금지, 가능한 2단 선적 금지 및 END ROW 선적 금지)한다.

⑦ R.F Container 선적 시 ENG. DAMAGE 입지 않도록 ENG.SIDE가 각 선박마다 미리 결정되어 있으니 항해사는 미리 숙지하여야 한다.

2) 냉동 컨테이너 양하 시 확인사항

① UNPLUGGING은 본선 책임이며 UNPLUGGING전 적양하 CHECK LIST에 의거 점검을 실시하고 1항사는 양하 개시 전 터미널측에 세팅 온도 및 VENTILATION STATUS 등을 정확히 인계하고, 가능한 TERMINAL SUPERCARGO의 서명을 득한 거증서류를 확보해야 한다.

② 운항 중 고장발생 이력이 있는 냉동 컨테이너에 대해서는 양하항의 운영 담당자에게 사고기록(사고보고, 수리기록 등)의 사본을 전달한다.

3.2.7 컨테이너의 하역작업 시 주의 사항

1. 하역작업 시 일등항해사 직무

일등 항해사는 SUPERCARGO 및 TERMINAL SUPERINTENDENT와의 MEETING 시 해당 항차의 STOWAGE PLAN과 SPECIAL CARGO에 대한 충분한 INFORMATION을 입수하여 이에 따른 준비를 하며, 대부분의 항구에서 그러하듯이 입항 즉시 ACTUAL CARGO WEIGHT를 선박에 건네주는 경우가 거의 없으므로 항구 출항 시 선박 CONDITION, 특히 GoM에 하자가 생기지 않도록 관련부서 및 STOWAGE PLANNER에게 필요한 사항을 요청한다.(하자 발생시 SHIFTING에 따르는 시간과 비용은 막대함을 유념하자.) ACTUAL WEIGHT 자료 입수 후 즉시 검토하여 HOLD BOTTOM 및 HATCH COVER의 제한하중에 따른 각 STACK당 하중, GoM, DRAFT, TRIM, B.M, S.F, TORSION MOMENT 등의 CONDITION을 산출하고 문제 발생시 SUPERCARGO 및 TERMINAL측과 상의하여 선적 후 발생할지도 모를 SHIFTING 요소를 사전 제거하도록 한다.

2. STACKING WEIGHT OVER CHECK

DECK상 HOLD내 컨테이너선이 각 구획마다 선적 가능한 WEIGHT내에서 화물이 실렸는지 체크해야 한다. TSB SUPERCARGO에 컨테이너의 무게, 선박 개별적 특성에 따른 STACKING WEIGHT가 입력되어 있어 초과될 경우 빨간색 혹은 경고

음 등으로 알 수 있다.

예) 2200TEU H선사 컨테이너

DECK상에서 동일 TIER 상에 20'컨테이너는 80톤 40'컨테이너는 100톤을 초과해서는 안 된다. HOLD내에서는 20'는 각 컨테이너당 26톤 40'는 각 컨테이너당 35톤을 초과해서는 안 된다.

3. 맹목거리를 고려한 선적

맹목거리는 IMO의 규정에서 알 수 있는데, 본선의 길이의 두 배 혹은 500M 중 작은 것을 따른다.

예) 맹목거리 관련 선적 가능 BAY/TIER
01-15 BAY : 5 TIER, 15-41 BAY : 6 TIER

4. 20 FEET 전용 HOLD, D/G 전용 HOLD가 있는 선박이 있으니 파악해 두어야 한다. D/G 전용 HOLD의 경우 화재의 위험에 대비하기 위하여 WATER SPRAY, DRY POWDER 소화기 등 추가 설비가 되어 있는 선박도 있다.

5. 항행구간에 따른 DRAFT 초과 방지

LOAD LINE CHART를 보고 본선이 항행해야 할 구간의 ZONE을 파악한다. 그리고 화물 선적하기 전 PLANNER가 왔을 때, 각 ZONE에 따른 DRAFT가 초과되지 않도록 화물의 양을 조정한다. 화물의 양을 조정할 때에는 선박의 TPC와 일일 연료 소모량 및 사용하는 연료 탱크를 미리 파악해 두어야 한다.

예) SUMMER DRAFT : 10.518 MTRS
TROPCAL DRAFT : 10.73 MTRS

6. SPECIAL CARGO 선적시 주의 사항

1) BREAK BULK CARGO

－CARGO의 종류, 하중, 크기
－적재되는 Container의 종류
－LASHING 상태, 용접 여부
－LOCATION
－선박에서의 예정 LASHING 조건
－EXTREME BOTH SIDE에는 선적금지(황천 시 DAMAGE 및 점검상의 어려움)

2) R/F 컨테이너

－PRE-LIST 접수, 확인(VENT OPERATION CHECK)
－LOCATION(예정 LOADING POSITION에의 전원공급이 가능한지를 CHECK),
－END ROW에는 선적금지(황천 시 DAMAGE 및 점검상의 어려움)
－해수 유입에 따른 ENG. 고장에 따른 DAMAGE 방지하기 위해서 ENG. 의 방향 변경
  예) 선수 BAY(02)에는 선적금지 및 선미부(40 BAY)는 ENG. 이 앞쪽으로 오도록 선적.

－LIST 접수 시 CARGO 내용물과 REQUIRED TEMP. 가 적합하게 설정되어 있는지를 확인하고 또 현장의 SETTING TEMP와 LIST 상의 SETTING TEMP. 가 일치하는 확인하여 의문이 있을시 SUPERCARGO나 터미널 측에 서신으로 확인하여 반드시 거증서류를 남겨 CLAIM 발생 시 제시할 수 있도록 한다.
－RF Container 선적 시 SETTING TEMP. 대로 작동하고 있는지의 여부를 확인한다. (냉동화물 : 5도, 냉장화물 : 1도 이상 차이가 발생할 때는 즉시 연락한다.)

3) DANGEROUS CARGO

－DANGEROUS CARGO의 적재위치(LOCATION & SEGREGATION) 및 LABEL 부착여부를 확인한다.

−D.G CARGO 격리 요건 확인

−모든 D.G CARGO를 선적할 수 있는 HOLD는 NO.2 HOLD이며 WATER SPRAY 장치가 되어 있으며 그 외 HOLD는 D/G CLASS별 선적 가능함.

−D.G CARGO MANIFEST상의 기입 상태 확인

4) SPECIAL CARGO

SPECIAL CARGO작업 시에는 1항사 입회하여 CHECK 하며 선적방법이 특별한 경우 양하항을 위하여 폴라로이드 사진을 찍어둔다. (FLAT RACK Container, OPEN TOP Container, BREAK BULK, DANGEROUS CARGO 등)

7. GANTRY CRANE의 안전하중을 초과하는 HEAVY WEIGHT CARGO는 적하시 양하항의 접안 예정 현측, SHORE CRANE 또는 FLOATING CRANE사용 가능성, CRANE REACH 등을 고려하여 STOWAGE 위치를 선정하도록 한다.
8. 각종 하역관련 서류의 수령, 확인 및 DAMAGE 발생에 따른 서류는 필히 SIGN을 득한 후 관련 부서에 송부한다.
   −STOWAGE PLAN
   −DANGEROUS CARGO LIST (CAPT.)
   −REEFER Container LIST
   −EXCEPTION LIST
   −LOADING PLAN (CAPT.)
   −MANIFEST 등 (CAPT.)

3.2.8 컨테이너의 정박 중 항해사의 직무

1. 하역작업 전 점검사항

1) DRAFT SURVEY & CHECK시 추락 사고에 대한 안전설비의 준비를 확인한다.
2) HATCH COVER의 개폐는 정상작동인지를 확인한다.
3) FOREMAN과 하역작업 진행 및 본선작업 주의사항을 충분히 상의한다.

4) CONTAINER TERMINAL에서 작성한 적부계획 또는 본선에서 작성한 화물의 적양하 계획이 본선의 상태에 무리 혹은 위험을 야기하는 요소가 없는지를 검토한다.
5) LASHING GEAR 및 REEFER CONTAINER RECEPTACLE은 충분히 준비되어 있으며, 하역 기기들이 정상 작동을 하고 있는지를 확인한다.
6) 하역작업을 위한 충분한 조명 상태 및 안전 상태를 확인한다.
7) STOWAGE PLAN을 충분히 이해하고 검토한다.
8) 적양하 RATE(PERFOMANCE) 및 ETD를 확인한다.
9) 적양하 SEQUENCE에 따른 BALLASTING 및 DEBALLASTING 계획을 잘 수립하여 TANK OVERFLOW 혹은 DEAD BALLAST가 발생치 않도록 한다.
10) 하역관계자와의 연락수단 및 연락처를 확실히 확보하여 둔다.
11) 조석에 따른 BERTH의 여유수심을 알아둔다.
12) 해당 항구 또는 부두의 준수해야 할 특별규정이 없는가를 확인한다.

2. 하역작업 중 점검사항

1) 하역작업 개시시간, 작업 중지 및 재개, 작업 중지 사유 및 작업종료시간을 정확히 기록한다.
2) 화물의 분실과 선창의 화재방지에 주의한다.
3) 화물의 고박상태(LASHING, SHORING, CHOCKING, WIRING 등)를 확인한다.
4) 하역인부들의 과실에 의해 화물 또는 선체에 손상이 있을 시 STEVEDORE 책임자의 확인을 받도록 한다.
5) 항내에서 BALLASTING시에는 어떠한 경우에도 TANK OVERFLOW 시키지 않도록 각별히 유의한다. 단, TANK 검사 시 검사관의 요청이 있을 경우 등의 특별한 경우는 제외한다.
6) 특수화물(REEFER CONTAINER, DANGEROUS CARGO, SPECIAL CARGO)의 적양하 시에는 반드시 당직사관이 입회를 하여 화물의 이상 유무 및 적부상태를 확인하도록 한다.

① REEFER CNTAINER

－PRE-LIST 접수, 확인(VENT OPERATION CHECK)

－LOCATION (예정 LOADING POSITION에의 전원공급이 가능한지를 CHECK(150개소임))

－END ROW에는 선적금지(황천 시 DAMAGE 및 점검상의 어려움)

－선수 BAY(02)에는 선적금지 및 선미부(40 BAY)는 ENG.이 앞쪽으로 오도록 선적.

－LIST 접수 시 CARGO 내용물과 REQUIRED TEMP.가 적합하게 설정되어 있는지를 확인하고 또 현장의 SETTING TEMP와 LIST 상의 SETTING TEMP.가 일치하는지를 확인하여 의문이 있을시 SUPERCARGO나 TERMINAL 측에 서신으로 확인하여 반드시 거증서류를 남겨 CLAIM 발생 시 제시할 수 있도록 한다.

－RF CNTR 선적 시 SETTING TEMP.대로 작동하고 있는지의 여부를 확인한다.(냉동화물 : 5도, 냉장화물 : 1도 이상 차이가 발생할 때는 즉시 연락한다.)

② DANGEROUS CARGO

－DANGEROUS CARGO의 적재위치(LOCATION & SEGREGATION) 및 LABEL 부착여부를 확인한다.

－D.G CARGO 격리 요건 확인

－모든 D.G CARGO를 선적할 수 있는 HOLD는 NO.2 HOLD이며 WATER SPRAY 장치가 되어 있으며 그 외 HOLD는 D/G CLASS별 선적 가능함.

－D.G CARGO MANIFEST상의 기입 상태 확인

③ SPECIAL CARGO 작업 시에는 1항사 입회하여 CHECK 하며 선적방법이 특별한 경우 양하항을 위하여 폴라로이드 사진을 찍어둔다. (FLAT RACK CNTR, OPEN TOP CNTR, BREAK BULK, DANGEROUS CARGO 등)

7) MOORING HAWSER를 수시로 관찰하여야 한다.

8) 우천 작업 시 HOLD BILGE를 수시로 SOUNDING하여 화물의 WET DAMAGE를 방지하도록 하여야 한다.

9) 접안중의 날씨, 특히 비나 눈이 올 때의 시간을 잘 적어 놓도록 한다.

10) 화물량의 SHORE SCALE과 본선 DRAFT SCALE과의 차이를 확인한다.

11) 만재흘수선을 초과하여 화물을 적재하여서는 출항을 할 수가 없다

3. BALLAST 작업

1) BALLAST 작업의 중요성

CONTAINER선에서 적정 GM, BENDING MOMENT 및 SHEARING FORCE를 유지하여 SEAWORTHINES 확보 및 화물의 안전과 하역작업을 용이하게 하기 위하여 BULK선에서 공선항해 시 적정 STABILITY 유지한다.

선적항에서 최대화물 적재 및 선체 종강 도상의 보정을 위하여 BALLAST 작업이 매우 중요하다.

2) 필요한 기초지식

① TANK의 구조파악 : TANK 모양, 크기 및 배치

② LINE의 배치 및 구조 : MAIN BALLAST LINE, STRIPPING LINE

③ VALVE 계통 : REMOTE CONTROL VALVE SYSTEM, 중간 VALVE 역할, 자동/수동 VALVE에 대한 이해

④ BELL MOUTH 위치 : STRIPPING 시 HELLING, TRIM 이용

⑤ PUMP의 이해 : PUMP의 종류, 용량 및 특성

⑥ 해당 항구의 수심 및 특별규칙

3) 작업 전 준비사항

① 1항사는 BALLAST 계획 수립, 당직배치 및 작업진행을 주관하여 모든 관련자에게 계획을 설명하고 주의사항을 주지시켜 BALLAST 작업이 이상 없이 수행되도록 한다.

② 작업 개시 전에 발전기, PUMP의 상태 및 LINE SETTING UP을 필히 확인하도록 한다.

③ REMOTE CONTROL VALVE용 유압 PUMP의 작동상태 및 HYD. OIL TANK 내의 OIL LEVEL이 적정한지 확인하고 부족 시 보충토록 한다.

④ 각TANK의 LEVEL GAUGE의 오차를 확인하여 두며 GAUGE를 과신하지 않도록 한다.

⑤ WALKIE-TALKIE, 전화 등의 통신수단을 확인하여 둔다.

⑥ 야간 사운딩을 위해 사운딩 장소의 조명을 확인하고 LANTERN을 준비한다.

4) 주의사항

① AIR DRAFT, HEELING, TRIM 및 BOTTOM TOUCH에 주의하면서 하역작업 속도에 따라 BALLAST 작업을 조절한다.

② CONTAINER선의 경우 하역작업에 지장을 초래하지 않도록 BALLAST 작업을 수행하도록 할 것이며, 과도한 HEELING은 작업 중지를 초래하고 과도한 TRIM은 CELL GUIDE의 손상 및 작업지연을 초래하니 주의하도록 한다. HEELING은 약 2o이내 TRIM은 약 2M이내가 적절하다.

③ BALLAST 주입 시 OVERFLOW되지 않도록 주의한다. TOP-SIDE TANK의 경우 약 85%만 싣도록 하고 출항 후 FULL로 채우도록 하며, 수면하 TANK의 경우에는 중력으로 FULL로 채우도록 한다.

④ 당직사관 인수 인계 시 각 TANK SOUNDING 및 BALLAST 계획을 철저히 인계하도록 한다.

⑤ DIRTY BALLAST의 적재를 가능한 한 지양하고 부득이 적재하였을 경우에는 대양에서 CLEAN BALLAST로 교체하도록 한다.

⑥ BALLAST PUMP 기동 전에는 해당 VALVE가 모두 열린 것을 확인 후에 기동을 하고, BALLAST 작업 종료 시에는 PUMP를 먼저 중지시킨 후에 모든 VALVE를 CLOSE하도록 한다.

⑦ BALLAST 작업 중 또는 항해 중에 BALLAST VALVE의 LEAKING 상태를 확인하여 해당 VALVE를 수리하도록 한다.

4. 하역작업 종료 후 점검사항

1) 화물은 선적 계획대로 정확히 선적되었는지를 확인한다.
2) CARGO의 TRIMMING 및 LASHING은 적절한지를 확인해야 한다.
3) 미국 항에 있어서는 본선 하역작업 중 하역인부의 부상이 없었다는 확인을 반드시 받도록 한다.
4) 선체 속구 등을 움직이지 않게 잘 LASHING하도록 한다.
5) AIR VENT 등 선체의 모든 개구를 악천후에 대비하여 WATERTIGHT 되도록 준비한다.
6) GANTRY CRANE SPREADER 및 부두에 남은 LASHING GEAR를 회수한다.
7) 하역관련 서류를 검토 후 수령한다.
8) 보급, 수리 사항이 종결되었는지를 확인한다.
9) 승조원 귀선여부 확인 및 밀항자 수색을 실시한다.

3.2.9 TSB SUPERCARGO

대부분의 선사에서 사용하고 있는 컨테이너 화물 작업 프로그램이다.

프로그램은 많은 용도로 사용되나 일반적으로 주로 사용되는 사항에 대하여 설명해 보겠다.

1. PLAN

1) GENERAL PLAN

선박의 모든 BAY들이 시야에 들어온다. GENERAL VIEW PLAN을 선택하면 현재 적재 상태를 한 WINDOW를 통해서 볼 수 있다. 이 WINDOW에서 BAY의 상태는 양하항에 맞게 되어 있다.

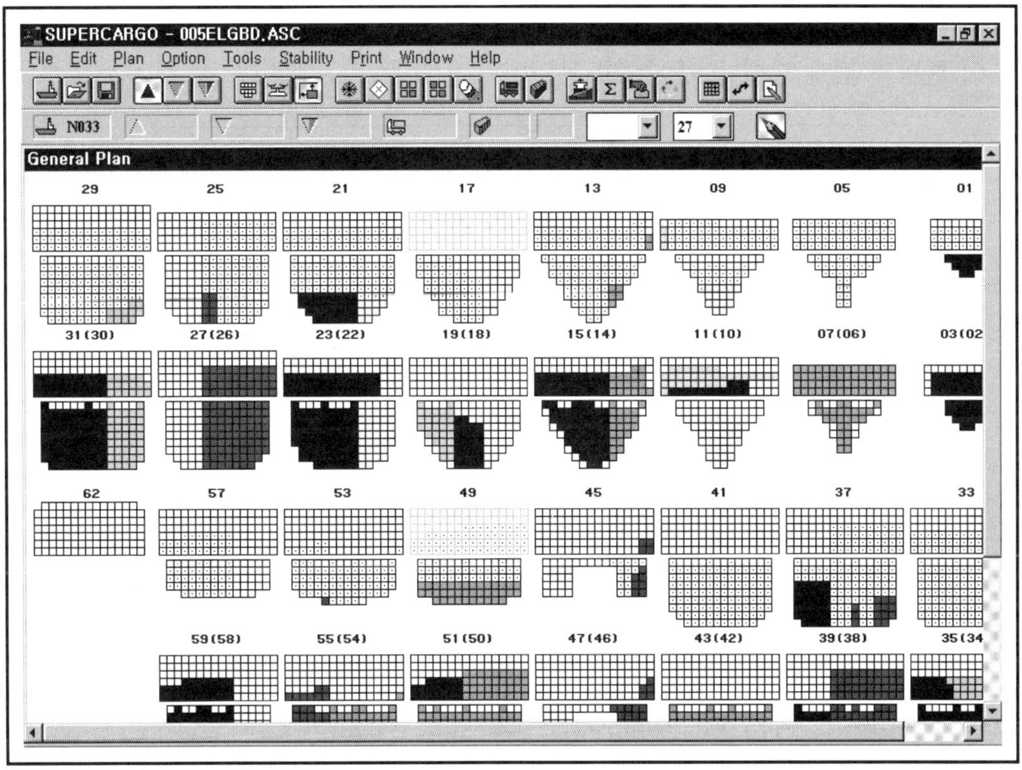

[그림 3-30] GENERAL PLAN

※ 주의 : 이 WINDOW는 단지 참조하는 목적일 뿐 이것으로 적양하 계획을 하는 것은 좋지 않다. CONFIG UPDATE OF WINDOW에서 업데이트되지 않았다면 GENERAL PLAN WINDOW에서 어떤 변화도 나타나지 않을 것이다. 하지만 이 WINDOW를 닫았다가 열면 GENERAL PLAN WINDOW에서는 벌써 바뀌었다는 것을 알 수 있다. 혹은 CONFIG UPDATE OF WINDOWS에서 업데이트 된 GENERAL PLAN을 조정한다.

2) GENERAL ARRANGEMENT

현재의 적재 상태를 알 수 있다.

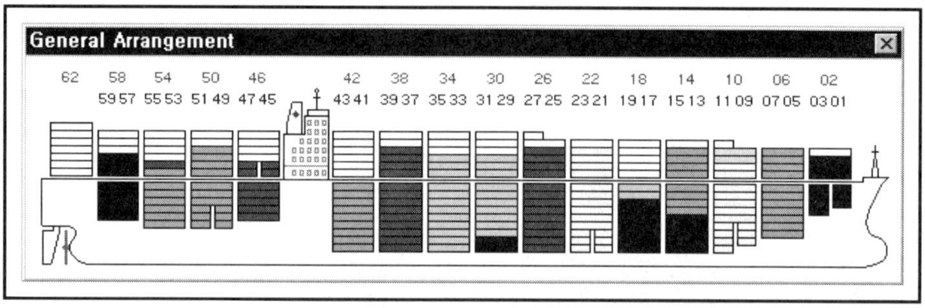

[그림 3-31] GENERAL ARRANGEMENT

※ 주의 : GENERAL PLAN과 GENERAL ARRANGEMENT에서 SCAN VIEW PLAN으로 작업하고 있는 HATCH를 선택할 수 있다. GENERAL PLAN에서 하나의 BAY를 클릭함으로써 BAY PLAN으로 그 BAY를 불러낼 수 있다.

3) SCAN VIEW PLAN

다음과 같은 세 개의 HATCH들을 동시에 보고 작업할 수 있다.

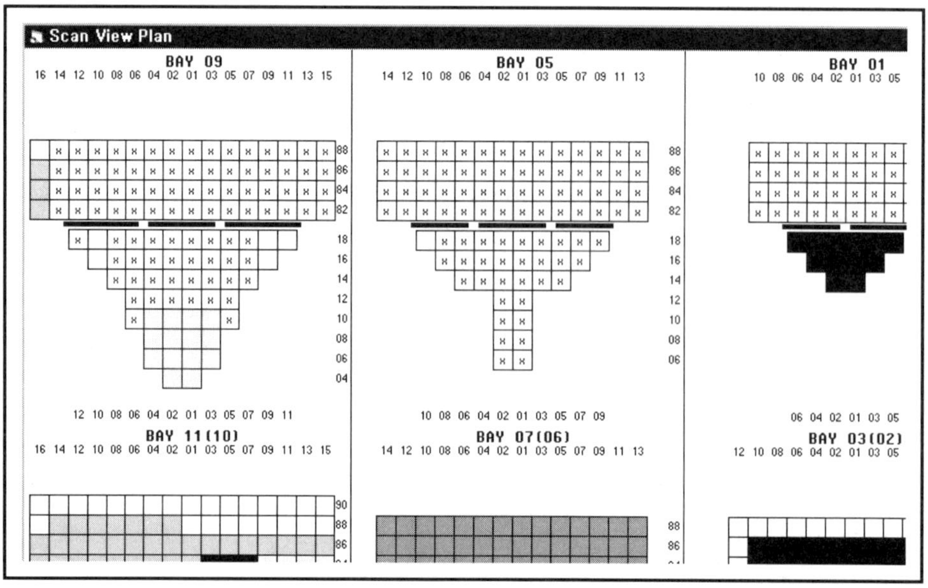

[그림 3-32] SCAN VIEW PLAN

SCAN VIEW PLAN에서 BAY는 여러 개의 BAY를 드래깅하거나 하나의 BAY를 클릭함으로써 GENERAL PLAN 혹은 GENERAL ARRAGEMENT에서 선택할 수 있다. 'SCAN VIEW PLAN'을 선택한다. 드래깅하여 GENERAL PLAN과 GENERAL ARRAGEMENT에서 HATCH를 선택한다. HATCH의 ARRAGEMENT 명령은 WINDOW의 왼쪽 아래에 HATCH BUTTON에 의해서 조정된다. 이 WINDOW는 3 개로 나뉘어져 있고 각각의 부분은 1, 2 그리고 3으로 번호가 매겨져 있다. 이들 선택된 번호 중 어떤 것이라도 BAY PLAN 이 나타나게 될 것으로부터 첫번째가 된다. 컨테이너를 실으면 컨테이너의 규격을 선택할 수 있다. 그래서 40ft의 컨테이너를 실으면 인접한 bay는 쓸모없게 될 것이다.

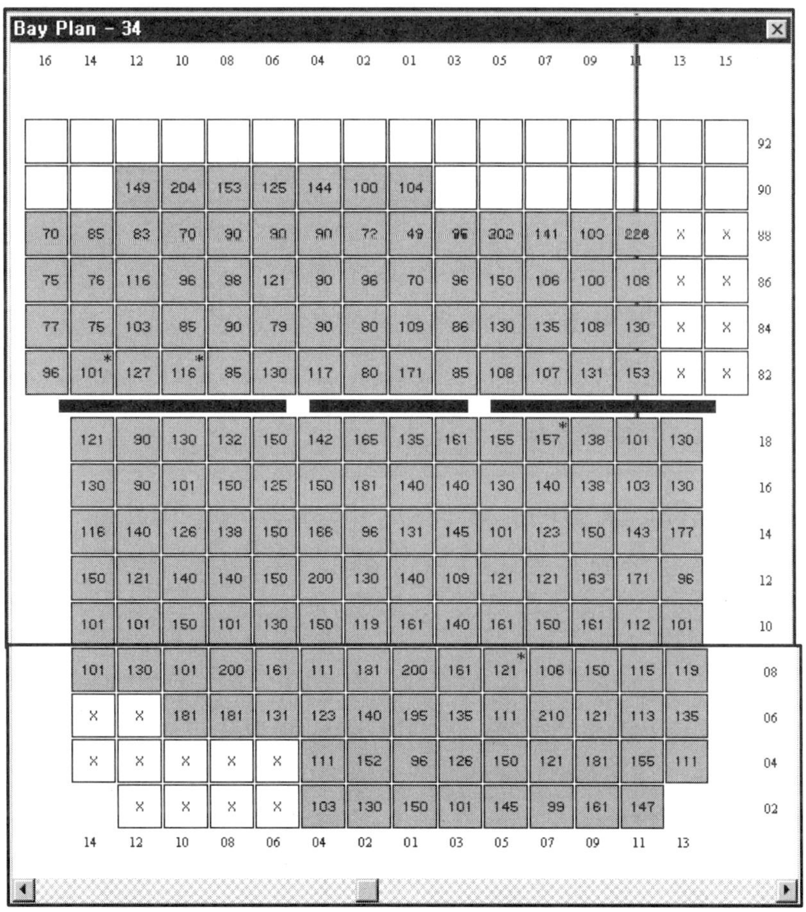

[그림 3-33] BAY PLAN

4) BAY PLAN

Cargo Summary

Bay	Weight	LCG	VCG	TCG	Qty
33	120.4	-3.02	5.81	12.20	11
34	1541.9	-6.09	14.61	-1.25	113
35	134.5	-9.16	5.12	11.91	11
37	530.6	-17.57	7.36	2.21	33
38	1289.3	-20.64	15.87	0.14	88
39	465.4	-23.71	6.85	2.92	33
41	230.9	-32.12	7.06	11.75	13
42	1716.4	-35.19	15.01	-1.41	104
43	205.3	-38.26	6.91	11.59	13
45	90.3	-68.72	16.84	-15.63	7
46	521.8	-71.79	19.76	3.21	39
47	76.1	-74.86	16.38	-15.32	7
49	16.7	-82.99	11.03	5.55	2
50	1105.8	-86.06	17.73	0.23	78
51	0.0	-89.13	0.00	0.00	0
53	15.5	-98.78	11.03	6.38	1
54	851.5	-101.85	17.67	-0.50	70
55	0.0	-104.92	0.00	0.00	0
Ttl	19595.9	Hold	Deck		1338

[그림 3-34] CARGO SUMMARY

하나의 BAY는 이 WINDOW에 표시되어질 수 있다. BAY PLAN에서 LOADING, DISCHARGING, 그리고 다른 기능들을 실행할 수 있다. BAY PLAN을 선택한다. 다음과 같은 것을 이용해서 BAY를 바꿀 수 있다.

1) GENERAL PLAN이나GENERAL ARRANGEMENT에서 클릭해서
2) STATUS BAR의 COMBO BOX에서 선택해서
3) 이 WINDOW의 SCROLL BAR를 이용하여
4) 화살표 키를 눌러서 왼쪽/위쪽 그리고 오른쪽/아래쪽은 한 BAY 뒤로 앞으로
5) PgUP과 PgDn 키는 한 HATCH 위로 아래로

2. STABILITY

1) INQUIRE CARGO SUMMARY

화물 무게, LCG, VCG, TCG 그리고 각각의 BAY에서 컨테이너의 수량의 개요를

보여준다. SCROLL BAR로 모든 정보를 읽을 수 있다. 탐색범위를 선택하여 HOLD 또는 ONDECK BUTTON을 클릭한다.

2) EDIT TANK DATA

TANK 상태는 조정될 수 있고 복원성 시뮬레이션 또한 가능하다. 선박의 MODEL TANK를 볼 수 있을 것이다. TANK의 종류는 색깔로 구분된다.

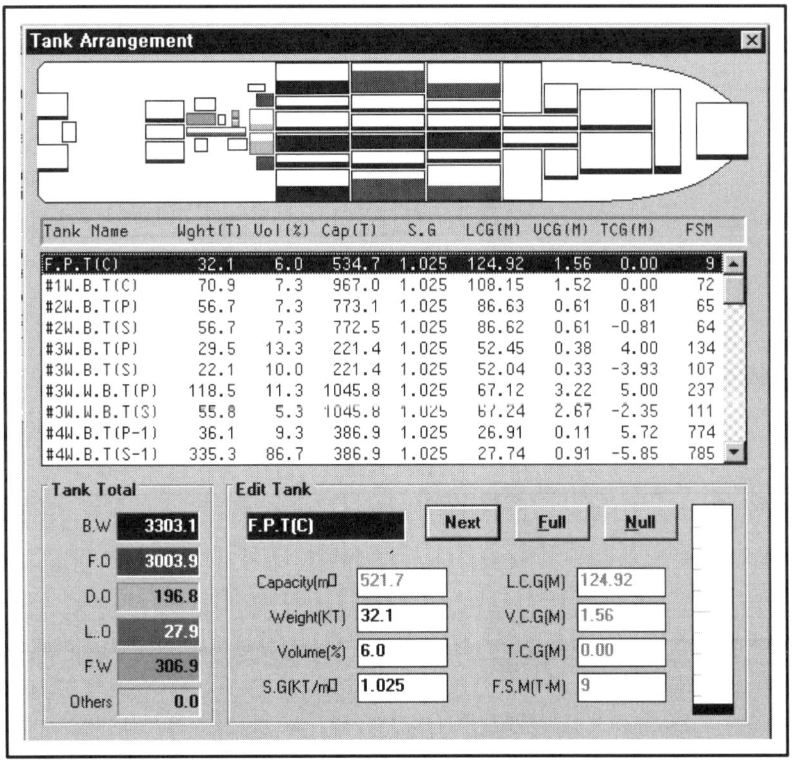

[그림 3-35] EDIT TANK DATA

3) 배수량 SUMMARY

이 기능은 선박의 배수량과 흘수에 대한 보다 자세한 정보를 제공한다.

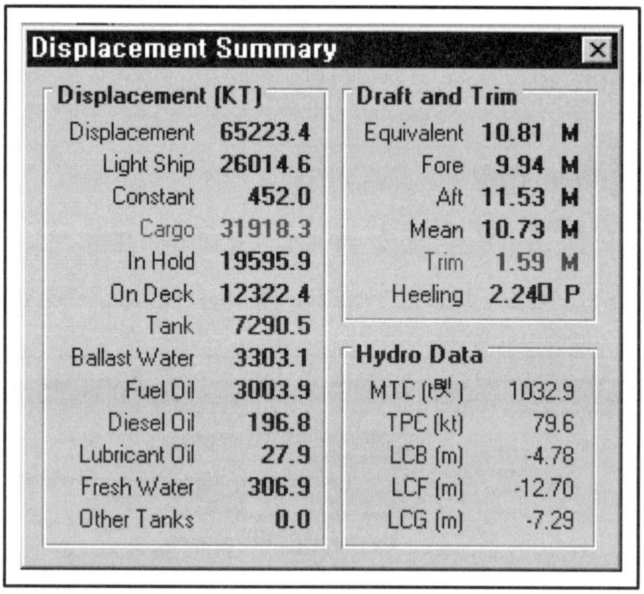

[그림 3-36] DISPLACEMENT SUMMARY

4) STABILITY SUMMARY

모든 정보를 모아서 IMO 표준형식으로 복원성 정보를 제공한다. 이 WINDOW를 이용하여 선박의 복원성이 적합할 때까지 CARGO/TANK의 값을 조정할 수 있다. 이 WINDOW는 참조용이기 때문에 WINDOW에서 그 값을 바꿀 수 없다.

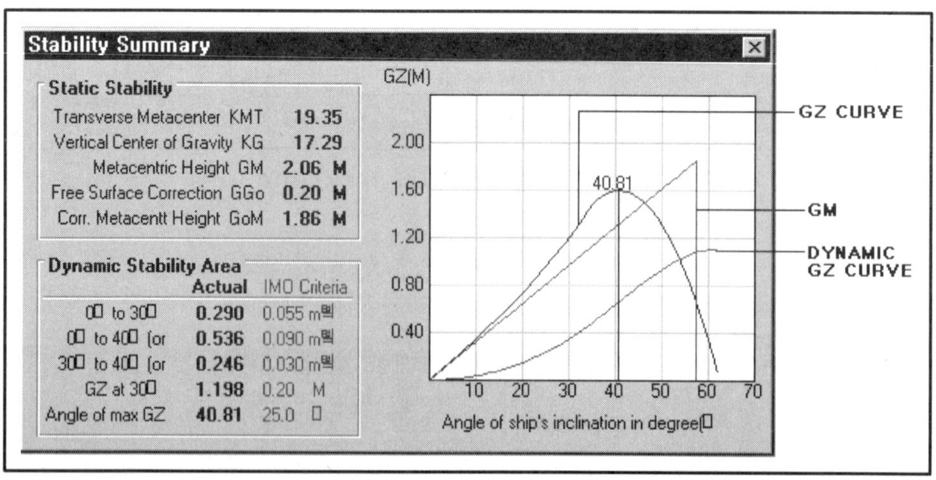

[그림 3-37] STABILITY SUMMARY

5) LONGITUDINAL STRESS

화물과 TANK 상태로 선박의 LOGITUDINAL STRESS를 보여 준다. LONGITUDI NAL STRESS를 선택하고 화면에 GRAPH에 원하는 MODE를 선택한다. MODE를 바꿈에 따라 그래프의 형태가 달라질 것이다.

허용치를 초과하는 계산값은 그 색깔이 빨간색으로 바뀔 것이다.

6) TORSIONAL MOMENT

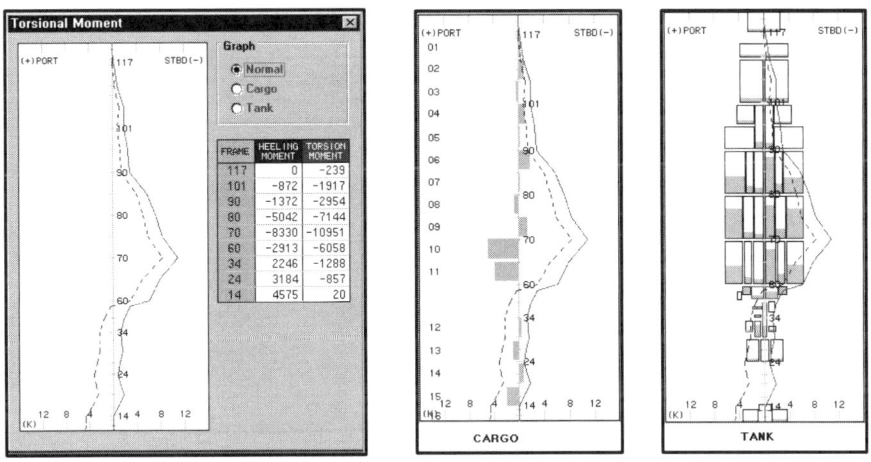

[그림 3-38] TORSIONAL MOMENT

TORISIONAL MOMENT를 선택하면 그래프로 특정한 모드를 선택할 수 있다. 화물과 TANK 상태에 따라서 HEELING과 TIORISIONAL MOMENT를 볼 수 있다. 만약 BAY PLAN, TANK ARRANGEMENT를 열고 작업 중이었다면 그래프로 각각의 값을 살펴볼 수 있다.

LONGITUDINAL STRESS, STABILITY SUMMARY와 TORISIONAL MOMENT의 값과 그래프는 화물적재나 TANK EDITING WORK에 따라서 즉각적으로 업데이트 된다.

7) 컨테이너의 평균 VCG

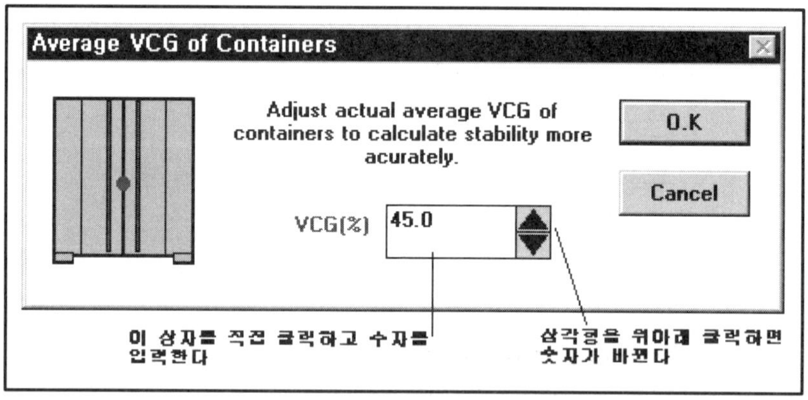

[그림 3-39] 컨테이너의 평균 VCG

더 정확한 복원성 시뮬레이션은 VCG CONTAINERS로 가능하다. AVERAGE VCG OF CONTAINERS를 선택하고 삼각형 버튼으로 또는 상자 안에 직접 숫자를 입력하고 OK BUTTON을 누른다.

8) 해수밀도

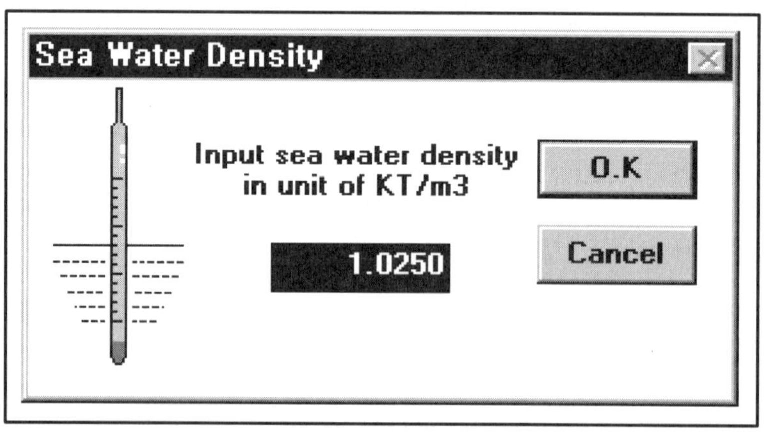

[그림 3-40] 해수밀도

SEA WATER DENSITY를 선택하고 해수밀도를 입력한 후 OK BUTTON을 누르면 해수밀도가 바뀐다.

3.3
컨테이너선의 선체

3.3.1 컨테이너선의 구조

컨테이너선을 구성하는 구조 부재는 직육면체의 컨테이너를 선적하기 위한 공간을 제외한 한정된 부위에만 설치가 가능하므로 다른 선박의 경우와 달리 매우 특이하게 배치되는 것이 많다. 특히, 선박의 대형화에 따른 종강도 부재의 대형화와 갑판상의 대형 Hatch의 존재에 따른 비틀림 강도(Torsional rigidity)의 약화 등이 선박 구조 설계의 주요 포인트로 충분한 종강도 및 비틀림 강도를 확보하는 일이 가장 중요한다.

1. 갑판 구조

1) 갑판하 거더

갑판하 거더는 해치 코밍을 지지하고 종강도를 만족시키기 위하여 아래 그림과 같이 상갑판 하부에 설치되며, 선체 중심선에 하나 또는 중앙선에 대칭으로 두 세개가 설치된다. 그러나 대형 컨테이너선의 설계에 있어서는 화물의 적재 및 하역 등의 효율을 높이기 위하여 갑판하 거더를 설치하지 않는 경우가 많다.

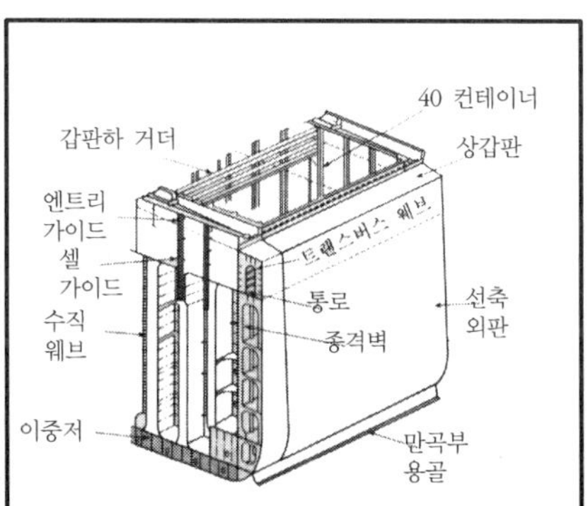

[그림 3-41] 컨테이너선의 중앙부 구조 명칭

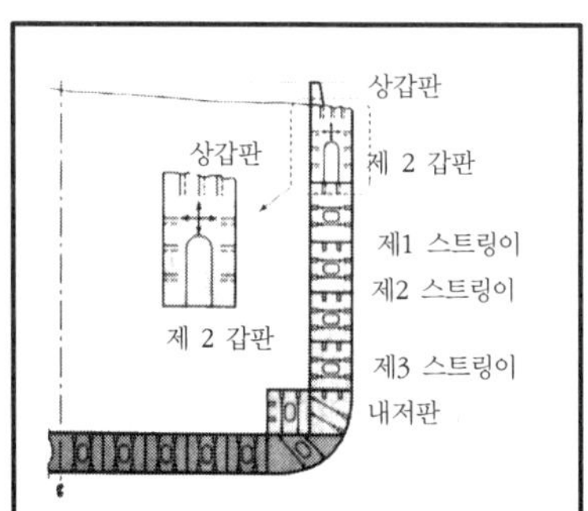

[그림 3-42] 상자형 거더

2) 상자형 거더 (Box Girder)

갑판은 양 현 끝부분의 좁은 띠판을 제외하고 종방향으로 하나의 해치를 이루어 전 갑판의 대부분이 해치로 된다. 따라서, 선박의 횡방향의 부재에 인장과 압축 강도를 주고, 종방향의 변형에 저항할 수 있게 하며, 충분한 비틀림 강도를 갖도록 위의 그림과 같이 갑판과 현측 후판의 연결부에 매우 두꺼운 강판(30~80 mm)으로 상자형 거더를 배치하거나 또는 이에 대응하는 구조를 배치하게 된다.

3) 상갑판

상갑판은 폭이 좁고 두께가 두꺼워지므로 구멍을 뚫는 일은 극도의 주의를 요한다. 또, 횡격벽과의 교차점 부근 및 상부 구조와의 교차점 부근에서는 적당한 등금새와 보강판을 이용하여 응력 집중에 의한 균열의 발생을 방지할 수 있도록 하여야 한다.

2. 격벽 구조

화물창(Cargo Hold)은 적당한 간격으로 수밀 격벽에 의하여 나누어지며, 각 화물창은 컨테이너 횡 단위를 기준으로 하여 컨테이너 적재를 위해 비수밀 격벽이 설치된다. 수밀 격벽은 비틀림 강도 및 횡강도에 중요한 역할을 한다.

20′컨테이너와 40′컨테이너를 같이 선적할 수 있도록 만들어진 화물창의 비수밀 격벽은 보통 40′컨테이너 1개의 길이마다 설치되며, 선박의 동요에 의한 화물의 하중을 견딜 수 있도록 설계된다.

3. Hatch Comming 구조

1) Hatch Comming

해치 코밍은 화물창에 해수가 들어가는 것을 방지하고, 해치 커버를 지지하는 부재로서, 다음 그림과 같이 보강재와 지주로 구성된다. 최근에 건조되는 대형 컨테이너선에서는 해치 사이드 코밍을 연속적으로 배치시켜 종강도 부재로 활용하는 경향이 있다. 이 경우, 해치 코밍 구조는 상갑판 구조와 같은 정도로 튼튼한 부재를 사용하도록 한다.

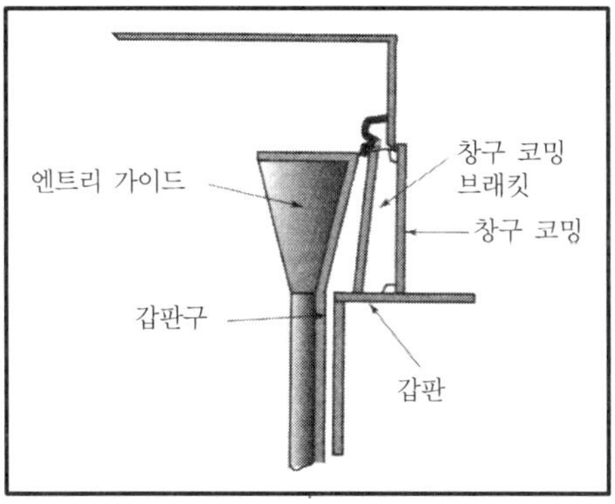

[그림 3-43] Hatch Comming

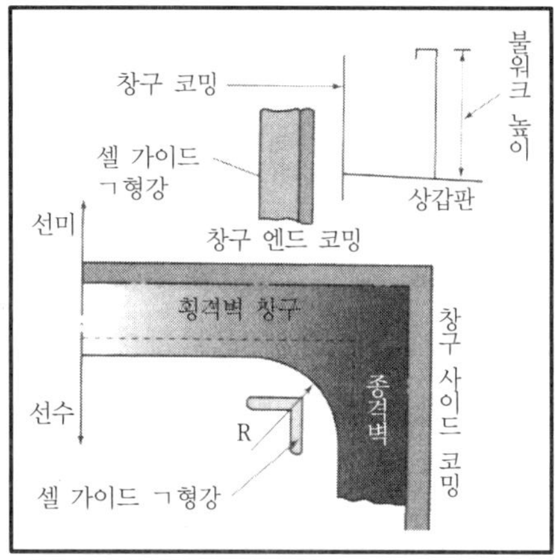

[그림 3-44] Hatch Conner

2) Hatch 및 Conner

컨테이너를 화물창에 적재하기 위한 개구로서 대각선 변형과 모서리 부위에서의 응력 집중 현상을 주의하여야 한다.

특히, 컨테이너선에서는 사각형의 화물창에 사각형의 컨테이너를 빼곡히 싣게 되므로, 모서리부에도 충분한 공간이 없어 큰 곡률을 줄 수가 없다. 그러므로 모서리부에서의 응력 집중을 피하기 위해서는 모리서리에 적당한 곡률을 주고, 위의 그림과 같이 모서리 부위에 두꺼운 판을 배치하여 보강한다.

3) 해치 커버

여러 가지의 해치 커버 형식 중 컨테이너 전용선에서는 거의 다음 그림과 같은 푼톤(Pontoon)형을 채택하고 있다. 즉 종방향으로 4~5개 정도로 나누어진 해치 커버를 크레인으로 들어 올려서 안벽에 내리거나 혹은 다른 해치 커버 위로 잠시 올려놓음으로써 화물창 내의 컨테이너를 처리할 수 있게 한다. 해치 커버의 위에는 다음 그림과 같이 컨테이너를 고정시킬 수 있는 장치가 설치된다.

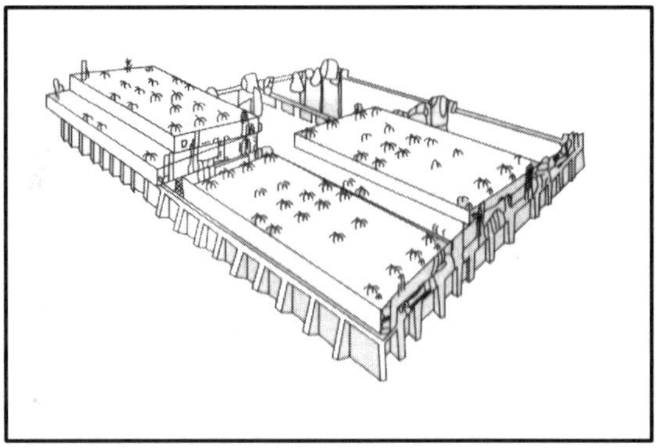

[그림 3-45] 폰툰형 해치 커버

4) 해치 커버의 특별 구조

① 수밀장치

모든 H/Cover에 수밀 Rubber Packing을 설치한 선박도 있으나, 1~3번 H/Cover만 Rubber Packing을 설치하고 나머지는 설치하지 않은 컨테이너선도 많다.

② Cleat 고정 장치

H/Cover의 Securing System은 통상 해수가 많이 올라오는 NO.1, 2 HOLD에 Hydraulic Cleat Type이 설치되어 있으며, NO.3 HOLD 뒤쪽으로는 Quick Acting Heavy Cleat Type이 설치되어 있다.

[그림 3-46] Hydraulic Cleat

[그림 3-47] Quick Acting Heavy Cleat

③ 특정 메이커의 H/Cover에서는 한쪽 면에 Wall Ventilator가 설치되기도 한다.

4. 벤치 구조

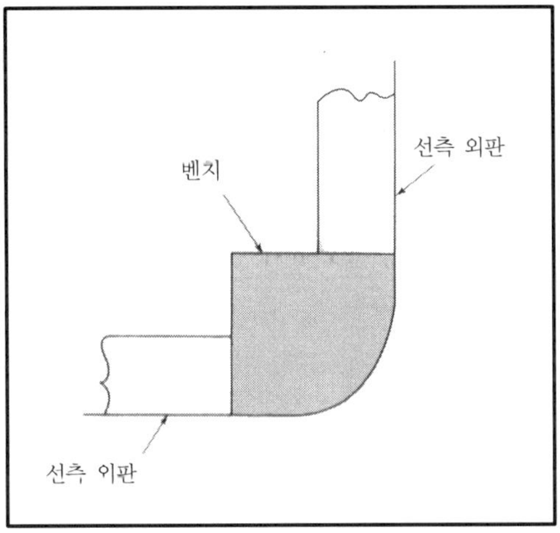

[그림 3-48] 벤치 구조

컨테이너선에서는 아래 그림과 같이 컨테이너를 선적하면서 모서리부의 약점을 보강할 수 있도록 만든 벤치 구조가 많이 나타난다. 실제로는 선수미부로 가면서 이 벤치의 모양이 더욱 복잡해지는 양상을 하기 때문에 구조 부재의 배치에 유의하여야 한다.

5. Cell Guide System

컨테이너를 Hold내 지정된 Cell에 수직으로 선적시킬 수 있고 항해 도중 컨테이너가 움직이는 일이 없도록 튼튼하게 고정시킬 수 있도록 Cell Guide가 설치되어 있으며, 다양한 규격의 컨테이너를 모두 수용할 수 있도록 만들어져 있다. 대부분의 컨테이너선에서는 40 피트의 Cell에 20 피트 컨테이너 2 개를 앞뒤로 나란히 선적할 수 있게 만들어져 있다.

[그림 3-49] Cell Guide

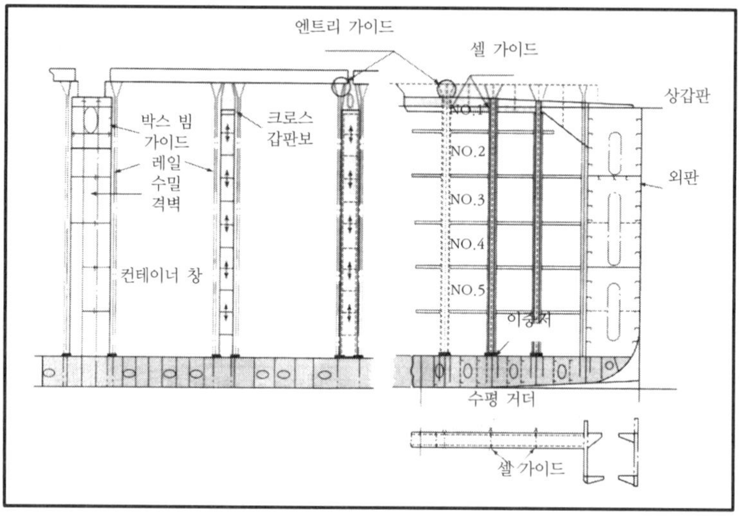

[그림 3-50] Cell guide 구조

[그림 3-51] Cell guides in an all-container ship

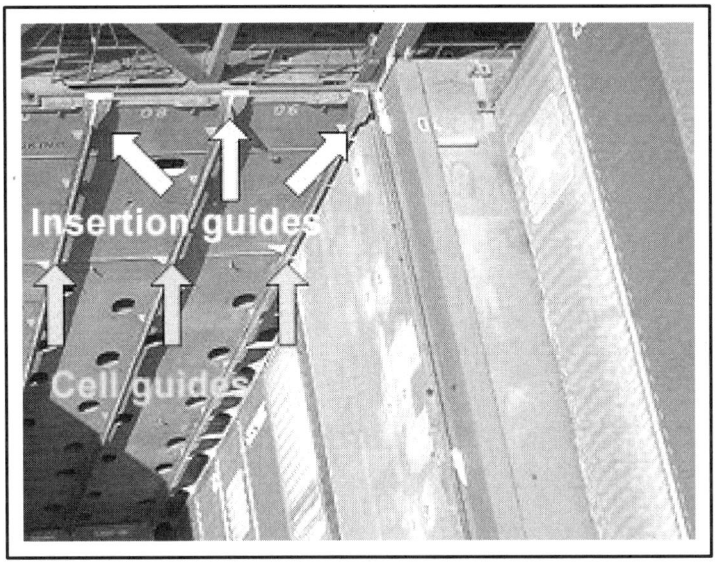

[그림 3-52] Guide rails of two adjacent slots

3.3.2 컨테이너 적재위치에 관한 용어

컨테이너선에서의 적재위치에 관한 용어는 Hold, Hatch, Twin Deck 등 일반 화물선에 사용되는 용어와는 달리 각 컨테이너의 정확한 선적장소를 알 수 있도록 3차원 입체배열로서 일정위치를 나타내는 Numeric System을 이용한다. 즉 컨테이너의 적재위치는 Bay No., Row No 및 Tier No.로 구분된 6자리의 Cell No.로서 표시된다.

1. Bay No.

컨테이너는 지정된 Cell에 차곡차곡 선적되는데, 선박의 길이 방향으로 나누어진 Cell Group을 Bay라고 부른다. 즉, 한 Bay는 20foot Container 2개 또는 40foot Container 1개가 들어가는 길이이다.

2. Row No.

각 Cell을 선박 폭 방향으로 붙여나가는 번호를 Row No.라 하며, 번호부여 방법은 선박구조물에 대한 전통적인 Numbering과 같이 선박의 오른편을 홀수로, 왼편을 짝수로 표시한다. 즉 Row의 개수가 홀수인 경우에는 맨 중앙의 Row를 00으로 하여 우현쪽으로 나가며 01, 03, 05, …로 표시하며, 좌현쪽으로는 02, 04, 06, …로 표시하며, 짝수의 경우에는 선체 중앙에서 우현쪽으로 01, 03, 04, …, 좌현쪽으로는 02, 04, 06, …의 두자리 숫자로 표시한다.

[그림 3-53] ROW NO.

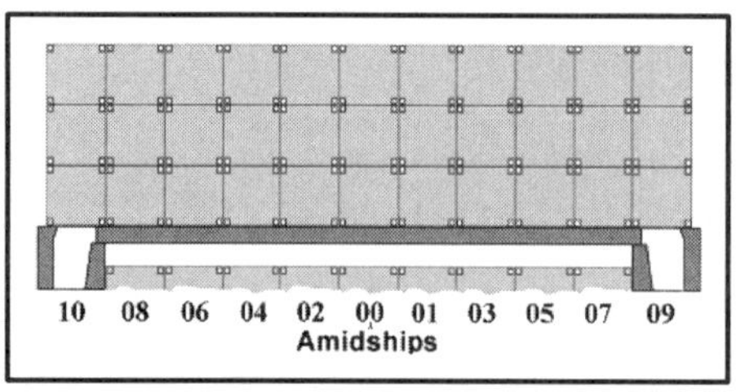

[그림 3-54] Row의 개수가 홀수인 경우

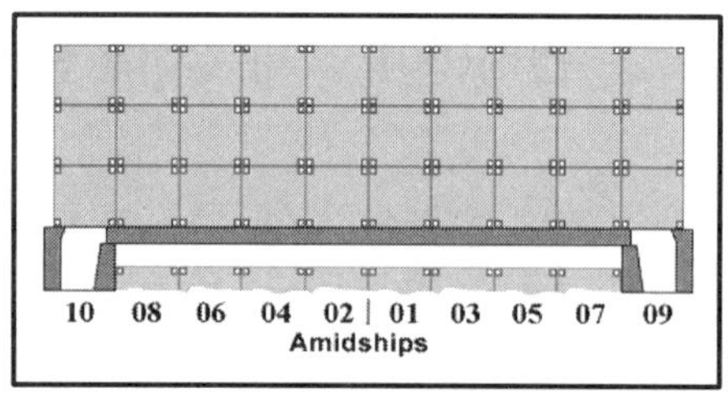

[그림 3-55] Row의 개수가 짝수인 경우

3. Tier No.

컨테이너의 층을 나타내는 숫자로 당사에서는 Hold의 경우 Hold 1단을 '02'로 하며 짝수 Numbering(02, 04, 06 … 16), Deck의 경우 Deck 1단을 '82'로 하여 짝수 Numbering(82, 84, 86 … 90)으로 구분하여 표시한다.

[그림 3-56] TIER NO.

4. 컨테이너 위치 표시 예제

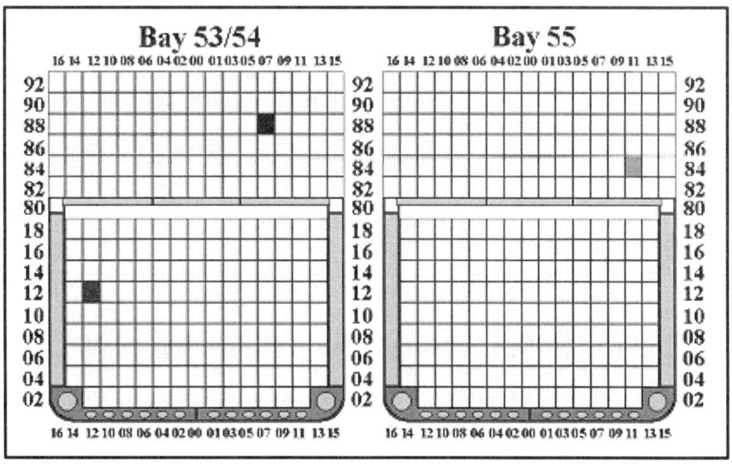

[그림 3-57] Color-labeled containers in a bay plan

빨간색 20' container slot 위치 : 531212

파란색 40' container slot 위치 : 540788

초록색 20' container slot 위치 : 551184

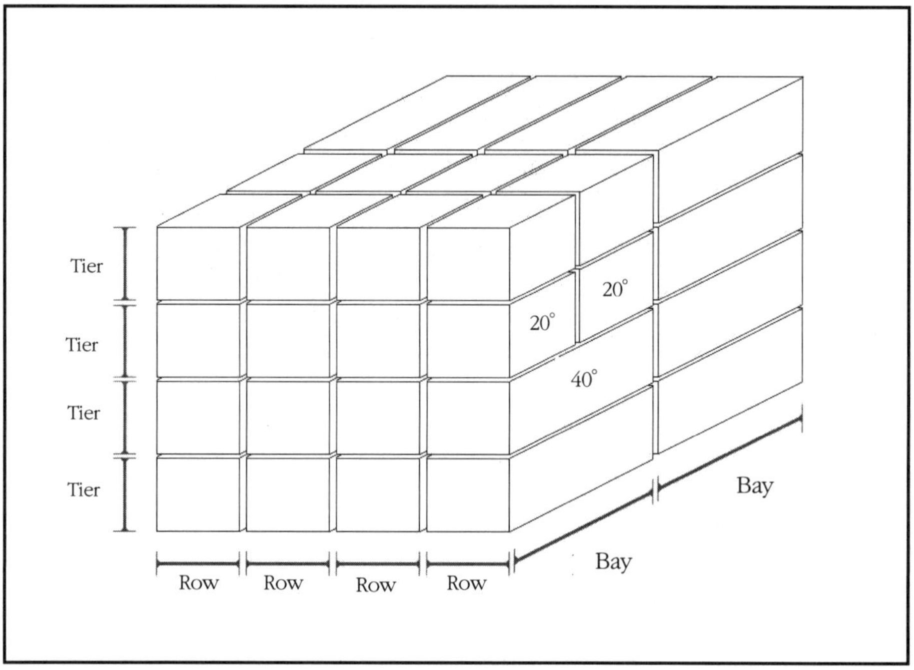

[그림 3-58] Bay, Row, Tier

3.3.3 선체 선수 형상

컨테이너선의 구상선수(Bulbous Bow)는 조파저항을 줄이기 위해 파도를 효과적으로 가르도록 설계되었다.

1. 컨테이너선과 타 선종 대형선의 선수 형상 비교

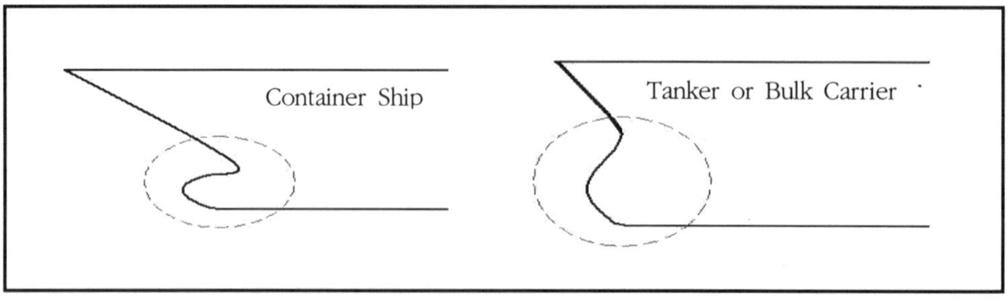

[그림 3-59] 선체 선수 형상의 비교

[그림 3-60] 컨테이너선의 Bulbous Bow

[그림 3-61] CRUDE OIL CARRIER

[그림 3-62] CONTAINER SHIP

3.3.4 Container Lashing

1. Lashing Gear

선박의 Rolling이나 Pitching 등에 의해 컨테이너가 이동하거나 붕괴되는 것을 방지하기 위하여 컨테이너 Lashing이 필요하다. 컨테이너의 Lashing에 사용되는 각종 장비를 Lashing Gear 혹은 Fitting이라 하며, 선체에 고정되어 있는 Fixed Gear와 이동 사용이 가능한 Loose Gear로 나누어진다.

1) Fixed Gear

① Socket(Foundation Stool)

갑판적 Container용으로 H/Cover 등에 고정되어 있으며, Twistlock을 꽂아서 컨테이너를 Securing시키게 되는데 Single Type과 Double Type의 2가지가 있다.

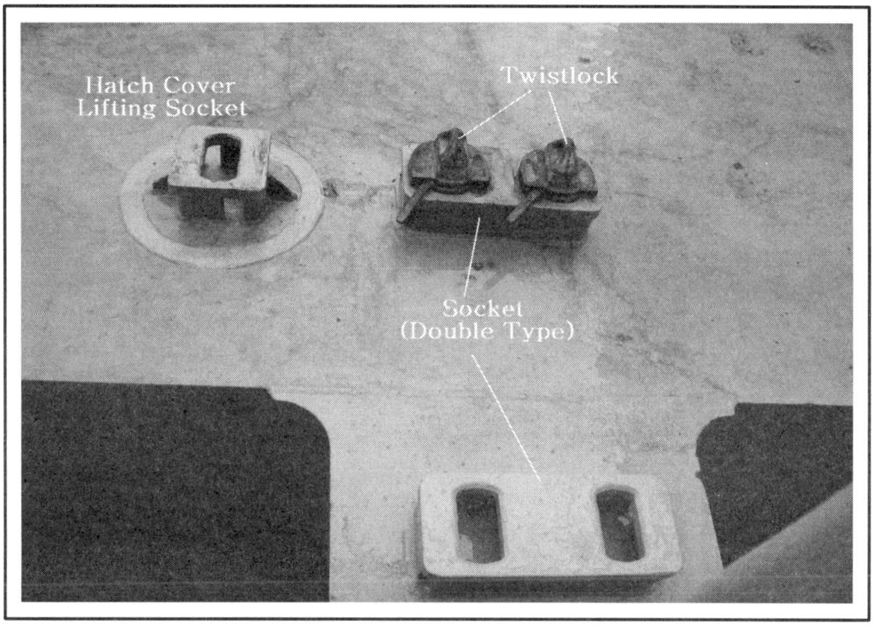

[그림 3-63] Socket(Foundation Stool)

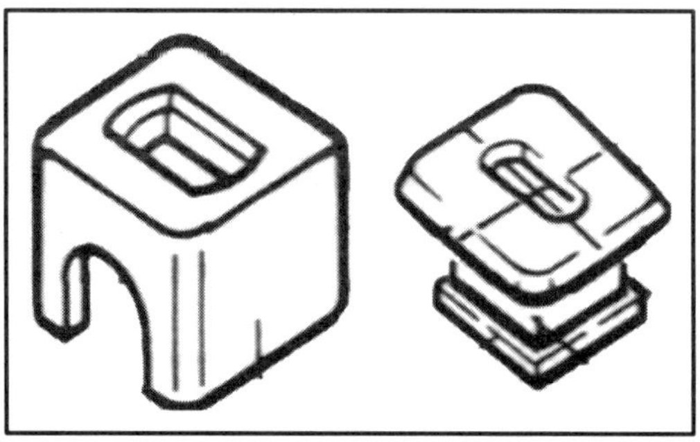

[그림 3-64] Single Socket

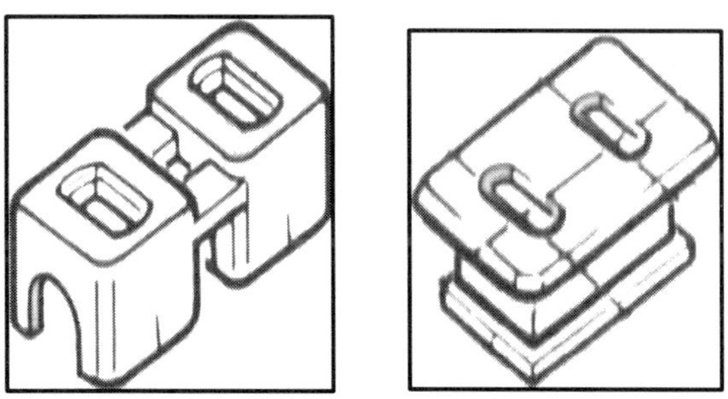

[그림 3-65] Double Type Socket

② Eye Plate

－H/Cover 등에 고정하여 Turnbuckle을 연결시키게 되며, Eye가 1개인 것과 2개, 3개, 4개 및 5개인 것도 있다.

[그림 3-66] EYE PLATE

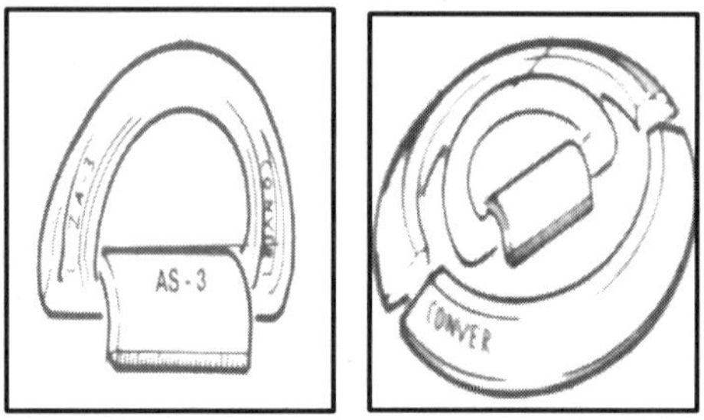

[그림 3-67] Lashing Eye

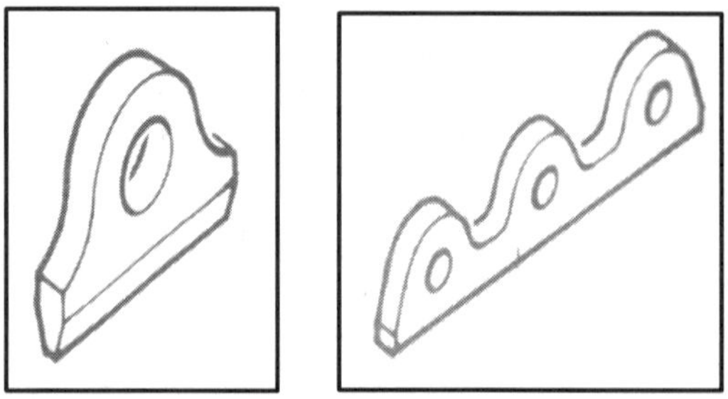

[그림 3-68] Lashing Plate

③ Fixed Cone

－갑판이나 화물창 바닥 등에 고정되어 컨테이너 Coner Hole에 맞춰 고박한다.

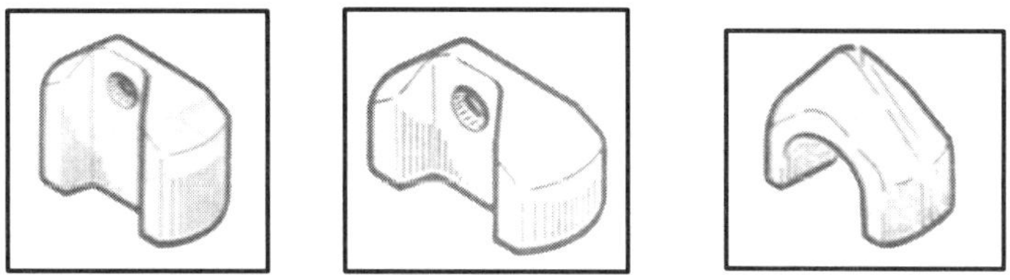

[그림 3-69] Fixed Cone

2) Loose Gear

① Twistlock

－H/Cover 등의 갑판과 컨테이너 사이, 또는 컨테이너와 컨테이너 사이를 수직방향으로 Securing하는 것으로, RH(Right Handed)형과 LH(Left handed)형의 2가시가 있다.

－Manual Twistlock : 통상 ON DECK 1단 LASHING 시 사용한다.

－Semi-Auto Twistlock : 통상 2, 3, 4, 5단 LASHING 시 사용한다.

[그림 3-70] Manual Twistlock

[그림 3-71] Semi-auto Twistlock

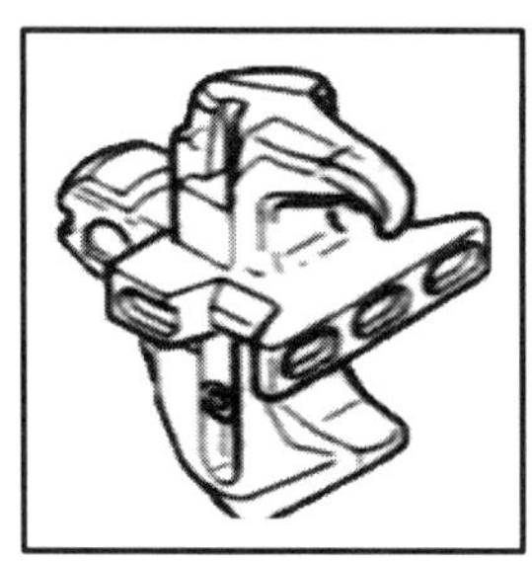

[그림 3-72] Auto Twistlock

② Lashing bar

－고장력강을 사용한 환봉으로, 2단째나 3단째인 컨테이너의 하부 속구에 고박이 된다. 이 경우에는 3단째인 컨테이너의 Corner Fitting에 Upper Securing

Fitting으로 고박하고, Lashing Rod의 끝단을 끼워 넣는다.

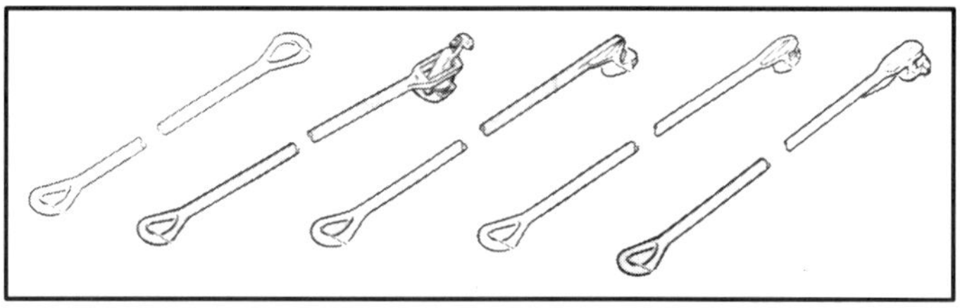

[그림 3-73] Lashing bar

③ Turnbuckle

－H/Cover 혹은 갑판상에 있는 Eye Plate와 Lashing Rod를 연결하여 고정시킨다.

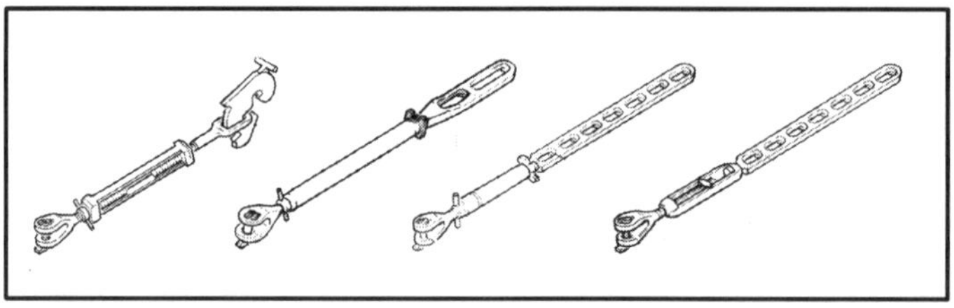

[그림 3-74] Turnbuckle

2. Lashing 방법

컨테이너의 Lashing 방법에 있어서 초창기에는 Wire나 Bridge Fitting 등을 사용하였으나, Lashing하는 시간이 많이 걸려 요즘에는 거의 사용되지 않으며, 대신에 Lashing Bar와 Twistlock 등을 사용하고 있다.

1) Advanced lashing방식

－통상 선박에서 사용하고 있으며 1, 2단 Lashing 형태이다. 통상 1단 상부 및 2단 하부에 Turnbuckle Lashing하며 현측에만 1단 상부, 2단 하부 및 3단 하부에 Turnbuckle Lashing 한다. Turnbuckle에 4개 혹은 7개의 구멍이 있어 High Cubic Container 적재 시에도 한 종류의 Lashing Rod를 사용함으로써 취급이 간단하고 작업시간이 단축된다.

[그림 3-75] Lashing bar & Turnbuckle

[그림 3-76] Advanced lashing 방식

2) Lashing Bridge 방식

- 보통 5000TEU급 이상 선박에서 사용하고 있으며, 40footer Container에는 Lashing Bridge에서 2단 상부 및 3단 하부에 Turnbuckle Lashing하며, 20footer Container에는 중간부분에서 1단 상부 및 2단 하부에 Turnbuckle Lashing하며, Lashing Bridge에서는 2단 상부 및 3단 하부에 Turnbuckle Lashing한다.

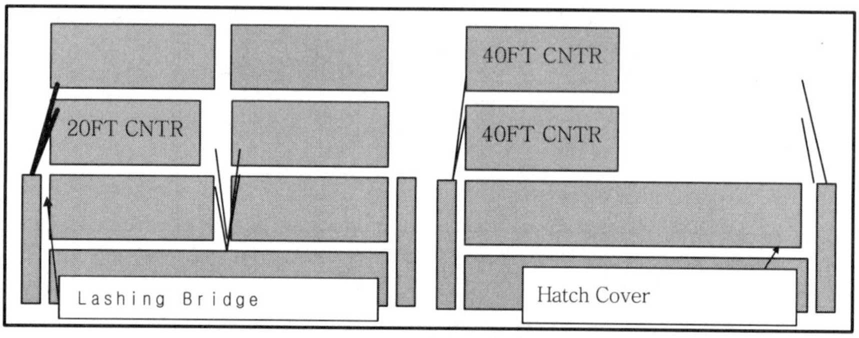

[그림 3-77] 컨테이너선의 모식도

3.3.5 컨테이너 기타 선체용어

1. BED PLATE

기계를 설치하고 고정시키는 판(BOLT와 NUT로 연결됨)이다.

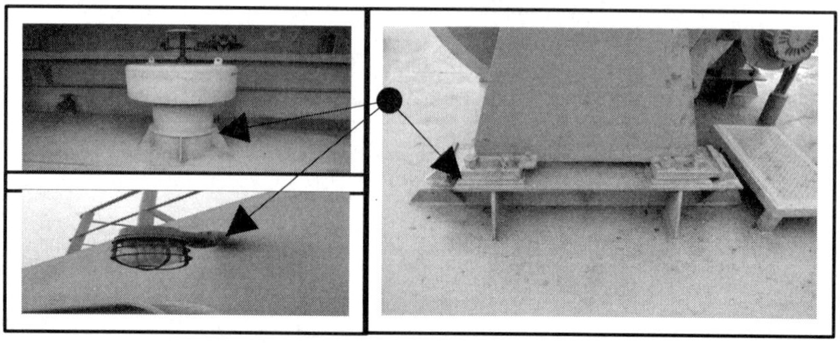

[그림 3-78] BED PLATE

2. H/COVER CLEAT

H/COVER 고박장치로 HYD. CLEAT와 QUICK ACTING HEAVY CLEAT로 구분되며 HYD. CLEAT는 NO.1,2 HOLD에 QUICK ACTING HEAVY CLEAT는 그 뒤 홀드에 설치된다.

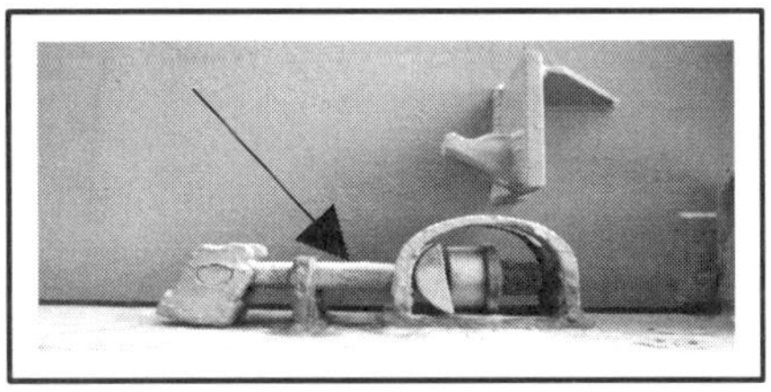

[그림 3-79] H/COVER CLEAT

3. CELL GUIDE

컨테이너를 HOLD내 지정된 CELL에 수직으로 선적시킬 수 있고 항해 도중 컨테이너가 움직이는 일이 없도록 튼튼하게 고정시키는 것이다.

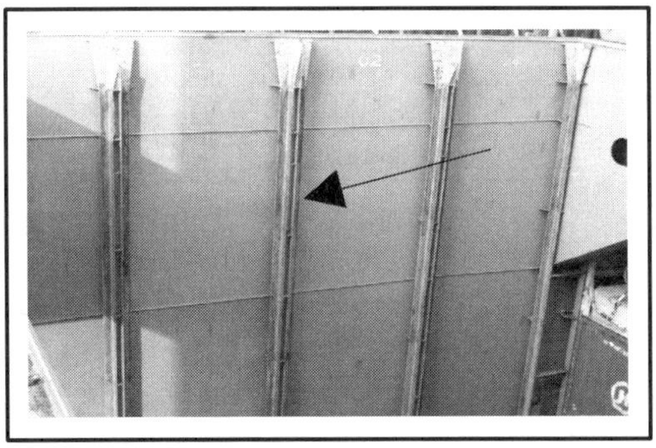

[그림 3-80] CELL GUIDE

4. BOX GIRDER

컨테이너선의 Upper Deck Stool 사이에 설치된 상자(Box)형의 종강재 DECK 중 가장 응력을 많이 받는 곳 중 하나이므로 수시로 점검요한다.

[그림 3-81] BOX GIRDER

5. PEDESTAL

컨테이너 적재를 위해 Deck 상부에 설치되는 지주이다.

[그림 3-82] PEDESTAL

6. BULWALK

갑판상으로 파랑이 몰아쳐 올라오는 것을 막고, Hatch 등의 갑판구를 보호하고, 또 갑판상의 통행의 안전을 위하여 상갑판과 선루 갑판의 외부에 노출된 부분의 선측의 외판 연장부에 Steel Plate의 난간을 만든 구조이다.

[그림 3-83] BULWALK

7. SIDE STRINGER

늑골 상호간의 위치를 확보하고 외판의 변형을 방지하며 종강도 부재의 역할을 하는 선측에 붙이는 종통재를 말한다.

[그림 3-84] SIDE STRINGER

8. HATCH COAMING COMPRESSION

HOLD에 물이 침투하지 못하도록 한다.

[그림 3-85] HATCH COAMING COMPRESSION

9. BULKHEAD(격벽)

일반적으로 선내를 종 또는 횡으로 칸을 막는 구조를 격벽이라 하며, 그것이 수밀 구조일 때 수밀 격벽(Watertight Bulkhead)이라 하며, 그렇지 않을 때 이를 비수밀 격벽(Non-Watertight Bulkhead)이라 한다. 격벽이 선내를 종통할 때 이를 종격벽(Longitudinal Bulkhead)이라 하고, 횡으로 놓인 것을 횡격벽(Transverse Bulkhead)이라 한다.

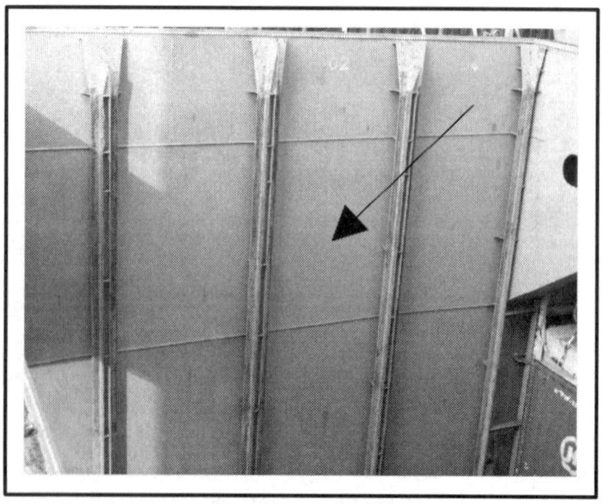

[그림 3-86] BULKHEAD

10. 러 거

PAD EYE의 일종으로 수리 시 들어 올리게 만들어진 구조이다.

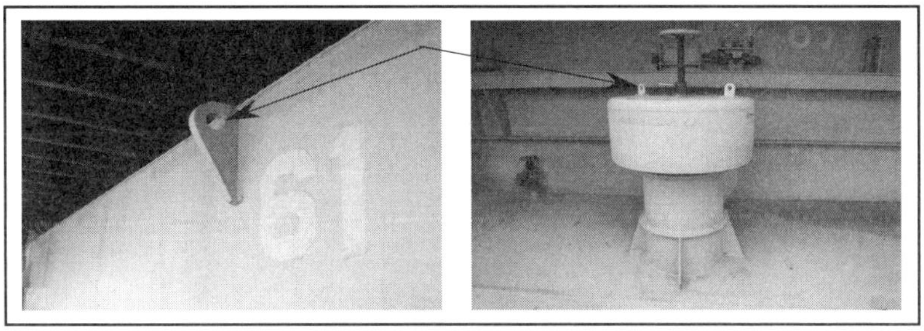

[그림 3-87] 러거

11. SMALL HATCH

물건의 이동의 편의를 위해 설치된 개구이다.

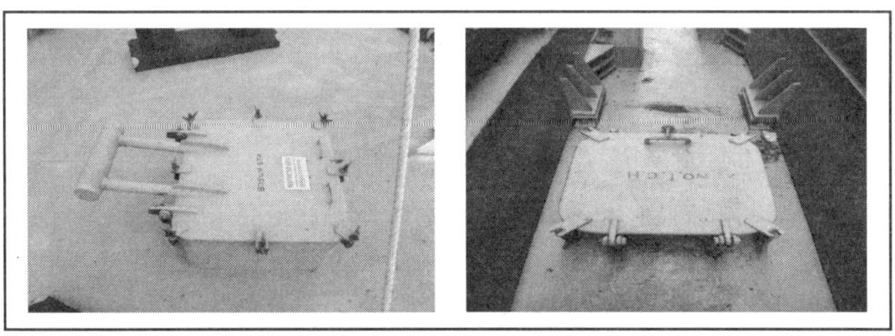

[그림 3-88] SMALL HATCH

12. 컨테이너 FITTING BOX

LASHING GEAR를 보관하는 BOX이다.

[그림 3-89] 컨테이너 FITTING BOX

13. H/COVER STOOL PAD(FLEXIBLE RUBBER TYPE)

H/COVER를 받쳐주는 장비이다.

[그림 3-90] H/COVER STOOL PAD

14. WATER BREAK

특정 물체를 파도 또는 바람으로부터 보호하기 위한 부재이다.

[그림 3-91] WATER BREAK

15. TORSION BOX

HATCH와 HATCH 사이에 위치한 BOX (4000TEU 선박의 경우 R/F RECEPTACLE 위치해 있음)이다.

[그림 3-92] TORSION BOX

16. CAT'S WAY (CROSS DECK)

HATCH와 HATCH 사이에 좁은 통로이다.

[그림 3-93] CAT'S WAY

17. SKIRT

철판의 가장자리(예. HATCH COVER SKIRT)

[그림 3-94] SKIRT

18. HOUSE

집모양처럼 생긴 DECK에 따로 만들어진 구조물이다.

[그림 3-95] HOUSE

19. STANCHION

상부 구조물을 위한 지지대, 기둥(GANGWAY에 ROPE를 걸기 위한 STANCHION이 있다.

[그림 3-96] STANCHION

3.4

컨테이너선의 시스템

3.4.1 컨테이너선의 해운전망

2006년 세계 정기선업계의 화두가 선박공급 과잉으로 집약되고 있는 가운데 해운시황 전망과 관련하여 세계적인 해운시장 조사전문회사들과 대형선사 조사팀들의 분석이 엇갈리게 나오고 있어 귀추가 주목되고 있다.

한국선주협회가 최근에 발표된 올해 해운시황 전망보고서들을 분석한 결과, Drewry와 Howe Robinson 등 정기선부문 해운시황 조사 분석 전문기업들은 시장전망에 대해 대체적으로 부정적인 시각을 갖고 있는 것으로 나타났다.

이에 반해 일본선사인 MOL을 비롯하여 태평양항로안정화협정(TSA), 아시아선주대표자회의(ASF), 구주운임동맹(FEFC) 등 세계 유수 정기선사 및 협의체에서는 긍정적적으로 예상하고 있다.

컨테이너선 용선지수를 발표하고 있는 Howe Robinson은 2006년과 2007년에 신조선의 급격한 증가로 선박과잉이 심화되어 향후 수년간 시황이 하락할 것으로 전망했다. 초대형 신조 컨테이너선이 집중적으로 몰리는 아시아-북미 및 구주항로의 운임하락은 불가피할 것으로 예상했다.

이에 반해 아시아—북미항로에 취항중인 대형 정기선사들의 모임인 TSA는 해상운임이 단순히 수용공급에만 의존하지 않는 만큼, 여러 변수들을 감안할 때 2006년까지 강세를 지속할 것으로 전망했다.

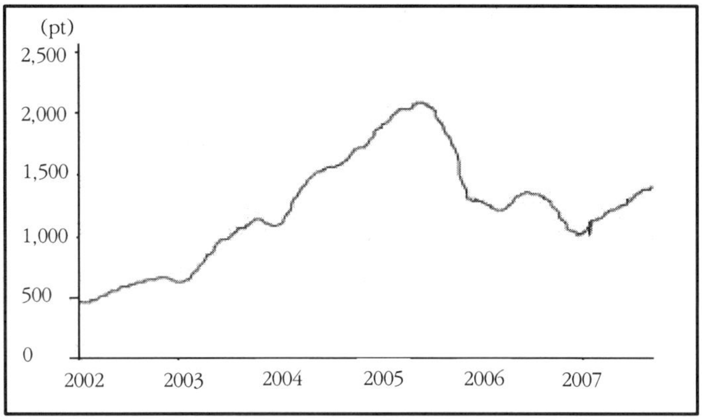

[그림 3-97] Howe Robinson Index

또 ASF는 중국 경제 급성장이 컨테이너 물동량을 크게 증가시켰듯이, 2006년에도 동서항로의 물동량이 크게 증가하여 수급균형이 유지됨으로써 최근의 시황패턴이 지속될 것으로 분석했다.

이와 함께 FEFC도 동유럽, 러시아, 지중해지역의 수송수요 증가로 2006년 아시아－구주항로에서 90%의 소석률을 유지할 수 있을 것으로 진단했다.

3.4.2 세계 10대 선사

〈표 3-9〉 세계 10대 선사의 현황

RANKING	COMPANY	EXISTING			ON ORDER	
		TEU	SHIPS	%CHART	TEU	SHIPS
1	MAERSK	1,665,272	586	57%	679,185	133
2	MSC	784,248	276	32%	265,107	37
3	CMA-CGM	507,954	242	62%	358,455	74
4	EVERGREEN	477,911	155	30%	188,488	38
5	HAPAG LLOYD	412,344	131	41%	88,978	15
6	CSCL	346,493	123	49%	139,770	19
7	APL	331,437	104	62%	120,892	30
8	HANJIN	328,794	84	79%	80,064	14
9	COSCO	322,326	126	30%	171,865	21
10	NYK	302,213	118	45%	192,686	30

3.4.3 주요 선사들의 최근 동향

세계 1위 해운업체인 MAERSK SEALAND는 세계 5위 컨테이너선 업체인 P&O Nedlloyd를 인수하고, 세계 4위의 업체 프랑스의 CMA CGM이 Delmas의 M&A(인수 · 합병)를 완료, 세계 3위권 업체로 도약했다.

이러한 세계 1위~4위권 초대형 해운업체들이 M&A를 통해 몸집을 계속 부풀리자, 중대형 해운업체들은 이에 대항하기 위해 전략적 제휴집단(Alliance)을 미리 결성해 1위~4위권 해운업체들을 견제해 왔다.

Grand Alliance, The New World Alliance(TNWA), CKYH Alliance 등이 대표적인 해운업계의 전략적 제휴집단이다.

Grand Alliance는 독일의 Hapag-Lloyd, 말레이시아의 MISC, 일본의 NYK 등이 속해 있으며, The New World Alliance에는 현대상선을 비롯해 미국의 APL, 일본의 MOL 등으로 구성되어 있다. 국내 한진해운, 중국의 COSCO, 일본의 K-Line, 대만의 YANGMING 등은 CKYH Alliance를 형성, 또다른 축을 형성했다.

2005년 3월 기준 The New World Alliance와 Grand Alliance, CKYH Alliance는 아시아-미주 노선의 시장 점유율을 각각 15%, 13.6%, 22.5%씩 차지하고 있다. P&O Nedlloyd와 합병 전 MAER나 SEALAND의 점유율은 14.3%로 CKYH Alliance를 제외한 양대 제휴 집단을 위협하기 시작했다.

그렇기 때문에 2005년 10월 6일 세계 3대 제휴 집단 중에서도 점유율이 낮은 두 집단 The New World Alliance와 Grand Alliance가 공동 운항 등에 관해 전략적 제휴를 맺기로 전격 합의한 것으로 풀이된다. 이번 제휴로 양대 그룹은 아시아-미주 노선에서 28.6%의 시장 점유율을 확보, 14.3%인 MAERSK SEALAND, 22.5%인 CKYH Alliance에 대항할 수 있는 세력을 확보했다. 해운 제휴 집단들이 다시금 더 큰 집단을 형성, 1~4위권 업체들을 견제하겠다는 것이 이번 제휴의 목적으로 예상된다.

또한 세계 1위 해운업체인 MAERSK SEALAND는 세계 5위 컨테이너선 업체인 P&O Nedlloyd를 인수해 세계 해운업계를 깜짝 놀라게 했다. 2005년 상반기 기준 아시아-구주 노선에서 MAERSK SEALAND의 시장 점유율은 12.6%에 이른다.

〈표 3-10〉 대표적인 ALLIANCE

ALLIANCE 명	참여업체	운송능력(천 TEU)
GRAND ALLIANCE (운송능력 : 754 천 TEU)	HAPAG LLOYD	412 천 TEU
	MISC	40 천 TEU
	NYK LINE	302 천 TEU
CKYH ALLIANCE (운송능력 : 1065 천 TEU)	HANJIN SHIPPING	328 천 TEU
	COSCO	322 천 TEU
	K LINE	227 천 TEU
	YANG MING LINE	188 천 TEU
NEW WORLD ALLIANCE (운송능력 : 719 천 TEU)	HYUNDAI MERCHANT MARINE	147 천 TEU
	MOL	241 천 TEU
	AMERICAN PRESIDENT LINE	331 천 TEU

합병한 P&O Nedlloyd의 시장 점유율 7.3%를 더할 경우 점유율은 19.9%까지 확대된다. 이는 국내 최대선사인 한진해운이 같은 노선에서 차지하고 있는 시장 점유율 5.0%의 4배에 이른다.

3.4.4 컨테이너선의 주요 라인

1. FEX LINE (Far East Europe Express Service)

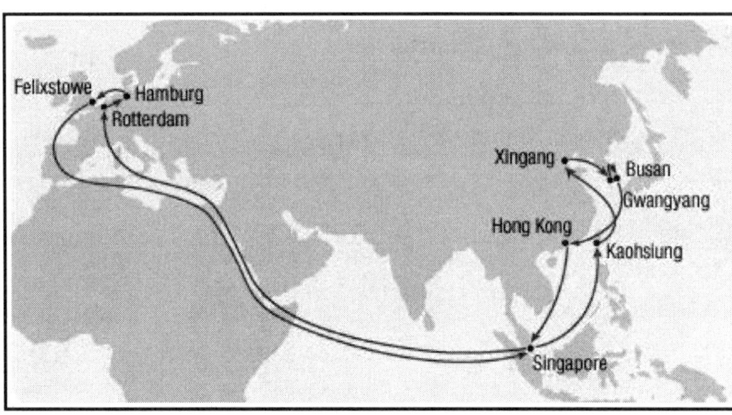

[그림 3-98] FEX LINE

WEST BOUND : Xingang-Gwangyang-Busan-Hongkong-Singapore-Rotterdam

EAST BOUND : Hamburg-Fellxstowe-Singapore-Kaohsiung-Xingang

2. PAS LINE (Pacific South-West Service)

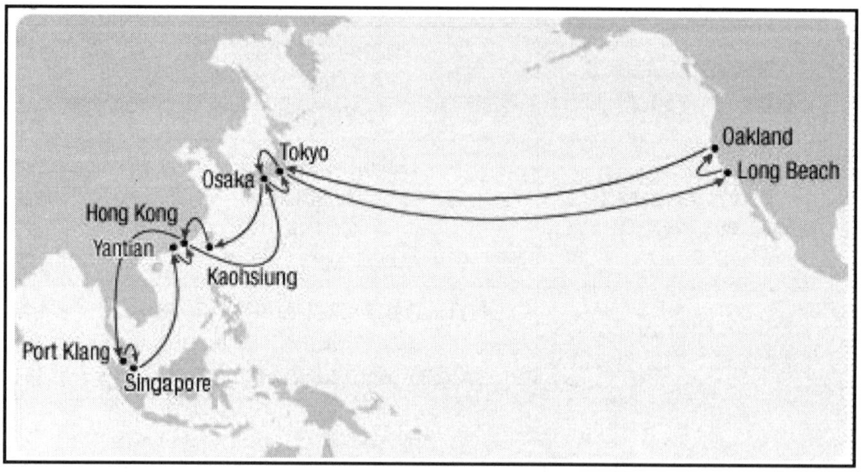

[그림 3-99] PAS LINE

WEST BOUND : Oakland-Tokyo-Osaka-Kaohsiung-Hongkong-Portklang

EAST BOUND : Singapore-Yantian-Hongkong-Osaka-Tokyo-Longbeach-Oakland

3.4.5 컨테이너 물동량 10대 항만

[그림 3-100] 세계 컨테이너항만 물동량 순위

1. 국제항만의 경쟁력 향상

전 세계적으로 무역 자유화의 추세가 가속화되면서 화물 물동량이 급속히 증가하고 있고 특히 동북아시아의 화물 물동량은 중국 경제의 급부상 등으로 증가폭이 더 크다. 이에 따라 세계 주요 항만들은 물동량 증대를 위해 항만 규모를 확대하거나 효율적인 환적시스템을 개발하는 등 경쟁력 강화에 주력하고 있다.

또 선박의 초대형화가 급속히 진행되면서 상해 양산심수항, 싱가포르항과 같은 초대형 항만으로 기항하는 경향이 늘면서 하역 생산성도 더욱 중요해지고 있다. 단기적으로는 인프라 구축, 비용 감면, 서비스 향상, 생산성 증대 등이 필요하고 장기적으로는 수출입 물량 증대를 위한 기반 마련과 글로벌 선사의 환적기지화 정책 강화 등이 요구된다.

2. 항만 순위의 변화

세계 최대 환적화물 처리항만인 싱가포르항이 2005년 홍콩항을 앞질러 세계 1위 항만의 자리를 차시한 이후 시난해에는 별다른 순위 변농이 없었다. 부산항은 1990년 6위에서 2000년 3위로 뛰어올랐으나 중국 항만의 고도성장에 밀리면서 2003년 이후 세계 5위권 수준을 유지하고 있다. 상해항과 두바이항은 1990년 각각 35위와 21위를 차지했으나, 2006년말 현재 각각 3위와 8위로 급부상했다. 중국 선전항도 1999년 11위에서 2006년 4위로 급성장했다.

반면 1990년 세계 10대 항만 중 일본 고베항과 미국 뉴욕 · 뉴저지항. 대만 기륭항은 2006년말 기준 10위에서 훨씬 멀어졌다. 고베항은 5위에서 35위권으로, 뉴욕 · 뉴저지항은 9위에서 17위로, 기륭항은 10위에서 40위로 밀려나는 등 물동량 변화에 따른 항만 간 부침이 적지 않았다.

최근 수년간 항만별 물동량 평균 증가율을 감안할 경우 2007년 말 싱가포르항과 상해항이 1위를 다툴 것으로 전망된다. 그러나 싱가포르항이 1위를 고수할 것이라는 분석이 지배적이다. 그러나 2008년에는 상해항이 1위를 차지할 것이라는데 별다른 이견이 없다. 홍콩항은 2007년 2위에서 3위로 추락하고 부산항은 지난해와 비슷하게 중국 선전항에 이어 5위를 차지할 것으로 보인다. 1위에서 4위까지는 물동량이

2000만TEU를 넘지만 5위인 부산항은 1300만TEU 전후에 그칠 것으로 보여 세계 최대 항만들과의 격차가 더욱 커질 것으로 전망된다.

5위권 밖에서는 로테르담항과 두바이항이 각각 6위와 7위를 차지하고 카오슝항은 9위로 부진이 예상된다. 10위권 밖에 있던 중국 청도항이 미국 LA항을 누르고 처음으로 10위권에 진입할 것으로 예상되는 등 중국 항만들의 상승세가 더욱 가속화될 것으로 보인다.

2008년에는 중국 선전항이 홍콩항을 제치고 세계 3위의 자리를 차지할 것으로 전망되고 부산항의 순위는 변동이 없을 것으로 보인다. 대만 카오슝항은 중국 청도항에도 밀려 LA항과 10위권을 다투는데 그칠 것으로 보인다.

3. 물동량의 이동

2006년 세계 컨테이너 물동량은 4억4189만TEU이고, 우리나라와 중국 일본이 속한 동북아시아 컨테이너 물동량은 1억5837만TEU로 추정된다. 동북아시아의 물동량은 전 세계 물동량의 36% 정도를 차지하고 있다. 세계 컨테이너 물동량이 2001년 이후 매년 10~15%의 성장세를 보이는 반면 동북아시아의 물동량은 12~20%의 증가세를 보이고 있다. 2006년 말 기준 세계 10대 컨테이너 항만 중 중국 상해 · 선전항과 아랍에미리트 두바이항은 2001년부터 2006년까지 5년간 연평균 20% 이상의 고도성장을 이룩하고 있다.

반면 홍콩항과 대만 카오슝항은 연평균 약 5% 정도의 저성장세를 보이고 있다. 이는 이들 항만 인근에 있는 중국 선전항의 약진에 따른 것으로 분석되고 있다. 부산신항을 포함한 부산항과 싱가포르항은 각각 연평균 약 8.3%와 9.8%의 증가율을 보이고 있다. 유럽지역 중심 항만인 네덜란드 로테르담항과 독일 함부르크항은 각각 약 9.5%와 13.7%의 성장을 기록하고 있다. 2006년 물량을 기준으로 할 경우 연간 1000만TEU(1TEU는 20피트짜리 컨테이너 한개) 이상을 처리한 항만은 싱가포르. 홍콩. 상해. 선전. 부산항 5곳이고 2000만TEU 이상을 처리한 항만은 싱가포르 · 홍콩 · 상해항 등 3곳에 불과하다.

3.5 화물운송 절차

3.5.1 집화 및 선적 준비

1. 선사의 배선 계획이 결정되면 운송인은 선복량에 맞추어 영업부서에서 본사, 지점, 사무소 및 대리점 등을 통화여 집화를 시작한다. 화주는 수출 상품에 대하여 통상 산업부 장관으로부터 수출 승인을 받고 거래 은행으로부터 대금 결재 인증을 받아서 세관에 수출신고를 하고 수출면허를 교부받는다. 수출신고는 일정한 법적 자격을 가진 통관사를 통하여 수행한다.
2. 화주의 선적 요구서(S/R : shipping request)에 의거하여 Booking list를 정리하여 적양지, 화물 종류별로 Booking status를 작성한다.
3. 그 선박의 운항 관련 부서에서는 Booking status에 의거하여 화물감독(Super cargo)이 임시적부도(Tentative stowage plan)를 작성하며, 이 과정에서 적부상의 문제점이 있는 화물에 대해서는 적양하항의 기항순서를 조정하거나 때로는 Booking cargo)의 선적계획을 취소한다.
4. Booking status와 함께 적부도(S/P, Stowage plan)가 준비되면 각 기항지 대리점에 통보하여 선박의 기항 스케쥴에 따른 화물 준비상태를 확인하도록 한다.
5. 원칙적으로는 Booking status를 본선에 제출하여 일등항해사가 적부도를 작성하고 작업계획을 세워야 하나, 현실적으로는 화물량의 변동이 심하고, 적양하항에 대한 전무지식 및 관련 업계와의 유대관계 면에 있어서도 부족하므로 주로 본사에 근무하는 화물감독이 대행한다.

3.5.2 선적 절차 및 서류 작성

1. 본선이 도착하여 작업하기 하루 전쯤에 하역회사 포맨(Foreman), 수석 검수원(Chief checker), 고정`고박회사의 작업반장, 적부검사원(Stowage surveyor)

등과 하역작업회의(Cargo meeting)를 실시하여 임시적부도에 의거하여 구체적인 화물출고 계획을 포함한 작업계획을 세운다.

2. 실제로 접수된 화주의 패킹 리스트(Packing list 또는 S/R : Shipping request)를 정리하여 화물의 출고순서 및 선적순서를 협의하여 결정하고 화주의 화물 운송업자들에게 통보한다.
3. 선사는 화주의 Packing list(또는 S/R)에 의거하여 S/O, M/R을 작성하고, 수석 검수원에게 전달하여 화물 리스트(Cargo list) 및 햇치 리스트(Hatch list) 작성에 이용토록 한다.
4. 본선이 도착하여 선적 준비가 완료되면 선적화물 도착과 동시에 선적 작업이 시작되며, 화물감독은 작업계획을 본선측에 설명한다.
5. 선적시 화물에 대해서는 당직사관이 S/O와 현품을 확인하고 선적해야 되나 현실적으로는 불가능하므로 Packing List에 의거하여 Hatch/Hold별로 검수원(Tally man)이 시행한다. 특히 특별한 화물에 대해서는 각각의 화물마다 선하증권 번호를 컬러 스티커에 서서 부착하기도 한다.
6. 화물 선적 중에 발생한 Remarks 내용은 Exception list(E/L)로 따로 작성하고, 수석 검수원은 M/R에 Remarks 내용을 기재하여 본선 출항 전까지 일등항해사의 서명을 받는다.
7. B/L은 선적 완료 후 화주가 M/R을 선사에 제시하고 M/R상의 내용에 따라서 발행하는 것이 원칙이나, 경우에 따라서는 선적전이라도 Packing list를 접수하고 적절한 시기에 Clean B/L을 발행하여 화주의 편익을 도모하기도 한다.
8. 선적 완료와 동시에 수석 검수원은 Cargo summary list, Hatch list, Stowage plan, Block stowage plan 등을 작성하여 일등 항해사에게 1부 전달하고, 그 후 본선 출항 후에 재정리하여 선박회사에 송부한다.
9. 선적시에는 만일의 경우에 대비하여 Cargo stowage surveyor를 참여시키며, 선적시에 본서에서의 화물적부 상에 하자가 없음을 증명하는 "Cargo stowage surveyor report"를 발급받아서 거증서류로 삼는다.
10. 선사에서는 최종 선적이 완료되면 M/F(Cargo Manifest), F/L(Freight list), S/P(Stowage plan), H/L(Hatch list), Block S/P, B/L copy 등의 각종 선적서

류를 양하지 총대리점에 보내서 양하 작업을 준비하게 한다. 추후 필요시에는 E/L(Exception list) 및 Survey report 등도 송부한다.

3.5.3 컨테이너 수출화물과 서류의 흐름

컨테이너 운송에 의한 수`출입화물 및 서류의 흐름은 재래 정기선과 본질적으로 차이가 없으나, 화물이 모두 컨테이너 용기에 넣어져서 선적되고, 하역시간과 항행 속도가 빠르고 CLP 등의 새로운 종류의 서류 및 컴퓨터의 대폭적인 이용 등 컨테이너 운송의 특수한 특징이 있다. 다음은 컨테이너 화물과 그 서류의 흐름을 나타낸다.

1. 송하인은 선사에 선적예정 화물을 Booking을 한다.
2. 점소 및 대리점은 화물의 Booking note를 작성하고 On line으로 선사의 주컴퓨터(Main computer)에 입력시킨다.
3. 입력된 자료는 컴퓨터에 의해 집계되고, 이 집계자료에 따라서 육상의 Cargo stowage planner는 적부계획도를 작성하여 Booking list 작성과 함께 삭지의 CFS 및 관계부처에 송부한다.
4. 선사의 지시에 따라 CY operator는 화주(FCL 경우) 혹은 CFS operator(LCL 경우)에게 빈 컨테이너 박스를 대여한다.
5. FCL Cargo의 화주는 컨테이너에 Stuffing(vanning)하여 CY에 반입한다.
6. CY operator와 CFS operator는 화물을 수취하면 D/R(Dock receipt : M/R과 동등)을 교부한다.
7. 본선 입항과 동시에 CY operator는 컨테이너를 선적한다.
8. 화주는 D/R을 선사에 제출하고 B/L을 교부받는다. 또한 운임은 선불(Prepaid)인 경우는 B/L 발급 시에 지불한다.
9. 선적 완료후 CY operator는 S/P를 작성하여 선사에 송부한다.
10. 선사는 B/L, CLP의 필요한 자료를 입력하여 M/F 등의 서류를 작성하여 양하지 대리점으로 송부한다.

3.5.4 컨테이너 수입화물과 서류의 흐름

1. 선적 완료와 동시에 선적지에서는 D/R 사본, CLP 사본 등의 적하 관련 서류를 본사로 송부한다.
2. 본사에서는 각 선적지에서 적재된 화물의 자료를 컴퓨터에 입력하여 필요한 서류를 작성하고 양하지 대리점으로 송부한다.
3. 양하지의 대리점은 선사에서 보내온 서류에 따라서 수하인에게 본사 도착예정일, 운임 등을 통보한다.
4. 수하인은 은행으로부터 B/L원본을 입수하여 선사 대리점에 제출하여 운임 정산을 하고 D/O를 교부받는다.
5. 양하지에는 본선 도착과 함께 컨테이너는 CY에 양륙되고, Unstuffing하여 수하인별로 분류한다.

3.5.5 컨테이너 적·양하 관련 서류

1. Booking note : 선사가 화주로부터 선적 예약을 받은 화물에 대한 명세표를 말한다.
2. Booking list : Booking note를 기준으로 선적 예정화물을 적·양하별로 구분하여 작성한 일람표를 말한다.
3. E/R(Equipment receipt) : 컨테이너 화물의 선적에 필요한 기기류의 수도 증명서로서 CY운영업자와 반출자 쌍방에 의해 이루어진다.
4. CLP(컨테이너 load plan) : 각각의 컨테이너 박스에 들어 있는 화물의 명세를 기재한 서류를 말한다.
5. D/R(Dock receipt) : 일반 재래화물선에서의 M/R과 같은 것으로 선사가 송하인으로부터 화물을 수취하고 발행하는 일종의 영수증으로서 화물상태를 증명하는 서류가 된다.

3.6 컨테이너 터미널의 개요

컨테이너 터미널은 임해지대의 항만에 설치되어 있다. 이 터미널은 컨테이너선과 접속하여 화물을 적양하하는 중요한 연결기지이다. 컨테이너 터미널은 컨테이너선의 이점인 값싼 하역비에 반해 매우 빠른 하역 시간을 가질 수 있도록 적합한 기능을 가지고 있어야 한다. 이를 만족시키기 위해 컨테이너 터미널은 사전에 철저한 plan을 만듦으로써 컨테이너선이 입항하자마자 그 plan에 따라 오차 없이 신속하고 능률적으로 하역을 할 수 있으며 그 plan은 다음과 같다.

먼저, 화주가 터미널의 Container Freight Station(CFS)에 화물을 반입하여 컨테이너에 넣거나, 화주가 이미 다른 곳에서 화물을 컨테이너에 넣어 CFS에 반입한다.

다음 순서로, CFS에 반입된 컨테이너를 입항 예정된 부두앞 Marshalling Yard에 선적할 순서로 배열에 놓는다.

이렇게 미리 배열된 컨테이너를 선박이 입항하면 순서에 따라 Trailer또는 Straddle carrier가 하나(40feet) 또는 두 개씩(20feet) Apron에 가져다 놓으면 Gantry crane이 이를 선박에 싣는다.

이와 같은 매우 간단한 방법으로 컨테이너선의 빠른 하역잡업이 이루어지는 것이다.

3.6.1 컨테이너 터미널의 시설과 하역설비

1. 컨테이너 터미널의 시설

1) Apron 및 부두

부두는 선박의 접안이 용이해야 하고 draft에 영향을 받지 않도록 충분히 깊게 설치되어야 한다. 일반적으로 1 Berth의 길이가 300m, 수심 12m 정도로 설계된다.

Apron은 컨테이너를 운반하는 Trailer나 Straddle carrier가 자유롭게 다닐 수 있을 정도로 충분히 넓어야 한다.

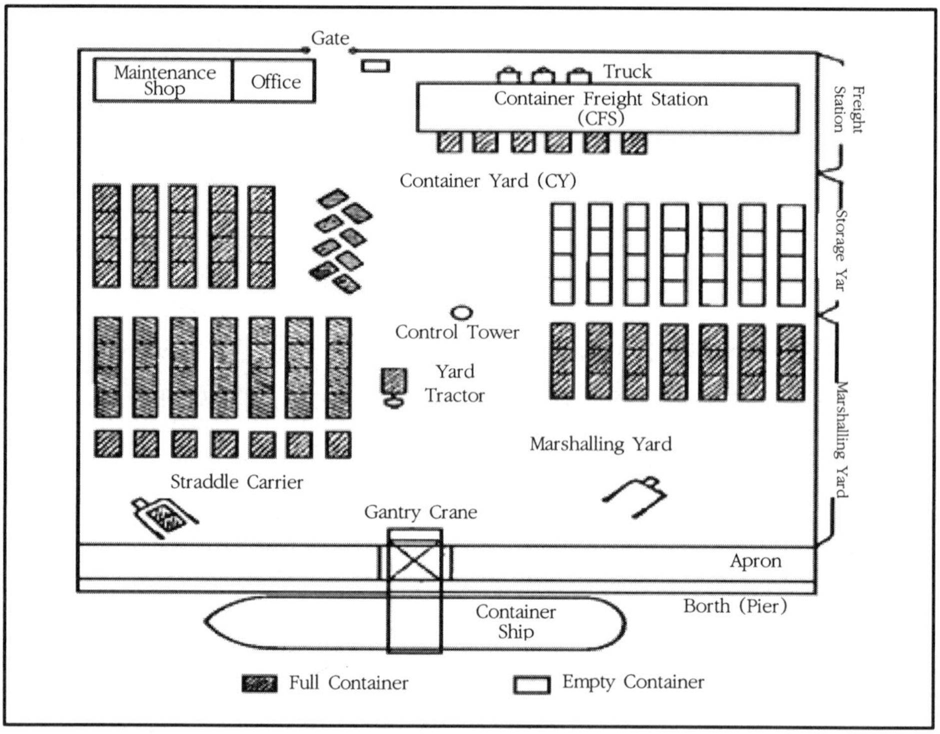

[그림 3-101] 컨테이너 터미널의 구조

2) Marshalling yard

Marshalling yard란 컨테이너선이 입항하기 전에 미리 선적할 컨테이너를 순서대로 배열해두는 곳으로서 Apron과 인접하여 있다. 그 넓이는 터미널에서 적양되는 컨테이너의 최대 개수를 수용할 수 있을 만큼 넓어야 한다.

일반적으로 Marshalling yard는 컨테이너 size에 맞게 바둑판식으로 구획선이 그어져 있으며, 이것을 Slot이라고 하고 그 칸마다 고유번호가 있다. 적하할 컨테이너는 양하지, 중량 등을 고려하여 적부 계획이 세워지고 순서에 따라 Slot에 정연하게 배치된다.

3) Container Freight Station(CFS)

1개의 컨테이너에 다 차지 않는 화물, 즉 LCL 화물(Less then 컨테이너 Load cargo)에 대해서 컨테이너 회사가 개개의 화물주로부터 화물을 인수받아서 그 화물을 행선지별로 구분하여 서로 다른 화주의 화물을 한 컨테이너에 함께 적부시킨다. 마찬가지로 수입된 LCL 화물을 컨테이너로부터 들어내어(Devanning) 화주별로 분류하여 인도한다. 이러한 작업을 하는 장소가 CFS이다. 일반적으로 수출입화물의 통관업무도 이곳에서 이루어진다. 이 CFS는 반드시 터미널 내에 있을 필요는 없지만, 가능한 근접한 곳에 있는 것이 편리하다.

4) Storage yard

빈 컨테이너를 놓아두는 장소를 Storage yard라 한다. 이곳은 빈 컨테이너를 모아두는 장소이므로 Marshalling yard와 같은 강도는 필요하지 않지만, 이를 운반하기 위한 Straddle carrier나 Trailer가 주행할 수 있을 정도의 강도는 필요하다. 그 외에 컨테이너의 수리를 위한 Space가 마련되어 있다.

2. 컨테이너 터미널의 하역설비

1) Gantry Crane

Apron에 부설되어 있는 Rail위를 자유로이 주행하면서 컨테이너선의 어느 홀드라도 컨테이너를 적양하할 수 있다.

[그림 3-102] Gantry Crane

2) Straddle Carrier

Apron과 Marshalling yard 사이를 기민하고 효율적으로 다니면서 하역을 신속하게 할 수 있다. 그리고 2단으로 쌓을 수 있기 때문에 그 면적을 작게 필요로 한다.

[그림 3-103] Straddle Carrier

3) Reach stacker

[그림 3-104] Reach stacker

4) Transfer carrier

주로 Yard 사이를 다니면서 쌓여 있는 컨테이너를 하나씩 Trailer에 싣거나 Trailer에 있는 컨테이너를 Yard에 쌓는다.

[그림 3-105] Transfer carrier

[그림 3-106] Forklift

참고 문헌

1. 선박적화(양시권, 김순갑), 다솜출판사, 2001년
2. 고등학교 선화운송, 교육인적자원부, 2005년
3. 최신항해실무, 다솜출판사, 2005년
4. 재화와 해상운송, 해문당, 2005년
5. 항해조선학, 성삼당, 2005년

항해실습(Ⅲ)

2014년 1월 20일 2판 2쇄 발행

편저자 이 윤 석 외
발행인 남 승 우

발행처 도서출판 상尙 학學 당堂

서울시 동작구 사당로9가길 6(사당동)
TEL : 02) 595-1692~4
FAX : 02) 595-1394
E-mail : namdoo6@unitel.co.kr
신고 : 2-155호 (1968. 11. 29)

정가 27,000원

ISBN 978-89-93383-35-5 93500
ISBN 978-89-85437-90-5 (세트)

〈디자인〉 편집 엄해숙 / 표지 토틀컴